Web 前端技术丛书

# Vue.js 3.x+ Element Plus 前端开发实战

趣千厘 编著

清華大学出版社
北 京

## 内 容 简 介

Element Plus 是一套采用 Vue.js 3.x 实现的 UI 组件库，它为开发者、设计师和产品经理提供了配套设计资源，可以帮助网站快速成型。本书详解 Vue.js 3.x 和 Element Plus 开发方法，配套源码、PPT 课件。

本书分为两篇，共 14 章。第一篇（第 1~7 章）介绍 Vue.js 3 和 Element Plus 相关的基础知识，其中包含 Vue .js 3 的基础知识、Vue.js 3 生态 Vue Router 和 Vuex 的相关知识与应用、Element Plus 常用组件的使用方法以及 Vue.js 3 和 Element Plus 配合使用的好处和方法，各章节通过简单的示例，使读者可以快速掌握相关知识；第二篇（第 8~14 章）讲解如何构建一个功能完整的单页面应用——权限管理系统，为读者掌握 Element Plus 打下坚实的基础。

本书适合 Vue.js 3.x+Element Plus 前端开发初学者、Web 应用开发人员、UI 设计师和产品经理学习，也适合作为高等院校相关专业 Web 前端开发课程的教材。



**图书在版编目（CIP）数据**

Vue.js 3.x+Element Plus前端开发实战 / 趣千厘编著. —北京：清华大学出版社，2022.9（2024.2 重印）
（Web前端技术丛书）
ISBN 978-7-302-61843-0

Ⅰ. ①V… Ⅱ. ①趣… Ⅲ. ①网页制作工具—程序设计 Ⅳ.①TP393.092.2

中国版本图书馆CIP数据核字（2022）第 171200 号

**责任编辑：** 夏毓彦
**封面设计：** 王 翔
**责任校对：** 闫秀华
**责任印制：** 杨 艳

**出版发行：** 清华大学出版社
**网　　址：** https://www.tup.com.cn, https://www.wqxuetang.com
**地　　址：** 北京清华大学学研大厦 A 座　　**邮　　编：** 100084
**社 总 机：** 010-83470000　　**邮　　购：** 010-62786544
**投稿与读者服务：** 010-62776969，c-service@tup.tsinghua.edu.cn
**质 量 反 馈：** 010-62772015，zhiliang@tup.tsinghua.edu.cn

**印 装 者：** 三河市龙大印装有限公司
**经　　销：** 全国新华书店
**开　　本：** 190mm×260mm　　**印　张：** 25　　**字　　数：** 674 千字
**版　　次：** 2022 年 11 月第 1 版　　**印　　次：** 2024 年 2 月第 5 次印刷
**定　　价：** 99.00 元

产品编号：093810-01

# 前　　言

随着互联网前端行业的发展，涌现出了很多优秀的前端框架，Vue.js、Angular.js 和 React.js 并称前端主流三大框架。三大框架各有优劣，其中 Vue.js（业内简称 Vue，本书也用 Vue 表示 Vue.js）以其轻量、易上手、学习成本低，广受新手或需要快速搭建开发环境的开发者的青睐。伴随着前端框架的流行和社区的活跃，也涌现出了大量适合这些框架的插件或依赖，比较常用的插件包含可以快速进行界面美化的 UI 框架。适合 Vue.js 的 UI 框架也很多，比如 Element、Ant Design Vue、Vant 等，既有适合桌面端的框架，也有适合移动端的框架，而最适合初学者上手的当属饿了么公司前端团队研发的 Element UI 组件库。

Element UI 组件库提供了丰富的 UI 组件，如按钮、图标、菜单、表单等可以满足大部分常用业务的需求，让开发者省去大量的样式调整工作，可专注于业务逻辑；同时，Element UI 也是 Vue 社区使用率最高的 UI 框架，可见它简单和容易上手。因此，Vue 与 Element 搭配开发成为很多 Vue 框架开发者入门的标准技能。

## 本书内容

本书分为两篇，共 14 章。第一篇（第 1~7 章）介绍 Vue 3.x 和 Element Plus 相关的基础入门知识，内容包括搭建 Vue+Element Plus 开发环境，Vue 快速入门，Vue Router 路由管理器，Vuex 全局状态管理模式，Vue+Element 实现列表和分页，Element 的 Form 表单和 Select 组件，Element 的 Dialog 组件、Message 组件和 MessageBox 组件；第二篇（第 8~14 章）讲解如何构建一个功能完整的单页面应用——权限管理系统，内容包括搭建项目基础框架、初始化页面布局、实现各模块分页表格展示、添加和编辑功能的实现、删除和其他操作的实现、个人中心功能的实现、GitHub 部署项目。

## 配套资源下载

本书示例源码请用微信扫描下面的二维码获取，也可按扫描后的页面提示把下载链接转发到你的邮箱中下载。如果有疑问或建议，请用电子邮件联系 booksaga@163.com，邮件主题写“Vue.js 3.x+Element Plus 前端开发实战”。

## 本书读者

- Vue.js 前端开发初学者。
- Element Plus 前端开发初学者。
- Web 应用开发人员。
- UI 设计师。
- 产品经理。
- 高校 Web 前端开发课程的师生。

编　者<br>2022 年 8 月

# 目　　录

## 第一篇　Vue 3 和 Element Plus 基础知识

## 第二篇 Vue+Element 权限管理系统项目实战

# 第一篇

## Vue 3 和 Element Plus 基础知识

本篇包含 Vue 3 的基础知识、Vue 3 生态 Vue Router 和 Vuex 的相关知识和应用、Element Plus 常用组件的使用方法，还有 Vue 3 和 Element Plus 配合使用的好处和方法，各章节通过简单的实例，使读者快速掌握相关知识。

# 第 1 章

# 搭建 Vue+Element Plus 开发环境

随着互联网前端行业的发展，涌现出了很多优秀的前端框架，Vue.js、Angular.js 和 React.js 并称为前端主流三大框架。三大框架各有优劣，其中 Vue.js 以其轻量、易上手、学习成本低的特点而广受新手或需要快速搭建开发环境的开发者的青睐。而伴随前端框架的流行和社区的活跃，也涌现出了大量适合这些框架的插件或依赖，比较常用的插件又包含可以快速进行界面美化的 UI 框架。适合 Vue.js 的 UI 框架也很多，比如 Element、Ant Design Vue、Vant 等，既有适合桌面端的框架，也有适合移动端的框架，而最适合初学者上手的当属饿了么公司前端团队研发的 Element UI 组件库，其丰富的 UI 组件，如按钮、图标、菜单、表单等可以满足大部分常用业务的需求，让开发者省去大量的样式调整工作，可以专心关注业务逻辑。同时，Element UI 也是 Vue 社区使用率最高的 UI 框架，足以见得它是简单容易上手的，因此 Vue 与 Element 搭配开发成为很多 Vue 框架开发者入门的标准技能。

本章作为本书的开篇，首先介绍 Vue.js 和 Element 相关的一些基本概念与技术，以及 Vue.js 与 Element UI 两者搭配开发的环境搭建。读者可通过本章的学习，轻松创建一个 Vue 项目，为后续章节的学习打下基础。

## 1.1 简单认识 Vue

### 1. 首先，Vue 是一款 MVVM 框架。

所谓 MVVM，即 Model-View-ViewModel，即模型-视图-视图模型模式。

熟悉 MVC 的读者可能知道，MVC 是模型-视图-控制器（Model-View-Controller）模式，在早期曾广泛应用于 Web 架构中。其中 Model（模型层）指的是业务模型，用于计算、校验、处理和提供数据，不直接与用户产生交互；View（视图层）是用户可以看到并进行交互的界面，比如浏览器网页；Controller（控制器层）则负责收集用户输入的数据，并向相关模型请求数据并返回相应的视图来完成交互请求。这种模式在早期的 JSP、PHP 应用中广泛使用，此时前后端的耦合度还是相当高的，用户界面的数据还是由后端生成，在前端页面也可能出现后端代码。随着前端技术的发展，

MVVM 模式的诞生促进了前后端的分离解耦。

MVVM 是 MVC 的变种，Model 和 View 与 MVC 模式一致，ViewModel（视图模型层）作为 View 和 Model 沟通的桥梁，封装了界面展示和操作的属性和接口等，可以将 Model 数据的变化实时反映到 View 上，又可以监听 View 的变化，在需要的时候更新数据。Vue 的 MVVM 模式如图 1.1 所示。

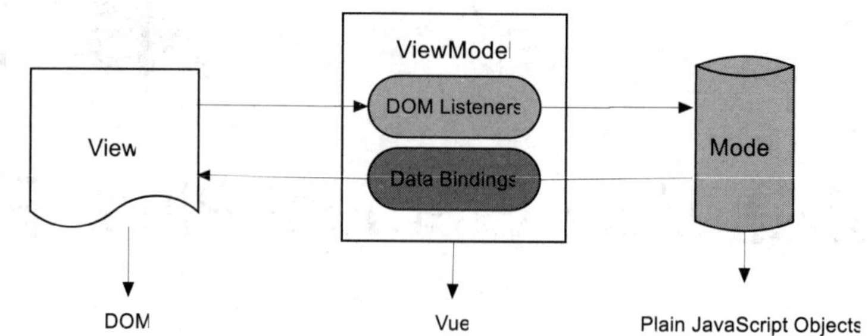


图 1.1 Vue 的 MVVM 框架示意图

- View（视图层）：在前端开发中通常来说是 DOM 层，是用户看得到的界面。
- Model（模型层）：也称数据层，是来自服务器请求或固定的一些死数据。
- ViewModel（视图模型层）：实现了数据绑定（Data Bindings），可以在 Model 层数据发生变化时将变化反映到 View 上。用户与 View 进行交互时，ViewModel 层又可以通过监听 DOM 事件的变化，将监听到的变化反映给 Model。

由于 Vue 使用 MVVM 的这些特性，将前端开发者以前常用的操作变化封装成了一个框架，前端开发者使用 Vue 这样的框架，便可以不再需要花费大量时间操作 DOM 来保持视图和数据的统一，只需要关注业务数据的变化，因此代码变得结构清晰并且更加易于维护。

MVVM 中的组件化是一个重要特点。从 MVVM 模式中去掉 M，剩下的 VVM 便是一个组件，组件化将可重用的部分封装起来，方便了代码的复用，使得前端代码变得简洁而逻辑清晰。因此，使用 Vue 的组件化开发使得开发的代码量大大减少，这也是这个框架备受青睐的原因之一。

### 2. 其次，Vue 采用虚拟 DOM 技术解决浏览器的渲染性能问题。

传统开发模式上，JS 操作 DOM 时，浏览器会马上从构建 DOM 树开始从头到尾执行一遍流程，DOM 有多少次变化就直接执行多少次流程，性能消耗巨大，虽然硬件条件或浏览器在不断地更新迭代，当频繁操作 DOM 树后，还是有可能出现页面卡顿或崩溃的现象。

而采用虚拟 DOM 技术时，当虚拟节点准备映射到视图的时候，为了避免额外的性能开销，会先和上一次的虚拟 DOM 节点树进行比较，最后只渲染不同的部分到视图中，无须改动其他的节点状态，因此节省了节点的操作，从而优化了页面渲染的效率。

### 3. 再次，Vue 是一个响应式框架。

响应式的数据渲染是现代前端非常重要的机制。所谓响应式，是指当数据改变后，Vue 会通知使用该数据的代码，从而改变所有使用到该数据的数据，进而使关联对应数据的视图自动更新。例如，视图中使用数据 a、b、c，其中 b 和 c 是根据 a 计算出来的两个数据，通过一些操作，比如单击某个按钮使 a 的值改变了，比如 a 增加 1，那么视图上使用的 a 马上也增加 1，同时数据 b 和 c 也更新了数据并表现在视图上。

**4. 另外，Vue 3.x 的组合式 API 解决功能分散、难以维护的问题。**

Vue 3 支持采用选项式 API，通过 props、data、methods 等相关配置来组织功能逻辑，使用非常简单，易于理解，然而当组件内容越来越多，逻辑越来越复杂的时候，使用选项式 API 的弊端就会非常明显，因为所有配置都在选项中，相同的功能模块分散混合在一个文件里面，其可读性就会降低，并且难以维护。

所以 Vue 3 新增了组合式 API 语法，可以将不同的功能分开管理，将同一个功能点的内容从选项式配置中抽离出来放到一起，最后通过 setup 方法统一调用。这样大大地增加了代码的可读性，并且在变更功能内容时，很容易就能找到对应的模块来修改，大大提升了代码的可维护性。

**5. 最后，Vue 是一个轻量级的渐进式框架。**

因为 Vue 的核心层只关注视图，其他功能可以根据需要逐步引入，所以 Vue 的核心文件是非常小的，它是一个轻量级的框架，而新版本 Vue 3 更是对目前已经非常稳定成熟的 Vue 2 进行了优化，用 TypeScript 辅以组合式 API，提升了整体性能以及代码的可读性和可维护性，源码阅读者也非常容易学会这个框架的精髓，开发者也非常容易入门。

所谓渐进式，便是说开发者可以逐步地使用 Vue 的功能，可以快速地与第三方库或既有项目整合，既可以在老项目中将 Vue 作为应用的一部分嵌入其中，或者使用 Vue 替代老的框架，如 jQuery，也可以在新项目的初期使用 Vue 的有限功能，后续如果希望将更多的业务逻辑使用 Vue 实现，那么 Vue 的核心库及其生态系统（如 Vue+Vue-Router+Vuex）可以满足各式各样的需求。

## 1.2　简单认识 Element 与 Element Plus

在没有 UI 框架以前，前端开发者总是在页面排版布局和美化方面花费大量的时间，不同的项目，很多 UI 元素具有相同或相似的特性，比如一个简单的按钮可能仅仅是颜色不同，可能有的按钮带有图标，有的只是文字，彼时未将这样相似的特性提取封装成组件，开发者只能自己调整样式、美化页面，因而大量的开发者其实写着相同的代码，做着重复的工作。而 UI 框架的诞生顺应趋势，将这些重复的工作通过封装达到了统一，节省了编写大量样式的时间，大大地提高了前端开发的效率，同时 UI 框架在设计上具有统一的风格，一个没有设计师的团队也可以通过使用 UI 框架来快速做出简易版本的页面。

Element 和 Element Plus 就是非常优秀的 UI 框架，它们是由饿了么公司前端团队开源维护的桌面端组件库。开发者可以使用这两个框架快速搭建一个网站，设计师使用这两个框架提供的设计资源可以快速设计出风格统一的页面，产品经理也可以使用这两个框架提供的设计资源快速绘制出产品原型。

Element 基于 Vue 2.x，Element Plus 是 Element 的升级版本，是为适配 Vue 的升级版本 Vue 3.x 而对 Element UI 使用 TypeScript+组合式 API 进行重构后产生的前端组件库。

它们是当前和 Vue 配合做项目开发比较好的 UI 框架，提炼出了一套基于 template 的直观、易用的方法，使得其在 GitHub 上非常火爆，在社区出现了很多个人修改版的 Element。它们有几个重要特点：

（1）官网提供了优秀的开发文档，开发者很容易学习和使用。

Element 和 Element Plus 的文档都由官方维护，其文档结构清晰，使用方法和使用示例源码一同出现，易于学习和理解。文档通常在列举常用示例之后，再列举组件提供的所有属性、事件和方法等，开发者可以详细阅读文档，对比自己的业务需求来寻找合适的组件。

（2）它们有丰富的组件，可以满足大多数 PC 端 to B 业务的开发需求。

从官网文档组件列表中可以了解到：

Element UI 有 60 个组件，包含基础组件、Form 表单组件、数据组件、导航组件、消息组件和其他组件 6 大类，其中基础组件包括按钮、链接、布局等在内的 8 个，表单组件包括输入框、单选框、多选框、滑块、开关、时间选择器等在内的 16 个，数据组件包括表格、分页组件在内的 11 个，导航组件包括菜单、标签页、步骤条在内的 6 个，消息组件包括消息提示、消息弹框、通知组件在内的 5 个，其他组件包括对话框、抽屉在内的 14 个。

Element Plus 有 67 个组件，包含基础组件、配置组件、Form 表单组件、数据组件、导航组件、反馈组件和其他组件 7 大类，其中已经包含 Element 的所有组件，并对原来的一些消息组件和其他组件做了重新归类。比如，原来在 Element 中的对话框组件、抽屉组件归类到了反馈组件中，还新增了 7 个组件，分别是基础组件 Scrollbar（滚动条，这个组件其实在 Element 中已经有了，但未在文档中开放）与 Space（间距）、配置组件 Config Provider（全局化配置）、表单组件 Virtualized Select（虚拟化选择器）和数据组件 Time Select（时间选择）、数据组件 Virtualized Tree（虚拟化树形控件）以及导航组件 Affix（固钉），有兴趣了解这些组件的读者可以到官网查看详细文档。

（3）它们有一个成熟的生态。

饿了么是在国内做 Vue 的 UI 框架中最早的一家，用户群体非常多，遇到问题基本都能够解决。同时它们支持自定义主题，可以满足不同主题风格的需求。

Element 和 Element Plus 框架默认提供一套 theme-chalk 主题，Element 用户可以使用官网提供的在线主题编辑器更换主题色彩，实时预览主题更改后的效果；Element Plus 用户可以参照官网提供的自定义主题的示例，修改所有全局和组件的样式。

## 1.3 Vue+Element 组合开发的优势

Vue 本身是一个轻量级的框架，由于其学习成本低、容易上手的特性受到了很多开发者的青睐，Vue 在企业级管理后台项目中是最容易入门的一个框架，因此社区贡献出了非常多它的周边产品，例如为它而生的各种 UI 框架、Starter Kit 等，为整个前端开发领域带来了方便。而在众多桌面端 UI 框架中，为什么要选择 Element？使用 Vue 3，为什么要搭配 Element Plus？

第一，在知名度上，只要是 Vue 开发者，一定知道 Element UI。相比于支持成熟稳定版本 Vue 2.x 的国内非常流行的 UI 框架 Ant Design Vue、ViewUI（原来的 iView）、Vuetify、Quasar，Element 是大众所熟悉的。截至 2021 年年底，在支持 Vue 的 UI 框架中，Element 在 GitHub 上拥有最多的星数，活跃度也相对较高，如图 1.2 所示。

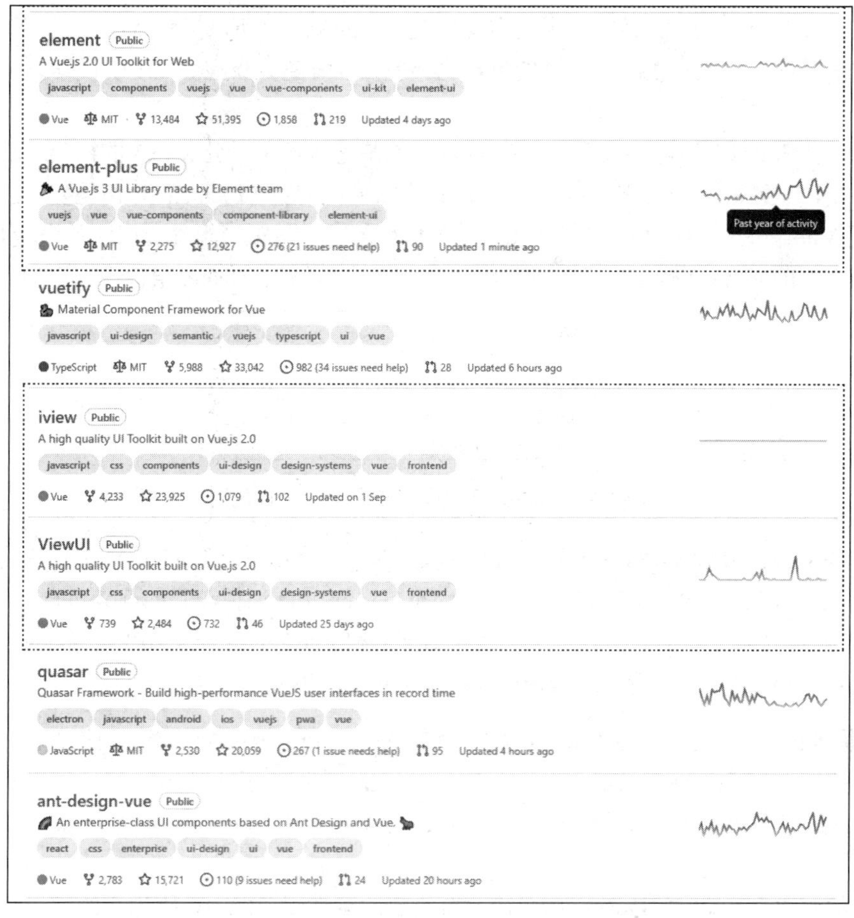


图 1.2 支持 Vue 的主流 UI 框架 GitHub 对比

图 1.2 中，笔者按照 GitHub 星数由多到少的顺序将这几个框架排序，其中框选出来的 Element 和 Element Plus、iView 和 ViewUI 可以看作一个框架，Quasar 和 Ant Design Vue 支持 Vue 2、Vue 3 的版本在同一个仓库。可以看到 Element 拥有最多星数，受到最多的人喜欢，从右侧的 Past year of activity 框架在过去一年时间的活跃性可以看出，Element Plus 近一年的活跃度也相对较高。因为受 Element 的影响，在 Vue 3 发布后，作为官方出品的 Element Plus 未正式发布之前呼声就很高，发布之后也倍受关注。

另外，笔者之所以列举这些 UI 框架，除了笔者熟知、周边被端开发者大量使用外，还因为在笔者编写此书时，它们仍活跃于国内各大招聘网站的前端开发需求上，例如 Quasar，如图 1.3 所示。

图 1.3 在 Boss 直聘上 Vue+Quasar 前端工程师的招聘信息

第二，表现在支持 Vue 的程度上，随着 Vue 2 的成熟，Element UI 也趋向稳定。相比第一点中提到的几个流行的 UI 框架，Element、Ant Design Vue、Quasar 都率先完成了对 Vue 3 的支持，而

Vuetify 和 ViewUI（或 iView）目前仍未发布支持 Vue 3 的版本，所以虽然从图 1.2 来看，Vuetify 的星数次于 Element，ViewUI（或 iView）的星数也不差，但若随大众喜好，现阶段学习 Vue 3 将直接舍弃它们。

第三，从学习 Vue 3 的角度来看，Element Plus 是最适合用于学习 Vue 3 的框架，在官方尚未发布 Element Plus 之前，社区便出现了为教学正确使用 Vue 3 而生的 Element 3，便是复制了 Element UI 的源码，使用 Vue 3 进行重构，甚至在 Element Plus 发布之后，其 Table 组件源码还是照搬 Element Plus 的源码，并在其 Readme 文档做了说明，如图 1.4 所示，目前，其 Table 组件也在重构了。

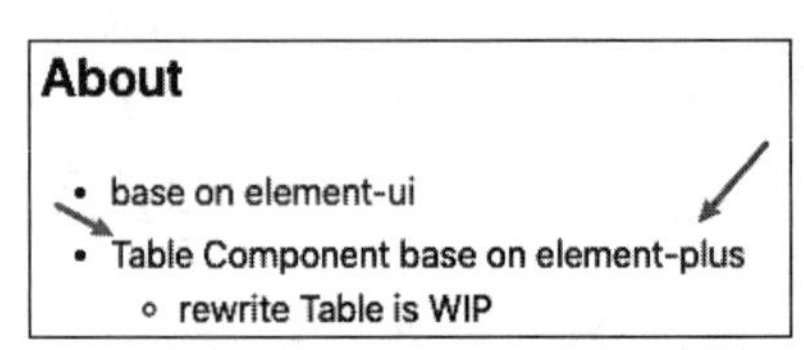


图 1.4　Element 3 早期文档 Table 组件说明

而 Ant Design 最开始是为 React 框架设计的 UI 框架，所以 Ant Design Vue 的写法也更偏向于 React，更习惯于使用 JSX 语法（有兴趣深入学习 Ant Design Vue 组件源码的读者可自行了解更多）。而 Element Plus 是为 Vue 3 而生的，完全采用 TypeScript 和 Vue 3 的组合式 API 对 Element 进行重构，所以从学习 Vue 3 这个角度来看，Element Plus 仍然非常值得推荐。

第四，从维护角度来看，支持 Vue 3 的框架 Ant Design Vue 是由作者唐金州维护的，同样 Quasar 也是由其作者 Razvan Stoenescu 维护的，而 Element Plus 则由官方团队维护。

第五，从设计角度来看，Element 更符合国人审美，Ant Design Vue 和 Quasar 都是 Material 设计风格。

最后，从阅读角度来看，Quasar 用户需要有一定的英文阅读能力，因为它的维护和贡献者都在国外。而对于本土 UI 框架来说，Element 和 Ant Design Vue 对于中文开发者来说就相对友好了。

还有更多的理由可以说明 Vue 搭配 Element 绝对是一个不错的选择，也许有读者更青睐 Element 之外的 UI 框架，或因为其组件更多，或因为其组件功能更丰富，又或者更喜欢它的设计风格，但只从入门学习来看，Element 绝对更值得推荐，因为其足够简单，容易上手，学习了 Element 之后，对于其他框架的应用也会触类旁通，非常容易入手。

## 1.4　搭建 Vue 3.x 开发环境

从本节开始，笔者带大家一起正式进入 Vue 的学习。学习 Vue 就像学习一门语言，要在这个语言的环境下才能更快地学好。而对于开发者学习一门技术来说，就是要在这个技术要求的开发环境下学习。所以，学习 Vue 首先需要搭建它的开发环境，即安装 Vue。而安装 Vue 有多种方式，下面介绍常用的几种方式。

**注意：** 本书使用 Vue 3.2.24 版本进行讲解，书中按习惯也将其称为 Vue、Vue 3、Vue 3.x 等。

### 1.4.1　在不安装 Vue 的情况下引入 Vue

在不安装 Vue 的情况下也可以使用 Vue，类似于写一个简单的页面，在既有项目中，也可以通过这种方式使用 Vue。这是一种可以快速使用 Vue 的方法，在学习 Vue 的基础知识时是非常方便的。

这种方式也很简单，因为 Vue 是一个轻量级的 JavaScript 框架，它的文件很小，所以可以在页面中通过<script>标签直接引入，可以引入 CDN 地址提供的文件，也可以从 CDN 下载文件到本地，然后通过<script>标签引入，如下所示：

```
<script src="https://unpkg.com/vue@next"></script>
```

上面引入的是 unpkg CDN 地址，unpkg 是前端开发经常使用的 CDN 库，其内容均来自 npm。这里引入 Vue 3 的版本是@next，由于 Vue 3 是当前 next 指向的版本，因此这么引入是没有问题的，但是因为 next 版本会随着版本的变更指向下一个更新的版本文件，所以笔者建议在实际开发过程中引入指定版本号的 Vue 3 文件代替@next，例如笔者写此书时，对应的 Vue 3 版本号是 vue@3.2.24，可以按照下面的方式引入：

```
<script src="https://unpkg.com/vue@3.2.24/dist/vue.global.js"></script>
```

在 unpkg CDN 上对应版本的 dist 文件目录下有不同的 Vue.js 构建版本，如图 1.5 所示，开发者可以根据不同的情况选用不同的构建版本（对于构建版本的说明，感兴趣的读者可以查阅官网）。

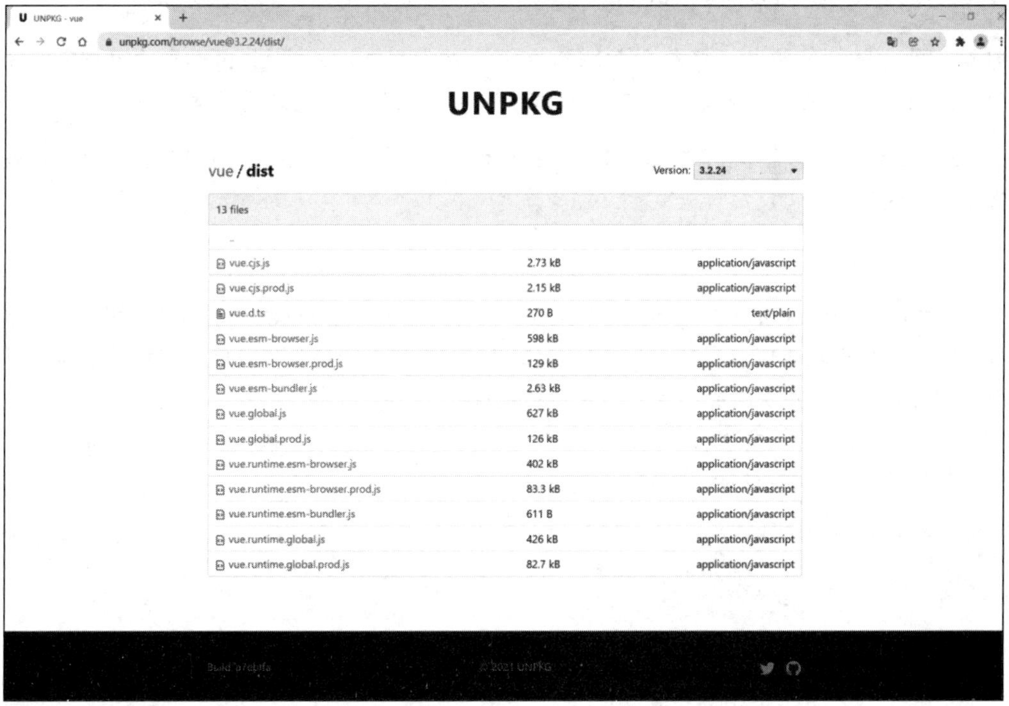

图 1.5　unpkg Vue.js 版本号 3.2.24 dist 目录下的构建版本

可以看到笔者引入的 3.2.24 版本的 dist 目录下的 vue.global.js 文件，这个文件是 Vue.js 的完整版本，文件比较大，如果是在生产环境，为使文件变小，加快网站响应速度，应该引入 vue.global.prod.js 文件。这种通过 script 标签引入 Vue 文件的方式，会在全局中暴露出 Vue 对象，可以通过 Vue 对象使用其下所有的属性和方法。

## 1.4.2 安装 Vue 的几种方法

### 1. npm/yarn 安装

在用 Vue 构建大型应用时，推荐使用 npm/yarn 安装 Vue，npm 安装 Vue 的命令如下：

```
# 最新稳定版
$npm install vue@next
```

使用 yarn 安装依赖，需要先全局安装 yarn，执行如下命令：

```
npm i -g yarn
```

然后通过 yarn 安装 Vue，命令如下：

```
yarn add vue@next
```

Vue 还提供了编写单文件组件的配套工具。如果需要使用单文件组件，还需要安装 @vue/compiler-sfc：

```
npm install -D @vue/compiler-sfc
```

大多数情况下，笔者更推荐使用 Vue CLI 来创建一个配置最小化的版本。

**注意：**要使用 npm 安装，需先安装 Node 环境，安装了 Node 之后，npm 就自动安装上了。后续章节提到 npm 安装的前提都是已经安装好 Node 环境，安装方法将不再复述。

Node 的安装方法很简单：首先从官网下载符合自己机器配置的 Node 安装包，然后双击安装包根据提示傻瓜式安装即可，没有难度。

### 2. Vue CLI 安装

Vue 提供了一个官方的 CLI，为单页面应用（Single Page Application，SPA）快速搭建繁杂的脚手架。它为现代前端工作流提供了功能齐备的构建设置，只需要几分钟就可以运行起来，并带有热重载、保存时 lint 校验以及生产环境可用的构建版本。

对于 Vue 3，官方推荐使用 npm 上可用的 Vue CLI v4.5 作为@vue/cli，通常使用 npm/yarn 等工具进行全局安装，命令如下：

```
yarn global add @vue/cli
# 或
npm install -g @vue/cli
```

查看 Vue CLI 是否安装成功，运行如下命令：

```
vue -V
```

或

```
vue --version
```

笔者在写此书时，使用的 Vue CLI 版本是 4.5.14，如图 1.6 所示，本书中所有 Vue CLI 创建的项目都使用该版本。

Vue CLI 安装成功后，可以通过 Vue CLI 创建 Vue 3 应用，Vue CLI 提供了多种预设方式，下面演示使用默认预设创建一个 Vue 3 项目：

首先，运行如下命令（将<project-name>替换成任意一个准备好的项目名称）：

```
vue create <project-name>
```

执行上面的命令后，会出现交互提示 Please pick a preset（选择预设），使用键盘上的方向键可以进行选择，这里笔者选择默认的 Vue 3 配置项，包含 babel、eslint（Default ([Vue 3] babel, eslint)），如图 1.7 所示。

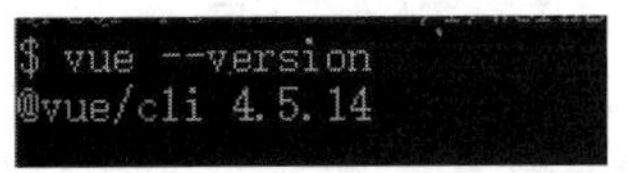


图 1.6　Vue CLI 版本号

```
Vue CLI v4.5.14
? Please pick a preset:
  Default ([Vue 2] babel, eslint)
> Default (Vue 3) ([Vue 3] babel, eslint)
  Manually select features
```

图 1.7　Please pick a preset

按回车键确认选择后，Vue CLI 会自动创建一个默认预设的 Vue 3 项目，并自动安装项目依赖，最后出现如图 1.8 所示的内容，表示创建 Vue 3 项目成功。

```
added 1262 packages from 655 contributors in 118.229s

84 packages are looking for funding
  run `npm fund` for details

□□  Invoking generators...
□□  Installing additional dependencies...

added 70 packages from 77 contributors in 14.289s

91 packages are looking for funding
  run `npm fund` for details

⚓  Running completion hooks...

□□  Generating README.md...

□□  Successfully created project demo1.
□□  Get started with the following commands:

 $ cd demo1
 $ npm run serve
```

图 1.8　创建默认预设 Vue 3 项目成功

然后按照图 1.8 中的提示进入刚刚创建好的项目，并启动项目，继续运行如下命令（替换<project-name>为准备好的项目名称）：

```
cd <project name>
npm run serve
```

最后，一个简单的 Vue 3 项目工程就创建好了。打开浏览器，输入上面的命令运行最后提示的地址，如笔者这里，输入 http://localhost:8080/或 http://192.168.162.97:8080/，如图 1.9 所示。

运行结果如图 1.10 所示。

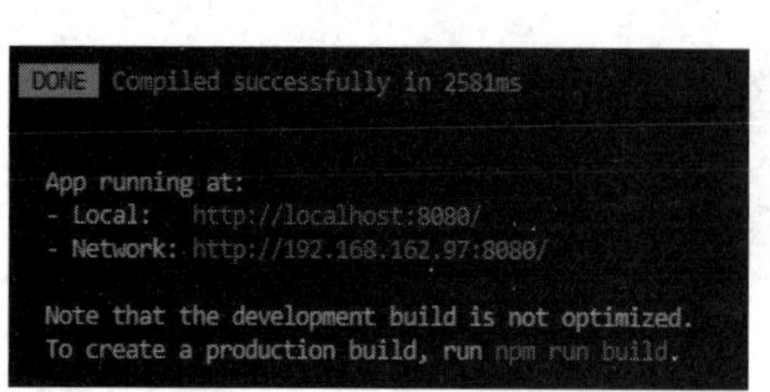


图 1.9 输入地址

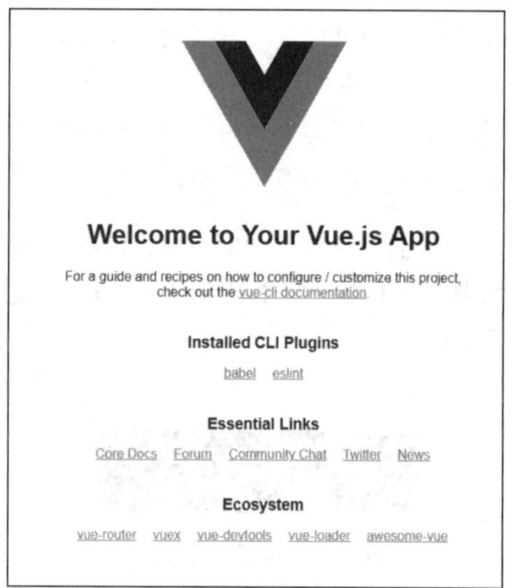


图 1.10 启动项目运行结果

### 3. Vite 安装

Vite 被称作下一代前端开发与构建工具，是一个基于浏览器原生 ES imports 的开发服务器，利用浏览器去解析 imports，在服务器端按需编译返回，直接跳过了打包环节，服务器随起随用，其热更新速度不会随着模块的增多而变慢，因此目前已经在前端社区逐步开始流行。Vite 的优势非常明显，如果读者的项目预期非常庞大，笔者推荐直接使用 Vite 来构建，使用 Vite 要求 Node 版本大于 12。

通过在终端运行以下命令，可以使用 Vite 快速构建 Vue 项目。

使用 npm 安装：

```
# npm 6.x
npm init vite@latest <project-name> --template vue

# npm 7+，需要加上额外的双短横线
npm init vite@latest <project-name> -- --template vue

cd <project-name>
npm install
npm run dev
```

使用 yarn 安装：

```
yarn create vite <project-name> --template vue
cd <project-name>
yarn
yarn dev
```

## 1.4.3 Vue 框架的内容结构

前面学习了如何安装 Vue，通过 Vue CLI 或 Vite 都可以自动化生成一个基础的项目。下面通过 Vue CLI 创建的默认项目一起来了解一下 Vue 的项目结构（使用 Vite 创建的项目结构与 Vue CLI 创建的结构类似，不再赘述）。

首先，笔者使用 Vue CLI 创建了一个叫 demo1 的、包含 babel 和 eslint 的默认配置的工程作为示例，创建好的默认预设项目内容结构如图 1.11 所示。

其中：

- README.md 文件是项目的说明文件，可根据需要进行编辑。
- package.json 记录了项目的信息，包含名称（name）、版本（version）等，是 npm 和 yarn 存储所有已安装软件包的名称和版本的地方（dependencies 生产依赖、devDependencies 开发依赖），开发时允许通过 npm 或 yarn 等工具的命令行运行的脚本（scripts，可通过运行 npm run serve 启动服务器）和一些其他配置，如图 1.12 所示，Vue CLI 创建的默认项目中还包含 eslint 的配置信息（eslintConfig，该配置在项目根目录下不存在其他 eslint 配置文件的情况下会被 eslint 解析来做 JavaScript 代码风格检测和自动化格式等）和目标浏览器及其版本的信息（browserslist，该字段会被用来确定需要转译的 JavaScript 特性和需要添加的 CSS 浏览器前缀）。

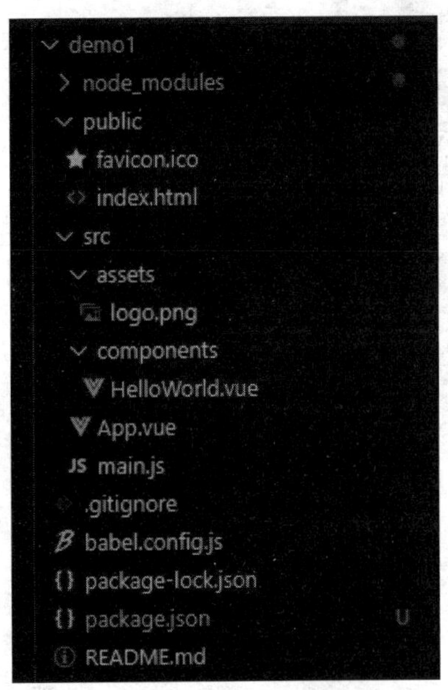


图 1.11　Vue CLI 创建的项目结构

```
{
  "name": "demo1",
  "version": "0.1.0",
  "private": true,
  ▷ Debug
  "scripts": {
    "serve": "vue-cli-service serve",
    "build": "vue-cli-service build",
    "lint": "vue-cli-service lint"
  },
  "dependencies": {
    "core-js": "^3.6.5",
    "vue": "^3.0.0"
  },
  "devDependencies": {
    "@vue/cli-plugin-babel": "~4.5.0",
    "@vue/cli-plugin-eslint": "~4.5.0",
    "@vue/cli-service": "~4.5.0",
    "@vue/compiler-sfc": "^3.0.0",
    "babel-eslint": "^10.1.0",
    "eslint": "^6.7.2",
    "eslint-plugin-vue": "^7.0.0"
  },
  "eslintConfig": {…
  },
  "browserslist": […
  ]
}
```

图 1.12　Vue CLI 创建的默认项目的 package.json 文件内容

- pakage-lock.json 文件跟踪 pakage.json 文件内被安装的每个软件包的确切版本，以便其他人可以用相同的版本安装依赖。
- babel.config.js 文件是 babel 的编译配置文件，指定 babel 将代码转译的 JavaScript 特性，其内容如图 1.13 所示（定义使用一个预设，后续 Element 的按需加载也会修改此文件，这里不详述）。

```
module.exports = {
  presets: [
    '@vue/cli-plugin-babel/preset'
  ]
}
```

图 1.13 Vue CLI 创建的默认项目的 babel.config.js 文件内容

- .gitignore 文件是在提交 git 时要忽略的文件，通过 git status 命令不会显示出变化，例如 Vue CLI 创建的默认项目忽略了 node_modules、dist 和本地环境文件、日志文件和编辑器相关文件的变更（见图 1.14）。这些文件不影响项目功能或者很容易通过其他方式生成，又或者是开发者的个人开发习惯配置等，忽略它们可以保持项目的结构整洁。

```
.DS_Store
node_modules
/dist


# local env files
.env.local
.env.*.local

# Log files
npm-debug.log*
yarn-debug.log*
yarn-error.log*
pnpm-debug.log*

# Editor directories and files
.idea
.vscode
*.suo
*.ntvs*
*.njsproj
*.sln
*.sw?
```

图 1.14 Vue CLI 创建的默认项目的.gitignore 文件

- node_modules 文件夹存放的是通过 npm install 安装的所有项目依赖。
- public 文件夹存放的是一些公用文件，比如图 1.11 的 public 文件夹中有两个文件，一个是图标，另一个是通用的 index 页面。
- src 文件夹是工作中经常用到的目录，其中 assets 目录存放的是一些静态资源（如 css、image）。
- components 文件夹用于存放通用的组件，项目创建初默认会有一个 HelloWorld 组件，其实就是项目初始化时 Home 这一页的内容，在之后的开发中经常会用到这个目录。
- App.vue 文件是 Vue 页面资源的首加载项，项目的主要组件，可以当作网站首页，所有页面都是在 App.vue 下进行切换的，是整个项目的关键。它主要包含 3 部分（见图 1.15）：
  - 模板（template）部分，页面的布局结构都写在这里。
  - 脚本（script）部分，页面的处理脚本都写在这里。

➢ 样式（style）表，页面的样式内容都写在这里。

```
<template>
  <img alt="Vue logo" src="./assets/logo.png">
  <HelloWorld msg="Welcome to Your Vue.js App"/>
</template>

<script>
import HelloWorld from './components/HelloWorld.vue'

export default {
  name: 'App',
  components: {
    HelloWorld
  }
}
</script>

<style>
#app {
  font-family: Avenir, Helvetica, Arial, sans-serif;
  -webkit-font-smoothing: antialiased;
  -moz-osx-font-smoothing: grayscale;
  text-align: center;
  color: #2c3e50;
  margin-top: 60px;
}
</style>
```

图 1.15　Vue CLI 创建的默认项目的 App.vue 文件内容

- main.js 文件是项目的入口文件，项目中所有的页面都会加载这个文件，所以这个文件处理着所有页面的公共逻辑，所有项目中的全局依赖都应该在这个文件中引入或注册。用 Vue CLI 创建的默认项目中的 main.js 内容如图 1.16 所示。

```
import { createApp } from 'vue'
import App from './App.vue'

createApp(App).mount('#app')
```

图 1.16　Vue CLI 创建的默认项目的 main.js 文件内容

可以看到在 main.js 中引入了项目的主要组件 App.vue，然后通过 Vue 的 createApp 方法创建了 Vue 实例，并通过 mount 方法将实例挂载到 id 为 app 的节点上。在默认项目中，这个 main.js 只有 3 行代码，还是非常简单的，后续项目中用到的 element、router、store 和其他自定义的全局文件和操作都会陆续写入这个文件，将在后续章节逐步说明。

### 1.4.4　第一个完整版的 Hello Vue 示例

尝试 Vue.js 最简单的方法是使用 Hello World 例子。本节笔者通过一个简单的 Hello Vue 示例讲解 Vue 的入门用法。前面已经介绍过 Vue 的安装方法，通过 Vue CLI 和 Vite 都能轻松创建一个简单的 Vue 示例，但在不熟悉 Vue 的使用之前，笔者不建议通过这种方法来创建。下面来看第一个完整版 Hello Vue 示例【例 1.1】的代码。

【例 1.1】Hello Vue 示例。

创建一个名为 hello-vue.html 的文件，并写入如下代码：

```
01  <!DOCTYPE html>
02  <html lang="en">
03  <head>
04    <meta charset="UTF-8">
05    <meta http-equiv="X-UA-Compatible" content="IE=edge">
06    <meta name="viewport" content="width=device-width, initial-scale=1.0">
07    <title>Hello Vue</title>
08  </head>
09  <body>
10    <div id="app">
11      <h1>{{title}}</h1>
12    </div>
13    <script
src="https://unpkg.com/vue@3.2.24/dist/vue.global.js"></script>
14    <script type="text/javascript">
15      const App = {
16        data() {
17          return {
18            title: 'Hello Vue'
19          }
20        }
21      }
22      Vue.createApp(App).mount('#app')
23    </script>
24  </body>
25  </html>
```

这段代码有 3 个重点：

（1）有一个 ID 为 app 的 div 元素用于初始化 Vue（第 10 行）。

（2）在页面上引用 CDN 版本的 Vue 文件，或者下载到本地并引用。但出于简化的考虑，暂且按照第 13 行这样处理。

（3）运行一些 JavaScript 代码，通过全局暴露出来的 Vue 的 createApp 方法创建一个 Vue 实例，并将该实例挂载（mount）到之前提到的 div 元素上（第 14~23 行）。

最后直接用浏览器打开这个文件，就可以看到运行结果，页面中展示了 Hello Vue 字样，如图 1.17 所示。

图 1.17　第一个示例 Hello Vue 结果演示

上述方式对于简单的页面很好用，但对于更加复杂的场景就不是那么友好了，如在大型项目中，需要使用类似 Webpack 这样的打包工具，使用 ECMAScript 2015（甚至更高）标准的 JavaScript 语言，编写单文件组件、实现组件的相互引用等其他特性时，使用工程化管理项目就变得非常方便了。了解这些 Vue 的基本使用方法后，笔者建议读者参照前面介绍的 Vue CLI 或 Vite 安装方式创建 Vue 项目。

# 1.5　在 Vue 中引入 Element 开发环境

和学习 Vue 一样，Element 作为 Vue 的伙伴也有它运行的环境。同样，Element 也有多种安装方式，下面笔者介绍常用的 4 种方式。

## 1.5.1　在不安装 Element 的情况下引入 Element

在不安装 Element 的情况下引入 Element 有 3 步：

（1）引入 CSS 样式文件。因为 Element 是一个 UI 框架，定义了一整套样式，所以正式使用 Element 之前需要引入 CSS 样式文件。

（2）引入 Vue.js 文件。由于 Element 是基于 Vue..js 开始的，所以在引入 Element 之前需要引入 Vue.js。

（3）引入 Element Plus JS 文件。和 Vue.js 一样，在不安装 Element 的情况下，可以用 script 标签通过 CDN 方式引入 Element。

根据不同的 CDN 提供商有不同的引入方式，通过上面 3 步，就可以正式使用 Element UI 框架了。这里仍以 unpkg CDN 地址举例，Vue 和 Element Plus 都使用 unpkg CDN 链接，最终引入的代码如下：

```
<head>
  <!-- 引入样式文件 -->
  <link rel="stylesheet" href="//unpkg.com/element-plus/dist/index.css" />
  <!-- 引入 Vue 3 -->
  <script src="//unpkg.com/vue@next"></script>
  <!-- 引入element-plus组件库 -->
  <script src="//unpkg.com/element-plus"></script>
</head>
```

**注意：** 当直接通过 script 标签使用 Element Plus 时，其下所有组件都挂载在全局变量 ElementPlus 下面，如需使用某个组件的某些属性或方法，可以通过 Elemeng Plus 直接访问，如访问 ElMessageBox 的 confirm 方法，直接用 ElementPlus.ElMessageBox.confirm 来调用。

## 1.5.2　安装 Element 的几种方法

Element 的安装有多种方式，下面介绍常用的 3 种方式： npm/yarn 安装、Vue CLI 安装及 Vite 安装。

### 1. npm/yarn 安装

使用 npm/yarn 的方式安装能更好地和 Webpack 等前端构建工具配合使用，npm 安装方式如下：

```
npm install element-plus --save
```

如果使用 yarn 安装，则需要先全局安装 yarn，如果已经安装则忽略，安装 yarn 的命令如下：

```
npm install -g yarn
```

然后执行如下命令安装 element-plus：

```
yarn add element-plus
```

npm/yarn 安装 element-plus 成功之后，会在项目根目录 package.json 的 dependencies 中出现 element-plus 相关内容。然后需要手动引入 Element 才可以在项目中使用它，引入方式在 1.5.3 节进行介绍。

#### 2. 使用 Starter Kit

Element 官方提供了通用的项目模板：Vue CLI 模板 element-plus-vue-cli-starter 和 Vite 模板 element-plus-vite-starter，可以直接下载使用。其中 Vue CLI 模板由于 Vue CLI 已经处于维护模式，所以不再继续维护了，如果读者掌握 TypeScript 知识，笔者建议使用 Vite 模板。

使用 Starter Kit，在安装好依赖之后，默认引入了 Element，无须开发者手动引入，即可通过 Element 提供的自定义标签或方法使用 Element 组件，开发者只需要关注应用的业务代码即可，非常方便。如果不使用 Starter Kit，开发者需要手动引入 Element，而引入方式有两种，完整引入和按需引入。下面将分别介绍。

### 1.5.3 完整引入 Element

如果不在意打包文件的大小，可以引入整个 Element Plus。引入方式是在 main.js 文件中加入以下内容：

```
import { createApp } from 'vue'
import ElementPlus from 'element-plus'; // 完整引入Element Plus
import 'element-plus/lib/theme-chalk/index.css';  // 引入样式文件
import App from './App.vue';

const app = createApp(App)
app.use(ElementPlus, { size: 'small', zIndex: 3000 }) // 在项目上应用Element Plus
app.mount('#app')
```

在使用 app.use(ElementPlus)时，可以传入一个全局配置对象。该对象目前支持 size 与 zIndex 字段。size 用于改变组件的默认尺寸，zIndex 用于设置弹框的初始 z-index 值（默认值为 2000）。

### 1.5.4 按需引入 Element

如果应用中使用的 Element 组件或方法有限，可以只引入需要的 Element 组件或方法，同时按需引入可以减小打包文件的大小。官方提供两种按需引入的方法：自动引入和手动引入。

#### 1. 自动引入（推荐）

自动引入是一种懒人方式，用户无须手写 import 对应的组件代码，而是由构建工具自动引入，使用这种方式，开发者只需关注业务逻辑，非常简便，所以笔者非常推荐使用这种方式来做项目开发。

自动引入方式需要借助 unplugin-vue-components 和 unplugin-auto-import 这两款插件，这两款插件只在开发时使用，所以需要先将这两个插件以开发依赖的形式通过 npm 或读者熟悉的安装工具进行安装，如下为 npm 安装方式：

```
npm install -D unplugin-vue-components unplugin-auto-import
```

安装完成之后，在配置文件中进行配置即可。

（1）Vue CLI

如果使用 Vue CLI 作为构建工具，则项目的配置文件为 vue.config.js，配置方法如下：

```
const AutoImport = require('unplugin-auto-import/webpack')
const Components = require('unplugin-vue-components/webpack')
const { ElementPlusResolver } = require('unplugin-vue-components/resolvers')

module.exports = {
  // …
  configureWebpack: {
    plugins: [
      AutoImport({
        imports: ['vue', 'vue-router', 'vue-i18n', 'vuex'],
        resolvers: [ElementPlusResolver({importStyle: 'sass'})],
      }),
      Components({
        resolvers: [ElementPlusResolver()],
      }),
    ],
  },
};
```

（2）Vite

如果使用 Vite 作为构建工具，则项目的配置文件为 vite.config.js，配置方法如下：

```
import Components from "unplugin-vue-components/vite";
const { ElementPlusResolver } = require("unplugin-vue-components/resolvers");
import AutoImport from 'unplugin-auto-import/vite'

export default defineConfig({
  plugins: [
    AutoImport({
      resolvers: [ElementPlusResolver()]
    }),
    Components({
      resolvers: [ElementPlusResolver()]
    })
  ]
});
```

（3）Webpack

如果使用 Webpack 作为构建工具，则项目的配置文件为 webpack.config.js，配置方法如下：

```
const AutoImport = require('unplugin-auto-import/webpack')
const Components = require('unplugin-vue-components/webpack')
const { ElementPlusResolver } = require('unplugin-vue-components/resolvers')

module.exports = {
  // ...
  plugins: [
    AutoImport({
      resolvers: [ElementPlusResolver()],
    }),
    Components({
      resolvers: [ElementPlusResolver()],
    }),
  ]
}
```

更多 unplugin-vue-components 和 unplugin-auto-import 的配置参数和详情，读者可自行在 GitHub 上查看学习。

### 2. 手动引入

手动引入方式需要开发者自主导入对应的组件，才能在模板或脚本中使用组件对应的标签和方法，对于学习组件的使用方式非常有帮助。

手动引入需要借助 unplugin-element-plus 插件来导入样式，这款插件只在开发时使用，所以需要先将这个插件以开发依赖的形式通过 npm 或读者熟悉的安装工具进行安装，如下为 npm 安装方式：

```
npm install -D unplugin-element-plus
```

安装完成之后，在配置文件中配置即可。

（1）Vue CLI

如果使用 Vue CLI 作为构建工具，则项目的配置文件为 vue.config.js，配置方法如下：

```
module.exports = {
 configureWebpack: {
  plugins: [
   require('unplugin-element-plus/webpack')(),
  ],
 },}
```

（2）Vite

如果使用 Vite 作为构建工具，则项目的配置文件为 vite.config.js，配置方法如下：

```
import ElementPlus from 'unplugin-element-plus/vite'
export default {
 plugins: [
  ElementPlus(),
 ],
}
```

（3）Webpack

如果使用 Webpack 作为构建工具，则项目的配置文件为 webpack.config.js，配置方法如下：

```
module.exports = {
  plugins: [
    require('unplugin-element-plus/webpack')(),
  ],
}
```

更多 unplugin-element-plus 配置参数和详情，读者可自行在 GitHub 上查看学习。

# 1.6 安装一款顺手的开发工具 VScode

目前，前端开发工具非常多，如 Webstorm、Atom、HBuilder、Visual Studio Code、Sublime Text、Notepad++等。对于有经验的开发者来说，使用哪一款工具都可以。笔者习惯使用 Visual Studio Code。

Visual Studio Code 简称 VScode。VScode 是微软发布的一款功能完备、免费开源的现代轻量级代码编辑器，可用于编码、调试、测试和部署到任何平台。这款代码编辑器可以同时支持多种语言，比如常见的 Python、R、SQL 等，还可以支持 Markdown 语言。除了可以支持丰富的语言外，还可以安装各种插件。下面一起来学习 VScode 的安装。

## 1.6.1 软件安装

安装 VScode 非常简单，首先从官网选择对应操作系统的安装包进行下载，如图 1.18 所示。

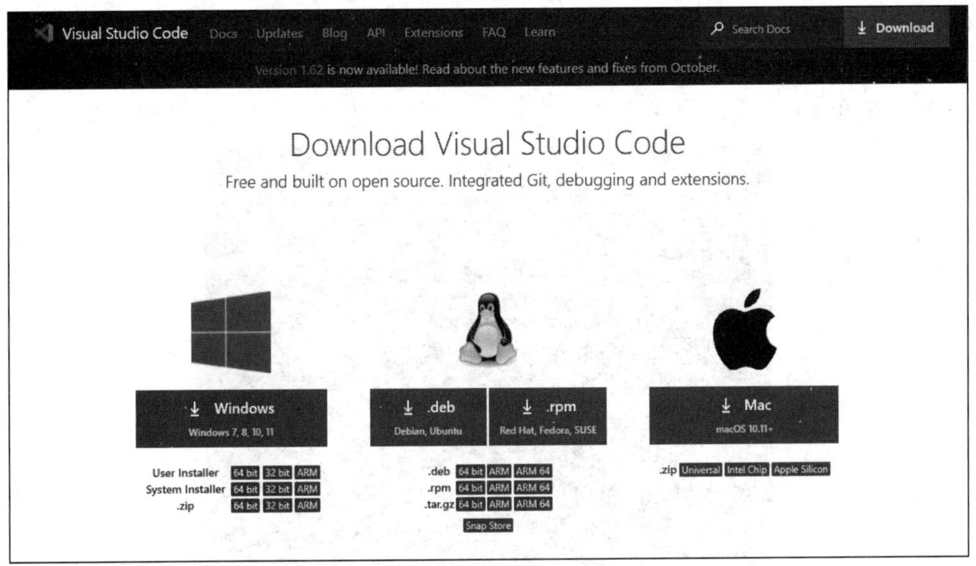


图 1.18 VScode 官网下载页面

然后双击打开下载好的安装包，根据提示傻瓜式安装即可。

打开 VScode，可以看到界面主要分为 5 个区域，分别是活动栏、侧边栏、编辑栏、面板栏、状态栏，如图 1.19 所示。

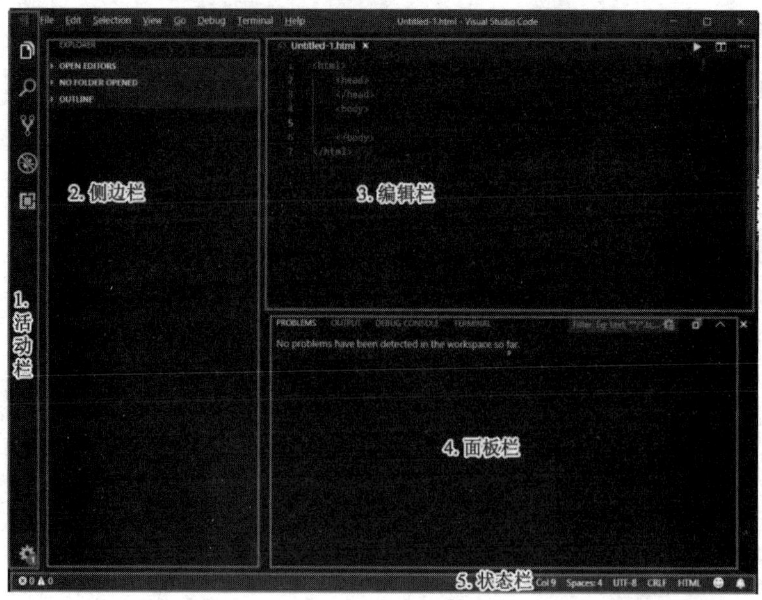


图 1.19 VScode 主界面

## 1.6.2 插件安装

VScode 提供了丰富的插件，辅助开发者快速编辑和开发。

VScode 插件的安装方法也很简单，可以在线安装，也可以离线安装。

在线安装是在联网的情况下直接从 VScode 扩展程序中进行搜索安装，是较为方便的一种安装方式。安装步骤如图 1.20 所示。

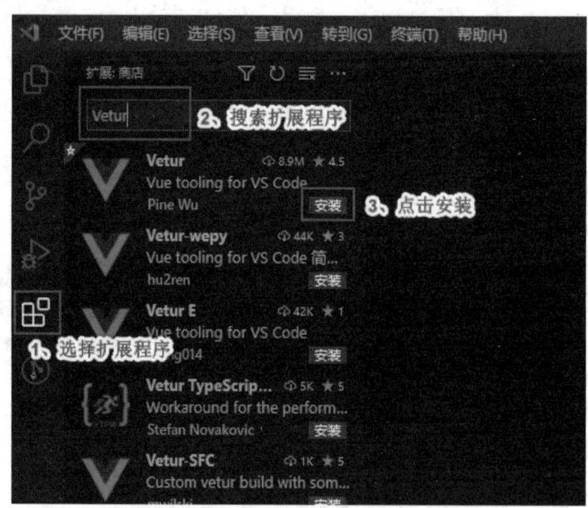


图 1.20 在线安装 VScode 插件

如果在线安装插件失败，可以考虑离线安装。离线安装是指先从官网或其他有效地址下载对应的插件，然后通过扩展程序从 VSIX 菜单选择下载好的插件进行安装。离线安装步骤如图 1.21 所示。

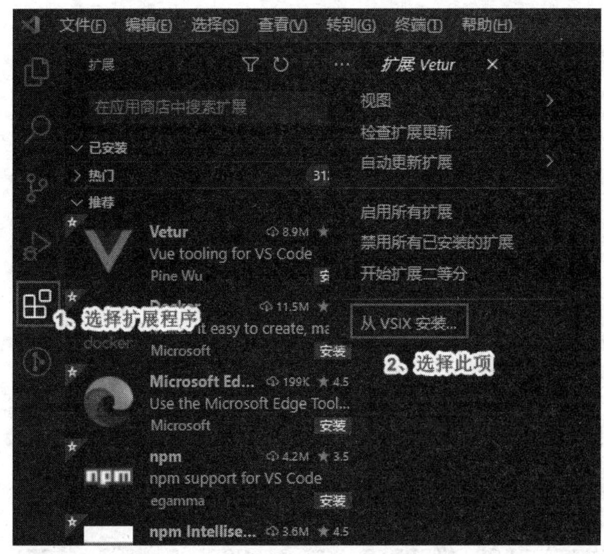


图 1.21　VScode 插件离线安装方式

插件安装后，根据需要重启 VScode 完成安装。本书所有章节的代码都是通过 VScode 编写的，所以在开始之前，笔者推荐在 VScode 中安装以下插件来辅助我们开发 Vue 3 项目：

（1）Chinese (Simplified)（简体中文）Language Pack for Visual Studio Code：VScode 默认是英文语言环境，安装这个插件可以将 VScode 界面变成中文语言环境，方便中文开发者使用 VScode。

（2）Vue Language Features (Volar)：也许有人熟悉 Vetur，它是 Vue 2.x 的配套插件，主要用于对 Vue 单文件组件提供语法高亮、语法支持以及语法检测。它还内置了 Emmet 插件的所有功能，支持快捷输入代码，但它不支持 Vue 3 的很多新特性，如 Vue 3 不再需要根标签，继续使用 Vetur，在单页应用中不写根标签时 Vetur 会报错，所以完美支持 Vue 3 的插件 Volar 出世，它在功能上与 Vetur 一致。如果同时安装了 Vetur 和 Volar，使用 Volar 时建议禁用 Vetur。

（3）Vue 3 Snippets：这个插件基于最新的 Vue 2 及 Vue 3 的 API 添加了代码片段，在文本输入时提供输入建议。

（4）Eslint：它是最常用的代码检查插件。

（5）Auto Rename Tag：可以自动完成另一侧标签的同步修改。

（6）Path Intellisense：路径自动补全工具，可以在输入部分路径后提示路径，使输入更加方便。

（7）Bracket Pair Colorizer：括号匹配工具，可以将不同级别的括号使用不同的颜色标记，成对的括号用相同的颜色标记，代码块起始位置一目了然。

## 1.7　第一个完整版的 Vue+Element Plus 示例

本节将编写一个简单的计数器完整版示例【例 1.2】，了解 Vue 和 Element 如何组合使用。

【例 1.2】第一个完整版的 Vue+Element 示例。

笔者在第一个 Vue 示例【例 1.1】的基础上进行修改，最后 hello-vue.html 内容如下：

```
01 <!DOCTYPE html>
02 <html lang="en">
03 <head>
04   <meta charset="UTF-8">
05   <meta http-equiv="X-UA-Compatible" content="IE=edge">
06   <meta name="viewport" content="width=device-width, initial-scale=1.0">
07   <title>Hello Vue</title>
08   <link rel="stylesheet" href="https://unpkg.com/element-plus/dist/
index.css" />
09 </head>
10 <body>
11   <div id="app">
12     <h1>{{title}}</h1>
13     <el-button type="primary" @click="handleClick">点我</el-button>
14     <p>计数{{count}}</p>
15   </div>
16   <script src="https://unpkg.com/vue@3.2.24/dist/vue.global.js">
</script>
17   <script src="https://unpkg.com/element-plus"></script>
18   <script type="text/javascript">
19     const App = {
20       data() {
21         return {
22           title: 'Hello Vue',
23           count: 0
24         }
25       },
26       methods:{
27         handleClick() {
28           this.count++;
29         }
30       }
31     }
32     Vue.createApp(App).use(ElementPlus).mount('#app')
33   </script>
34 </body>
35 </html>
```

该代码片段做了以下改动：

第 08 行，在 head 标签内引入了 ElementPlus 的样式文件。

第 13 行，在 body 中引入了一个 Element Button 按钮组件（el-button），并绑定了一个单击事件 @click，绑定了一个叫 handleClick 的处理方法，然后在 el-button 之后显示计数值 count。

第 17 行，在 body 引入 Vue 文件后，引入 ElementPlus 文件。

第 23 行，在 body 主要脚本 data 中定义一个叫 count 的属性，记录计数值。

第 27~29 行，在 body 主要脚本中添加一个 methods 属性，并定义一个 handleClick 处理方法，该方法使计数值 count 自加 1。

第 32 行，在 body 主要脚本最后通过 use 方法绑定 ElementPlus 到应用上。

最后在浏览器中打开 hello-vue.html 文件，可以看到显示结果，如图 1.22 所示（每单击一次按钮，显示的数字加 1）。

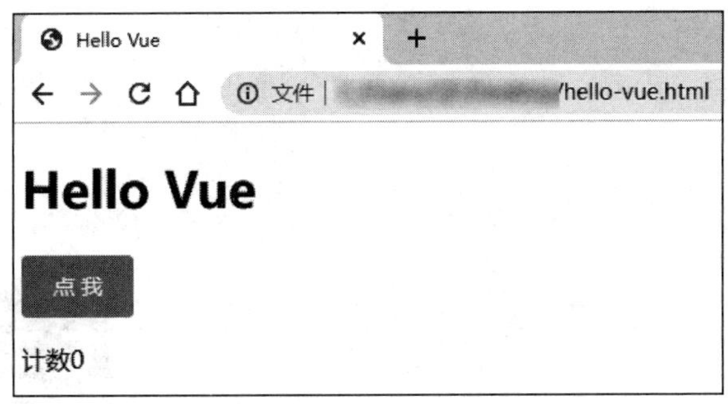


图 1.22　第一个完整版 Vue+ElementPlus 示例

和第一个 Vue 实例一样，在大项目开发过程中，笔者建议读者在工程化项目中使用 Element。其原理和这个简单实例是一样的。后续实战章节将会带领读者一起用工程化思路完成项目实践。

# 第 2 章

# Vue 快速入门

通过第 1 章的学习，我们已经可以搭建好 Vue 的开发环境，接下来便需要将它使用到项目中。借由本章通过一些基本示例的演示带领读者一起学习 Vue 的语法基础，让读者可以快速领略 Vue 的魅力。本章内容较为简单，跟着笔者的示例一起学习，相信初次尝试使用此框架的读者也可以快速上手。

## 2.1 双向数据绑定

Vue 是一个 MVVM 的框架，M 是 Model，V 是 View，VM 是 ViewModel，它将 View 和 Model 关联起来，既负责将 Model 的数据同步到 View 显示出来，也负责将 View 的修改同步回 Model，这两种操作结合起来就是双向数据绑定。可以说双向数据绑定是 MVVM 框架的一个重要特性，它使得数据（Model）变化可以及时反映到视图（View）上，视图数据（View）更新也能同步修改到数据（Model）。

在 Vue 中，可以使用 v-model 指令（其他常用指令将在后续章节介绍）在 <input>、<textarea> 、<select>等表单元素上创建双向数据绑定。下面来看【例 2.1】的演示。

【例 2.1】双向数据绑定表单。

下面笔者随意拟了一个用户信息的表单，来看相关代码：

```
<!DOCTYPE html>
<html lang="en">
<head>
  <meta charset="UTF-8">
  <meta http-equiv="X-UA-Compatible" content="IE=edge">
  <meta name="viewport" content="width=device-width, initial-scale=1.0">
  <title>Hello Vue</title>
</head>
```

```
<body>
  <div id="app">
    <h2>配置信息</h2>
    <div>
      <label>昵称：</label>
      <input type="text" v-model="user.name">
    </div>
    <div>
      <label>性别：</label>
      <input type="radio" name="sex" v-model="user.sex" value="男">男
      <input type="radio" name="sex" v-model="user.sex" value="女">女
    </div>
    <div>
      <label>心愿单：</label>
      <input type="checkbox" name="wish" v-model="user.wish" value="iphone">iphone
      <input type="checkbox" name="wish" v-model="user.wish" value="ipad">ipad
      <input type="checkbox" name="wish" v-model="user.wish" value="iwatch">iwatch
      <input type="checkbox" name="wish" v-model="user.wish" value="其他">其他
    </div>
    <div>
      <label>组号：</label>
      <select v-model="user.group" style="width: 100px">
        <option value="1">1</option>
        <option value="2">2</option>
        <option value="3">3</option>
        <option value="4">4</option>
      </select>
    </div>
    <div>
      <label>备注：</label>
      <textarea v-model="user.remark"></textarea>
    </div>
    <div>
      <h2>已配置用户信息</h2>
      <p>姓名：{{user.name}}</p>
      <p>性别：{{user.sex}}</p>
      <p>心愿单：{{user.wish}}</p>
      <p>组织编号：{{user.group}}</p>
      <p>备注：{{user.remark}}</p>
    </div>
  </div>
  <script src="https://unpkg.com/vue@next"></script>
  <script type="text/javascript">
    const App = {
      data() {
        return {
          user: {
            name: '',
            sex: '男',
            wish: [],
            group: '',
```

```
60                remark: ''
61              }
62            }
63          }
64        }
65        Vue.createApp(App).mount('#app')
66      </script>
67    </body>
68  </html>
```

**代码说明：**

上面的代码片段中，笔者分别给单行文本框（第 14 行）、单选按钮组（第 18、19 行）、多选按钮组（第 23~26 行）、选择框（第 30~35 行）、多行文本框（第 39 行）绑定了一个 v-model 属性，v-model 属性值对应 user 的各个属性值，并在已配置的用户信息下面分别展示各个值。

浏览页面结果可以看到，当所填的信息变更时，填入的信息及时展示在了下方已配置的用户信息部分。运行结果如图 2.1 所示。

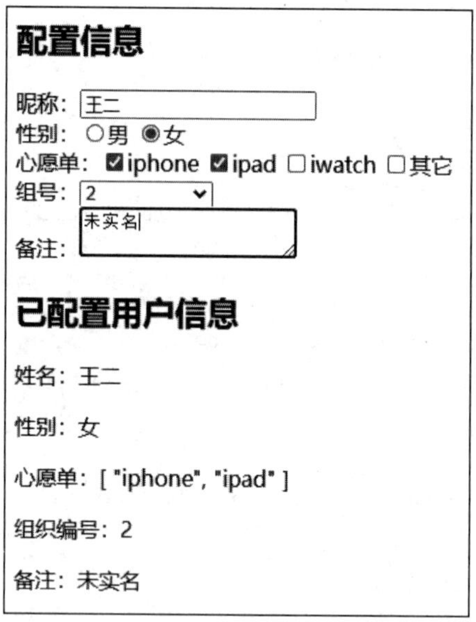

图 2.1　Vue 双向数据绑定的用法

# 2.2　插　值

插值是 Vue 中最常见和最基本的模板语法。Vue 通过插值改变 HTML 文档内容，不使用模板语法，使用传统方法需要通过 JavaScript 脚本操作 DOM 对象才能改变 HTML 元素内容，过程复杂重复，而 Vue 通过插值极大地简化了开发流程。插值主要有文本插值和 HTML 插值两种。

## 2.2.1　文本插值

文本插值的方式十分简单，只要用双大括号（Mustache 语法）将要绑定的变量、值、表达式括住就可以实现，Vue 将会获取计算后的值，并以文本的形式将其展示出来。下面来看插值的基础示例。

【例 2.2】文本插值基本用法演示。

下面一段代码演示了文本插值的基本用法：

```
<!DOCTYPE html>
<html lang="en">
<head>
  <meta charset="UTF-8">
  <meta http-equiv="X-UA-Compatible" content="IE=edge">
  <meta name="viewport" content="width=device-width, initial-scale=1.0">
  <title>Hello Vue</title>
</head>
<body>
  <div id="app">
    <h2>文本插值</h2>
    <p><label>变量：</label>{{ title }}</p>
    <p><label>表达式：</label>{{ 4+5 }}</p>
    <p><label>三目运算：</label>{{ flag ? 4: 5 }}</p>
    <p><label>一般函数：</label>{{ getName() }}</p>
    <p><label>匿名函数：</label>{{ (() => 4+5)() }}</p>
    <p><label>对象：</label>{{ { num: 5 } }}</p>
    <p><label>函数对象：</label>{{ getName }}</p>
  </div>
  <script src="https://unpkg.com/vue@next"></script>
  <script type="text/javascript">
    const App = {
      data() {
        return {
          title: 'Hello Vue',
          flag: true,
          html: '<span>I am sam.</span>'
        }
      },
      methods:{
        getName() {
          return 'xiaoxiao'
        }
      }
    }
    Vue.createApp(App).mount('#app')
  </script>
</body>
</html>
```

运行结果如图 2.2 所示。

**文本插值**

变量：Hello Vue

表达式：9

三目运算：4

一般函数：xiaoxiao

匿名函数：9

对象：{ "num": 5 }

函数对象：function () { [native code] }

图 2.2 文本插值的基本用法

从运行结果可以看到，无论是变量、表达式、函数还是对象，Vue 都只将结果当作文本处理。另外，如果插值绑定的内容是变量或与变量有关，当修改变量的值时，视图也会同步更新。

值得注意的是，如果认真观察从页面打开到数据完全加载这个过程，会发现页面出现原始内容（即带“{{”“}}”的文本）后，才会被编译器解析成最终的结果，我们称这一现象为闪现，如果对这种结果很敏感，Vue 提供了一个 v-text 指令可以解决这个问题，这个在 2.3.7 节进行进一步说明。

## 2.2.2 HTML 插值

HTML 插值可以动态渲染 DOM 节点，是对文本插值的补充和拓展，常用于处理一些不可预知和难以控制的 DOM 结构，如渲染用户随意书写的文档结构等，这在一些博客和论坛上较为常见。下面来看【例 2.3】的演示。

【例 2.3】HTML 插值示例。

下面来看一段相关代码：

```
<!DOCTYPE html>
<html lang="en">
<head>
  <meta charset="UTF-8">
  <meta http-equiv="X-UA-Compatible" content="IE=edge">
  <meta name="viewport" content="width=device-width, initial-scale=1.0">
  <title>Hello Vue</title>
</head>
<body>
  <div id="app">
    <div>{{html}}</div>
    <div v-html="html"></div>
  </div>
  <script src="https://unpkg.com/vue@next"></script>
  <script type="text/javascript">
    const App = {
      data() {
        return {
          html: '<h2>这是一段 html</h2>
```

```
            <img src="https://v3.cn.vuejs.org/logo.png" />
            '
          }
        }
      }
      Vue.createApp(App).mount('#app')
    </script>
  </body>
  </html>
```

运行结果如图 2.3 所示。

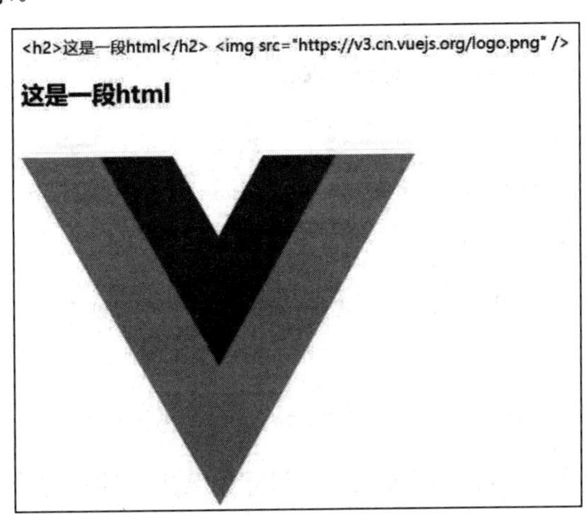


图 2.3　文本插值与 HTML 插值的对比

从上面的运行结果可以看出，文本插值中的代码被解释为节点的文本内容，而 HTML 插值中的代码则被渲染为视图节点。

值得注意的是，Vue 的 HTML 插值是直接把绑定的内容解析为 DOM 节点，如果绑定的内容来自用户输入，存在恶意输入的脚本时，很容易给网站造成巨大的影响，又由于 Vue 本身支持模板（template），因此笔者建议在使用 HTML 插值时秉承以下原则：

- 尽量多使用 Vue 自身的模板机制，减少对 HTML 插值的使用。
- 只对可信内容使用 HTML 插值。
- 绝不相信用户输入的数据（如要使用用户输入的数据，需要先对数据做一些脱敏或者转义操作）。

## 2.3　常用的指令

Vue 核心内置了很多指令，指令是系统常用的方法，Vue 将这些方法封装成指令并配合 Vue 的模板使用，同时极大地简化了开发流程，使开发非常简便。下面介绍几种常用的指令。

## 2.3.1 v-bind

v-bind 主要用于动态绑定 DOM 元素属性（attribute），支持绑定静/动态属性名。

绑定静态属性，例如：

```
<img v-bind:src="imageSrc" />
```

通常，v-bind 可以简写为“：”，如上述例子可简写为：

```
<img :src="imageSrc" />
```

绑定动态属性，例如：

```
<button v-bind:[key]="value"></button>
```

上述例子可以简写为：

```
<button :[key]="value"></button>
```

绑定全是 attribute 的对象，例如：

```
<div v-bind="{ id: someProp, 'other-attr': otherProp }"></div>
```

相当于：

```
<div :id="someProp" :other-attr="otherProp"></div>
```

还有两个比较特别的属性绑定，即类名 class 和样式 style 属性的绑定，也是常用的绑定方式。这两个属性值均是字符串，但类名实际上可由数组拼接而成，样式则可由对象键值对拼接而成，所以 Vue 对这两个属性的绑定做了对应处理，使得两个属性可以绑定多种类型的数据。

class 属性可以绑定字符串、数组和对象类型的值。示例代码如下：

【例 2.4】class 属性绑定样式。

```
<style>
    .background-yellow {
      background-color: yellow;
    }
    .color-red {
      color: red;
    }
    .size-20 {
      font-size: 20px;
    }
    .style-italic {
      font-style: italic;
    }
    .weight-bold {
      font-weight: bold;
    }
</style>
<div id="app">
    <h2>Class 绑定</h2>
    <div :class="classStr">绑定字符串</div>
    <div :class="classArr">绑定数组</div>
    <div :class="classObj1">绑定对象</div>
```

```
        <div :class="classObj2">绑定对象，没有类名被绑定</div>
    </div>
    <script type="text/javascript">
        const App = {
          data() {
            return {
              classStr: 'background-yellow color-red size-20 weight-bold
style-italic',
              classArr: ['background-yellow', 'color-red', 'size-20', 'weight-bold',
'style-italic'],
              classObj1: {
                'background-yellow': true,
                'color-red': true,
                'size-20': true,
                'weight-bold': true,
                'style-italic': true
              },
              classObj2: {
                'background-yellow': 0,
                'color-red': '',
                'size-20': undefined,
                'weight-bold': false,
                'style-italic': null
              }
            }
          }
        }
        Vue.createApp(App).mount('#app')
    </script>
```

运行结果如图 2.4 所示。

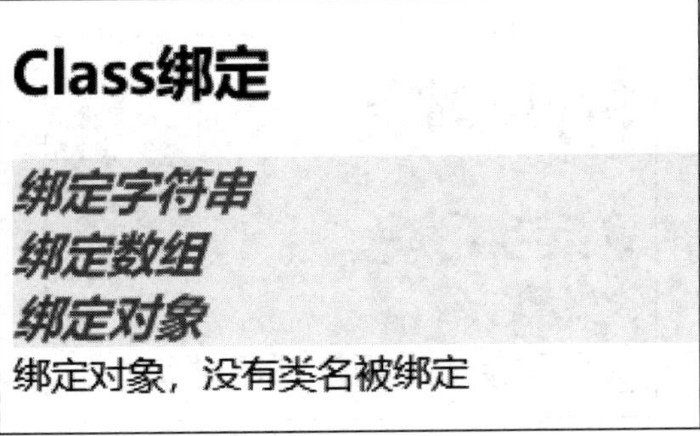


图 2.4　绑定 class 属性的用法

从运行结果可以看到，前面 3 种方式（字符串、数组、对象）绑定类名的效果是一致的，但由于 classObj2 中的键值全部被判定为假，因此类名并未被绑定到对应节点上。

style 绑定样式的方式与 class 类名绑定样式的方式相似，因为 style 是以键值对的形式拼接的，所以不能像类名一样使用数组进行绑定，style 属性可以绑定字符串和对象类型的值，示例如下：

【例 2.5】style 属性绑定样式。

```
    <div id="app">
```

```
        <h2>Style 绑定</h2>
        <div :style="styleStr">绑定字符串</div>
        <div :style="styleObj1">绑定对象</div>
        <div :style="styleObj2">绑定对象，没有样式被绑定</div>
    </div>
    <script type="text/javascript">
        const App = {
          data() {
            return {
         styleStr: 'background-color: yellow;color: red; font-size:
20px;font-weight:bold; font-style:italic;',
              styleObj1: {
                'background-color': 'yellow',
                'color': 'red',
                'font-size': '20px',
                'font-weight': 'bold',
                'font-style': 'italic'
              },
              styleObj2: {
                'background-color': 0,
                'color': '',
                'font-size': undefined,
                'font-weight': false,
                'font-style': null
              }
            }
          }
        }
        Vue.createApp(App).mount('#app')
    </script>
```

运行结果如图 2.5 所示。

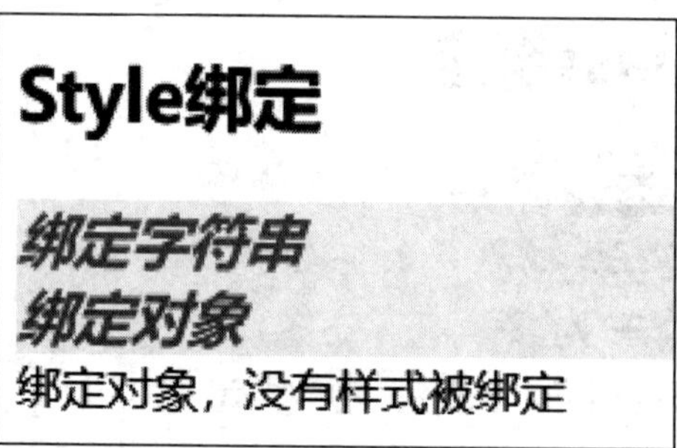


图 2.5　绑定 style 属性的用法

从运行结果可以看到，前面两种方式（字符串、对象）绑定的样式效果是一样的，但 styleObj3 中的键值全部判定为假，所以样式并未被绑定到对应的节点上。

v-bind 有三种修饰符(这里的修饰符是指可以加在 v-bind 属性后面的词)，分别为.camel、.prop、.attr，作用分别如下：

- .camel：将绑定的特性名字转回驼峰命名，只能用于普通 HTML 属性的绑定，通常会用于 svg 标签下的属性，例如：

```
<svg width='400' height='300' :view-box.camel='viewBox'></svg>
```

输出结果即为：

```
<svg width="400"height="300" viewBox="…"></svg>
```

- prop：将一个绑定强制设置为一个 DOM 的 property，可以通过相应 DOM 对象的“.”运算符直接获取和设置属性值。

当 v-bind 使用.prop 修饰符时，可以简写为“.”，如：

```
<div :someProperty.prop="someObject"></div>
```

可以简写为：

```
<div .someProperty="someObject"></div>
```

- .attr：将绑定的特性强制设置为一个 DOM 的 attribute，可以通过相应 DOM 对象的 getAttribute 和 setAttribute 直接获取和设置属性值。

## 2.3.2 v-on

v-on 指令主要用于事件绑定，用法和 v-bind 相似，一样支持绑定静/动态属性名。

绑定静态事件名，例如：

```
<button v-on:click="doThis"></button>
```

通常，v-on 可以简写为@，如上述例子可简写为：

```
<button @click="doThis"></button>
```

绑定动态事件名，例如：

```
<button v-on:[event]="doThis"></button>
```

上述例子可以简写为：

```
<button @:[event]="doThis"></button>
```

绑定全是事件的对象，例如：

```
<button v-on="{ mousedown: doThis, mouseup: doThat }"></button>
```

相当于：

```
<button @mousedown="doThis" @mouseup="doThat"></button>
```

和 v-bind 一样，v-on 也有修饰符：

- .stop：调用 event.stopPropagation() 阻止事件冒泡。
- .prevent：调用 event.preventDefault()禁止浏览器默认行为。
- .capture：添加事件侦听器时使用 capture 模式。
- .self：只当事件从侦听器绑定的元素本身触发时才触发回调。
- .{keyAlias}：只当事件从特定键触发时才触发回调。
- .once：只触发一次回调。

- .left：只当单击鼠标左键时触发。
- .right：只当单击鼠标右键时触发。
- .middle：只当单击鼠标中键时触发。
- .passive：{ passive: true } 模式添加侦听器。

使用方法很简单，以.stop 为例，如下：

```
<button @click.stop.prevent="doThis"></button>
```

### 2.3.3 v-if / v-else-if / v-else / v-show

v-if/v-else-if/v-else/v-show 这 4 个指令主要用于根据条件展示对应的模板内容。v-if/v-else-if/v-else 相当于 JavaScript 里面的 if/else-if/else 语句块，v-show 则相当于 JavaScript 中获取对应的元素后，设置对应元素的 display 样式。

在 JavaScript 脚本中，如果需要控制一个元素的显隐，需要先获取元素对象，进而进行相关操作，而 Vue 在模板中用这几个指令可以省掉很多 DOM 操作的复杂代码，让开发者可以只关注业务逻辑，是非常友好的设计。

值得一提的是，v-if 和 v-show 用于控制元素的展示有明显的区别：v-if 在条件为 false 的情况下并不进行模板的编译，而 v-show 则会在模板编译好之后将元素隐藏掉。v-if 的切换消耗要比 v-show 高，但初始条件为 false 的情况下，v-if 的初始渲染要稍快。

另外，和 JavaScript 代码一样，如果不需要 else-if 或 else 分支，v-else-if 和 v-else 是可以省略的，它们的使用方法如下：

```
<!-- v-if/v-else-if/v-else -->
    <div v-if="random < 0.5">
      随机数小于 0.5
    </div>
    <div v-else-if="random < 0.8">
      随机数大于 0.5 且小于 0.8
    </div>
    <div v-else>
      随机数大于 0.8
    </div>

    <!-- v-show -->
    <div v-show="random> 0.8">
      随机数大于 0.8
    </div>
```

### 2.3.4 v-for

v-for 是用于模板循环渲染的指令，这个指令通过遍历一个数组或者对象，将指令所在的元素循环输出到页面上。

渲染数组的方法如下：

```
<!--v-for 遍历数组>
<div id="app">
    <ul>
```

```
      <li v-for="(item, index) in todos" :key="i">
        {{ item }}
      </li>
    </ul>
  </div>
  <script type="text/javascript">
    const App = {
      data() {
        return {
          todos: [
            '起床',
            '打扫卫生',
            '看电视剧',
            '吃饭',
            '睡觉'
          ]
        }
      }
    }
    Vue.createApp(App).mount('#app')
  </script>
```

上面的代码将数组中的每一项输出到页面的列表元素中，具体如下：

```
<ul>
      <li>起床</li>
      <li>打扫卫生</li>
      <li>看电视剧</li>
      <li>吃饭</li>
      <li>睡觉</li>
    </ul>
```

渲染对象的方法如下：

```
<!--v-for 遍历对象-->
<div id="app">
    <ul>
      <li v-for="(value, key, index) in todos" :key="key">
        {{index}}:{{key}}-{{ value }}
      </li>
    </ul>
  </div>
  <script type="text/javascript">
    const App = {
      data() {
        return {
          todos: {
            '8:00': '起床',
            '9:00': '打扫卫生',
            '10:00': '看电视剧',
            '12:00': '吃午饭',
            '12:30': '睡午觉'
          }
        }
      }
    }
```

```
    Vue.createApp(App).mount('#app')
  </script>
```

v-for 也支持循环计数，这种循环方式计数下标从 1 开始，因此下面的结果输出 1~5：

```
<!--v-for 循环计数-->
<ul>
    <li v-for="item in 5" :key="item">
      {{item}}
    </li>
</ul>
```

## 2.3.5 v-model

v-model 指令在 2.1 节简单介绍过，这节主要对它的功能进行补充说明。

和 v-bind、v-on 一样，它也有修饰符，包括.lazy、.number、.trim：

- .lazy：v-model 在每次 input 事件触发后，将输入框的值与数据进行同步，添加.lazy 修饰符，可以让它在 change 事件之后进行同步。
- .number：该修饰符可以将用户的输入值自动转为数值类型。
- .trim：该修饰符可以自动过滤用户输入的首尾空白字符。

v-model 作为双向数据绑定的重要指令，在开发过程中使用的频率非常高。除了之前介绍的可以作用于表单元素之外，也可以作用于组件，在组件上使用 v-model 指令将在 2.4.3 节进一步介绍。

## 2.3.6 v-html

v-html 指令的作用是更新元素的 innerHTML，接收的字符串不会进行编译等操作，按普通 HTML 处理。直接在元素上绑定 v-html 可以避免编译前闪现的问题。这个指令由于插值的频繁使用，也是非常常用的指令，在 2.2 节说明插值时已经做了详细说明，这里不再赘述。

## 2.3.7 v-text

v-text 指令与 v-html 指令类似，它的作用是更新元素的 textContent。“{{” “}}”文本插值其实是一个会被编译成 textNode 的 v-text 指令。而与直接使用“{{” “}}”不同的是，v-text 需要绑定在某个元素上，使用 v-text 指令可以避免未编译前的闪现问题。如果是对这个问题很敏感的页面，可以使用 v-text 代替“{{” “}}”。

使用方法如下：

```
<span v-text="msg"></span>
```

相当于：

```
<span>{{msg}}</span>
```

# 2.4 组　件

组件是 Vue 中非常重要的一部分，将重复的、大概率多次使用的交互元素等封装成组件，运用得当可以在很大程度上减少重复的代码量，也使得页面结构变得简洁。Vue 组件是一个自定义元素，相当于 HTML 元素的扩展，本节学习组件的基础知识，熟练地使用组件可以节省大部分工作量，节省开发时间。

## 2.4.1 组件的注册

组件的注册有两种方式：全局注册和局部注册。

### 1. 全局注册

全局注册的组件在创建 Vue 实例的时候注册，并在全局范围内都可以使用。下面来看一个简单的组件的例子。

【例 2.6】组件的全局注册。

```
01  <div id="app">
02      <button-counter></button-counter>
03    </div>
04  <script type="text/javascript">
05      const app = Vue.createApp({})
06      // 定义一个叫 button-counter 的组件
07      app.component('button-counter', {
08        data() {
09          return {
10            count: 0
11          }
12        },
13        template: '
14          <button v-on:click="count++">
15            点击了我{{ count }} 次
16          </button>'
17      })
18      app.mount('#app')
19    </script>
```

上面就是一个简单的全局注册的例子，通过 app.component 方法传入组件名称，组件数据就可以在全局范围内使用（第 07~17 行）。

打开浏览器浏览页面，上面会出现一个按钮，每单击一次按钮，按钮上的数字都会加 1。

### 2. 局部注册

局部注册的组件在编写页面的时候引入，只能在页面内使用，在其子组件中是不可用的，使用方法如【例 2.7】所示。

【例 2.7】直接引用 Vue 方式组件的局部注册。

```
<div id="app">
```

```
    <component-a></component-a>
    <component-b></component-b>
    <component-c></component-c>
  </div>
  <script>
  const ComponentA = {};
  const ComponentB = {};
     const app = Vue.createApp( {
       components: {
          'component-a': ComponentA,
          'component-b': ComponentB
       }
     })
  app.mount('#app')
  </script>
```

对于 components 对象中的每个 property 来说，其 property 名（如 component-a）就是自定义元素的名字，其 property 值（如 ComponentA）就是这个组件的选项对象。

如果使用 Babel 和 Webpack，使用 ES 2015+语法，上述用法将局部组件的定义（如 ComponentA 和 ComponentB）变成模块引入，则变成如【例 2.8】所示的方式，工程化项目中便是用这种方式进行组件局部注册的。

【例 2.8】单文件组件的局部注册。

```
import ComponentA from './ComponentA'
import ComponentB from './ComponentB'
export default {
  components: {
    ComponentA,
    ComponentC
  }
  // ...
}
```

最后，对于组件注册时的组件名称有两种定义方式，一种是使用 kebab-case 短横线分隔命名方式，另一种是首字母大写的 PascalCase 命名方式。使用 kebab-case 命名方式时，引用组件元素时必须保持和名称一致，如名称为 component-a，引用组件元素时也只能是<component-a>；而使用 PascalCase 方式命名时，引入组件元素时大小写都支持，如 ComponentA 引入时可以是<component-a>，也可以是<ComponentA>。

## 2.4.2 组件的生命周期钩子

每一个组件都有自己的生命周期，从组件被创建并添加到 DOM，到组件被销毁的整个过程就是一个组件的生命周期，这个周期里面会有一个初始化的过程，包括设置数据监听（watch）、编译模板（template）、将实例挂载到 DOM 并在数据变化时更新 DOM 等，同时也会运行一些生命周期钩子函数。生命周期钩子函数可以用两种 API 写法：选项式 API（Options API）和组合式 API（Composition API）。

使用选项式 API 定义一个组件时，通常会在组件中定义 data（数据）、props（属性）、computed

（计算属性）、watch（监听）、methods（方法）和生命周期钩子等，如单文件组件的选项式 API 写法如【例 2.9】所示。

【例 2.9】组件选项式 API 写法。

```
<template>
  <div>{{ name }}: {{ counter }} {{ obj.title }}</div>
  <div>{{ twiceTheCounter }}</div>
  <button @click="action">按钮</button>
</template>
<script>
export default {
  props: {
    name: String
  },
  data () {
    return {
      counter: 0,
      obj: { title: '这是个标题' }
    }
  },
  computed: {
    twiceTheCounter() {
      return this.counter* 2
    }
  },
  watch: {
    counter(newValue, oldValue)  {
      console.log(newValue, oldValue);
      this.obj.title= '我改变了';
    }
  },
  methods: {
    action() {
      this.counter = this.counter + 3;
    }
  },
  mounted () {
    console.log('mounted')
  }
}
</script>
```

上面的代码仅列出了选项式 API 组件的基本结构，下面重点说明组件的生命周期钩子函数。

Vue 组件的生命周期钩子函数包括 8 个，可以使用选项式 API 和组合式 API 表示，对应选项式 API 和组合式 API 的生命周期函数有所不同。对应关系如下（括号中是对应组合式 API 的钩子函数），并按如图 2.6 所示的顺序执行。

- beforeCreate（setup）：在组件实例初始化前被触发。
- created（setup）：在组件实例初始化完成后、被添加到 DOM 之前被触发。
- beforeMounted（onBeforeMounted）：在组件元素准备好，添加到 DOM 之前被触发。
- mounted（onMounted）：在组件元素创建后（不一定已经添加到 DOM）被触发。

- beforeUpdate（onBeforeUpdate）：在组件元素数据更新 DOM 之前被触发。
- updated（onUpdated）：在组件元素更新 DOM 完成之后被触发。
- beforeUnmount（onBeforeUnmount）：在组件被销毁之前，从 DOM 上移除时被触发。
- unmounted（onUnmounted）：在组件被销毁之后触发。

**说明：** beforeCreate 和 created 在组合式 API 中被 setup 方法本身所取代，即组合式 API 中没有 beforeCreate 和 created 钩子函数。

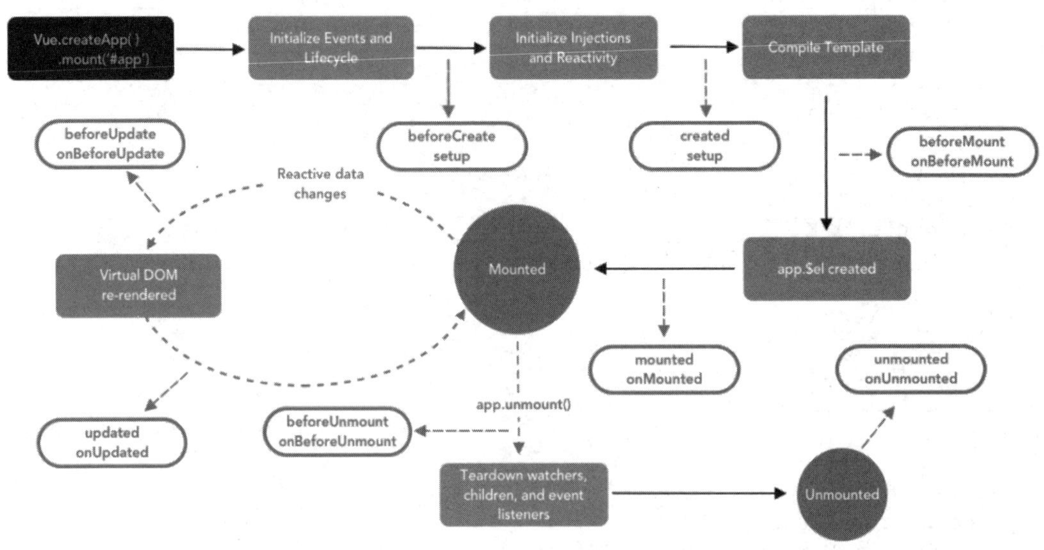


图 2.6　组件的生命周期图

在 Vue 3 中，选项式 API 与组合式 API 共存，那么什么时候使用选项式 API，什么时候又使用组合式 API 呢？

回头看【例 2.9】，通常选项式 API 写法简单，可以将组件的所有数据和逻辑集中到选项中，但也因为如此，选项式 API 有一个很大的缺点：一个组件可能定义很多数据、属性和方法等来实现多个功能，比较分散，如果项目小，可以清晰明了。但是一个大项目的一个组件可能在 methods 中包含很多个方法，往往分不清哪个方法对应哪个功能，如果要进行对应功能的修改，可能需要上下来回搜索，非常影响效率且不好维护。所以 Vue 3 开始使用组合式 API 来解决这样的问题，它可以将不同功能逻辑的关注点划分成模块，再组合起来，这样在需要修改对应功能时可以在对应模块中搜索，就方便高效很多了。

从上面的生命周期钩子函数的介绍中我们了解到，在选项式 API 中，生命周期钩子是被暴露在 Vue 实例上的选项，而组合式 API 引入了 setup 选项，生命周期钩子函数可以在 setup 中调用。setup 作为组合式 API 的入口，它在组件被创建之前、props 被解析之后执行。

组合式 API 可以方便地将原来选项式 API 写法中的杂乱逻辑进行整合，因此每一个组件的选项式 API 都能转换成组合式 API 写法，当一个组件的逻辑变得复杂的时候，就应当考虑用组合式 API 替换选项式 API。

下面使用组合式 API 改造【例 2.9】来了解组合式 API 的基本结构。

【例 2.10】组合式 API 的写法。

```
<template>
  <div>{{ name }}: {{ counter }} {{ obj.title }}</div>
  <div>{{ twiceTheCounter }}</div>
  <button @click="action">按钮</button>
</template>
<script>
import { ref, reactive, onMounted, watch, computed } from "vue";
export default {
  props: {
    name: String,
  },
  setup() {
    const counter = ref(0);
    const obj = reactive({ title: "这是个标题" });
    const twiceTheCounter = computed(() => counter.value * 2);
    watch(counter, (newValue, oldValue) => {
      console.log(newValue, oldValue);
    });
    onMounted(() => {
      console.log("mounted");
    });
    const action = () => {
      counter.value = counter.value + 3;
      obj.title = "我改变了";
    };
    // 暴露给 template
    return {
      counter,
      obj,
      twiceTheCounter,
      action
    };
  },
};
</script>
```

**代码说明：**

（1）两个 API：ref 函数和 reactive 函数。这两个函数是组合式 API 中常用的函数，这两个函数的作用基本相同，即可以把变量变成响应式变量，通常来说 ref 函数传入的为基本数据类型（String、Number、Boolean 等），reactive 函数传入的为引用类型（Array、Object 等），但如果在某个地方需要整体改变或者重新赋值变量，则应该用 ref 函数来转换变量，如一个对象 obj={name: "a", title: "aa"}，需要在某个时刻重新赋值为 obj={name:"b", title: "bb"}，那么应该使用 ref 函数进行初始化，即：

```
obj= ref({name: "a", title: "aa" })
```

需要注意的是，通过 ref 函数定义的变量在读取和改变这个变量值时，需要通过.value 进行访问，如上例的 action 方法，改变 counter 的值使用了 counter.value = counter.value；而通过 reactive 初始化的响应式变量，可以直接通过属性进行访问，如上例的 action 方法中，改变 obj.title，与改变普通对象属性值的方法一致。

（2）如果需要在模板中使用响应式变量和方法，需要从 setup 中先暴露出来，否则在模板中是无法使用的，如上例在 setup 中 return 的对象在 template 中都可以正常访问。

对于 setup，Vue 3 还提供了一个新特性<script setup>，在单文件组件中非常有用，是单文件组件组合式 API 编译时的语法糖，使用这个语法糖即可在 script 标签上添加 setup 属性，使得 script 包裹的代码块就是一整个 setup，这样的代码块中无须写 return 语句，任何在<script setup>声明的顶层的绑定，包括变量、函数声明，以及 import 引入的内容都能在模板中直接使用，所以【例 2.10】的组合式 API 可以用 setup 语法糖进行改写，代码如下：

```
<template>
  <div>{{ name }}: {{ counter }} {{ obj.title }}</div>
  <div>{{ twiceTheCounter }}</div>
  <button @click="action">按钮</button>
</template>

<script setup>
import { ref, reactive, onMounted, watch, computed } from "vue";
const props = defineProps({
  name: String,
})
const counter = ref(0);
const obj = reactive({ title: "这是个标题" });
const twiceTheCounter = computed(() => counter.value * 2);
watch(counter, (newValue, oldValue) => {
  console.log(newValue, oldValue);
});
onMounted(() => {
  console.log("mounted");
});
const action = () => {
  counter.value = counter.value + 3;
  obj.title = "我改变了";
};
</script>
```

## 2.4.3 组件的通信

组件的通信包括父子组件通信和兄弟组件通信。

### 1. 父组件与子组件通信

父组件与子组件通过 props 通信，下面通过一个父组件使用列表子组件的示例来说明，重要的代码片段如下：

【例 2.11】父子组件通过 props 通信。

```
<!-- 父组件模板 -->
  <div id="app">
    <list-item title="todo 列表" :data="todos"></list-item>
  </div>
<script type="text/javascript">
    // 父组件定义
```

```
07      const App = {
08        data() {
09          return {
10            todos: [
11              '起床',
12              '打扫卫生',
13              '看电视剧',
14              '吃饭',
15              '睡觉'
16            ]
17          }
18        }
19      }
20      // 创建应用
21      const app = Vue.createApp(App);
22      // 子组件定义
23      app.component('list-item', {
24        props: {
25          title: String,
26          data: {
27            type: Array,
28            default: () => [],
29            required: true,
30            validator: value => {
31              return value.length >= 0
32            }
33          }
34        },
35        template: '
36        <ul>
37          <li v-for="(item, i) in data" :key="i">
38            {{i}}-{{ item }}
39          </li>
40        </ul>
41       '
42      })
43      app.mount('#app')
44    </script>
```

上面的代码片段中，第 03 行，父组件引入了子组件 list-item，并在这个自定义标签上绑定了一个 title 属性和一个 data 属性，这两个属性就是子组件 list-item 从父组件接收的数据，子组件通过 props 来表示组件接收的数据（第 24~34 行）。

props 是一个用于从父组件接收数据的数组或对象。

上面的例子中，笔者定义子组件时使用的是对象形式，props 对象可以定义接收数据的类型检测（type）、自定义验证（validator）、是否必填（required）和默认值（default）等配置，如上面示例中的第 26~33 行，对 data 属性的定义包含这些配置。另外，如果只对接收的数据类型有要求，也可以只设置数据类型，如上例中第 25 行对 title 的定义，接收数据的类型包括字符串（String）、数值（Number）、布尔值（Boolean）、数组（Array）、对象（Object）、函数（Function）和 Promise 或者其他构造函数。任何不符合 props 数据定义的传入，Vue 检测机制都会检测出来并抛出异常。

如果对接收的属性没有特别要求，props 可以用数组表示，即忽略掉这些配置，只保留接收的属性名称即可，如上例可以写成：

```
props: ['title', 'data']
```

### 2. 子组件与父组件通信

子组件通过$emit 方法触发父组件的监听事件来向父组件传递数据。下面在【例 2.11】的基础上稍微修改一下，代码片段如下：

【例 2.12】子组件通过$emit 与父组件通信。

```
<!-- 父组件模板 -->
  <div id="app">
    <list-item title="todo 列表" :data="todos" @selected="onSelected"></list-item>
    <p>您选中了：{{selected}}</p>
  </div>
<script type="text/javascript">
    // 父组件定义
    const App = {
      data() {
        return {
          todos: [
            '起床',
            '打扫卫生',
            '看电视剧',
            '吃饭',
            '睡觉'
          ],
          selected: ''
        }
      },
      methods: {
        onSelected(item) {
          this.selected = item;
        }
      }
    }
    // 创建应用
    const app = Vue.createApp(App);
    // 子组件定义
    app.component('list-item', {
      props: {
        title: String,
        data: {
          type: Array,
          default: () => [],
          required: true,
          validator: value => {
            return value.length >= 0
          }
        }
      },
      template:'
      <ul>
```

```
44          <li v-for="(item, i) in data" :key="i" @click="handleClick(item)">
45            {{i}}-{{ item }}
46          </li>
47        </ul>
48        `,
49        methods: {
50          handleClick(item) {
51            this.$emit('selected', item);
52          }
53        }
54      })
55      app.mount('#app')
56    </script>
```

上面的代码片段中，笔者做了以下改动：

- 父组件的改动

（1）在第 03 行引入子组件的时候添加了一个名为 selected 的事件绑定。

（2）在第 04 行加入了一个 p 标签，显示从子组件选中后传回的数据，这里用 selected 属性来记录这个数据（第 18 行，在 data 中添加了 selected 的定义）。

（3）在第 22~24 行，在父组件方法（methods）中定义了 selected 事件的处理函数 onSelected。

- 子组件的改动

（1）在第 44 行，在子组件中的模板方法的 li 元素上添加了一个 click 事件。

（2）在第 50~52 行定义了上一步 click 事件的处理函数 handleClick，该处理函数通过调用 this.$emit 方法触发父组件在引入子组件时绑定的自定义事件 selected，并传入选中的列表数据。

最后浏览结果，可以看到每单击一个列表项，父组件已选中属性 selected 的值会随之变更，这样就达到了子组件与父组件通信的目的。

### 3. 父子组件相互通信

除了父传子、子传父这样的单向数据传递方式外，有时候我们还需要父子间相互传递数据，这时候通常的做法是在组件上使用 v-model 指令。

笔者在 2.3 节提及通过 v-model 指令可以实现双向数据绑定，v-model 指令不仅可以作用于表单元素，也可以作用于组件，即当 v-model 指令作用于组件时，可以实现父子组件数据相互传递。下面来看一个简单的例子。

【例 2.13】父子组件双向数据绑定方式通信。

```
<div id="app">
    <basic-input v-model="text"></basic-input>
    <p>我是父组件内容：{{text}}</p>
  </div>
  <script type="text/javascript">
    const app = Vue.createApp({
      data() {
        return {
          text: '默认内容'
```

```
10          }
11        },
12      })
13      // 定义一个叫 BasicInput 的组件
14      app.component('BasicInput', {
15        props: {
16          modelValue: String
17        },
18        template: '
19        <div>
20          <label>我是子组件内容：</label>
21    <input type="text" :value="modelValue"
@input="$emit('update:modelValue', 22  $event.target.value)"  />
22        </div>'
23      })
24      app.mount('#app')
25    </script>
```

默认情况下，组件上的 v-model 使用 modelValue 作为 prop，update:modelValue 作为事件。上面的代码片段中很好地展示了组件的双向数据绑定的用法。

笔者定义了一个叫 BasicInput 的组件（第 13~23 行），该组件在组件模板中封装了一个 label 元素和一个 input 元素（第 20、21 行），input 元素绑定 value 值为父组件传过来的 modelValue 的值，并绑定 input 事件触发 update:modelValue 事件来更新 modelValue 的值。在父组件中引入 BasicInput 组件，并在子组件上绑定了 v-model 的值，初始化为一个默认值（可以正确展示到子组件的 input 框中），然后用一个 p 标签显示 v-model 绑定值的变化，实现了在子组件 input 输入框中改变输入内容时，父组件 v-model 的值及时在 p 标签上展示出来。

有时候，我们希望父子组件相互传递的数据不止一个，这时候用 v-model 一样可以实现。v-model 指令支持多个参数绑定，将上述例子稍作改动，来看其简单使用方式。

【例 2.14】父子组件双向绑定的数据多于 1 个时的通信。

```
<div id="app">
    <basic-input v-model:name="pname" v-model:title="ptitle"></basic-input>
  </div>
<script type="text/javascript">
    const app = Vue.createApp({
      data() {
        return {
          pname: '名称',
          ptitle: '标题'
        }
      },
    })
    // 定义一个叫 BasicInput 的组件
    app.component('BasicInput', {
      props: {
        name: String,
        title: String
      },
      emit: ['update:name', 'update:title'],
      template: '
```

```
21        <div>
22          名称：<input type="text" :value="name" @input="$emit('update:name',
23  $event.target.value)"  />
24          标题:<input type="text":value="title"@input="$emit('update:title',
25  $event.target.value)"  />
26          <p>名称是：{{name}}</p>
27          <p>标题是：{{title}}</p>
28        </div>'
29      })
30      app.mount('#app');
31    </script>
```

上面的代码片段中，父组件向子组件传递两个属性：name 和 title，需要子组件接收这两个值并在修改时反馈给父组件，传递方式即为 v-model:name 和 v-model:title（第 02 行）；子组件通过 props 接收两个属性（第 15~18 行），通过 emit 定义更新 name 和 title 的事件名称 update:name 和 update:title（第 19 行），然后在模板中用两个 input 文本框分别绑定其 value 值为 name 和 title，input 事件分别触发 emit 定义的两个事件来更新 name 和 title。

### 4. 插槽

像写 HTML 标签元素一样，标签内可以有其他节点，可以是文本内容或者其他元素，Vue 组件可以通过插槽的方式实现父组件向子组件传递内容，以及其他 HTML 元素或者自定义组件等内容。

插槽是调用组件时放在组件标签内传递内容的容器，定义组件时用 Vue 自定义元素 slot 标签来接收传递的内容，如果组件模板中没有 slot 标签定义的插槽，引入该组件时，在这个组件的起始标签和结束标签之间的任何内容都会被丢弃，不会被渲染。其基础使用方法如下：

【例 2.15】插槽的基础使用方法。

```
01  <div id="app">
02      <my-button></my-button>
03      <my-button>我的按钮</my-button>
04      <my-button><span style="color: red;">我的按钮 2</span></my-button>
05    </div>
06    <script type="text/javascript">
07      const app = Vue.createApp({})
08      // 定义一个叫 my-button 的组件
09      app.component('my-button', {
10        template: '<button><slot>默认名称</slot></button>'
11      })
12      app.mount('#app')
13    </script>
```

上面的代码片段中，笔者定义了一个可以改变名称的按钮组件（第 09~11 行），在 slot 标签中设置了默认文字，在父组件中引用这个组件，在组件开始和结束标签没有添加内容时，按钮默认显示组件中 slot 标签定义的内容（第 02 行）；在组件开始和结束标签内加入文字（如第 03 行）时，按钮的文本就是加入的文本；在组件开始和结束标签内加入定义了样式的 span 元素（如第 04 行）时，按钮内就会渲染 span 元素和样式。

有时候，定义一个组件时会有一些可变内容的区域和固定内容的区域，可变内容的区域需要通过父组件插入，只有一个插槽显然无法满足需求，这时候用 Vue 提供的具名插槽就非常方便了。具名插槽就是给 slot 标签命名（给插槽设置 name 属性），父组件引入子组件时，指定模板作用于哪一个插槽。下面来看一个例子。

【例 2.16】错误提示组件命名插槽的使用。

笔者假定有一个错误提示组插件，包含错误标题、错误内容、错误来源三个模块、可以由父组件定义，还有一个特有的关闭按钮是固定的（关闭逻辑此处不是重点，此例中已经忽略掉）。下面来看代码。

```
<style>
    .wrap {
      border:1px solid #f66;color: #f66;padding: 10px;position: relative;max-width: 300px;
    }
    .header {
      font-size: 20px;color:#333;font-weight:bold;
    }
    .close {
      position: absolute; right:10px; top: 10px;
    }
    .footer {
      color: #666; font-size: 12px; text-align: right;
    }
  </style>
<div id="app">
    <error-tips>
      <template v-slot:header>
        <p>提示</p>
      </template>
      <template v-slot:default="slotProps">
        <p>我的错误是<span>{{slotProps.types['404']}}</span></p>
      </template>
      <template v-slot:footer="{types, sources}">
        <div>错误来自：{{sources['page']}}-{{types['404']}}</div>
      </template>
    </error-tips>
  </div>
  <script type="text/javascript">
    const app = Vue.createApp({})
    app.component('ErrorTips', {
      data() {
        return  {
          types: {
            404: 'Page Not Found',
            500:'System Error'
          },
          sources: {
            system:'系统',
            page:'页面',
            console: '控制台'
          }
        }
      },
      template: '
```

```
45        <div class="wrap">
46          <div class="header">
47            <slot name="header">错误</slot>
48            <div class="close">关闭</div>
49          </div>
50          <div>
51            <slot :types="types"></slot>
52          </div>
53          <div class="footer">
54            <slot name="footer" :types="types" :sources="sources">错误来自：
系统</slot>
55          </div>
56        </div>'
57      })
58      app.mount('#app')
59    </script>
```

上面的代码片段展示了插槽强大的功能，相关用法说明如下：

（1）子组件的样式定义：style 标签内的样式定义（第 01~14 行），在大型工程项目中可以写在单个 Vue 组件文件中。

（2）子组件的插槽定义：笔者创建了一个叫 ErrorTips 的组件，在组件模板中定义了三个插槽，其中有两个插槽设置了 name 属性，即 header（第 47 行）和 footer（第 54 行），没有设置属性的插槽是组件的默认插槽（第 52 行），即如果引入组件时不设置具名插槽的内容，组件标签内的所有内容都会填充在这个默认插槽里。

（3）子组件插槽的属性：插槽除了设置 name 属性外，还可以设置其他自定义的属性，这些属性只在当前插槽作用域内有效。如上面例子中给默认插槽设置了 types 属性（第 51 行），给 footer 插槽设置了 types 和 sources 属性，这些属性会统一挂在插槽的作用域 slotProps 属性上。父级通过 v-slot="slotProps"，定义这个作用域的名称。

（4）父组件引入子组件，设置插槽内容：如果子组件只有一个插槽，使用插槽作用域属性时可以省略 v-slot 的参数名称，如 v-slot:default 可以写成 v-slot；只要出现多个插槽，使用插槽作用域时就需要把名称带上，如示例中的 v-slot:default（第 20 行）和 v-slot:footer（第 23 行）。如果用 ES 2015+开发，也可以解构作用域 Prop，如上例中的第 23 行可以变成：

```
<template v-slot:footer="{types, sources}">
```

### 5. 兄弟组件间的通信

兄弟组件间的通信在 Vue 中并没有直接的方法，可以通过子组件将数据传给父组件，再由父组件传给兄弟组件，这种方法比较麻烦，所以可以考虑更优的方式。Vue 生态提供了一个状态管理工具 Vuex，是一个不错的选择。它的原理也非常简单，就是将数据提到更高层级，在任何地方都可以调用，相当于全局数据，后续第 4 章将进一步介绍。

# 第 3 章

# Vue Router 路由管理器

路由这个概念最先是在后端出现的，传统 MVC 架构的 Web 开发由后台设置路由规则，当用户发送请求时，后台根据设定的路由规则将数据渲染到模板中，并将模板返回给用户。因此，用户每进行一次请求就要刷新一次页面，十分影响交互体验。

AJAX 的出现则有效解决了这一问题。AJAX（Asynchronous JavaScript And Xml）是浏览器提供的一种技术方案，采用异步加载数据的方式实现页面局部刷新，极大地提升了用户体验。

随着前端单页应用的兴起，前后端分离成为主流，前端页面完全变成了组件化，不同的页面就是不同的组件，页面的切换就是组件的切换。页面切换的时候不需要再通过 HTTP 请求，直接通过 JS 解析 URL 地址，然后找到对应的组件进行渲染，不仅页面交互无刷新，甚至页面跳转也可以无刷新，前端路由随之应运而生。

Vue Router 是 Vue.js 的官方路由，是 Vue 生态中前端路由的解决方案，它与 Vue.js 核心深度集成，让用 Vue.js 构建单页应用变得轻而易举。通过 Vue Router 可以在应用程序中创建一个无限的路由组合，即创建任意数量的页面和组件。

本章部分代码在 Vue CLI 创建的 Vue 3 工程中完成，读者可先参照前面的章节创建一个 Vue 3 工程，进入工程文件中，启动项目，随时做好使用工程的准备。接下来将介绍 Vue 3 生态下的 vue-router 4.x（vue-router@next）的基本概念和基础内容。

## 3.1 Vue Router 的实现原理

Vue Router 在基于 Vue 的单页面应用中应用广泛。单页面应用之所以可以做到页面跳转的不刷新，其核心在于以下两点：

（1）改变 URL，页面不刷新。

（2）改变 URL 时，可以监听到路由的变化并能够做出一些处理（如更新 DOM）。

本节随笔者一起了解 Vue Router 的实现原理。

Vue Router 基于浏览器的核心实现分为 Hash 和 HTML 5 两种历史模式，这两种模式分别对应前面我们提到的两种路由方案。

### 3.1.1 Hash 模式

Hash 模式是 Vue Router 利用了浏览器的特性：Hash 是 URL 中 hash(#)及后面的那部分（如 https://example.com/#user 中的#user），常用作锚点在页面内进行导航，Hash 值的变化并不会导致浏览器向服务器发出请求，浏览器不发出请求，也就不会刷新页面，所以也不需要在服务器层面上进行任何特殊处理（因此它并不利于 SEO），之后通过主动跳转或者监听 hashchange 事件监听 URL 的变化即可实现我们的目标（如 DOM 的替换）。

因为这种特性，使 Web 应用程序在没有主机的情况下也能正常跳转。

### 3.1.2 HTML 5 模式

随着 HTML 5 的发展，浏览器的不断更新，HTML 5 History 方法变得强大，它提供了 pushState 和 replaceState 两个方法，这两个方法改变 URL 的 path 部分不会引起页面刷新，同时它还提供类似 hashchange 事件的 popstate 事件，但又区别于 hashchange 事件：通过浏览器前进、后退改变 URL 时会触发 popstate 事件，而通过 pushState/replaceState 或<a>标签改变 URL 不会触发 popstate 事件。

了解这些特性，可以通过拦截 pushState/replaceState 的调用和<a>标签的单击事件来检测 URL 的变化。Vue Router 的 HTML 5 模式便是利用 HTML 5 的 HistoryAPI 来控制状态的。

当使用这种历史模式时，URL 没有像 Hash 历史模式的“#”，会看起来很“正常”，例如 https://example.com/user/id。不过我们的应用是一个单页的客户端应用，每一个虚拟的 URL 需要对应服务端的一个地址，如果没有适当的服务器配置，用户在浏览器中直接访问 https://example.com/user/id，就会得到一个 404 错误。这不是我们想要的结果。解决方法很简单，只需要在服务器上添加一个简单的回退路由。如果 URL 不匹配任何静态资源，它应提供与应用程序中的 index.html 相同的页面。例如在 nginx 下可以如此处理：

```
location / {
  try_files $uri $uri/ /index.html;
}
```

## 3.2 Vue Router 的使用方式

### 3.2.1 安装引入

在正式使用 Vue Router 之前，我们需要先安装引入它。引入 Vue Router 的方式有多种，下面介绍常用的 3 种。

#### 1. 直接引入

直接引入是在 HTML 中通过 script 标签直接引入编译好的 JS 文件，这个文件可以是官方提供的 CDN 地址（https://unpkg.com/vue-router@4），或者从 CDN 地址下载后存放到指定位置的地址，如下：

```
<script src="https://unpkg.com/vue-router@4"></script>
```

上面的 CDN 链接将始终指向 npm 上的最新版本，所以笔者建议在实际开发过程中引入指定版本号的 Vue Router 文件代替@4，例如：

```
<script
src="https://unpkg.com/vue-router@4.0.12/dist/vue-router.global.js"></script>
```

另外，通过使用 script 标签引入 Vue Router 需要在引入 Vue 文件之后引入。

这种通过 script 标签引入 Vue Router 文件的方式将在全局暴露 Vue Router 对象，可以通过 Vue Router 访问其下所有的属性和方法。

### 2. 使用 npm 安装

可以通过 npm 命令行直接安装 Vue Router，如下：

```
npm install vue-router@4
```

或

```
npm install vue-router@next
```

**注意**：读者可在准备好的 Vue 3 工程中使用此方法安装 Vue Router，实际开发过程中，可以添加--save 或-S 参数将依赖保存到 pakage.json 文件中。

### 3. Vue CLI 安装

可以在使用 Vue CLI 创建好的 Vue 项目中以项目插件的形式添加 Vue Router，即使用 vue add 命令安装，如下：

```
vue add router
```

然后根据需要选择是否使用 history 路由模式，笔者选择否，输入 n，然后按回车键确认，如图 3.1 所示。

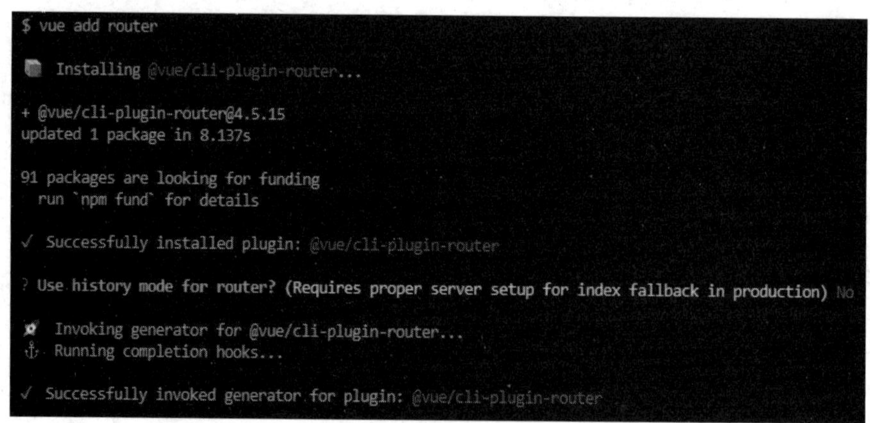


图 3.1　在已有 Vue CLI 创建的项目中安装 Vue Router

也可以在通过 Vue CLI 创建一个全新项目时，根据提示选择 Router 直接安装 Vue Router，操作步骤如下：

（1）执行 Vue CLI 创建项目命令（<project-name>替换为准备好的项目），这里叫 my-project：

```
vue create <prject-name>
```

（2）选择 Manually select features（手动选择特性），如图 3.2 所示。

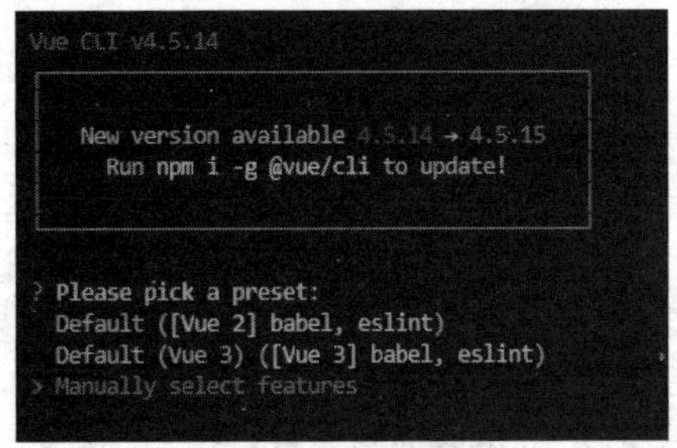


图 3.2　手动选择特性

（3）使用键盘上的上下键往下，在 Router 处按下空格键，选中 Vue Router，如图 3.3 所示。

```
Vue CLI v4.5.14

  New version available 4.5.14 → 4.5.15
    Run npm i -g @vue/cli to update!

? Please pick a preset: Manually select features
? Check the features needed for your project:
 (*) Choose Vue version
 (*) Babel
 ( ) TypeScript
 ( ) Progressive Web App (PWA) Support
>(*) Router
 ( ) Vuex
 ( ) CSS Pre-processors
 (*) Linter / Formatter
 ( ) Unit Testing
 ( ) E2E Testing
```

图 3.3　选择 Vue Router

（4）按回车键后，选择 Vue 版本号，选择 3.x 后按回车键确定，如图 3.4 所示。

```
Vue CLI v4.5.14

  New version available 4.5.14 → 4.5.15
    Run npm i -g @vue/cli to update!

? Please pick a preset: Manually select features
? Check the features needed for your project: Choose Vue version, Babel, Vuex
? Choose a version of Vue.js that you want to start the project with
  2.x
> 3.x
```

图 3.4　选择 Vue 版本号

（5）根据需要选择是否使用 history 路由模式，笔者这里选择否，直接输入 n 后按回车键，如图 3.5 所示，之后的步骤与安装 Vue Router 无关，直接保持默认设置即可。

```
? Please pick a preset: Manually select features
? Check the features needed for your project: Choose Vue version, Babel, Router, Linter
? Choose a version of Vue.js that you want to start the project with 3.x
? Use history mode for router? (Requires proper server setup for index fallback in production) (Y/n) n
```

图 3.5 选择路由模式

（6）根据需要选择是否保存预设以供将来的项目使用，如果选择保存这样的设置，下次再通过 Vue CLI 创建项目时，可以直接使用这个预设创建一个和本次设置相同的 Vue 项目。笔者这里选择不保存，如图 3.6 所示，然后按回车键确认后项目会自动安装依赖。

```
Vue CLI v4.5.14

    New version available 4.5.14 → 4.5.15
      Run npm i -g @vue/cli to update!

? Please pick a preset: Manually select features
? Check the features needed for your project: Choose Vue version, Babel, Vuex, Linter
? Choose a version of Vue.js that you want to start the project with 3.x
? Pick a linter / formatter config: Basic
? Pick additional lint features: Lint on save
? Where do you prefer placing config for Babel, ESLint, etc.? In dedicated config files
? Save this as a preset for future projects? (y/N) n
```

图 3.6 是否保存预设

以上通过 Vue CLI 安装 Vue Router 的两个方法在依赖安装完成后，Vue CLI 会自动生成一个 router 文件夹和 index.js 文件，在项目中的 main.js 文件引入 router/index.js 文件，并将路由绑定到应用上，如图 3.7 所示，之后开发者便可以根据需求直接修改路由文件的内容。

```
import { createApp } from 'vue'
import App from './App.vue'
import router from './router'

createApp(App).use(router).use(router).use(router).use(router).mount('#app')
```

图 3.7 main.js 自动引入 router

## 3.2.2 使用 Vue Router

Vue Router 安装成功后，就可以使用它来实现路由跳转了。下面跟随笔者的步骤，通过一个简单的例子来快速入门使用 Vue Router。

【例 3.1】Vue Router 基础示例。

### 1. 创建页面文件

Vue Router 的基本作用就是将每个路径映射到对应的组件，并通过修改路由进行组件间的切换。在工程中，一般采用一个路径对应一个功能的形式来定义页面。本章一个路由路径对应一个*.vue 文件。访问该路径，即相当于显示*.vue 文件。

假定现在有两个页面路由/、/about 分别对应访问 Home 和 About 页面，这里需要新建两个 Vue 页面文件，笔者命名为 Home.vue 和 About.vue，放在 src/views 目录下，然后分别写入简单的内容如下：

- 在 src/views/Home.vue 文件中写入以下内容:

```
<template>
  <h1>我是 Home</h1>
</template>
```

- 在 src/views/About.vue 文件中写入以下内容:

```
<template>
  <h1>我是 About</h1>
</template>
```

## 2. 添加路由容器

路由容器用于展示不同 URL 对应的页面内容，通过 Vue Router 提供的 router-view 自定义标签在主要布局文件中添加页面容器，router-view 将显示与 URL 对应的组件。可以把它放在任何地方，以适应布局。

本节笔者将 router-view 放于 src/App.vue 文件中，继续修改该文件内容，如下：

```
<template>
  <div>
    <ul class="nav">
      <li><router-link to="/home">Home</router-link></li>
      <li><router-link to="/about">About</router-link></li>
    </ul>
    <router-view></router-view>
  </div>
</template>

<script>

export default {
  name: 'App'
}
</script>

<style>
#app {
  font-family: Avenir, Helvetica, Arial, sans-serif;
  -webkit-font-smoothing: antialiased;
  -moz-osx-font-smoothing: grayscale;
  text-align: center;
  color: #2c3e50;
  margin-top: 60px;
}
.nav {
  display: flex;
}
.nav li {
  width: 100px;
  list-style: none;
}
</style>
```

上面的代码片段中，为方便通过单击页面链接直接进行页面跳转，笔者没有直接使用 a 标签，而是添加了两个 router-link 标签，router-link 标签是 Vue Router 的自定义跳转标签，下一节我们将详细了解。

同时，为了页面整洁，笔者给 ul 标签添加了部分样式。

### 3. 使用 Vue Router 定义路由

这个步骤是使用 Vue Router 的重中之重。随着页面路由的丰富，日后定义的路由内容也会在此基础上不断丰富。

定义路由有 3 步：

（1）导入路由组件。我们需要将前面创建的两个页面组件（Home.vue 和 About.vue）引入进来备用，如下：

```
const Home = () => import ('../views/Home.vue')
const About = () => import ('../views/About.vue'
```

（2）将路由映射到组件中。定义一个路由数组，根据 Vue Router 路由配置，配置 path 和 component，如下：

```
const routes = [
  {
    path: '/',
    component: Home,
  },
  {
    path: '/about',
    component: About,
  },
]
```

（3）创建路由实例并导出。通过 Vue Router 提供的 createRouter 方法创建路由实例，传入路由配置，可以通过 Vue Router 提供的 createWebHashHistory 方法设置成 Hash 模式，如果使用 HTML 5 模式，则将 createWebHashHistory 方法换成 createWebHistory 方法即可：

```
const router = createRouter({
  history: createWebHashHistory(),
  routes,
})
// 导出路由实例
export default router
```

最后，完整的 src/router/index.js 文件内容如下：

```
import { createRouter, createWebHashHistory } from 'vue-router'

// 1.定义路由组件（以下是从其他文件导入的路由组件）
const Home = () => import ('../views/Home.vue')
const About = () => import ('../views/About.vue')

// 2.定义路由，让路由映射到对应的组件中
const routes = [
  {
    path: '/home',
```

```
    component: Home,
  },
  {
    path: '/about',
    component: About,
  },
]
// 3.创建路由实例，把定义的路由挂载到路由实例中
const router = createRouter({
  history: createWebHashHistory(),
  routes,
})
// 导出路由实例
export default router
```

### 4. 将路由应用到根实例上，以便我们在整个应用中使用 router 实例

通过 use 方法将路由实例应用到根实例上，即修改 src/main.js 文件如下：

```
import { createApp } from 'vue'
import App from './App.vue'
import router from './router' // 引入 router 实例

createApp(App)
  .use(router) // 挂载到根实例
  .mount('#app')
```

最后，重新刷新页面，单击 Home 和 About，就能够正确呈现 Home 或 About 的页面内容，如图 3.8 所示。

图 3.8　Vue Router 第一个例子的结果展示

## 3.3　使用路由模块来实现页面跳转的几种方式

vue-router 有两种实现路由跳转的方式：router-link 标签跳转和 JS 脚本跳转，下面分别介绍。

### 3.3.1　router-link 标签跳转

Vue Router 通过 router-link 实现跳转，router-link 标签的底层逻辑是创建一个 a 标签，通过 a 链接进行跳转。

router-link 跳转分为带参数和不带参数跳转，用法如下：

不带参数：

```
<router-link  to="/home">Home</router-link>
<router-link  :to="{name: 'home'}">Home</router-link>
```

```
<router-link :to="{path: '/home'}">Home</router-link>
```

带参数：

```
<router-link :to="{name: 'home', params: {id:1}}">Home</router-link>
<router-link :to="{path: '/home',,query: {id:1}}">Home</router-link>
```

## 3.3.2 JS 脚本跳转

除了使用 <router-link> 创建 a 标签来定义导航链接外，还可以通过 JS 脚本实现跳转，即借助 router 实例方法（push、replace、go 等），通过编写 JS 脚本跳转。JS 脚本跳转分为带参数和不带参数跳转。下面以 push 方法为例，可替换为 replace、go 等，使用方法如下：

```
// 字符串路径
router.push('/users/eduardo')

// 带有路径的对象
router.push({ path: '/users/eduardo' })

// 命名的路由，加上参数，让路由建立 url
router.push({ name: 'user', params: { username: 'eduardo' } })

// 带查询参数，结果是 /register?plan=private
router.push({ path: '/register', query: { plan: 'private' } })

// 带 hash，结果是 /about#team
router.push({ path: '/about', hash: '#team' })
```

在 Vue 实例中，可以通过 $router 访问路由实例。因此，可以调用 this.$router.push 进行跳转。一个简单的完整组件（该组件可实现单击按钮，跳转到/home 链接对应的页面）选项式 API 方式示例如下：

【例 3.2】Vue Router 组件访问 Router 示例（选项式 API 方式）。

```
<template>
  <button @click="goHome">返回 Home</button>
</template>
<script>
export default {
  methods: {
    goHome() {
      this.$router.push({
        name: 'Home',
        query: {
          ...this.$route.query
        },
      })
    }
  }
}
</script>
```

组合式 API 方式需要先使用 usrRouter 和 useRoute 方法，如以下代码第 08、09 行，最后将 goHome

方法返回，这样就能在模板 template 中调用了。

【例 3.3】Vue Router 组件访问 Router 示例（组合式 API 方式）。

```
<template>
  <button @click="goHome">返回 Home</button>
</template>
<script>
import { useRouter, useRoute } from 'vue-router'
export default {
  setup() {
    const router = useRouter()
    const route = useRoute()

    function goHome() {
      router.push({
        name: 'Home',
        query: {
          ...route.query
        },
      })
    }
    return {
      goHome
    }
  }
}
</script>
```

## 3.4 Vue Router 的参数传递

vue-router 路由组件传参方式包含两大类：声明式导航 router-link 和编程式导航，上一节已经介绍过，这里不再赘述。传参方式分为字符串、对象两种，下面将一一介绍。

### 3.4.1 字 符 串

字符串方式是直接将路由地址以字符串的方式来跳转，这种方式很简单，但是不能传递参数，例如：

```
// 字符串路径
// 例 1，router-link 方式
<router-link to="/home">Home</router-link>

// 例 2，编程式
router.push('/home')
```

### 3.4.2 对 象

想要传递参数，主要就是以对象的方式来写，分为两种方式：命名路由和查询参数。下面分别

说明这两种方式的用法和注意事项。

### 1. 命名路由

命名路由是在注册路由的地方通过 name 给路由命名。本例中可直接修改 src/router/index.js 文件定义路由的部分内容，代码如下：

```
const routes = [
  {
 name: 'home', // 命名路由
    path: '/',
    component: Home,
  },
  {
 name: 'about',// 命名路由
    path: '/about',
    component: About,
  },
]
```

传递参数时通过 params 传递，例如：

```
// 例 1，router-link 方式
<router-link :to="{ name: 'home',params: { id: 1 } }">Home</router-link>

// 例 2，编程式
router.push({ name: 'home',params: { id: 1 } })
```

这种传递方式在组件中，选项式 API 通过 this.$route.params 获取，组合式 API 在 setup 中通过 useRoute().params 获取，useRoute 方法需要先从 vue-router 中导入，即 import { useRoute } from 'vue-router'。例如上例中获取 id，则选项式 API 获取方式为 this.$route.params.id，组合式 API 获取方式为 useRoute().params.id。

### 2. 查询参数

查询参数是在路由地址后面带上参数，和传统的 URL 参数一致，传递参数使用 query，而且必须配合 path 来传递参数而不能用 name，目标页面接收传递的参数使用 query，例如：

```
// 例 1，router-link 方式
<router-link :to="{ path: '/home' , query: { id: 1 }}">Home</router-link>

// 例 2，编程式
router.push({ path: '/home' , query: { id: 1 }})
```

这种传递方式在组件中，选项式 API 通过 this.$route.query 获取，组合式 API 在 setup 中通过 useRoute().query 获取，useRoute 方法需要先从 vue-router 中导入，即 import { useRoute } from 'vue-router'。例如上例中获取 id，则选项式 API 获取方式为 this.$route.query.id，组合式 API 获取方式为 useRoute().query.id。

# 3.5 单页面多路由区域的操作

有时候想同时（同级）展示多个视图，而不是嵌套展示，例如创建一个布局，有 sidebar（侧导航）和 main（主内容）两个视图。此时，可以通过 Vue Router 的命名视图实现展示，之后可以对多个视图区域进行相关操作。下面来看一个简单的例子。

【例 3.4】单页面多路由基础示例。

假定有两个页面：/home 页面和/about 页面，都分为上下两个不同的区域，则修改 src/App.vue 文件如下：

```
<template>
  <div>
    <router-view name="top"></router-view>
    <router-view></router-view>
  </div>
</template>

<script>

export default {
  name: 'App'
}
</script>

<style>
#app {
  font-family: Avenir, Helvetica, Arial, sans-serif;
  -webkit-font-smoothing: antialiased;
  -moz-osx-font-smoothing: grayscale;
  text-align: center;
  color: #2c3e50;
  margin-top: 60px;
}
</style>
```

笔者在 App.vue 中加入一个命名为 top 的<router-view>区域，然后创建两个不同的头部组件，放在 src/components 下：

```
// src/components/Header1.vue
<template>
  <h1>我是 Home 头部</h1>
  <router-link to="/about">go to about</router-link>
</template>

// src/components/Header2.vue
<template>
  <h1>我是 About 头部</h1>
  <button @click="goHome">从头部返回 Home</button>
</template>
<script>
export default {
```

```
    methods: {
      goHome() {
        this.$router.push('/')
      }
    }
  }
</script>
```

上面的代码中，笔者创建了两个不同的头部，需要在路由文件中引入并使用，所以修改 src/router/index.js 文件对 routes 的定义，如下：

```
const Header1 = () => import ('../components/Header1.vue')
const Header2 = () => import ('../components/Header2.vue')
//定义路由，让路由映射到对应的组件中
const routes = [
  {
    name: 'home',
    path: '/',
    components: {
      default: Home,
      top: Header1
    }
  },
  {
    name: 'about',
    path: '/about',
    components: {
      default: About,
      top: Header2
    }
  }
]
```

**注意：**原来只有一个 router-view 时，定义 routes 时 component 为单数形式，现在定义多个视图，需要改成复数形式 components。

最后，页面刷新后的结果如图 3.9 所示（默认展示 home 页面内容）。

图 3.9　Vue Router 单页面多路由区域的操作示例结果展示

单击 home 页面的头部区域链接，可以直接跳转 about 页面，在 about 页面可以操作头部和默认区域按钮，跳回 Home 页面，如图 3.10 所示。

图 3.10 Vue Router 单页面多路由区域的操作示例结果展示 2

## 3.6 Vue Router 配置子路由

通常一个应用是由有很多个页面组件组合而成的，页面与页面之间可能存在嵌套关系，前面我们学习的路由设置只有一层，要是存在父子层级关系的路由，要怎么办呢？

下面通过一个例子来学习。

【例 3.5】用户中心页面配置子路由示例。

常见有这样一个需求，在首页顶部有一个用户头像，单击用户头像进入用户中心界面，在用户中心界面包含用户个人信息和用户设置等功能，在个人信息与用户设置间跳转，除了主体内容区域信息不一样外，还保留着用户中心的公共导航模块，这个时候路由结构就是两级的了，用户中心作为父级，个人信息和用户设置的内容区域是二级，这种情况就可以通过 Vue Router 配置子路由的方式切换个人信息页面和用户设置页面。假设个人信息页面路由是/user/profile，用户设置页面是/user/settings，页面结构如图 3.11 所示。

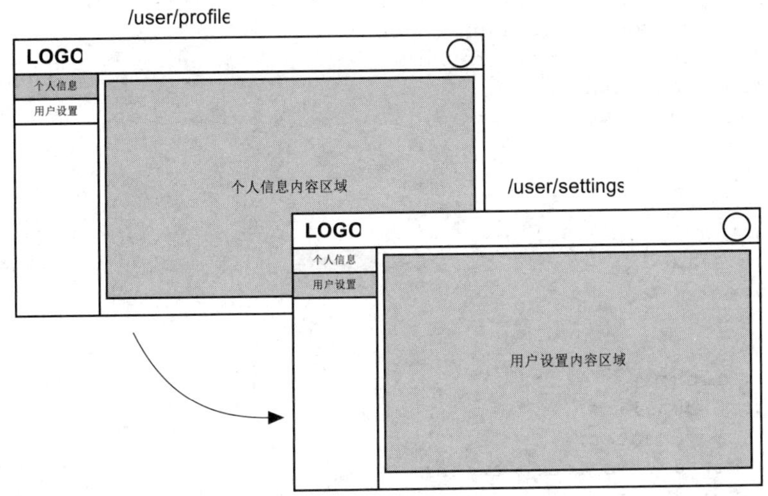


图 3.11 嵌套路由示例

第 1 步，以 Vue CLI 方式创建并安装了 Vue Router 的项目为前提，首先改造 App.vue 根页面文件（因为所有页面都是从这个页面开始的，所以称 App.vue 为根页面文件），写入根页面的公共布局，包括头部和主体内容路由容器，其中公共头部在实际开发中可根据其复杂程度考虑是否需要分离出来单独作为一个组件。最后，改造后的 App.vue 文件内容如下：

```
<template>
  <div id="header">
    <h1>
      <router-link to="/">LOGO</router-link>
    </h1>
    <div class="avatar">
      <router-link to="/user">User</router-link>
    </div>
  </div>
  <div id="main">
    <router-view />
  </div>
</template>

<style>
html,
body,
ul,
li,
div,
h1 {
  padding: 0;
  margin: 0;
}
html,
body {
  height: 100%;
}
#app {
  font-family: Avenir, Helvetica, Arial, sans-serif;
  -webkit-font-smoothing: antialiased;
  -moz-osx-font-smoothing: grayscale;
  text-align: center;
  color: #2c3e50;
  height: 100%;
}

#header {
  position: fixed;
  left: 0;
  top: 0;
  right: 0;
  display: flex;
  padding: 0 30px;
  align-items: center;
  justify-content: space-between;
  background: #000;
  color: #fff;
  height: 54px;
}

#header a {
```

```
  font-weight: bold;
  border-radius: 50%;
  display: inline-block;
  text-decoration: none;
  color: #fff;
  cursor: pointer;
}
#header .avatar a {
  width: 42px;
  height: 42px;
  line-height: 42px;
  background-color: #eee;
  color: #666;
}
#main {
  height: 100%;
  padding-top: 54px;
  box-sizing: border-box;
}
</style>
```

第 2 步，在 src/views 下创建一个 user-center 文件夹，添加一个 index.vue 文件，这个文件的内容将填充到根页面设置的那个路由容器中，在这个文件内写入一级页面用户中心的内容，包含左侧个人中心模块用户导航，以及右侧用户中心内容区域路由容器，切换不同的页面路由，其内容便填充到这个路由容器里面。最后，一级页面内容如下：

```
<template>
  <div class="container">
    <div id="siderbar">
      <ul>
        <li>
          <router-link to="/user/profile">个人信息</router-link>
        </li>
        <li>
          <router-link to="/user/settings">用户设置</router-link>
        </li>
      </ul>
    </div>
    <div class="main-body">
      <router-view></router-view>
    </div>
  </div>
</template>
<script>
export default {
}
</script>
<style lang="css">
.container {
  display: flex;
  height: 100%;
}
#siderbar {
  width: 250px;
```

```
  height: 100%;
  background: #000;
}
#siderbar li {
  list-style: none;
}
#siderbar li a {
  display: block;
  height: 40px;
  line-height: 40px;
  text-decoration: none;
  color: #fff;
}
#siderbar li a.router-link-active {
  background: #f47c00;
}
.main-body {
  flex: 1;
  height: 100%;
  background: #f5f5f5;
}
</style>
```

第 3 步，在 src/views/user-center 下创建两个子页面文件，即 Profile.vue 和 Settings.vue，写入简单的内容，代码如下：

```
// src/views/user-center/Profile.vue
<template>
    <h1 style="line-height: 400px;">个人信息内容</h1>
</template>

// src/views/user-center/Settings.vue
<template>
    <h1 style="line-height: 400px;">用户设置内容</h1>
</template>
```

第 4 步，修改 src/router/routes.js 文件，引入 user 页面模板，加入 user 的子集路由配置，在 Vue Router 的参数中使用 children 配置，代码如下：

```
import { createRouter, createWebHashHistory } from "vue-router";
import Home from "@/views/Home.vue";
import UserCenter from "@/views/user-center/index.vue";
const UserProfile = () => import("@/views/user-center/Profile.vue");
const UserSettings = () => import("@/views/user-center/Settings.vue");

const routes = [
  {
    path: '/',
    name: 'Home',
    component: Home
  },
  {
    path: "/user",
    name: "UserCenter",
    component: UserCenter,
```

```
17       redirect: '/user/profile',
18       children: [
19         {
20           name: "profile",
21           path: "profile",
22           component: UserProfile,
23         },
24         {
25           name: "settings",
26           path: "settings",
27           component: UserSettings,
28         }
29       ]
30     }
31   ]
32   const router = createRouter({
33     history: createWebHashHistory(),
34     routes,
35   });
36   export default router;
```

从上面的文件代码可以看到，子路由 children 配置是一个数组，每一个数组项对应一个组件（component），它的配置与一级路由具有相同的属性，可以设置路径 path、命名路由 name 及定义访问的 component。除了文件内的信息外，开发者还可以为需要配置的路由附加其他内容，比如 meta 元素信息（比如页面标题、页面其他属性等信息，读者可随意定义）。

另外，上面的文件中除了设置/user 的子路由 children 属性（第 18~29 行）外，同时为了让路由跳转个人中心时默认访问/user/profile 页面，还配置了重定向 redirect（第 17 行）。

最后运行项目，查看页面效果，可以看到，首先会进入首页，如图 3.12 所示。

图 3.12　配置子路由首页结果

然后单击顶部用户头像 User，正确进入用户个人信息页面，如图 3.13 所示。

图 3.13 配置子路由个人信息页面

切换到用户设置菜单，界面如图 3.14 所示，可见 Vue Router 的子级路由就配置成功了。

图 3.14 配置子路由用户设置页面

以上，只是简单的两级路由嵌套，如果还有更多级的嵌套，就可以在层层父级页面添加路由容器，并在路由文件中对应的父级下添加 children 子级路由配置。例如在上面这个示例中的用户设置下面有各种复杂的设置，需要通过页面路由访问不同的设置页面，则可以在 Profile.vue 文件中添加路由容器标签<router-view>，然后在 router/index.js 中引入对应的子页面文件，并在 routes 中的 profile 路由下添加 children 配置，同二级配置方式一样。

## 3.7 设置 404 页面

一个中大型网站在发展的过程中总是在迭代变更的，在变化的过程中，难免会发生链接变化、访问失效的情况，这时候一个友好的错误页面比没有错误页面给用户带来的体验更好，另外也可以通过错误页面引导用户回到正常的网页中去。

当然，站点存在的路径有限，不存在的路径却是不确定的，因而需要匹配一系列地址到统一的错误页面去，这就需要路由插件支持匹配规则，而 Vue Router 可以通过 path 配置正则表达式来将站点内满足匹配规则的页面指向对应的页面组件，以达到根据规则跳转的效果。

下面来看如何通过 Vue Router 配置一个 404 页面。

【例 3.6】设置 404 页面。

以上一节的【例 3.5】中的代码为基础，继续按照以下步骤操作：

（1）在 src/views 下新增一个 404.vue 页面，写入如下内容：

```
<template>
    <h1 style="line-height: 500px;">oops! Not Found!</h1>
</template>
```

（2）在 router/index.js 文件中引入这个 404 页面，并在 routes 后新增一条路由匹配规则，主要代码如下：

```
import { createRouter, createWebHashHistory } from "vue-router";
...
const NotFound = () => import("@/views/404.vue");
const routes = [
  ...
  {
    path: '/:pathMatch(.*)*',
    name: 'NotFound',
    component: NotFound
  }
]
...
export default router;
```

Vue Router 配置匹配规则在 path 中定义，在自定义的路径参数后加入中括号，并在括号内写入正则表达式，如上面的示例代码的路径参数是 pathMatch，括号内的正则表达式匹配所有路径（.*），这些匹配到的路径将会存入$route 的 pathMatch 参数中，可以通过$route.params.pathMatch 读取。

然后运行项目，随便访问一个地址，比如“/user/aaa”，可以看到页面跳转到了 404 页面，如图 3.15 所示。

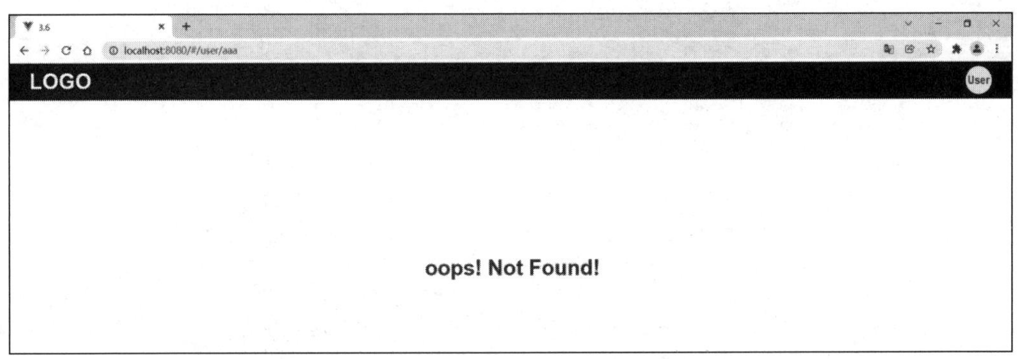


图 3.15　404 页面

示例中的代码使用的正则表达式将匹配所有路径，有些读者可能疑惑了：这样不是把所有的页面都指向 404 错误页面了吗？

其实不是，Vue Router 遵循最长匹配原则，即如果路由在设置中有最长匹配项，将会加载这个匹配项指向的组件内容，如上面的示例中，即使添加了 404 页面，其他路由也还能正常跳转，比如读者可访问正确的地址，如“/user/settings”，可发现进入了用户设置页面。

还有一种情况，如果多个路由配置的 path 规则一模一样，Vue Router 则是按照先定义先匹配的原则进行匹配，比如，笔者同时在 routes 中定义了两条 path 为“/”的路由，并分别指向 Home 和 About 组件，代码如下，那么页面会跳转到哪个路由呢？

```
import { createRouter, createWebHashHistory } from "vue-router";
import Home from "@/views/Home.vue";
import About from "@/views/About.vue";
const routes = [
  {
    path: '/',
    name: 'Home',
    component: Home
  },
  {
    path: '/about',
    name: 'About',
    component: About
  },
…
]
…
export default router;
```

通过访问“/”路由，可以看到，访问到了 Home 组件，此时 Home 组件路由先于 About 组件路由定义；如果切换 Home 和 About 的顺序，再次访问“/”路由，就会发现，这次访问到的是 About 组件，而此时 About 组件路由先于 Home 组件路由定义，这就是先定义先匹配的意思。

# 第 4 章

# Vuex 全局状态管理模式

一个中大型单页面应用中，通常会有很多组件，组件与组件之间经常会读取或修改某些相同的数据，这时候最容易出现以下两个问题：

- 多个组件依赖同一个数据，如何获取这个数据的值？
- 不同的组件的行为改变了同一个数据，如何做到一个组件改变这个数据之后，其他页面组件也同步到这个数据的改变？

Vue 官方出品和维护的 Vuex 便很好地解决了上面两个问题，它是一个管理全局公共数据状态的插件，可以将其比作一个特别的前端数据库，在 Vuex 中称为 store，支持在各组件中读取和操作这些公共数据，在 Vuex 中这些公共数据就是一些公共状态 State。

除了公共状态 State 外，Vuex 对象还包含其他加工或操作这些公共状态的成员，主要包括下面 5 个：

- state：存放共享状态。
- mutations：操作 state 成员的方法集，只能是同步操作。
- getters：加工 state 成员供外界使用。
- actions：提交 mutation，可以是异步操作。
- modules：将 store 模块化，各 module 有自己的 state、getters、mutations、actions 和 modules。

上面 5 个成员将在本章中逐一介绍，通过本章的学习，读者可以了解什么时候应该使用 Vuex、如何使用 Vuex，Vue 开发配合 Vuex 可以更好地管理前端共享数据，最终得以让整个项目的代码易读易维护。

## 4.1 不使用 Vuex 与使用 Vuex 的对比

为什么要使用 Vuex？这就要从它如何解决开篇提出的两个问题说起。

开篇两个问题是：

### 1. 多个组件依赖同一个数据，如何获取这个数据的值？

这种情况，如果不使用 Vuex 通常有两种做法：

一是将这个数据设置为全局变量，即可以直接挂载到 app.config.globalProperties 下，然后在组件的任何地方都可以直接读取这个数据。但是这种做法的不好之处在于非常容易污染全局空间，这样的数据多了之后，在全局空间范围内零散分布，非常不利于维护。

二是通过组件传参的方式来获取，当这个数据在互为父子关系的组件间共享的时候，可以通过组件的父子传值方式来获取这个数据的值，如果这个数据是在互为兄弟关系的两个组件间传递，可以转变成父子组件传参方式，通过父组件共享同一个数据给自己的兄弟组件。但是当组件嵌套很深的时候，需要层层传递，就会变得非常复杂麻烦，久而久之，代码的可读性就会降低，变得维护困难。

而在 Vuex 中，每一个应用的核心就是一个仓库 store，我们可以将各个组件都需要依赖的同一个状态抽取出来，放到 store 的全局状态 state 中，那么在任何组件内都可以直接从 store 的 state 中获取这些数据。如果还有这些公共数据派生出来的数据，还可以在 store 的 getters 中计算，那么在任何组件内都能从 store 的 getters 中获取到。这种方式将所有状态都在一个 store 内进行管理，就避免了全局的污染，在组件中获取公共状态的方式也足够简单。

### 2. 不同的组件的行为改变了同一个数据，如何做到一个组件改变这个数据之后，其他页面组件也同步到这个数据的改变？

这种情况下，如果不用 Vuex，通常也可以用两种方式解决：

一是通过事件监听方法。将这个共享数据设置成全局变量，并在需要改变这个数据的组件内直接修改这个数据，然后在所有用到这个数据的组件内设置监听这个全局数据的变化，来同步这个数据的拷贝并执行对应的处理方法；或者在全局设置自定义事件监听这个数据的变化，并在这个事件中通知所有用到这个数据的组件（如何获取这些组件让开发者想尽办法），同步这个数据的拷贝并执行对应的处理方法，当需要改变这个数据的时候，就在需要改变这个数据的组件中触发这个全局事件，从而改变其他组件自身的表现。

二是充分利用组件通信的方法。如果是父子组件间共享同一个数据，可以通过 v-model 将这个数据在父子组件中双向绑定，或者通过 props 方式将这个共享数据传递给子组件，同时定义一个事件接收这个数据的变化来改变父组件这个数据的值，最终实现父子组件有一方更新这个数据，另一方就能接收到数据的改变。如果层级更深，则需要将这个共享数据层层按照父子传值方式传递下去。如果是兄弟组件共享同一个数据，则可以将处理方式改为父子组件的处理方式。这样的方式着实麻烦，同样，这样的层级关系变多之后，很容易增加代码的复杂性，降低代码的可读性。

而因为存储在 Vuex 中的数据都是响应式的，使用 Vuex 只需要通过 store 的 mutations 或者 actions

来改变公共数据，就可以让组件中的数据实时同步。但是，虽然 Vuex 的数据并不会存起来，只要刷新页面，Vuex 的状态就会恢复初始状态，如果需要让这些数据持久化，可以配合缓存机制或者存入数据库，在状态改变之时将需要持久化的数据同步一份到缓存或者数据库中，刷新页面之后，先从缓存或数据库中读取初始值对 store 中的 state 进行初始化。

综上，如果应用中需要共享的数据层级简单，则无须引入 Vuex 进行状态管理，直接使用一般方式便可满足需求。

# 4.2　安装和使用 Vuex

Vuex 的安装有多种方式，下面介绍常用的 3 种：直接下载/CDN 引入、npm/yarn 安装、Vue CLI 安装。

## 4.2.1　直接下载/CDN 引入

Vuex 和 Vue Router 一样也可以使用直接引入方式，即在 HTML 中通过 script 标签直接引入编译好的 Vuex JS 文件，这个文件可以是官方提供的 CDN 地址（https://unpkg.com/vuex@4），或者从 CDN 地址下载后存放到指定位置的地址，则引入方式如下：

```
<script src="https://unpkg.com/vuex@4"></script>
```

上面的 CDN 链接将始终指向 npm 上的最新版本，所以笔者建议在实际开发过程中引入指定版本号的 Vuex 文件代替@4，例如：

```
<script src="https://unpkg.com/vuex@4.0.2/dist/vuex.global.js"></script>
```

另外，通过使用 script 标签引入 Vuex 需要在引入 Vue 文件之后引入。

这种通过 script 标签引入 Vuex 文件的方式将在全局暴露 Vuex 对象，可以通过 Vuex 访问其下所有的属性和方法。

## 4.2.2　npm/yarn 安装

在一个模块化的打包系统中，使用该方式进行安装。在 npm/yarn 安装 Vuex 之前，需要先安装 Vue，可参考 1.4 节，创建好一个 Vue 3 工程后，进入项目路径，然后执行如下命令安装：

```
npm install vuex@next --save
```

或

```
yarn add vuex@next --save
```

然后通过在 src 目录下创建一个 store 文件夹并创建一个 index.js 文件，定义一个全局 state：

```
import { createStore } from 'vuex'
export default createStore({
  state: {
  },
  mutations: {
```

```
    },
    actions: {
    },
    modules: {
    }
})
```

然后修改 main.js 文件，引入上面定义的 store/index.js 文件，并通过 use 方法绑定到应用上，之后即可在任何地方使用这个 store 中定义的内容：

```
import { createApp } from 'vue'
import App from './App.vue'
import store from './store'
createApp(App).use(store).mount('#app')
```

## 4.2.3 Vue CLI 安装

可以在已经创建好的 Vue 项目中通过 Vue CLI 添加 Vuex，也可以在 Vue CLI 中创建一个全新的 Vue 项目时根据提示安装。

在已有的 Vue 项目上安装，在准备好的项目路径内执行如下命令：

```
vue add vuex
```

创建一个包含 Vuex 的全新项目，操作步骤如下：

步骤 01 执行 Vue CLI 创建项目命令（<project-name>替换为准备好的项目），这里叫 my-project：

```
vue create <project-name>
```

步骤 02 选择 Manually select features（手动选择特性），如图 4.1 所示。

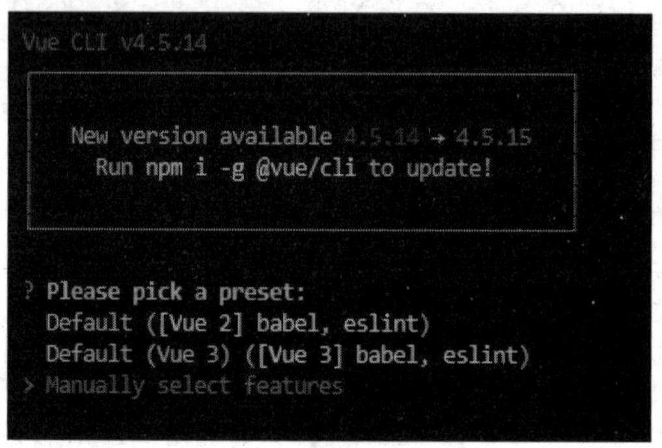


图 4.1 手动选择特性

步骤 03 使用键盘上的上下键往下在 Vuex 处按下空格键，选中 Vuex，如图 4.2 所示。

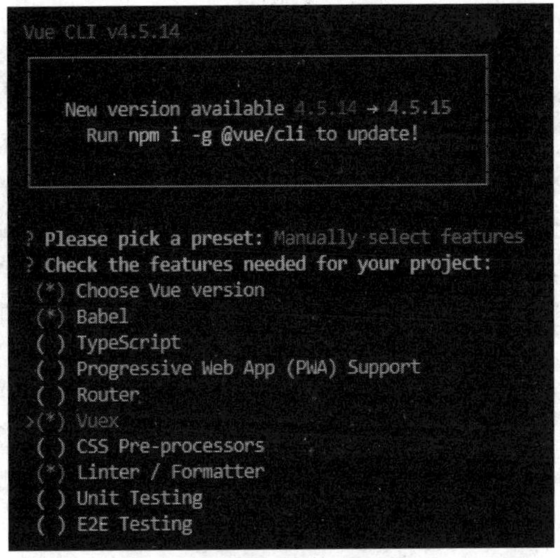


图 4.2　选择 Vuex

步骤 04 直接按回车键后，选择 Vue 版本号，选择 3.x 后按回车键确定，如图 4.3 所示。

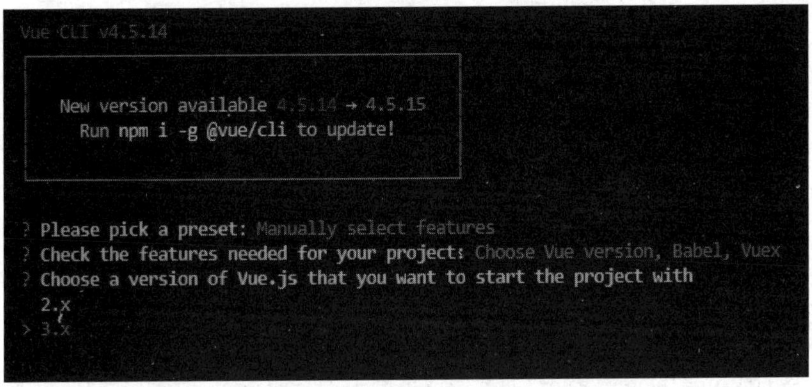

```
Vue CLI v4.5.14

  New version available 4.5.14 → 4.5.15
   Run npm i -g @vue/cli to update!

? Please pick a preset: Manually select features
? Check the features needed for your project: Choose Vue version, Babel, Vuex
? Choose a version of Vue.js that you want to start the project with
  2.x
> 3.x
```

图 4.3　选择 Vue 版本号

笔者在选择 Vuex 时同步选择了 Babel 和 Linter，但这不是本节的重点，直接根据提示全部保持默认设置即可。

步骤 05 Vue CLI 安装提示是否需要保存预设以供将来的项目使用，读者可根据开发需要进行设置，如果选择保存这样的设置，下次再通过 Vue CLI 创建项目时，可以直接使用这个预设创建一个和本次设置相同的 Vue 项目。笔者这里选择不保存，如图 4.4 所示，然后按回车键确认后，项目会自动安装依赖。

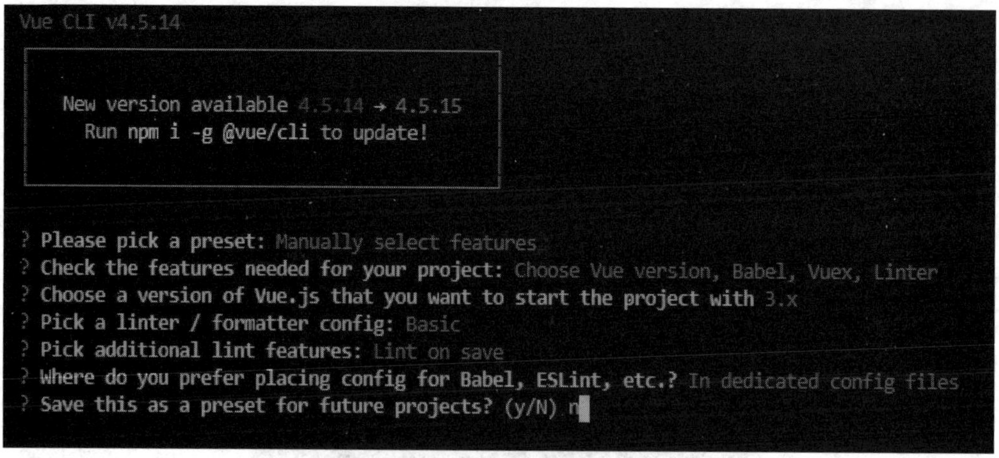

```
Vue CLI v4.5.14

    New version available 4.5.14 → 4.5.15
      Run npm i -g @vue/cli to update!

? Please pick a preset: Manually select features
? Check the features needed for your project: Choose Vue version, Babel, Vuex, Linter
? Choose a version of Vue.js that you want to start the project with 3.x
? Pick a linter / formatter config: Basic
? Pick additional lint features: Lint on save
? Where do you prefer placing config for Babel, ESLint, etc.? In dedicated config files
? Save this as a preset for future projects? (y/N) n
```

图 4.4　是否保存预设

以上通过 Vue CLI 安装 Vuex 的两个方法在依赖安装完成后，会自动生成一个 store 文件夹和 index.js 文件，并在 src/main.js 文件中引入了 Vuex，这样开发者就可以全局使用 Vuex 定义的状态（state）和相关操作。

## 4.3　state

前面我们已经学习了如何安装 Vuex，即搭建好了 Vuex 的学习环境，从本节开始，将为读者介绍 Vuex 的主要成员和使用方法。

### 4.3.1　state 的定义

首先最重要的成员是 state，Vuex 的其他成员都是为它而生的，它也是最简单的成员。如果在多个组件中需要共享一些数据，就可以将它们抽取出来放到 state 里面，作为 state 的成员变量。

下面来看示例。

【例 4.1】将商品数量这一公共状态 count，抽取放到 state 中，代码如下：

```
const store = createStore({
  state: {
    count: 1
  }
})
```

### 4.3.2　state 的访问

当需要在组件中使用公共状态时，通过"store.state.状态名称"进行获取。其中的一种方法是在计算属性中返回这个状态，例如【例 4.1】中，使用选项式 API 方式访问 state 的写法如下：

```
<script>
export default {
  computed: {
```

```
    count () {
      return this.$store.state.count
    }
  }
}
</script>
```

或者使用组合式 API 的写法，在组合式 API 中，需要先引入创建 Vuex 实例的创建方法 useStore 创建一个 store 实例：

```
<script>
import { computed } from 'vue'
import { useStore } from 'vuex'
export default {
  setup: {
    const store = useStore()
const count = computed(() => store.state.count }
return {
count
}
  }
}
</script>
```

## 4.4 getters

如果有一些属性是通过公共状态计算得出的，并且在全局范围内需要共享，那么使用 Vuex 的 getters 来定义这个派生状态是一个好方法。这就像组件中定义的计算属性，getters 可以看作 store 的计算属性。下面来看它的使用方法。

先来看一个例子。

【例 4.2】假如 state 中有一个计数值 count，获得它的 10 倍数是常用的操作，因此可以将这个数据定义在 getters 中，然后可以在项目的其他地方以属性调用方式直接获取这个值。

getters 也是 store 中的一个对象，接收 state 作为其第一个参数，那么这个例子的 getters 按如下方式定义：

```
01 const store = createStore({
02   state: {
03     count: 8
04   },
05   getters: {
06     tenTimes: (state) => {
07       return state.count*10
08     }
09   }
10 })
```

上面的代码中，笔者首先在 state 中定义了一个计数值 count=8（第 03 行），然后在 getters 中定义了一个 10 倍数属性 tenTimes，传入 state 作为参数，返回了 count 的 10 倍数。那么在各个组件中，通过 store.getters 对象属性方法，或者在应用选项式 API 中，通过应用实例$store.getters 的属性方法来访问它：

```
store.getters.tenTimes
```

或

```
this.$store.getters.tenTimes
```

另外，getters 也可以传入第二个参数 getters，来返回一个依赖其他 getters 的数据，例如上例中 getters 除了返回一个计算的值外，还可以返回一个方法。例如，还是前面这个例子，如果想要的数值倍数是不确定的，可以通过 getters 返回一个方法：

```
const store = createStore({
  state: {
    count: 8
  },
  getters: {
    ntimes: (state) => (n) =>{
      return state.count*n
    }
  }
})
```

上面的代码片段中，就可以在组件中从 getters 获取 ntimes，并传递一个参数来取得想要的倍数的计数值。但要说明的一点是，getters 类似于组件的 computed，会在通过属性访问时作为 Vue 的响应式系统的一部分缓存起来，只要它的依赖状态不变更，任何时候从 getters 中取得的派生状态值都是一样的，而 getters 在通过方法访问时，每次都会进行调用，而不会缓存结果。

## 4.5 mutations

mutations 是操作 state 数据的方法的集合，例如对状态的修改、增加、删除等。通过 Vuex 管理的状态，所有更改 state 的操作都必须提交 mutations，这样做是为了更好地跟踪状态的变化。

### 4.5.1 定义 mutations

mutations 类似于事件：每个 mutation 都有一个字符串的事件类型（type）和一个回调函数（handler），这个回调函数负责进行状态的更改，它会接收两个默认的形参（[state] [,payload]）。state 是当前 Vuex 对象中的 state，payload 是该方法在被调用时传递的额外参数，在大多数情况下，载荷应该是一个对象，这样可以包含多个字段并且记录的 mutations 会更易读。下面来看一个例子。

【例 4.3】笔者需要定义一个类型为 increment 的 mutation 方法使一个计数值 count 自增 10，代码如下：

```
const store = createStore({
  state: {
    count: 1
  },
```

```
05    mutations: {
06      increment (state, payload) {
07        // 变更状态
08        state.count += payload.count
09      }
10    }
11  })
```

上面的代码片段中，笔者定义了一个类型为 increment 的 mutation（第 06 行），并定义它接收两个参数，即 state 和 payload。

需要注意的是，在 store 中，mutations 必须是同步的，因为如果 mutations 是异步的，当在多个 mutation 中更改同一个状态，调用这些 mutations 之后，显然无法知道是哪个 mutation 的异步操作先变更完成，这使得这个状态无法追踪，最后变得难以维护。

### 4.5.2　提交 mutations

在 store 实例中，定义好操作 state 的方法 mutations 后，需要在组件中调用这些 mutations 方法。通常，为了方便地跟踪每一个状态的变化，不建议直接修改 store 中的状态，而是通过 store.commit 方法触发一个类型为 increment 的 mutation，同时传递一个 mutation 类型和一个额外的参数，这里自增数是 10，例如选项式 API 的写法如下：

```
this.$store.commit('increment', { count:10 })
```

提交 mutations 还有另一种方式，即对象方式，这种方式整个对象都会作为 payload 传给 mutations 函数，例如：

```
this.$store.commit({
  type:'increment',
  count:10
})
```

## 4.6　actions

actions 定义了一系列操作，类似于 mutations，不同的是 actions 可以是异步的，可以通过 actions 来改变 store 中的 state，但为了让状态的改变可以追溯来源，即使在 actions 中也不能直接修改 state 中的状态，而是通过提交 mutations 的方式来改变。

### 4.6.1　注册 actions

action 函数接收一个与 store 实例具有相同方法和属性的 context 对象，所以可以调用 context.commit 提交一个 mutation，或者通过 context.state 和 context.getters 来获取 state 和 getters。

举一个例子：

【例 4.4】一个计数值需要在前置条件满足的情况下才能增加一个数，这个数值需要通过向后台发送请求来获得，即异步请求后台获取这个需要增加的数，笔者通过 setTimeout 来表示这种异步行为，在实际开发过程中，可能需要配合一个常用的基于 Promise 的网络请求库 axios 来发送和拦截请求，并进行相应的处理，这个将在第二篇中介绍。

将这个例子的操作定义为一个 action 的类型 increment，注册这个类型是 increment 的 action，代码如下：

```
01  const store = createStore({
02    state: {
03      count: 0
04    },
05    mutations: {
06      increment(state, n) {
07        state.count += n
08      }
09    },
10    actions: {
11      increment(context) {
12        setTimeout(() => {
13          const backCount = Math.random() * 2 + 1;
14          if (backCount < 2) context.commit('increment', backCount);
15        }, 1000)
16      }
17    }
18  })
```

代码片段中，可以将 setTimeout 中的 backCount 看成是请求后台返回的数据（第 13 行），当 backCount 小于 2 时，才改变状态中的计数值 count。

## 4.6.2 分发 actions

定义好 actions 之后，就可以在组件中调用 actions 了，调用 actions 也称作分发 actions。和 mutations 一样，actions 也支持载荷方式和对象方式进行分发。

Vuex 通过 store.dispatch 来分发 actions，如上面的例子可以使用下面的方法来调用：

```
store.dispatch('increment')
```

上例中，笔者没有定义载荷，如果对上面的示例进行微调，让条件满足时，计数值需要综合后台数据和前台数据，增加它们的和作为最新状态，那么修改 actions 定义如下：

```
const store = createStore({
...
  actions: {
    increment(context, playload) {
      setTimeout(() => {
        const backCount = Math.random() * 2 + 1;
        if (backCount < 2) context.commit('increment', backCount+playload.count);
      }, 1000)
    }
  }
})
```

因此，上面的示例通过载荷方式分发 actions，如下：

```
store.dispatch('increment', { count: 3 })
```

通过对象方式分发，和 mutations 一样，整个对象将作为 payload 传给 actions 函数，如下：

```
store.dispatch({ type: 'increment', count: 3 })
```

## 4.7　modules

由于 Vuex 使用单一状态树，一个应用只有一个 store，所有状态都会集中到这个 store 对象里面，当应用非常复杂，共享的状态非常多的时候，store 对象就有可能变得相当臃肿，难以管理。这个时候，Vuex 允许将 store 分割成模块（module），采用模块化管理模式，使 store 的结构更清晰而方便管理。

使用 Vuex 模块化进行管理时，每个模块都拥有自己的 state、mutations、actions、getters，甚至是嵌套子模块 modules，这些成员在各自模块中定义，但默认情况下 mutations、actions、getters 都是注册在全局命名空间下的，因而需要注意不能在模块中定义与全局命名空间重复的 mutations、actions、getters，以免产生错误。

如果希望模块的成员只属于模块本身，可以通过添加 namespaced: true 的方式使其成为带命名空间的模块。下面来看基本使用示例。

【例 4.5】modules 基本使用示例。

假设有三个模块用于管理全局状态，分别是公共模块、moduleA 和 moduleB，三个模块都定义了自己的 state、mutations、getters、actions，其中 moduleB 设置了 namespaced:true，让其成员只在自己的命名空间下，代码如下：

```
const moduleA = {
  state: {countA: 1},
  getters: { countAA: (state) => state.countA + 10 },
  mutations: {
    increaseA(state) {
      state.countA ++;
    }
  },
  actions: {
    asyncIncreaseA({commit}) {
      commit('increaseA')
    }
  }
}
const moduleB = {
  state: { countB: 1 },
  getters: { countBB: (state) => state.countB + 10 },
  mutations: {
    increaseB(state) {
      state.countB++;
    },
  },
```

```
  actions: {
    asyncIncreaseA({ commit }) {
      commit("increaseB");
    },
  }
};
const store = createStore({
  modules: {
    a: moduleA,
    b: moduleB
  },
  state: { count: 1 },
  getters: {
    countGlobal: (state) => state.count * 2
  },
  mutations: {
    increase(state) {
      state.count ++;
    },
    multiply(state, payload) {
      state.count *= payload.count;
    }
  },
  actions: {
    asyncIncrease({commit}) {
      commit('increase')
    },
    asyncMultiply({commit}, payload) {
      commit('multiply', payload)
    }
  }
})
```

在实际开发过程中，moduleA 和 moduleB 可以定义在一个单独的文件中，如果全局 state、gettters、mutations、actions 都非常庞大，读者也可以根据情况将它们都抽到文件中独立管理，最后再将这些成员都集中在 src/store/index.js 文件中进行组装。

定义好模块状态和方法之后，在各组件中访问模块中定义的 state 的方式是“store.state.模块名称.模块内的 state 名”，例如上面这个基础用法中，访问 moduleA 的状态 a 为 this.$store.state.a.countA。

而访问模块中，getters 定义的派生状态的方法需要区分命名空间，没有添加 namespace:true 的模块，getters 定义的状态是全局的，访问方法是“this.$store.getters[模块中定义的派生状态名]”，例如访问上例中 moduleA 中 countAA 的方法是 this.$store.getters.countAA，而带命名空间的模块访问方法是“this.$store.getters['模块命名空间/模块中定义的派生状态名']”，这里的命名空间就是在注册 module 时定义的名称，例如上例中 moduleB 注册到 store 中的命名空间是“b”，所以访问上例中 moduleB 中的 getters 派生状态 countBB 的方法是 this.$store.getters['b/countBB']。

另外，Vuex 为局部 getters 提供了 4 个参数，包括模块 state、模块 getters，以及 rootState、rootGetters，如果需要在带命名空间的 getters 里面访问或操作全局的 state 或 getters，可以使用 rootState 和 rootGetters，如在上例 moduleB 的 getters 中定义 countBBB，计算值包含 rootState 和 rootGetters 的和，代码如下：

```
const moduleB = {
  namespaced: true,
  state: { countB: 2 },
  getters: {
    countBB: (state) => state.countB + 10,
    countBBB: (state, getters, rootState, rootGetters) => state.countB +
getters.countBB + rootState.count + rootGetters.countGlobal
  }
};
```

对于提交模块内的 mutations 和分发模块内的 actions，方法和模块内的 getters 的访问类似，也是区分命名空间的，如果是没有设置 namespaced:true 的模块，提交 mutations 的方法和提交全局 mutations 的方法是一样的，分发 actions 的方法和分发全局 actions 是一样的，但是对于设置了命名空间的模块，提交 mutations 的方法和分发 actions 的方法都要带上命名空间，例如【例 4.5】中提交 moduleA 定义的 increaseA 类型的 mutation，方法为 this.$store.commit('increaseA')，而对于设置了命名空间的 moduleB 来说，提交其 increaseB 类型的 mutation 方法为 this.$store.commit('b/increaseB')，分发 moduleA 类型为 asyncIncreaseA 的 action 方法为 this.$store.dispatch('asyncIncreaseA')，而分发带了命名空间的 moduleB、类型为 asyncIncreaseB 的 action 方法为 this.$store.dispatch('b/asyncIncreaseB')。

如果在模块中需要在全局命名空间内提交 mutations 或分发 actions，只需将{root: true}作为最后一个参数传给 dispatch 或 commit 即可，例如笔者在上例中添加了一个 action 如下：

```
const moduleB = {
  namespaced: true,
  …
  actions: {
    …
asyncMultiplyB({ commit, dispatch }, payload) {
  // 或写成 commit({type:'increase', ...payload}, {root:true});
      commit({'increase', payload, {root:true});
     // 或写成 dispatch({type: 'asyncMultiply', ...payload}, {root:true});
      dispatch('asyncMultiply', payload, {root:true});     },
  },
};
```

## 4.8　mapState、mapGetters、mapMutations 和 mapActions

通过前面几节的介绍，相信各位读者已经了解了如何定义和使用 Vuex 的 store 和它的 5 大成员，可能会注意到，当需要使用模块的时候，如果定义的命名空间很长，或者模块下嵌套了更深层级的模块，那么使用 5 大成员的写法就有可能会非常长，因为需要在获取 state、getters 或提交 mutations 和分发 actions 的时候写很长的命名空间，显然如果需要频繁地与模块交互，就要重复这些命名空间，不仅不能提升开发效率，还会使代码非常不优雅、重复且麻烦，而 Vuex 提供的 4 个辅助函数正好解决了这个麻烦，在组件中使用这 4 个辅助函数，可以轻松让代码变得简洁易读，提升开发体验。

这 4 个辅助函数便是 mapState、mapGetters、mapMutations 和 mapActions，可以将 store 的 4 大成员中定义的属性和方法映射到组件中，然后通过组件上下文直接调用，非常方便。

mapState 和 mapGetters 辅助函数可以将 store 中的 state 和 getters 定义的状态和派生状态映射到

局部计算属性（computed）中，而 mapMutations 和 mapActions 可以将 store 中的 mutations 和 actions 映射到组件的方法（methods）中。

4 个辅助函数都可以传入两个参数，第一个参数是命名空间，这个参数可以省略，如果模块设置了 namespaced:true，加入这个参数将会限制最后一个参数的命名空间，可以解决重复书写命名空间的问题；第二个参数可以是数组 Array<string>和对象 Object<string|function>，如果不需要为 store 中的对象设置别名，则将第二个参数设置为数组，mapState/mapGetters/mapMutations/mapActions 参数数组中的每一项代表 store 中对应名称（或类型）的 state/getters/mutations/actions，则以【例 4.5】为基础，第二个参数全部用数组来定义，使用方式如下：

```
01 import { mapState, mapGetters, mapMutations, mapActions } from 'vuex'
02 export default {
03   computed: {
04     // 映射全局 State 和 moduleA 的 State
05     ...mapState(['count', 'countA']),
06     // 映射 moduleB 的 State
07     ...mapState('b', ['countB']),
08     // 映射全局 Getters 和 moduleA 的 Getters
09     ...mapGetters(['countGlobal', 'countAA']),
10     // 映射 moduleB 的 Getters
11     ...mapGetters('b', ['countBB'])
12   },
13   methods: {
14     // 映射全局 Mutations 和 moduleA 的 Mutations
15     ...mapMutations(['increase', 'multiply', 'increaseA']),
16     // 映射 moduleB 的 Mutations
17     ...mapMutations('b', ['increaseB']),
18     // 映射全局 Actions 和 moduleA 的 Actions
19     ...mapActions(['asyncIncrease', 'asyncMultiply', 'asyncIncreaseA']),
20     // 映射 moduleB 的 Actions
21     ...mapActions('b', ['asyncIncreaseB', 'asyncMultiplyB'])
22   }
23 }
```

可以看到，对于有命名空间的 moduleB，在使用 4 个辅助函数的时候都加入了第一个参数命名空间“b”（注意第 07、11、17、21 行）。

如果需要设置别名，那么可以设置最后一个参数为对象，则参数对象中每一项 key 值对应着 value 值的别名，这个对象在 mapState/mapMutations/mapActions 辅助函数中，value 值可以是字符串，也可以是别名对应的计算方法，而在 mapGetters 中，这个对象的 value 值只能是字符串，因此上面的示例中，使用字符串的方式如下：

```
import { mapState, mapGetters, mapMutations, mapActions } from 'vuex'
export default {
  computed: {
    // 映射全局 State
    ...mapState({
      count: 'count',
      // 映射 moduleA 的 State
      countA: state => state.a.countA,
      // 映射 moduleB 的 State
      countB1: state => state.b.countB
```

```
11      }),
12      // 映射 moduleB 的 State
13      ...mapState('b', {
14        countB: 'countB'
15      }),
16      // 映射全局 Getters 和 moduleA 的 Getters
17      ...mapGetters({
18        countGlobal: 'countGlobal'
19      }),
20      // 映射 moduleB 的 Getters
21      ...mapGetters('b', {
22        countBB: 'countBB'
23      })
24    },
25    methods: {
26      // 映射全局 Mutations 和 moduleA 的 Mutations
27      ...mapMutations({
28        increase: 'increase',
29        increaseA: 'increaseA'
30      }),
31      // 映射和 moduleB 的 Mutations
32      ...mapMutations('b', {
33        increaseB: 'increaseB'
34      }),
35      // 映射全局 Actions 和 moduleA 的 Actions
36      ...mapActions({
37        asyncIncrease: 'asyncIncrease',
38        asyncIncreaseA: 'asyncIncreaseA',
39        asyncMultiply: 'asyncMultiply'
40      }),
41      // 映射和 moduleB 的 Actions
42      ...mapActions('b', {
43        asyncIncreaseB: 'asyncIncreaseB',
44        asyncMultiplyB: 'asyncMultiplyB'
45      })
46    }
47  }
```

注意到上面的代码片段中，映射 moduleB 的 state 笔者写了两条（第 10 行和第 21~23 行），其中 countB1 是对 moduleB 中的 countB 状态的映射，即 countB1 是 moduleB 中 countB 状态的别名。因为在全局命名空间的 state 上面需要带上模块名称才能调用局部模块的 state，所以上面取 moduleA 的 countA 和 moduleB 的 countB 状态都用了对象值是函数的形式。

mapState 第二个参数是对象且对象 value 值定义为函数时，可以传入两个参数 state 和 getters，如果设置了第一个参数 namespace，那么这两个参数就在这个 namespace 下查找对应的 state 和 getters 定义的状态，否则在全局命名空间下查找。mapMutations 和 mapActions 第二个参数是对象且对象 value 值定义为函数时，可以传入多个参数，mapMutations 第一个参数是固定来自命名空间上下文的 commit，mapActions 第一个参数是固定来自命名空间上下文的 dispatch，其余的参数可根据需要自行添加。例如：

```
import { mapState, mapGetters, mapMutations, mapActions } from 'vuex'
export default {
```

```
    computed: {
      ...mapState({
        countBAA: (state, getters) => state.b.countB +  getters.countAA,
      }),
      ...mapState('b', {
        countBM: (state, getters) => state.countB + getters.countBB
      })
    },
    methods: {
  ...mapMutations({
        increaseBAA: (commit, count) => commit('multiply', count)
      }),
      ...mapActions('b', {
        asyncIncreaseBAA: (dispatch, a, b) => dispatch('asyncMultiplyB', {count:
b, a})
      }),
    }
  }
```

将这些需要使用到的 store 映射好后，就可以在组件模板（template）或组件的其他地方通过组件实例上下文 this（选项式 API）或 context（组合式 API 的 setup 中）来调用，如在模板中使用，代码如下：

```
  <template>
  <p>count: {{count}}</p>
      <p>countGlobal: {{countGlobal}}</p>
      <p><button @click="multiply({count: 5})">multiply</button></p>
      <p>countA: {{countA}}</p>
      <p>countAA: {{countAA}}</p>
      <p><button @click="increaseA">increaseA</button></p>
      <p><button @click="asyncIncreaseA">asyncIncreaseA</button></p>
      <p>countB: {{countB}}</p>
      <p>countBB: {{countBB}}</p>
      <p><button @click="increaseB">increaseB</button></p>
      <p><button @click="asyncIncreaseB">asyncIncreaseB</button></p>
  <p><button @click="asyncMultiplyB({count: 4})">asyncMultiplyB</button></p>
  </template>
```

# 第 5 章

## Vue+Element 实现列表和分页

通过 Vue 和 Element 的组合可以实现多种交互。而在一个项目中，表格的使用尤为重要。特别对于后台管理系统而言，用表格展示列表数据会使得页面显示条理更加清晰，可以简单地将需要展示的内容字段通过表格的形式展示给用户，用户也能通过表格的操作轻松实现想要的修改、删除等功能。

通过分页组件可以根据页面数据条数进行分页，方便用户查看更多的内容，而不是简单的一页展示所有的内容，所以分页在列表页中就显得非常需要。

本章通过一个简单的示例演示两者结合实现列表和分页的方法。

为演示方便，笔者从本章开始以 Vue CLI 创建的 Vue+Element 项目单文件组件形式为基础进行讲解。

## 5.1　Table 组件

表格作为展示数据的常用组件，在需求设计和开发过程中经常用到，Element 将表格的常规表现（如重复而类似内容的展示）和常用的事件方法（如筛选、排序、表头过滤等）等进行封装，暴露出常用的属性和方法，将数据和表现拆分，简单易用。

### 5.1.1　Table 组件的引入方式

Table 组件由<el-table>和<el-column>组成。el-table 具有多种属性、插槽和事件，主要控制表格整体，el-column 也同样有多种属性，主要控制表格各列的配置。两种标签配合使用，可让 Table 支持行列合并、树形展示等相对复杂且常用的功能。如果全局引入了 Element Plus，直接在组件或页面中使用<el-table>和<el-table-column>标签并配置标签属性事件和方法，就可以展示表格数据了。如果是按需引入，则需要将 Table 组件和 TableColumn 组件按如下方式先引入：

```
import { ElTable, ElTableColumn } from 'element-plus'
// app 是 Vue.createApp()创建的应用实例
app.use(ElTable);
app.us(ElTableColumn);
```

为了更好地了解 Table 组件的结构和组成，下面用 Table 基础表格的使用作为实例进行讲解。

【例 5.1】Table 基础表格的使用。

基础表格展示包含表头（相当于 html 标签的 thead 的展示）、表格内容（相当于 HTML 标签 tbody 的展示部分），鼠标经过每行都会有一个背景色，如图 5.1 所示。

| Date | Name | Address |
|---|---|---|
| 2016-05-03 | Tom | No. 189, Grove St, Los Angeles |
| 2016-05-02 | Tom | No. 189, Grove St, Los Angeles |
| 2016-05-04 | Tom | No. 189, Grove St, Los Angeles |
| 2016-05-01 | Tom | No. 189, Grove St, Los Angeles |

图 5.1　基础表格

实现代码如下：

```
<template>
  <el-table :data="tableData">
    <el-table-column prop="date" label="Date" width="180" />
    <el-table-column prop="name" label="Name" width="180" />
    <el-table-column prop="address" label="Address" />
  </el-table>
</template>
<script>
export default {
  data() {
    return {
      tableData: [
        {
          date: '2016-05-03',
          name: 'Tom',
          address: 'No. 189, Grove St, Los Angeles',
        },
        {
          date: '2016-05-02',
          name: 'Tom',
          address: 'No. 189, Grove St, Los Angeles',
        },
        {
          date: '2016-05-04',
          name: 'Tom',
          address: 'No. 189, Grove St, Los Angeles',
```

```
        },
        {
          date: '2016-05-01',
          name: 'Tom',
          address: 'No. 189, Grove St, Los Angeles',
        },
      ],
    }
  },
}
</script>
```

从上面的代码可知，一个基础表格包含以下重点：

（1）el-table 上的 data 属性：要展示 tableData 的数据，需要在 el-table 上设置 data 属性值为所需显示的数据 tableData。

（2）el-column 上的 prop 属性：在 el-table-column 标签上指定 prop 来对应 tableData 的每个对象的键名（如上例对象中的 date、name、address）。

（3）el-column 上的 label 属性：在 el-table-column 标签上指定 label 来指定表头的文本内容。

## 5.1.2　Table 组件的使用

为了更好地了解表格的使用，此处笔者将该组件的使用方式分成两种情况进行讲解：一种是外观性调整，另一种是功能性调整。

所谓外观性调整，就是背景、边框、自定义内容展示等，只涉及表现的 template 代码的调整；而功能性调整就是对表格赋予一定的功能，如带状态的表格、固定列、筛选、排序等，涉及逻辑调整的部分。下面将挑选代表性的表格进行讲解。为了更好地区分实现代码的差异性，下面展示的源代码都是以【例 5.2】基础表格的源代码为基础的变更的部分。

外观调整部分示例如【例 5.2】~【例 5.7】。

【例 5.2】带斑马纹的表格。

带斑马纹的表格就是奇数行和偶数行颜色不同，可以更容易地区分出不同行的数据，如图 5.2 所示。

| Date | Name | Address |
|---|---|---|
| 2016-05-03 | Tom | No. 189, Grove St, Los Angeles |
| 2016-05-02 | Tom | No. 189, Grove St, Los Angeles |
| 2016-05-04 | Tom | No. 189, Grove St, Los Angeles |
| 2016-05-01 | Tom | No. 189, Grove St, Los Angeles |

图 5.2　带斑马纹的表格

其实现很简单，只需要在基础表格的 el-table 上添加一个 stripe 属性即可，主要代码如下：

```
<template>
  <el-table :data="tableData" stripe>
    ...
  </el-table>
</template>
```

【例 5.3】带边框的表格。

默认情况下，Table 组件不具有竖直方向的边框，只有横向的边框。带有边框的表格展示如图 5.3 所示。

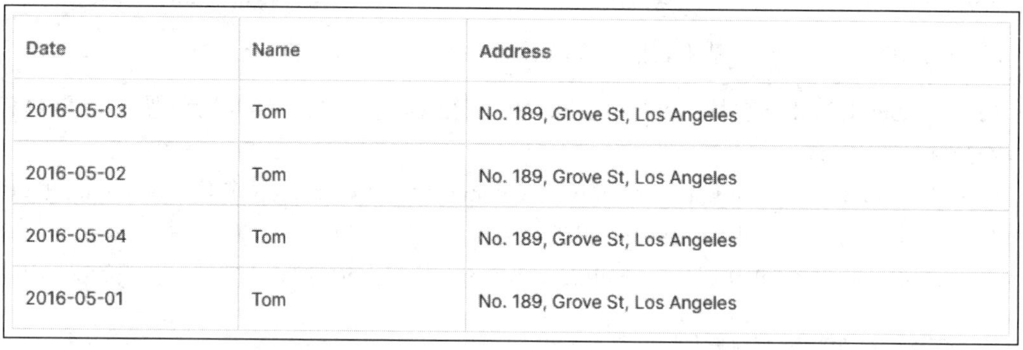

| Date | Name | Address |
|---|---|---|
| 2016-05-03 | Tom | No. 189, Grove St, Los Angeles |
| 2016-05-02 | Tom | No. 189, Grove St, Los Angeles |
| 2016-05-04 | Tom | No. 189, Grove St, Los Angeles |
| 2016-05-01 | Tom | No. 189, Grove St, Los Angeles |

图 5.3　带边框的表格效果

其实现很简单，只需要在基础表格的 el-table 上添加一个 border 属性即可，主要代码如下：

```
<template>
  <el-table :data="tableData" border>
    ...
  </el-table>
</template>
```

【例 5.4】自定义模板。

有时候除了在表格中展现数据值外，还需要根据数据的不同展示不一样的样式背景、不同的操作等，如图 5.4 所示。

| Date | Name | Type to search |
|---|---|---|
| 2016-05-03 | Tom | Edit Delete |
| 2016-05-02 | Tom | Edit Delete |
| 2016-05-04 | Tom | Edit Delete |
| 2016-05-01 | Tom | Edit Delete |

图 5.4　表格自定义模板

要想实现上面这种表格样式，需要使用自定义模板。以上表格样式涉及表头样式自定义和列自定义。

实现代码如下：

```
<template>
  <el-table :data="tableData">
    <el-table-column prop="date" label="Date"> </el-table-column>
    <el-table-column label="Name">
      <template #default="scope">
        <div class="name-wrapper">
          <el-tag size="medium">{{ scope.row.name }}</el-tag>
        </div>
      </template>
    </el-table-column>
    <el-table-column >
       <template #header>
        <el-input v-model="search" size="mini" placeholder="Type to search"
/>
      </template>
      <template #default="{$index, row}">
        <el-button size="mini" @click="handleEdit($index,
row)">Edit</el-button>
        <el-button
          size="mini"
          type="danger"
          @click="handleDelete($index, row)"
          >Delete</el-button
        >
      </template>
    </el-table-column>
  </el-table>
</template>
```

与基础表格代码相比，自定义模板只需要修改 el-table-column。首先表头自定义可以去掉 label 属性，如果列要自定义显示，就去掉 prop 属性，两者采用插槽的形式用 template 模板写在 el-tabl-column 的标签中间。如果要自定义表头，要用#header 进行标记，自定义列用#default 标记。对于#default="scope"，这里的 scope 可以自定义名称，可以通过这个 scope 获取到 row（包含对应 tableData 对应行的对象）、column（当前列的信息）、$index（当前行的索引）和 store（table 内部的状态管理）的数据。

【例 5.5】固定表头。

一般竖向内容较多的时候，如果我们在下拉表格的时候表头离开视线，就无法知道对应单元格表示的是什么内容，所以固定表头就很有必要。实现方法很简单，只需要在 el-table 上添加 height 属性，指定一个高度即可。height 可以为 number 类型和 string 类型。如果 height 为 number 类型，则单位是 px；如果 height 为 string 类型，则这个高度会设置为 Table 的 style.height 的值。一旦表格内容超过这个设定的高度，就会有竖向的滚动条，如图 5.5 所示。

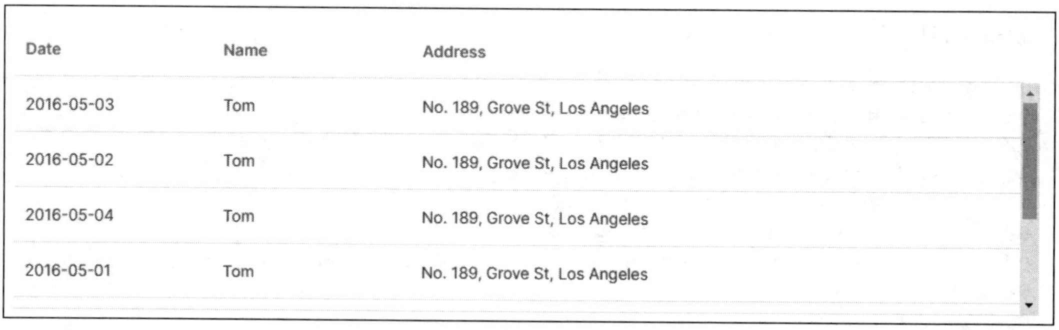

| Date | Name | Address |
| --- | --- | --- |
| 2016-05-03 | Tom | No. 189, Grove St, Los Angeles |
| 2016-05-02 | Tom | No. 189, Grove St, Los Angeles |
| 2016-05-04 | Tom | No. 189, Grove St, Los Angeles |
| 2016-05-01 | Tom | No. 189, Grove St, Los Angeles |

图 5.5　表格固定表头效果

实现代码如下：

```
<template>
  <el-table :data="tableData" height="250">
    …
  </el-table>
</template>
```

此处省略 tableData 的数据显示。要实现图 5-5 的效果，tableData 多添加几条类似的数据即可。

【例 5.6】固定列。

如果横向内容较多，大多数表格操作列都是在最后一行，如果横向滑动再找到要操作的按钮，就会显得很麻烦，此时我们可以采用固定列的形式把操作列固定下来。实现方法也很简单，只需要在想固定列的 el-table-column 上添加一个 fixed 属性即可。fixed 默认固定在左侧，fixed 的值可以是 left（固定在左侧）或 right（固定在右侧）。被固定的列在横向滚动时会在指定的一侧占据位置，如图 5.6 所示。

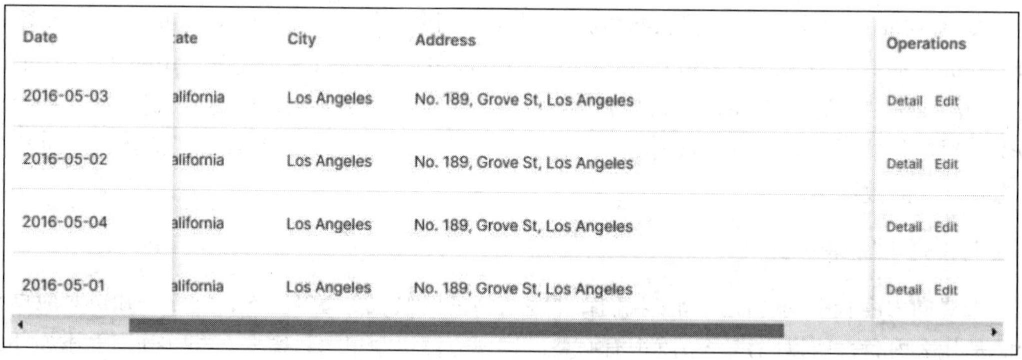

| Date | :ate | City | Address | Operations |
| --- | --- | --- | --- | --- |
| 2016-05-03 | alifornia | Los Angeles | No. 189, Grove St, Los Angeles | Detail Edit |
| 2016-05-02 | alifornia | Los Angeles | No. 189, Grove St, Los Angeles | Detail Edit |
| 2016-05-04 | alifornia | Los Angeles | No. 189, Grove St, Los Angeles | Detail Edit |
| 2016-05-01 | alifornia | Los Angeles | No. 189, Grove St, Los Angeles | Detail Edit |

图 5.6　表格固定列效果

代码主要变化如下：

```
<template>
  <el-table :data="tableData">
    <el-table-column fixed prop="date" label="Date" />
    …
    <el-table-column fixed="right" label="Operations" width="120">
      <template #default>
```

```
        <el-button type="text" size="small" @click="handleClick"
          >Detail</el-button
        >
        <el-button type="text" size="small">Edit</el-button>
      </template>
    </el-table-column>
  </el-table></template>
```

另外，要同时固定表头和列，只需要 height 和 fixed 分别按固定表头和固定列的方式使用即可。

【例 5.7】多级表头。

简单的表格往往不能满足我们现实的需求，有时候我们需要多级表头来展示数据的层次结构，如图 5.7 所示。

| Date | Delivery Info | | | | |
|---|---|---|---|---|---|
| | Name | Address Info | | | |
| | | State | City | Address | Zip |
| 2016-05-03 | Tom | California | Los Angeles | No. 189, Grove St, Los Angeles | CA 90036 |
| 2016-05-02 | Tom | California | Los Angeles | No. 189, Grove St, Los Angeles | CA 90036 |
| 2016-05-04 | Tom | California | Los Angeles | No. 189, Grove St, Los Angeles | CA 90036 |
| 2016-05-01 | Tom | California | Los Angeles | No. 189, Grove St, Los Angeles | CA 90036 |
| 2016-05-08 | Tom | California | Los Angeles | No. 189, Grove St, Los Angeles | CA 90036 |
| 2016-05-06 | Tom | California | Los Angeles | No. 189, Grove St, Los Angeles | CA 90036 |
| 2016-05-07 | Tom | California | Los Angeles | No. 189, Grove St, Los Angeles | CA 90036 |

图 5.7　表格多级表头

实现方法很简单，只需要在 el-table-column 里面嵌套 el-table-column 就可以实现多级表头。以上展示的实现代码如下：

```
<template>
  <el-table :data="tableData" style="width: 100%">
    <el-table-column prop="date" label="Date" width="150" />
    <el-table-column label="Delivery Info">
      <el-table-column prop="name" label="Name" width="120" />
      <el-table-column label="Address Info">
        <el-table-column prop="state" label="State" width="120" />
        <el-table-column prop="city" label="City" width="120" />
        <el-table-column prop="address" label="Address" />
        <el-table-column prop="zip" label="Zip" width="120" />
      </el-table-column>
    </el-table-column>
  </el-table>
</template>
```

功能调整部分示例如【例 5.8】~【例 5.16】所示。

【例 5.8】合并单元格。

多行或多列共用一个数据时，可以合并行或列。

通过给 el-table 添加 span-method 的属性，该属性值为一个方法名称。这个方法的参数是一个对象，里面包含当前行（row）、当前列（column）、当前行号（rowIndex）、当前列号（columnIndex）4 个属性。该函数可以返回一个包含两个元素的数组，第一个元素代表 rowspan，第二个元素代表 colspan。 也可以返回一个键名为 rowspan 和 colspan 的对象。

下面先看一下合并列和合并行的展示。

合并列如图 5.8 所示。

| ID | Name | Amount 1 | Amount 2 | Amount 3 |
|---|---|---|---|---|
| 12987122 | | 234 | 3.2 | 10 |
| 12987123 | Tom | 165 | 4.43 | 12 |
| 12987124 | | 324 | 1.9 | 9 |
| 12987125 | Tom | 621 | 2.2 | 17 |
| 12987126 | | 539 | 4.1 | 15 |

图 5.8 合并列

合并行如图 5.9 所示。

| ID | Name | Amount 1 | Amount 2 | Amount 3 |
|---|---|---|---|---|
| 12987122 | Tom | 234 | 3.2 | 10 |
| | Tom | 165 | 4.43 | 12 |
| 12987124 | Tom | 324 | 1.9 | 9 |
| | Tom | 621 | 2.2 | 17 |
| 12987126 | Tom | 539 | 4.1 | 15 |

图 5.9 合并行

实现代码如下：

```
<template>
  <div>
    <el-table :data="tableData" :span-method="arraySpanMethod" border
style="width: 100%">
      <el-table-column prop="id" label="ID" width="180" />
      <el-table-column prop="name" label="Name" />
      <el-table-column prop="amount1" sortable label="Amount 1" />
      <el-table-column prop="amount2" sortable label="Amount 2" />
      <el-table-column prop="amount3" sortable label="Amount 3" />
    </el-table>
    <el-table
```

```
      :data="tableData"
      :span-method="objectSpanMethod"
      border
      style="width: 100%; margin-top: 20px"
    >
      <el-table-column prop="id" label="ID" width="180" />
      <el-table-column prop="name" label="Name" />
      <el-table-column prop="amount1" label="Amount 1" />
      <el-table-column prop="amount2" label="Amount 2" />
      <el-table-column prop="amount3" label="Amount 3" />
    </el-table>
  </div></template>
<script >export default {
  data() {
    return {
      tableData: [
        {
          id: '12987122',
          name: 'Tom',
          amount1: '234',
          amount2: '3.2',
          amount3: 10,
        },
        {
          id: '12987123',
          name: 'Tom',
          amount1: '165',
          amount2: '4.43',
          amount3: 12,
        },
        {
          id: '12987124',
          name: 'Tom',
          amount1: '324',
          amount2: '1.9',
          amount3: 9,
        },
        {
          id: '12987125',
          name: 'Tom',
          amount1: '621',
          amount2: '2.2',
          amount3: 17,
        },
        {
          id: '12987126',
          name: 'Tom',
          amount1: '539',
          amount2: '4.1',
          amount3: 15,
        },
      ],
    }
  },
  methods: {
```

```
      arraySpanMethod({ row, column, rowIndex, columnIndex }) {
        if (rowIndex % 2 === 0) {
          if (columnIndex === 0) {
            return [1, 2]
          } else if (columnIndex === 1) {
            return [0, 0]
          }
        }
      },

      objectSpanMethod({ row, column, rowIndex, columnIndex }) {
        if (columnIndex === 0) {
          if (rowIndex % 2 === 0) {
            return {
              rowspan: 2,
              colspan: 1,
            }
          } else {
            return {
              rowspan: 0,
              colspan: 0,
            }
          }
        }
      },
    },}</script>
```

以上展示了两个 span-method 的方法，使用两种返回数据的方式来实现合并单元格。

【例 5.9】带状态的表格。

举一个简单的生活实例。比如一个班级的语文成绩单，表格中 90 分以上为优秀，这些行设置成绿色背景，80~90 分为良好，这些行设置成黄色背景，60 分以下为不及格，这些行设置成红色背景，如此根据每个分数所处的状态（优秀、良好、不及格）用不同颜色凸显出来，这样所展示的表格就是带状态的表格，如图 5.10 所示。

| 学号 | 姓名 | 分数 |
| --- | --- | --- |
| 100000001 | 张三 | 86 |
| 100000002 | 李四 | 72 |
| 100000003 | 王五 | 98 |
| 100000004 | 赵六 | 45 |

图 5.10　带状态的表格

实现原理：在 el-table 上添加 row-class-name 属性指定一个样式名称，可以为一个回调函数，用于根据分数进行判断来返回类名，也可以是一个固定类名字符串，如果是一个固定类名字符串，那么所有行都是这个固定字符串对应的类名指定的样式。此处使用的是一个回调函数，具体实现代码如下：

```
<template>
  <el-table :data="tableData"  :row-class-name="tableRowClassName"
style="width: 100%">
    <el-table-column prop="student_number" label="学号" />
    <el-table-column prop="name" label="姓名" width="180" />
    <el-table-column prop="score" label="分数" width="180" />
  </el-table>
</template>
<script>
export default {
  data() {
    return {
      tableData: [
        {
          score: 86,
          name: "张三",
          student_number: "100000001",
        },
        {
          score: 72,
          name: "李四",
          student_number: "100000002",
        },
        {
          score: 98,
          name: "王五",
          student_number: "100000003",
        },
        {
          score: 45,
          name: "赵六",
          student_number: "100000004",
        },
      ],
    };
  },
  methods: {
    tableRowClassName(e) {
      const {row} = e;
      let className = "";
      const score = row.score;
      if (score >= 90) {
        className = "excellent";
      } else if (score >= 80) {
        className = "good";
      } else if (score < 60) {
        className = "flunk";
      }
      return className
    },
  }
};
</script>
<style>
.el-table .excellent {
```

```
56    background-color: rgb(115, 241, 115);
57  }
58  .el-table .good {
59    background-color: yellow;
60  }
61  .el-table .flunk {
62    background-color: rgb(214, 111, 111);
63  }
64  </style>
```

此处对基础表格的代码做了 3 个改动：

（1）为 el-table 添加 row-class-name 属性，值为 tableRowClassName 的回调函数（第 02 行）。

（2）添加了 data 同级的 methods，里面添加了 tableRowClassName 的方法，实现分数判断以返回不同的类名。此处是通过 row 来实现的。如果要根据行号来设置类名，可以在 tableRowClassName 回调函数中使用 rowIndex 进行判断，这个是行的索引，从 0 开始，即上方的 const{row} = e;可以改成 const {rowIndex} = e;，然后进行判断即可（第 38~52 行）。

（3）添加了样式（style）部分，对应 tableRowClassName 的返回值，实现样式的对应（第 54~64 行）。

row-class-name 是通过类名形式设置行的样式，当然既然可以通过指定类名来设定样式，也可以通过指定 style 来设置样式。和 row-class-name 对应的用 style 指定样式的属性是 row-style。这个属性可以指定一个固定的对象，也可以通过返回一个对象的回调函数指定样式。同样，还有其他可以通过类名和 style 设置样式的属性，分别说明如下：

（1）cell-class-name 和 cell-style 可以设置单元格的样式。

（2）header-row-class-name 和 header-row-style 可以设置表头行的样式。

（3）header-cell-class-name 和 header-cell-style 可以设置表头单元格的样式。

【例 5.10】选择单行。

如果数据较多，眼睛横向核对数据时要从左向右看，很容易看错行，造成数据核对出错。此时如果能够选中某行并且使该行高亮显示，就可以轻松找到该行对应的数据。Table 组件提供了这样的操作，就是单选某行，只需要在 el-table 上添加 highlight-current-row 属性即可实现。如图 5.11 所示，单击第二行，即可高亮显示该行。

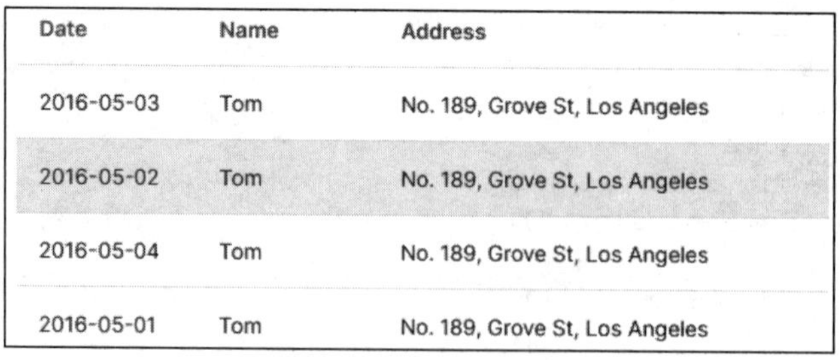

| Date | Name | Address |
|---|---|---|
| 2016-05-03 | Tom | No. 189, Grove St, Los Angeles |
| 2016-05-02 | Tom | No. 189, Grove St, Los Angeles |
| 2016-05-04 | Tom | No. 189, Grove St, Los Angeles |
| 2016-05-01 | Tom | No. 189, Grove St, Los Angeles |

图 5.11　高亮显示行

实现代码如下：

```
<template>
  <el-table :data="tableData" style="width: 100%" highlight-current-row>
    <el-table-column prop="date" label="Date" width="180"> </el-table-column>
    <el-table-column label="Name" prop="name" width="180"></el-table-column>
    <el-table-column label="Address" prop="address" ></el-table-column>
  </el-table>
</template>
```

如果需要在选中该行的同时触发其他事件，比如选中该行弹出该行人物的详细信息，或者记录该行的信息以备其他操作使用等，可以在 el-table 上添加 current-change 事件来进行管理，这个事件的参数会传入 currentRow（当前行对象信息）和 oldCurrentRow（之前选择的行对象信息）。

实现代码如下：

模板：

```
<template>
  <el-table :data="tableData" style="width: 100%" highlight-current-row @current-change="handleCurrentChange">
    <el-table-column prop="date" label="Date" width="180"> </el-table-column>
    <el-table-column label="Name" prop="name" width="180"></el-table-column>
    <el-table-column label="Address" prop="address" ></el-table-column>
  </el-table>
</template>
```

handleCurrentChange 的内容如下：

```
handleCurrentChange(currentRow,oldCurrentRow){
    console.log('currentRow,oldCurrentRow: ', currentRow,oldCurrentRow);
}
```

如果之前没有选中任何行，现在单击第二行，则输出结果如图 5.12 所示。

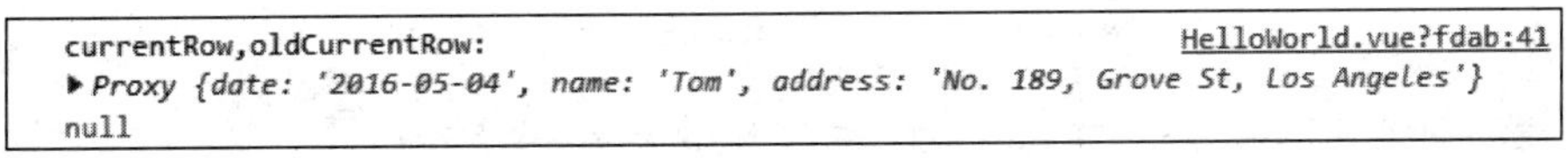

```
currentRow,oldCurrentRow:                                        HelloWorld.vue?fdab:41
▶ Proxy {date: '2016-05-04', name: 'Tom', address: 'No. 189, Grove St, Los Angeles'}
null
```

图 5.12　切换当前行

如果要指定选中某行和清空某行，则需要获取当前表格的引用，使用 setCurrentRow 方法进行设置，如图 5.13 所示。

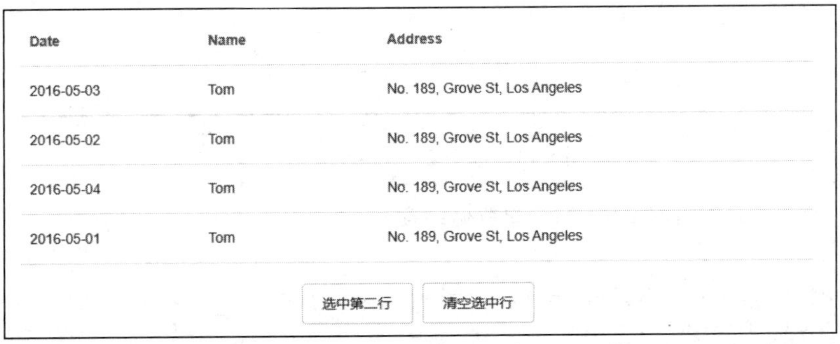

| Date | Name | Address |
|---|---|---|
| 2016-05-03 | Tom | No. 189, Grove St, Los Angeles |
| 2016-05-02 | Tom | No. 189, Grove St, Los Angeles |
| 2016-05-04 | Tom | No. 189, Grove St, Los Angeles |
| 2016-05-01 | Tom | No. 189, Grove St, Los Angeles |

选中第二行　清空选中行

图 5.13　选中单行和清空选中行

实现代码如下：

```
<template>
  <el-table :data="tableData" ref="myTable" style="width: 100%" highlight-current-row >
    <el-table-column prop="date" label="Date" width="180"> </el-table-column>
    <el-table-column label="Name" prop="name" width="180"></el-table-column>
    <el-table-column label="Address" prop="address" ></el-table-column>
  </el-table>
  <div style="margin-top:20px">
    <el-button @click="selectRow(tableData[1])">选中第二行</el-button>
    <el-button @click="selectRow()">清空选中行</el-button>
  </div>
</template>
```

selectRow 方法：

```
selectRow(row){
     this.$refs.myTable.setCurrentRow(row);
},
```

【例 5.11】选择多行。

对于某些操作，如果一个一个操作就会有很多重复的工作，比如删除数据。所以对于类似这种重复性的工作，我们采用批量处理的形式，也就是选中多行进行一次性处理，如批量删除。那么此时多选行的优势就显示出来了。实现方式是添加一个 el-table-column，指定 type="selection"，可以添加一列 checkbox 复选框，直接勾选行，如果要操作选中行，可以通过在 el-table 上添加 selection-change 事件实现操作，该事件的方法传入参数是选中行的对象信息。如果要指定选中某行，需要在 el-table 上添加一个 ref 属性，获取表格的引用，逐行使用 toggleRowSelection 方法，如果要清空多选，则直接使用 clearSelection 方法实现，如图 5.14 所示。

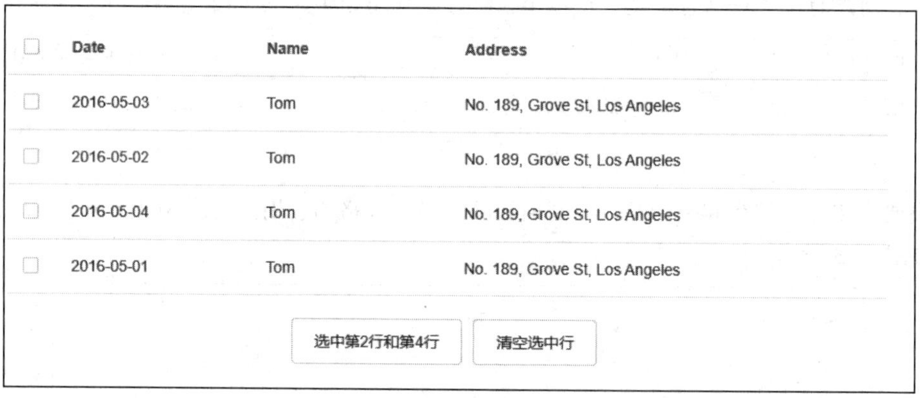

| ☐ | Date | Name | Address |
|---|---|---|---|
| ☐ | 2016-05-03 | Tom | No. 189, Grove St, Los Angeles |
| ☐ | 2016-05-02 | Tom | No. 189, Grove St, Los Angeles |
| ☐ | 2016-05-04 | Tom | No. 189, Grove St, Los Angeles |
| ☐ | 2016-05-01 | Tom | No. 189, Grove St, Los Angeles |

选中第2行和第4行　清空选中行

图 5.14　选中多行和清空选中行

实现代码如下（此处省略 tableData 的数据结构）：

```
<template>
  <el-table :data="tableData" ref="myTable" style="width: 100%"  @selection-change="handleSelectionChange">
    <el-table-column type="selection"></el-table-column>
    <el-table-column prop="date" label="Date" width="180"> </el-table-column>
```

```
      <el-table-column label="Name" prop="name" width="180"></el-table-column>
      <el-table-column label="Address" prop="address" ></el-table-column>
    </el-table>
    <div style="margin-top:20px">
      <el-button @click="selectRow([tableData[1],tableData[3]])">选中第 2 行和第 4
行</el-button>
      <el-button @click="selectRow()">清空选中行</el-button>
    </div>
  </template>
  <script >
  export default {
    data() {
      return {
        tableData: [...],
      }
    },
    methods: {
      selectRow(rows){
        if(rows){
          rows.forEach((row) => {
            this.$refs.myTable.toggleRowSelection(row);
          })
        }else{
          this.$refs.myTable.clearSelection();
        }
      },
      handleSelectionChange(selectRows){
        console.log('selectRows: ', selectRows);
      }
    },
  }
  </script>
```

【例 5.12】排序。

对表格排序，可以快速查找和比对数据。可以通过给 el-table 添加一个 default-sort 属性指定默认排序。比如管理员想查看最近注册的用户有哪些的时候，给注册信息默认创建日期排序，可以很直观地看出最近的注册用户是多还是少，有还是无。default-sort 是一个对象，包含 prop 和 order 属性，分别指定默认排序的字段名称和排序方式（升序是 asc，降序是 descending），如果不指定 order 属性，则默认是升序排序。例如指定以日期 Date 列降序排序，实现代码如下：

```
  <template>
    <el-table :data="tableData" style="width: 100%" :default-sort="{ prop: 'd
ate', order: 'descending' }" >
      <el-table-column prop="date"   label="Date" width="150" > </el-table-co
lumn>
      <el-table-column label="Name" prop="name" width="180"></el-table-column
>
      <el-table-column label="Address" prop="address"   :formatter="formatter
"></el-table-column>
    </el-table>
  </template>
```

有时用户想指定某列进行排序，希望自己能操作排序方式，可以在对应列 el-column 上指定一个 sortable 属性，即展示一个上下三角的箭头，用户可以单击改变排序方式。如图 5.15 所示指定日期 Date 列可以由用户进行排序操作，单击上三角进行升序排列，单击下三角切换回降序排列。

| Date ⇕ | Name | Address |
|---|---|---|
| 2016-05-04 | Tom | No. 187, Grove St, Los Angeles |
| 2016-05-03 | Tom | No. 181, Grove St, Los Angeles |
| 2016-05-02 | Tom | No. 189, Grove St, Los Angeles |
| 2016-05-01 | Tom | No. 186, Grove St, Los Angeles |

图 5.15　单击头部三角切换排序

实现代码如下：

```
<template>
  <el-table :data="tableData" style="width: 100%" :default-sort="{ prop: 'd
ate', order: 'descending' }" >
    <el-table-column prop="date"  label="Date" width="150" sortable> </el-
table-column>
    <el-table-column label="Name" prop="name" width="180"></el-table-column
>
    <el-table-column label="Address" prop="address"  :formatter="formatter
"></el-table-column>
  </el-table>
</template>
```

【例 5.13】筛选。

有时用户仅需要查看某列数据，此时就需要使用筛选功能，可以快速查找到自己想要查看的数据，更方便进行比对。实现方法只需要在需要筛选功能的列提供 filters 和 filter-method 两个属性即可。筛选功能会在该列的表头呈现下箭头，filters 是一个 text 和 value 的对象数组，单击下箭头可以展示 filters 指定展示的 text 值，值前有一个复选框，可以进行勾选。filter-method 指定一个方法，勾选后单击 confirm 就会执行 filter-method 指定的方法，以改变表格展示筛选到的数据。这个方法传入 3 个参数，即 value（勾选的值）、row（当前行的数据对象）和 column（当前列的数据信息），如图 5.16 所示，展示按姓名（Name）进行筛选。

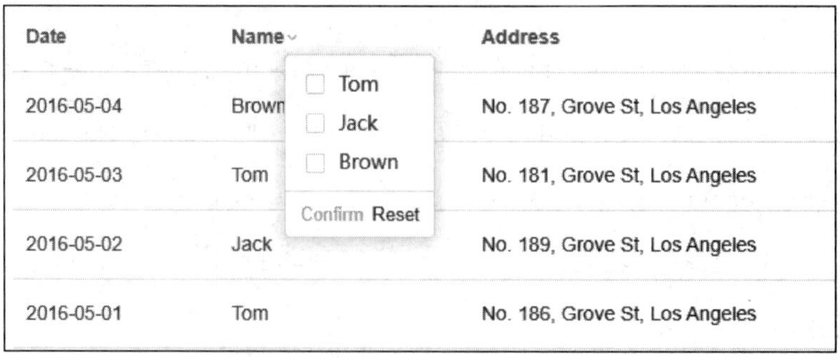

| Date | Name ⌄ | Address |
|---|---|---|
| 2016-05-04 | Brown | No. 187, Grove St, Los Angeles |
| 2016-05-03 | Tom | No. 181, Grove St, Los Angeles |
| 2016-05-02 | Jack | No. 189, Grove St, Los Angeles |
| 2016-05-01 | Tom | No. 186, Grove St, Los Angeles |

☐ Tom
☐ Jack
☐ Brown
Confirm Reset

图 5.16　筛选效果

实现代码如下：

```
<template>
  <el-table :data="tableData" style="width: 100%" :default-sort="{ prop: 'd
ate', order: 'descending' }" >
    <el-table-column prop="date"   label="Date" width="150" > </el-table-co
lumn>
    <el-table-column label="Name" prop="name" width="180" :filters="[{ text
: 'Tom', value: 'Tom' },
        { text: 'Jack', value: 'Jack' },{ text: 'Brown', value: 'Brown' }]"
 :filter-method="filterHandler"></el-table-column>
    <el-table-column label="Address" prop="address"  ></el-table-column>
  </el-table>
</template>
```

添加 filter-method 方法的代码如下：

```
    filterHandler(value,row,column){
      console.log('filterHandler,',value,row,column)
      const property = column['property']
      return row[property] === value
    },
```

【例 5.14】展开行。

有时候，当行内容过多并且不想显示横向滚动条，但是需要单击某行展开更多信息，就需要展开行的功能。实现方法是添加一个 type="expand"的 el-column 用来显示展开的信息。添加后表格最前方会展示一个右箭头，单击可以展开显示 type=expand 的信息。如图 5.17 所示，单击首行的右箭头可以展开更多信息。

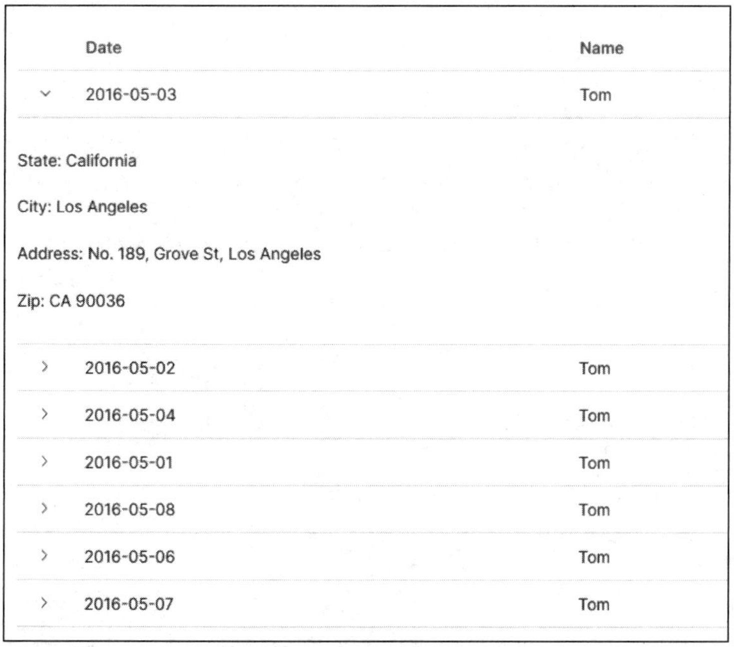

| | Date | Name |
|---|---|---|
| ˅ | 2016-05-03 | Tom |

State: California

City: Los Angeles

Address: No. 189, Grove St, Los Angeles

Zip: CA 90036

| | | |
|---|---|---|
| › | 2016-05-02 | Tom |
| › | 2016-05-04 | Tom |
| › | 2016-05-01 | Tom |
| › | 2016-05-08 | Tom |
| › | 2016-05-06 | Tom |
| › | 2016-05-07 | Tom |

图 5.17　展开行效果

实现代码如下：

```
<template>
 <el-table :data="tableData" style="width: 100%">
   <el-table-column type="expand">
     <template #default="props">
       <p>State: {{ props.row.state }}</p>
       <p>City: {{ props.row.city }}</p>
       <p>Address: {{ props.row.address }}</p>
       <p>Zip: {{ props.row.zip }}</p>
     </template>
   </el-table-column>
   <el-table-column label="Date" prop="date" />
   <el-table-column label="Name" prop="name" />
 </el-table></template>
```

【例 5.15】树形数据展示。

对于一些有层级关系的数据，也可以用 Table 组件来展示，这种数据就属于树形数据。树形数据的数据结构有一个 children 属性，children 里面的数据结构和外层的数据结构一致。例如：

```
tableData: [
        {
          id:1,
          date: "2016-05-03",
          name: "Tom",
          address: "No. 181, Grove St, Los Angeles",
          family: [
            {
              id:11,
              date: "2016-05-03",
              name: "son1 of Tom",
              address: "No. 181, Grove St, Los Angeles",
            },
            {
              id:12,
              date: "2016-05-03",
              name: "son2 of Tom",
              address: "No. 181, Grove St, Los Angeles",
            }
          ],
        },
    {
          id:2,
          date: "2016-05-02",
          name: "Jack",
          address: "No. 189, Grove St, Los Angeles",
        },

    ...
]
```

这里的 children 属性可以根据用户需求进行更改，比如改成 family，那么就可以给 el-table 指定 tree-props 属性，指定 children 值为 family，即为:tree-props="{ children: family}"。

如图 5.18 所示，单击展开子级的显示。

| Date | Name | Address |
| --- | --- | --- |
| ⌄ 2016-05-03 | Tom | No. 181, Grove St, Los Angeles |
| 2016-05-03 | son1 of Tom | No. 181, Grove St, Los Angeles |
| 2016-05-03 | son2 of Tom | No. 181, Grove St, Los Angeles |
| 2016-05-02 | Jack | No. 189, Grove St, Los Angeles |
| 2016-05-04 | Brown | No. 187, Grove St, Los Angeles |
| 2016-05-01 | Tom | No. 186, Grove St, Los Angeles |

图 5.18　树形数据结构表格展示效果

实现代码如下：

```
<template>
  <el-table
    :data="tableData"
    style="width: 100%"
    row-key="id"
     :tree-props="{ children: 'children'}"
  >
    <el-table-column prop="date" label="Date" width="150"> </el-table-column>
    <el-table-column  label="Name" prop="name" width="180"></el-table-column>
    <el-table-column label="Address" prop="address"></el-table-column>
  </el-table>
</template>
```

【例 5.16】懒加载。

对于树形结构，子级可以根据用户需要，单击才进行展示，那么可以在用户单击之后才加载数据，以节约流量和节省此页首次加载的时间。这种方式就是懒加载。Table 组件也支持懒加载，需要在树形数据结构中指定是否有子级（hasChildren 字段），如以下树形数据结构：

```
const tableData1= [
  {
   id: 1,
   date: '2016-05-02',
   name: 'wangxiaohu',
  },
  {
   id: 2,
   date: '2016-05-04',
   name: 'wangxiaohu',
  },
  {
   id: 3,
   date: '2016-05-01',
   name: 'wangxiaohu',
```

```
      hasChildren: true,
    },
    {
      id: 4,
      date: '2016-05-03',
      name: 'wangxiaohu',
    },]
```

接着如果要实现懒加载，template 部分需要在 el-table 树形展示的基础上添加一个 lazy 属性和 load 属性，load 属性值是一个方法名。下面模拟从后端获取到数据并返回子级的 load 方法：

```
const load = (
  row,
  treeNode,
  resolve: (date) => {
  setTimeout(() => {
    resolve([
      {
        id: 31,
        date: '2016-05-01',
        name: 'wangxiaohu',
      },
      {
        id: 32,
        date: '2016-05-01',
        name: 'wangxiaohu',
      },
    ])
  }, 1000)}
```

懒加载的表现是，在有子级的地方展示向右的箭头，单击这个箭头，箭头变成加载的图标（见图 5.19），待数据返回，展开子级数据进行展示（见图 5.20）。

| Date | Name |
| --- | --- |
| 2016-05-02 | wangxiaohu |
| 2016-05-04 | wangxiaohu |
| 2016-05-01 | wangxiaohu |
| 2016-05-03 | wangxiaohu |

图 5.19　懒加载单击展开箭头时的效果

| Date | Name |
| --- | --- |
| 2016-05-02 | wangxiaohu |
| 2016-05-04 | wangxiaohu |
| ∨ 2016-05-01 | wangxiaohu |
| 2016-05-01 | wangxiaohu |
| 2016-05-01 | wangxiaohu |
| 2016-05-03 | wangxiaohu |

图 5.20　懒加载数据加载完成时的效果

所以最终模板代码如下：

```
<template>
<el-table
    :data="tableData1"
    style="width: 100%"
```

```
      row-key="id"
      border
      lazy
      :load="load"
      :tree-props="{ children: 'children', hasChildren: 'hasChildren' }"
    >
      <el-table-column prop="date" label="Date" width="180" />
      <el-table-column prop="name" label="Name" width="180" />
    </el-table>
  </div>
</template>
```

其中，数据结构中的 hasChildren 属性也可以自定义为其他变量名，如果定义为其他变量名称，则需要在 tree-props 属性值对象中指定 hasChildren 字段为该变量名称，如上面这个代码片段中的 tree-props 属性，指定 hasChildren 属性名称就是 hasChildren：

```
:tree-props="{ children: 'children', hasChildren: 'hasChildren' }"
```

综上，以上示例展示了我们平时经常会用到的属性和方法。当然，Table 组件还有其他的属性和方法，此处不再一一列举，如需获取更多内容，读者可以移步官网进行学习。

## 5.2 Pagination 组件

分页组件通常与表格组件一同使用，在数据量很大的时候，通常不会在表格中一次性显示所有的数据，因为如果所有数据都展示在一个页面，数据量庞大，容易造成浏览器崩溃，就算数据可以完全展示出来，这样的页面也会让用户失去兴趣，而不会全部浏览。所以通常会将数据进行少量展示，分页处理，如果用户感兴趣，则会单击更多的页码进行浏览，这样的界面更加简洁，方便用户，使用户更愿意在页面上停留。

和表格组件一样，分页组件也有其常用的事件和方法，通常也有一套常用的视图表现，如有上一页、下一页、首页、尾页、显示总页数、翻页等。因为使用频繁，Element 也对分页组件进行了封装，并充分考虑了常用的场景，所以也能满足很多常用开发需求。本节将对其常用功能进行介绍。

### 5.2.1 Pagination 组件的引入方式

Pagination 组件由<el-pagination>标签组成。el-pagination 具有多种属性、插槽和事件，主要控制表格整体。el-column 同样有多种属性，主要控制表格各列的配置。两种标签配合使用，让 Table 支持行列合并、树形展示等相对复杂且常用的功能。如果是全局引入了 Element Plus，则可以直接在组件或页面中使用<el-table>和<el-table-column>标签并配置标签属性的事件和方法，以展示表格数据。如果使用按需引入方式，则需要将 Table 组件和 TableColumn 组件按如下方式先引入：

```
import { ElPagination } from 'element-plus'
// app 是 Vue.createApp()创建的应用实例
app.use(ElPagination);
```

## 5.2.2 Pagination 组件的用法

分页展示的通常是：数据总条数、每页展示数、上一页、下一页、首页、尾页、页码和跳转页码。下面将展示分页组件的用法。

【例 5.17】基础用法。

Pagination 组件的使用非常简单，如果只需要展示页码、上一页和下一页，如图 5.21 所示。

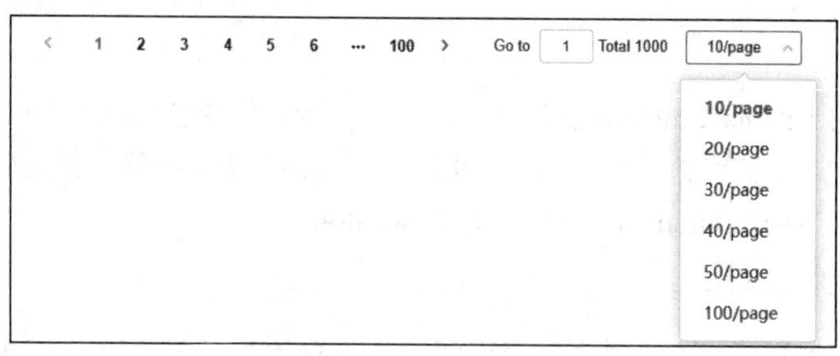


图 5.21 pagination 组件的基础展示

实现代码如下：

```
<el-pagination layout="prev, pager, next,jumper,sizes,total" :total="1000">
</el-pagination>
```

其中 layout 用来指定分页元件的布局，即定义展示的分页元件及其展示顺序，元件定义如下：

- prev：上一页的按钮。
- pager：页码列表。
- next：下一页的按钮。
- jumper：跳转到。
- total：数据总条数。
- sizes：每页显示的数据条数/分页大小。
- ->：该元件将其右侧的元件包裹起来，整体靠右对齐。
- slot：额外自定义内容插槽。

其中，各元件用逗号分隔。

layout 的值的顺序决定了元件显示的位置，比如：

```
layout="total,prev, pager, next,->,jumper,sizes"
```

这个设置的分页组件元件将按照如图 5.22 所示的顺序布局。

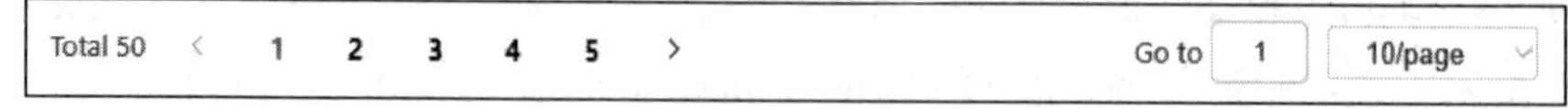


图 5.22 Pagination 元件布局

可以看到，上述 layout 元件由“→”分隔成左右两边：

- 左边：数据总条数（total）→上一页（prev）→页码列表（pager）→下一页（next）。

● 右边：跳转到（jumper）→分页大小（sizes）。

【例 5.18】改变展示的页码数。

默认展示的页码数是 7，若超过则会折叠页码（以省略号展示），如果要改变默认展示的页码数，则可以在 el-pagination 标签上指定 page-count 属性，如展示 11 个页码数，效果如图 5.23 所示。

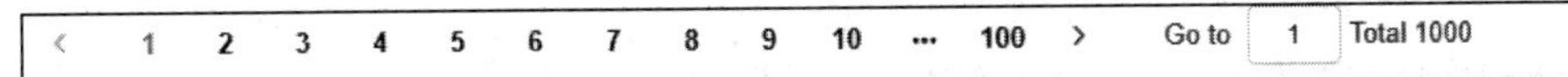


图 5.23　Pagination 改变页码数

实现代码如下：

```
<el-pagination layout="prev, pager, next,jumper,total" :total="1000" :pager-count="11"></el-pagination>
```

【例 5.19】带背景色的页码。

在 el-pagination 上添加一个 background 属性，即可为每个页码添加背景色，效果如图 5.24 所示。

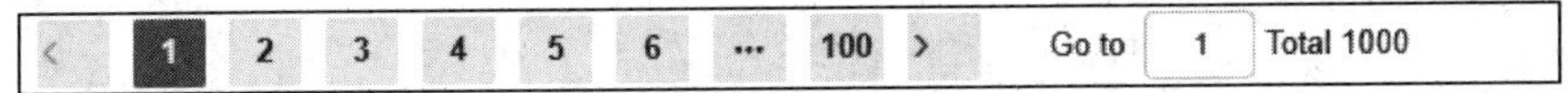


图 5.24　Pagination 带背景色的页码效果

实现代码如下：

```
<el-pagination layout="prev, pager, next,jumper,total" :total="1000" background ></el-pagination>
```

【例 5.20】小型分页。

如果空间有限或者小屏幕中使用分页组件，则可以通过配置 small 属性缩小分页组件的大小，实现代码如下：

```
<el-pagination small layout="prev, pager, next" :total="50"> </el-pagination>
```

【例 5.21】只有一页时隐藏分页。

页码只有一页时，显示页码会显得很单调，且页面不协调，此时隐藏起来会更好，只需在 el-pagination 上添加 hide-on-single-page 属性即可实现，实现代码如下：

```
<el-pagination layout="prev, pager, next,jumper,total" :total="1000"  hide-on-single-page></el-pagination>
```

【例 5.22】改变每页展示的条数。

默认每页展示 10 条数据，如果需要更改，则只需在 el-pagination 上添加 page-size 属性即可，其值是一个数字，如每页展示 20 条数据，实现代码如下：

```
<el-pagination layout="prev, pager, next" :total="1000" :page-size="20" ></el-pagination>
```

【例 5.23】改变可选择的每页展示的条数。

默认可选择的每页展示的条数是 10,20,30,40,50,100，要改变的话，只需在 el-pagination 上添加

page-sizes 属性，值为一个数字数组。例如更改为展示 100,200,300，默认每页展示 10 条，所以要指定每页展示的条数为 100，实现代码如下：

```
<el-pagination layout="prev, pager, next" :total="1000" :page-sizes="[100,200,300]" ></el-pagination>
```

【例 5.24】分页组件事件。

分页组件的事件用得最多的就是当前页码切换事件（current-change）和每页显示条数变更事件（size-change）。current-change 事件传入当前页码，可以根据当前页码向后台获取当前页码的数据。size-change 事件传入的参数是当前每页显示的条数，可以根据当前每页显示的条数向后台获取当前页码的数据。实现代码如下：

```
<el-pagination
    v-model:currentPage="currentPage4"
    :page-sizes="[100, 200, 300, 400]"
    :page-size="100"
    layout="total, sizes, prev, pager, next, jumper"
    :total="400"
    @size-change="handleSizeChange"
    @current-change="handleCurrentChange"
  >
  </el-pagination>
```

定义 size-change 方法和 current-change 方法：

```
const handleSizeChange = (val: number) => {
  console.log('${val} items per page')
}
const handleCurrentChange = (val: number) => {
  console.log('current page: ${val}')
}
```

至此，常用的 Pagination 组件的属性和事件方法介绍完毕。接下来通过一个实例来应用这个组件。

## 5.3 实战：数据的列表和分页

数据列表常和分页共同出现，这是一个管理系统必不可少的内容。下面通过一个简单的系统成员列表分页展示的实例学习如何使用 Element Plus 创建一个分页列表。

这个实例需要通过列表展示一个包含用户名、注册信息和等级的用户数据，为演示方便，假如目前有成员信息数据总共 114 条，列表默认每页展示 5 条数据，总共有 23 页数据，通过分页组件的页码切换可以展示不同页码的数据，如图 5.25 所示。

| 用户名 | 注册时间 | 等级 |
| --- | --- | --- |
| uaa1 | Wed Jan 26 2022 15:36:26 GMT+0800 (中国标准时间) | 10 |
| uaa2 | Wed Jan 26 2022 15:36:26 GMT+0800 (中国标准时间) | 10 |
| uaa3 | Wed Jan 26 2022 15:36:25 GMT+0800 (中国标准时间) | 7 |
| uaa4 | Wed Jan 26 2022 15:36:25 GMT+0800 (中国标准时间) | 8 |
| uaa5 | Wed Jan 26 2022 15:36:25 GMT+0800 (中国标准时间) | 1 |

共 114 条　5条/页　<　1　2　3　4　5　6　…　23　>　前往 1 页

图 5.25　用户列表分页——默认显示 5 条/页

直接单击分页元件的页码数，应当可以正确展示对应页码的数据，如直接单击第 5 页，如图 5.26 所示。

| 用户名 | 注册时间 | 等级 |
| --- | --- | --- |
| uaa21 | Wed Jan 26 2022 15:38:27 GMT+0800 (中国标准时间) | 1 |
| uaa22 | Wed Jan 26 2022 15:38:27 GMT+0800 (中国标准时间) | 1 |
| uaa23 | Wed Jan 26 2022 15:38:27 GMT+0800 (中国标准时间) | 2 |
| uaa24 | Wed Jan 26 2022 15:38:27 GMT+0800 (中国标准时间) | 7 |
| uaa25 | Wed Jan 26 2022 15:38:27 GMT+0800 (中国标准时间) | 9 |

共 114 条　5条/页　<　1　…　3　4　5　6　7　…　23　>　前往 5 页

图 5.26　用户列表分页——切换到第 5 页

如果在分页前，在输入框输入指定页数后按回车键确定，应当会直接跳转到指定页面，展示指定页面列表的数据，如输入 8，结果如图 5.27 所示。

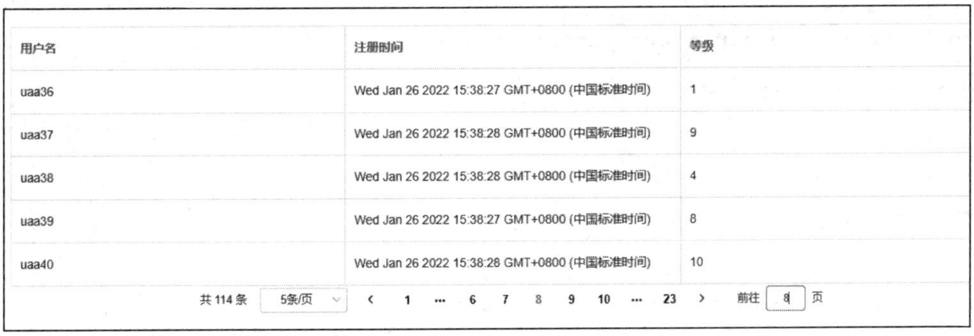

| 用户名 | 注册时间 | 等级 |
| --- | --- | --- |
| uaa36 | Wed Jan 26 2022 15:38:27 GMT+0800 (中国标准时间) | 1 |
| uaa37 | Wed Jan 26 2022 15:38:28 GMT+0800 (中国标准时间) | 9 |
| uaa38 | Wed Jan 26 2022 15:38:28 GMT+0800 (中国标准时间) | 4 |
| uaa39 | Wed Jan 26 2022 15:38:27 GMT+0800 (中国标准时间) | 8 |
| uaa40 | Wed Jan 26 2022 15:38:28 GMT+0800 (中国标准时间) | 10 |

共 114 条　5条/页　<　1　…　6　7　8　9　10　…　23　>　前往 8 页

图 5.27　用户列表分页——前往第 8 页

如果切换为单页显示 10 条数据，则当前列表数据应该显示 10 条数据，总共 12 页，如图 5.28 所示。

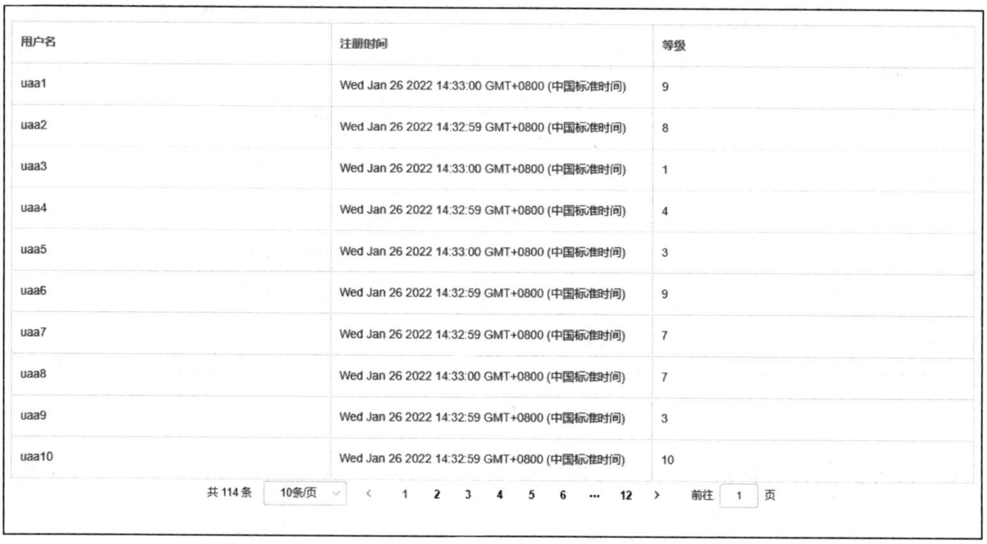

| 用户名 | 注册时间 | 等级 |
| --- | --- | --- |
| uaa1 | Wed Jan 26 2022 14:33:00 GMT+0800 (中国标准时间) | 9 |
| uaa2 | Wed Jan 26 2022 14:32:59 GMT+0800 (中国标准时间) | 8 |
| uaa3 | Wed Jan 26 2022 14:33:00 GMT+0800 (中国标准时间) | 1 |
| uaa4 | Wed Jan 26 2022 14:32:59 GMT+0800 (中国标准时间) | 4 |
| uaa5 | Wed Jan 26 2022 14:33:00 GMT+0800 (中国标准时间) | 3 |
| uaa6 | Wed Jan 26 2022 14:32:59 GMT+0800 (中国标准时间) | 9 |
| uaa7 | Wed Jan 26 2022 14:32:59 GMT+0800 (中国标准时间) | 7 |
| uaa8 | Wed Jan 26 2022 14:33:00 GMT+0800 (中国标准时间) | 7 |
| uaa9 | Wed Jan 26 2022 14:32:59 GMT+0800 (中国标准时间) | 3 |
| uaa10 | Wed Jan 26 2022 14:32:59 GMT+0800 (中国标准时间) | 10 |

共 114 条 10条/页 < 1 2 3 4 5 6 ··· 12 > 前往 1 页

图 5.28　用户列表分页——切换单页显示为 10 条/页

接下来跟着笔者使用 Vue CLI 来创建一个工程，完成这个实例。

步骤 01 使用 Vue CLI 安装 Vue 3，即先运行以下命令，根据提示选择 Vue 3 版本，详细步骤参见 1.4.2 节：

```
vue create demo
```

步骤 02 运行如下命令安装 Element Plus：

```
yarn add element-plus
```

步骤 03 在 main.js 中引入 Element Plus，本例使用完整引入方式，如以下粗体代码所示：

```
import { createApp } from 'vue'
import App from './App.vue'
import ElementPlus from 'element-plus'
import 'element-plus/dist/index.css'
createApp(App).use(ElementPlus).mount('#app')
```

步骤 04 运行如下命令启动服务：

```
cd demo
npm run serve
```

步骤 05 修改 App.vue 的模板如下：

```
<template>
  <el-config-provider :locale="locale">
    <el-table :data="tableData" border style="width: 100%">
      <el-table-column prop="account" label="用户名" />
      <el-table-column prop="createTime" label="注册时间" />
      <el-table-column prop="level" label="等级" />
    </el-table>
    <el-pagination
      v-model:currentPage="currentPage"
      :page-sizes="[5, 10]"
```

```
11        :page-size="pageSize"
12        layout="total, sizes, prev, pager, next, jumper"
13        :total="total"
14        @size-change="handleSizeChange"
15        @current-change="handleCurrentChange"
16      ></el-pagination>
17    </el-config-provider>
18  </template>
```

**代码说明：**

（1）这里用了一个 el-config-provider 组件，这个组件是官方提供的用于全局配置国际化设置的组件，以上配置了 locale 属性，使得它包裹的组件都使用同一个语言配置，这里使用了 element-plus 的中文包（见脚本引入）来全局配置国际化语言为中文（第 02 行）。

（2）模板代码使用 el-table 标签并配置 border 属性，设置了一个带边框的表格，这个表格包含三列数据：用户名、注册事件、等级（第 03~07 行）

（3）模板代码中的分页组件绑定分页组件的基本元素（layout）和主要事件（current-change 和 size-change）。

步骤 06 修改 App.vue 脚本代码如下：

```
<script>
import locale from 'element-plus/lib/locale/lang/zh-cn'
const data = Array.from(Array(114), (v, i) => {
  return {
    account: "uaa" + (i + 1),
    createTime: new Date(Date.now() + Math.ceil(Math.random() * 1000)),
    level: Math.ceil(Math.random() * 10)
  }
})
export default {
  name: "App",
  data() {
    return {
      locale,
      currentPage: 1,
      pageSize: 5,
      total: 0,
      tableData: []
    };
  },
  created() {
    this.getData(1, this.pageSize);
  },
  methods: {
    handleSizeChange(val) {
      this.pageSize = val;
      this.getData(this.currentPage, val);
    },
    handleCurrentChange(val) {
      this.currentPage = val;
      this.getData(val, this.pageSize);
    },
```

```
33      getData(page, pageSize) {
34        this.tableData = data.slice((page - 1) * pageSize, page * pageSize);
35        this.total = data.length;
36      }
37    },
38  };
39  </script>
```

**代码说明：**

（1）这里为了方便演示，直接修改 App.vue 文件，实际开发中通常需要另外创建对应的组件。

（2）上面的代码中引入了 element-plus 的中文包供模板使用（第 02 行）。

（3）模板 el-table 表格绑定的数据 tableData，在本例中是从写死的数据 data 对象数组中获取的，在实际开发中，这个数据通常是通过请求后台返回的（第 03~09 行）。

（4）上面的代码中处理了分页组件控制列表数据最重要的方法：分页切换事件，如本例中处理当前页变化事件 current-change 和单页显示条数事件 size-change 时，都调用了同一个方法 getData，对表格绑定的数据 tableData 做了重新赋值（第 27、31 行），这个动作通常也应该向后台发送请求来获取，处理这个请求的过程可以直接写在 getData 方法中。

（5）本例使用选项式 API 写法，加入了一段 created 生命周期钩子函数，调用了 getData 方法，可以理解为模拟了数据初始化的过程，相当于调用 getData 方法模拟向后台请求数据的过程，读者也可以自行改用组合式 API 写法。

本例为演示方便，造了一段数据，如果数据量不多不少，在某些情况下后台直接将数据一次性返回，并且希望前端可以对这个数据进行分页，也可以参照本例的写法。

# 第 6 章

# Element 的 Form 表单和 Select 组件

与表格和分页组件一样，表单也是在视图表现上常用的元素，Form 表单包含多种表单元素，典型的表单主要由输入框、选择器、单选框、多选框等控件组成，主要用来收集、校验、提交用户数据到服务器，并将服务器返回的结果展示给用户。

Form 表单在实际开发过程中应用相当广泛，例如增加/修改列表项内容、登录、注册表单等，所以在 Element UI 框架中也对表单进行了封装，使其常用功能（如表单校验等）使用非常方便。

本章着重学习 Form 表单组件的使用方法，另外，Form 表单中有一个常用的组件 Select 选择器，由于其原生 HTML 样式无法定制的特殊性，Element UI 对其进行封装，不仅使其具备原生 HTML <select>标签的功能和行为，也赋予了其更多的特性，使用也非常方便，本章对其进行单独介绍。

最后，通过一个简单的登录/注册表单实例带领读者一起实战使用 Form 表单，了解一个表单的整体使用过程，学习完本章读者可以轻松实现其他表单功能。

## 6.1　Form 表单组件

首先来看 Form 表单组件，Form 表单作为多种表单元素的容器，可用于收集表单元素的信息并提交服务器，管理表单元素的整体行为，如表单元素校验等。校验是表单的一个重要功能，在 Element 中，支持以配置的形式实现校验功能，使用方式非常简洁。Element 的 Form 组件保留了原生 HTML 已有的表单域元素的校验方式，如非空（required）校验、字符长度范围（min-max）校验、邮箱（email）校验以及对正则表达式进行校验等，如果这些校验都不能满足需求，还可以自定义校验方法。下面一起来学习相关内容。

### 6.1.1　Form 组件的引入方式

在 HTML 的 Form 表单中，可以放置多个表单域，其中包括可以通过一个<input>标签的不同类型定义的多种表现形式的表单域，如 type=text 的单行文本域、type=password 的密码域、type=radio 的单选按钮域、type=checkbox 的多选按钮域、type=button 的普通按钮域、type=submit 的提交按钮域，以及<textarea>标签定义的多行文本域和<select>标签定义的下拉列表域等，它们在 Element 中也对应着相同的组件。

在 Element 的 Form 表单组件（<el-form>标签）中，每一个表单域由一个 Form-Item 组件（<el-form-item>标签）构成，对应的表单域元素放置在 Form-Item 组件中，比较友好的是它使用更加语义化的标签，提升了可读性。例如，将单/多行文本域（type=text 的<input>和<textarea>）和密码域（type=password <input>）都归于输入框 Input 组件（<el-input>标签），将单选按钮域（type=radio 的<input>）定义为 Radio 组件（<el-radio>标签），将多选按钮域（type=checkbox 的<input>）定义为 Checkbox 组件，将下拉列表域（<select>标签）定义为 Select 组件等，还封装了包括开关组件 Switch、日期选择器组件 DatePicker、时间选择器组件 TimePicker 等，使用时添加“el-”前缀即可。

如果是全局引入 Element Plus，则直接在组件或页面中使用<el-form>和<el-form-item>标签以及各表单元素标签，并配置相应标签属性事件和方法，就可以完成一个表单的创建。如果是按需引入 Element Plus，则需要将表单相关的组件和需要的表单元素在项目中引入，才能使用组件，引入方式如下：

```
import {
ElForm,
  ElFormItem,
  ElButton,
  ElInput,
  ElRadio,
  ElRadioGroup,
  ElCheckbox,
  ElCheckboxGroup,
  ElSelect,
  ElOption,
  ElSwitch,
  ElTimePicker,
  ElDatePicker,
} from 'element-plus'
const components = [
  ElForm,
  ElFormItem,
  ElButton,
  ElInput,
  ElRadio,
  ElRadioGroup,
  ElCheckbox,
  ElCheckboxGroup,
  ElSelect,
  ElOption,
  ElSwitch,
  ElTimePicker,
  ElDatePicker,
];
components.forEach(component => {
  // app 是 Vue.createApp 创建的应用实例
  app.use(component);
```

```
})
```

在实际开发中，表单中的元素根据需要引入即可。上面笔者引入了以下表单元素组件：按钮（Elbutton）、文本框（ElInput）、单选按钮（ElRadio）、单选按钮组（ElRadioGroup）、多选按钮（ElCheckbox）、多选按钮组（ElCheckboxGroup）、选择框（ElSelect 和 ElOption）、开关（ElSwitch）、日期（ElDatePicker）、时间（ElTimePicker）。

为了更好地了解 Form 表单组件的结构和组成，下面用上面已经引入的表单和表单元素组件组成的基础表单来进行讲解。

【例 6.1】基础 Form 表单。

基础 Form 表单是最简洁的一个表单，无须手动添加任何样式，使用 Element 的组件元素，使用最少的配置，就能有一个简单的表单效果，如图 6.1 所示。

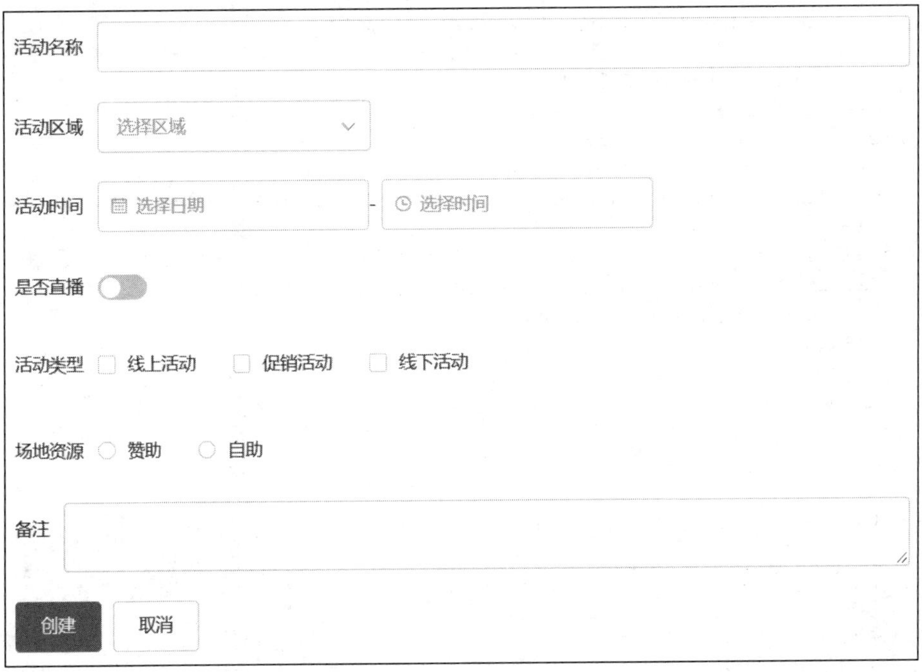

图 6.1　基础表单

以单文件组件写法为例，完整代码如下：

```
<template>
  <el-form :model="form">
    <el-form-item label="活动名称">
      <el-input v-model="form.name"></el-input>
    </el-form-item>
    <el-form-item label="活动区域">
      <el-select v-model="form.region" placeholder="选择区域">
        <el-option label="上海" value="shanghai"></el-option>
        <el-option label="北京" value="beijing"></el-option>
      </el-select>
    </el-form-item>
    <el-form-item label="活动时间">
```

```
        <el-date-picker v-model="form.date1" type="date" placeholder="选择日期
"></el-date-picker>-
        <el-time-picker v-model="form.date2" placeholder="选择时间
"></el-time-picker>
      </el-form-item>
      <el-form-item label="是否直播">
        <el-switch v-model="form.live"></el-switch>
      </el-form-item>
      <el-form-item label="活动类型">
        <el-checkbox-group v-model="form.type">
          <el-checkbox label="线上活动" name="type"></el-checkbox>
          <el-checkbox label="促销活动" name="type"></el-checkbox>
          <el-checkbox label="线下活动" name="type"></el-checkbox>
        </el-checkbox-group>
      </el-form-item>
      <el-form-item label="场地资源">
        <el-radio-group v-model="form.resource">
          <el-radio label="赞助"></el-radio>
          <el-radio label="自助"></el-radio>
        </el-radio-group>
      </el-form-item>
      <el-form-item label="备注">
        <el-input v-model="form.desc" type="textarea"></el-input>
      </el-form-item>
      <el-form-item>
        <el-button type="primary" @click="onSubmit">创建</el-button>
        <el-button>取消</el-button>
      </el-form-item>
    </el-form>
  </template>
  <script>
  export default {
    data() {
      return {
        form: {
          name: '',
          region: '',
          date1: '',
          date2: '',
          live: false,
          type: [],
          resource: '',
          desc: '',
        },
      }
    },
    methods: {
      onSubmit() {
        console.log('submit!')
      },
    },
  }
  </script>
```

上面的示例包含表单的基本要素和最简单的配置，主要关注以下重点：

（1）el-form 上的 model 属性是表单的数据模型，对应表单数据对象。

（2）el-form-item 上的 label 属性设置的是表单元素的文本内容，相当于 HTML 标签<label>的内容，这个属性不是必需的，如果不需要文本，则可以不设置。

（3）表单元素组件被<el-form-item>包围，都是双向数据绑定元素。

## 6.1.2　Form 组件的使用

为了更好地了解 Form 表单的使用，此处笔者将该组件的使用方式分成两种情况进行讲解：一种是外观调整，另一种是行为调整。下面分别通过示例进行讲解。

外观上的调整包括 Label 文本的对齐方式和表单元素的大小及表单行内布局，参照【例 6.2】~【例 6.4】。

【例 6.2】Label 文本的对齐方式。

本例基于开篇【例 6.1】，对于表单域的 Label 文本通常设计有三种表现，即左对齐（文本靠向 Form 边缘）、右对齐（文本靠向表单元素）、置于表单元素的上方，而实现这个功能只需要设置一个属性 label-position。这个属性有三个值：left/right/top，默认值为 right，右对齐；默认情况下，Label 的宽度刚好可以容纳文本，所以设置左/右对齐时要看到效果，需要设置 Label 的宽度 label-width，这个属性可以是字符串，如 100px，也可以是数字。例如，设置 label-position 为 left 时，效果如图 6.2 所示。

图 6.2　表单 Label 左对齐

关键代码如下：

```
<el-form :model="form" label-width="100px" label-position="left">
   …
</el-form>
```

设置 label-position 为 right 或者只设置 label-width 时，效果如图 6.3 所示。

图 6.3　表单 Label 右对齐

关键代码如下：

```
<el-form :model="form" label-width="100px" label-position="right">
   ...
</el-form>
```

设置 label-position 为 top 时，效果如图 6.4 所示。

图 6.4　表单 Label 置于表单元素之上

主要代码如下：

```
<el-form :model="form" label-position="top">
   …
</el-form>
```

【例 6.3】表单元素的大小。

本例基于开篇【例 6.1】，在 el-form、el-form-item 及表单元素（如 el-input）上都可以设置 size 属性，值可以是 large/medium/small/mini，用于控制有 size 属性的表单元素（如 el-input、el-button 等）的大小，el-form 上的 size 控制整个 Form 表单元素的大小，如果 el-form-item 或表单元素上都没有设置 size，那么表单元素的大小继承 el-form 的 size 设置，如果 el-form-item 上设置了 size，但是表单元素上未设置 size，则表单元素的大小继承自 el-form-item 上的 size，如果表单元素上有 size，则表单元素上的 size 就是表单实际的 size，即 size 的应用优先级为：表单元素 size > el-form-item 上的 size > el-form 上的 size。

具体使用方法如下：

```
<template>
   <el-form :model="form" size="mini">
    <el-form-item label="活动名称">
      <el-input v-model="form.name" size="medium"></el-input>
    </el-form-item>
    <el-form-item label="活动区域">
      <el-select v-model="form.region" placeholder="选择区域" size="small">
        <el-option label="上海" value="shanghai"></el-option>
        <el-option label="北京" value="beijing"></el-option>
      </el-select>
</el-form-item>
…
</el-form>
</template>
```

上面设置的效果如图 6.5 所示。

图 6.5　表单元素尺寸大小设置

【例 6.4】行内表单。

在垂直方向空间受限或者表单较简单时，可以在一行内放置表单元素，如图 6.6 所示。

| 活动名称 | | 活动区域 | 选择区域 | 查询 |
|---|---|---|---|---|

图 6.6　行内表单

实现行内表单的方法也非常简单，只需要在 el-form 上设置 inline 属性为 true 就可以了，实现方式如下：

```
  <el-form :model="form" label-width="100px" label-position="right" inline>
    <el-form-item label="活动名称">
      <el-input v-model="form.name"></el-input>
    </el-form-item>
    <el-form-item label="活动区域">
      <el-select v-model="form.region" placeholder="选择区域">
        <el-option label="上海" value="shanghai"></el-option>
        <el-option label="北京" value="beijing"></el-option>
      </el-select>
    </el-form-item>
    <el-form-item>
      <el-button type="primary" @click="onSubmit">查询</el-button>
    </el-form-item>
  </el-form>
</template>
```

行为调整主要包括表单校验和表单重置等，如【例 6.5】和【例 6.6】。

【例 6.5】表单校验。

为防止用户填写的错误信息直接提交至服务器导致服务器异常，表单校验可以尽可能让用户更早地发现并纠正错误。在 HTML 5 之后，原生 HTML 的 Form 表单校验也非常丰富，文本域可以直接根据 type 类型进行校验，如设置 type 为 email，可以对邮箱格式进行校验，但原生 HTML 表单域校验需要自定义错误提示语时相对麻烦，而 Element 的 Form 组件可以通过非常简单的写法对常用的规则进行校验，如非空（required）校验、数字（number）校验、邮箱（email）校验以及对正则表达式进行校验等，或者自定义校验方法，这些规则可以像写配置一样组合到一个数组中，代表需要同时满足这些条件才能通过校验。其使用方式只需要通过 rules 属性传入约定的验证规则，并将 form-Item 的 prop 属性设置为需 form 绑定值对应的字段名即可。下面来看示例代码，本例基于【例 6.1】，完整代码如下：

```
<template>
  <el-form :model="form" :rules="rules" ref="form" label-width="100px">
    <el-form-item label="活动名称" prop="name">
      <el-input v-model="form.name"></el-input>
    </el-form-item>
    <el-form-item label="活动区域" prop="region">
      <el-select v-model="form.region" placeholder="选择区域">
        <el-option label="上海" value="shanghai"></el-option>
        <el-option label="北京" value="beijing"></el-option>
```

```
        </el-select>
      </el-form-item>
      <el-form-item label="活动时间" required>
        <el-col :span="11">
          <el-form-item prop="date1">
            <el-date-picker type="date" placeholder="选择日期"
v-model="form.date1" style="width: 100%;"></el-date-picker>
          </el-form-item>
        </el-col>
        <el-col class="line" :span="2">-</el-col>
        <el-col :span="11">
          <el-form-item prop="date2">
            <el-time-picker placeholder="选择时间" v-model="form.date2"
style="width: 100%;"></el-time-picker>
          </el-form-item>
        </el-col>
      </el-form-item>
      <el-form-item label="是否直播" prop="live">
        <el-switch v-model="form.live"></el-switch>
      </el-form-item>
      <el-form-item label="活动类型" prop="type">
        <el-checkbox-group v-model="form.type">
          <el-checkbox label="线上活动" name="type"></el-checkbox>
          <el-checkbox label="促销活动" name="type"></el-checkbox>
          <el-checkbox label="线下活动" name="type"></el-checkbox>
        </el-checkbox-group>
      </el-form-item>
      <el-form-item label="场地资源" prop="resource">
        <el-radio-group v-model="form.resource">
          <el-radio label="赞助"></el-radio>
          <el-radio label="自助"></el-radio>
        </el-radio-group>
      </el-form-item>
      <el-form-item label="备注">
        <el-input v-model="form.desc" type="textarea"></el-input>
      </el-form-item>
      <el-form-item>
        <el-button type="primary" @click="submitForm('form')">确定</el-button>
        <el-button @click="resetForm('form')">重置</el-button>
      </el-form-item>
  </el-form>
  </template>

  <script>
  export default {
    data() {
      const that = this;
        return {
          form: {
            name: '',
            region: '',
            date1: '',
            date2: '',
            live: false,
            type: [],
```

```
          resource: '',
          desc: ''
        },
        rules: {
          name: [
            { required: true, message: '请输入活动名称', trigger: 'blur' },
            { min: 3, max: 5, message: '长度在 3 到 5 个字符', trigger: 'blur' },
        { pattern: /^[a-zA-Z][a-zA-Z0-9_-]/, message: '请输入字母开头的字母、数字
_-字符串', trigger: 'blur'}
          ],
          region: [
            { required: true, message: '请选择活动区域', trigger: 'change' }
          ],
          date1: [
            { type: 'date', required: true, message: '请选择日期', trigger:
'change' }
          ],
          date2: [
            { type: 'date', required: true, message: '请选择时间', trigger:
'change' },
          {
          validator: (rule, value, callback) => {
            const h = new Date(value).getHours()
            if (that.form.type.includes('线下活动') && (h > 20 || h < 6)) {
              return callback(new Error('线下活动不能夜间举行'))
            }
            return callback();
          },
          trigger: 'change'
        }
          ],
          type: [
            { type: 'array', required: true, message: '请至少选择一个活动性质',
trigger: 'change' }
          ],
          resource: [
            { required: true, message: '请选择活动资源', trigger: 'change' }
          ],
          desc: [
            { required: true, message: '请填写活动形式', trigger: 'blur' }
          ]
        }
      };
    },
    methods: {
      submitForm(formName) {
        this.$refs[formName].validate((valid) => {
          if (valid) {
            alert('submit!');
          } else {
            console.log('error submit!!');
            return false;
          }
        });
      },
```

```
        resetForm(formName) {
          this.$refs[formName].resetFields();
        }
      }
    }
</script>
```

在上面的示例代码中，笔者将实现校验功能划分为 3 步：

（1）为 el-form 添加 model 绑定，来告诉 Form 表单组件对哪个表单数据的属性值进行校验，并绑定校验规则对象 rules，代码如下：

```
<el-form :model="form" :rules="rules" ref="form" label-width="100px">
...
</el-form>
```

（2）在 el-form-item 标签上增加 prop 属性，值为 Form 组件 model 对象的属性，如示例中的活动区域 region 字段，配置 prop 属性为 region，代码如下：

```
<el-form-item label="活动区域" prop="region">
   ...
</el-form-item>
```

（3）最后在数据中配置校验规则即可。

一个字段的校验规则可以有多条，所以将这些规则组合到一个规则数组里面，在表单校验时，Form 表单会按事件发生的顺序和数组顺序进行校验。那么配置一条规则，最重要的属性有三个，一是规则本身；二是规则触发的事件 trigger，这个属性可选，如果不配置，则默认为 change 事件，如果触发这条规则校验的事件有多个，则将多个事件名称放入数组中即可，如触发文本框校验的事件为值改变（change）和失去焦点（blur），则设置为 trigger: [ 'change', 'blur']；三是校验失败时的错误提示语 message，这个属性可选，不配置时将使用 Element 默认提示，或使用用户自定义方法中抛出的错误提示（参见“自定义校验规则”的说明），如果校验失败，将在对应表单域下方出现红色警示文本，如图 6.7 所示。

图 6.7　Form 组件错误提示

下面就上面示例代码中出现的基础规则的配置方法进行说明。

（1）非空校验

非空校验是非常常用的校验规则，使用方法为在 rules 对应字段规则里配置 require=true，添加了该属性配置之后，在对应字段前面会有一个红色*，代表必填，如图 6.8 所示。例如示例中给下拉选择域活动区域 region 字段配置在选项发生改变时（change 事件）触发的非空校验规则如下：

```
region: [
    { required: true, message: '请选择活动区域', trigger: 'change' }
 ]
```

（2）字符长度校验

字符长度校验只需要在规则中配置 min 和 max，如示例中的活动名称字段，配置允许长度在 3~5 个字符，规则如下：

```
name: [
   ...
   { min: 3, max: 5, message: '长度在 3 到 5 个字符', trigger: 'blur' }
],
```

（3）类型校验

Form 表单使用 async-validator 插件进行校验，因此支持多种常用类型的格式校验，包括：

- string：字符串类型。
- number：数字类型。
- bool：布尔类型。
- method：方法类型。
- regex：正则表达式类型。
- integer：整数类型。
- float：浮点数类型。
- array：数组类型。
- object：对象类型（非数组）。
- enum：枚举类型。
- date：日期类型。
- url：地址类型。
- hex：十六进制类型。
- email：邮件类型。
- any：任意类型。

在 Form 组件中，可在规则上直接设置 type=类型进行校验，如示例中的活动时间由一个日期组件 date1 和一个时间组件 date2 组成，都用日期类型进行校验，代码如下：

```
date1: [
    { type: 'date', required: true, message: '请选择日期', trigger: 'change' }
],
date2: [
  { type: 'date', required: true, message: '请选择时间', trigger: 'change' }
```

```
  ],
```

又如，多选按钮组活动性质 type 字段是数组类型，代码如下：

```
  type: [
    { type: 'array', required: true, message: '请至少选择一个活动性质', trigger:
'change' }
   ],
```

（4）正则校验

在前面几个校验不能满足需求的情况下，Form 组件可以简单地通过一个正则表达式完成规则配置，省掉很多手工代码，非常方便。只需要在规则中配置 pattern 为对应的正则表达式即可，如示例中的活动名称 name 字段有一个字母开头的由字母、数字、下划线、中划线组成的字符串的正则校验方式，代码如下：

```
  name: [
    …
   { pattern: /^[a-zA-Z][a-zA-Z0-9_-]/, message: '请输入字母开头的字母、数字_-字符
串', trigger: 'blur'}
  ],
```

（5）自定义校验规则

如果上述校验规则仍不能满足需求，则可以使用自定义校验方法进行校验，使用方法也很简单，在规则中定义 validator 方法即可，如上面示例的活动时间中的时间字段，在活动类型选择“线下活动”，活动时间选择晚间 20 点到次日早上 6 点时，提示用户“线下活动不能晚上举行”，如图 6.8 所示。

图 6.8　Form 表单自定义校验规则

定义方法为在规则中定义 validator 属性，值为一个校验方法，传入当前字段的规则 rule、当前字段的值和回调函数 callback，并在方法中定义校验失败时的错误提示，即调用回调方法 callback 将

错误提示传入 new Error 中，这样在校验不通过时也会在表单域下方出现自定义的警示语，如图 6.8 所示，如果校验通过，则回调 callback 方法，但不用传递任何参数，代码如下：

```
date2: [
…
    {
      validator: (rule, value, callback) => {
        const h = new Date(value).getHours()
        if (that.form.type.includes('线下活动') && (h > 20 || h < 6)) {
         return callback(new Error('线下活动不能晚上举行'))
        }
        return callback();
      },
      trigger: 'change'
    }
],
```

（6）其他配置校验的方法

除了在 Form 组件上一次性传递所有的验证规则外，还可以在单个表单域上传递属性的验证规则，如示例中的活动名称 name 字段，可以将规则放在表单域 el-form-item 上，与规则放在 Form 组件上的效果是一样的，代码如下：

```
<el-form-item
label="活动名称"
:rules="[
    { required: true, message: '请输入活动名称', trigger: 'blur' },
      { min: 3, max: 5, message: '长度在 3 到 5 个字符', trigger: 'blur' },
    { pattern: /^[a-zA-Z][a-zA-Z0-9_-]/, message: '请输入字母开头的字母、数字_-字符串', trigger: 'blur'}
]"
>
  <el-input v-model="form.name"></el-input>
</el-form-item>
```

又如，示例中的活动时间字段，在 el-form-item 上添加 require 属性，可以让该表单域展示“*”，表示该表单域必须设置值，代码如下：

```
<el-form-item label="活动时间" required>
  …
</el-form-item>
```

另外，还可以在表单元素 v-model 上使用修饰符来限制表单内容的输入，如 v-model.number 只允许数字类型的输入，v-model.trim 会将用户输入的内容去掉前后空格，使用 el-input 元素举例如下：

```
<el-input v-model.trim="form.name"></el-input>
```

以上，便是 Form 组件提供的常用校验方法，更多校验内容可以参考 async-validator 插件。

【例 6.6】动态增减表单项。

动态增减表单也是业务常用功能，允许用户动态增减表单输入项，并对变化进行校验。下面介绍详细使用方法。本例有一个需要动态增减域名的输入项表单，单击域名文本之后的“新增域名”按钮，新增一条域名输入记录，单击域名输入项之后的“删除”按钮，删除对应的域名输入项，并且在新增输入项轴，可以对每一个输入项进行必填校验，页面效果如图 6.9 所示。

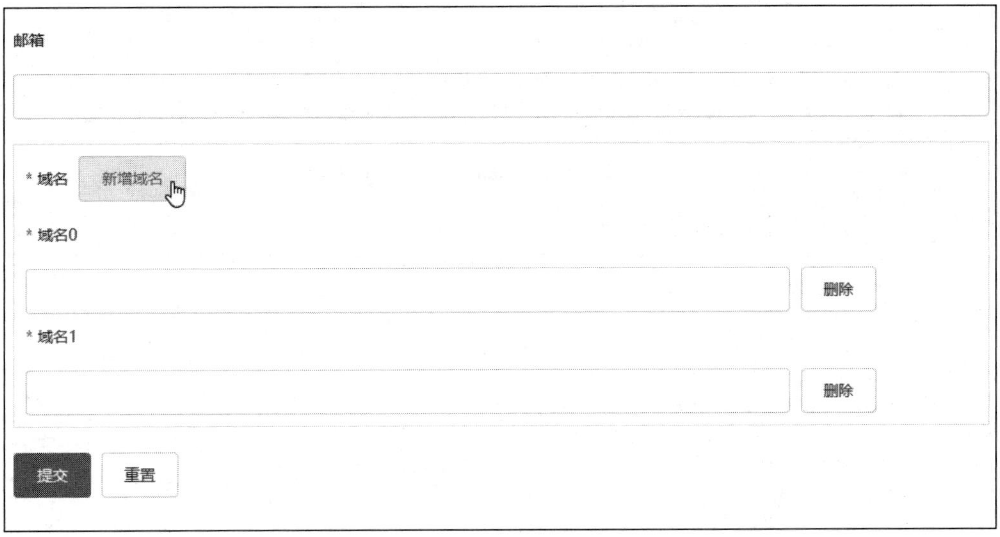

图 6.9　动态增减表单项

当不再输入任何项时直接单击“提交”按钮，对应必填输入项都触发了校验，显示了警示文本，如图 6.10 所示。

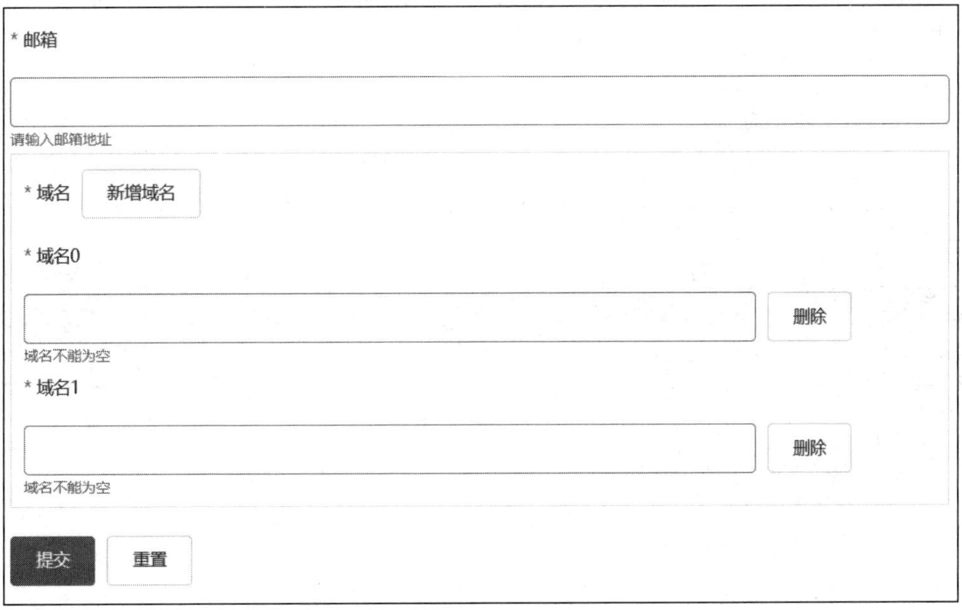

图 6.10　动态增减表单项触发校验

实现完整代码如下：

```
<template>
  <el-form
    :model="dynamicValidateForm"
    :rules="rules"
```

```
    ref="dynamicValidateForm"
    class="demo-dynamic"
    label-position="top"
  >
    <el-form-item prop="email" label="邮箱">
      <el-input v-model="dynamicValidateForm.email"></el-input>
    </el-form-item>
    <el-form-item required class="domain-items">
      <template #label>
        <label>域名</label>
        <el-button class="ml-10" @click="addDomain">新增域名</el-button>
      </template>
      <el-form-item
        v-for="(domain, index) in dynamicValidateForm.domains"
        :label="'域名' + index"
        :key="domain.key"
        :prop="'domains.' + index + '.value'"
        class="domain-item"
        :rules="{
          required: true,
          message: '域名不能为空',
          trigger: 'blur',
        }"
      >
        <el-input v-model="domain.value" class="domain-item-input"></el-input
        ><el-button class="ml-10" @click.prevent="removeDomain(domain)" >删除
</el-button>
      </el-form-item>
    </el-form-item>
    <el-form-item>
      <el-button type="primary" @click="submitForm('dynamicValidateForm')">提
交</el-button>
       <el-button @click="resetForm('dynamicValidateForm')">重置</el-button>
    </el-form-item>
  </el-form>
</template>

<script>
export default {
  data() {
    return {
      dynamicValidateForm: {
        domains: [
          {
            value: "",
          },
        ],
        email: "",
      },
      rules: {
        email: [
          { required: true, message: "请输入邮箱地址", trigger: "blur" },
          {
            type: "email",
            message: "请输入正确的邮箱地址",
```

```
            trigger: ["blur", "change"],
          },
        ],
      },
    };
  },
  methods: {
    submitForm(formName) {
      this.$refs[formName].validate((valid) => {
        if (valid) {
          alert("submit!");
        } else {
          console.log("error submit!!");
          return false;
        }
      });
    },
    resetForm(formName) {
      this.$refs[formName].resetFields();
    },
    removeDomain(item) {
      var index = this.dynamicValidateForm.domains.indexOf(item);
      if (index !== -1) {
        this.dynamicValidateForm.domains.splice(index, 1);
      }
    },
    addDomain() {
      this.dynamicValidateForm.domains.push({
        value: "",
        key: Date.now(),
      });
    },
  }
};
</script>
<style scoped>
.domain-items {
  border: 1px solid #eee;
  padding: 10px;
}
.domain-item {
  margin-bottom: 15px!important;
}
.ml-10 {
  margin-left:10px
}
.domain-item-input {
  display: inline-block;
  width: 80%
}
</style>
```

本例中，动态字段 domains 是一个数组，要实现动态表单项增减时同步校验规则等，只需要遍历该表单数据字段，将每一个数组项作为一个表单域（el-form-item），并绑定 prop 属性为校验字段的每一项（:prop="'domains.' + index + '.value'"），绑定 rules 属性为对应的校验规则，这里统一为一个必填规则（:rules="{ required: true, message: '域名不能为空',trigger: 'blur' }"，可以看到只有一个校验规则时，可以直接使用规则对象格式，无须使用数组格式的 rules），这样当数据字段的数组项发生改变（增减）时，就能实时同步到视图中，整体遍历绑定如下：

```
    <el-form-item
        v-for="(domain, index) in dynamicValidateForm.domains"
        :label="'域名' + index"
        :key="domain.key"
        :prop="'domains.' + index + '.value'"
        class="domain-item"
        :rules="{
          required: true,
          message: '域名不能为空',
          trigger: 'blur',
        }"
    >
      <el-input v-model="domain.value" class="domain-item-input"></el-input>
    <el-button class="ml-10" @click.prevent="removeDomain(domain)" >删除
</el-button>
     </el-form-item>
```

最后说明一下提交表单和重置表单，提交表单时，调用 form 的 validate 方法进行表单校验，代码如下：

```
    submitForm(formName) {
          this.$refs[formName].validate((valid) => {
            if (valid) {
              alert("submit!");
            } else {
              console.log("error submit!!");
              return false;
            }
          });
        },
```

重置表单则调用 form 表单的 resetFields 方法，可以使表单恢复初始状态，即如果表单项初始定义时有值，重置后将恢复这个值，代码如下：

```
    resetForm(formName) {
        this.$refs[formName].resetFields();
     },
```

至此，Form 表单常用方法介绍完毕。希望了解更多详细内容的读者可以移步官网学习。

## 6.2 Select 组件

表单组件离不开表单元素，二者结合使用可以收集不同类型的信息。在 HTML 标签中，Select 元素可以创建单选或多选菜单，但是往往其在视觉上难以达到设计要求，却又十分难以自定义样式，所以在传统开发过程中通常会使用其他元素模拟 Select 的表现和行为，而今 UI 框架基本上都会将这种传统模拟方式封装成组件，引入 UI 框架就能像引用 HTML 标签一样直接使用这个表单元素，Element 也对其进行了封装。本节将着重对这个组件的组成和使用方法进行说明。

## 6.2.1 Select 组件的组成和引入方式

Element 中的 Select 组件和 HTML 的 select 标签有着相同的结构，即包含定义下拉列表的 select 标签和定义待选择的选项 option 标签，如果要对选项进行分组，还有 optgroup 标签。在 Element 中，这些元素都要加上一个 el 前缀，所以 Element 的 Select 组件由<el-select>和<el-option>组成，定义选项分组时还要加上<el-option-group>。

如果是完整引入 Element，直接使用其组成标签就可以定义一个下拉列表，如果是按需引入，则需要先引入<el-select>和<el-option>组件，需要分组时还需加入<el-option-group>组件，代码如下：

```
import { ElSelect, ElOption, ElOptionGroup } from 'element-plus'
// app 是 Vue.createApp()创建的应用实例
app.use(ElSelect);
app.use(ElOption);
app.use(ElOptionGroup);
```

为了更好地了解 Select 组件的结构和组成，下面来看一个基础使用示例。

【例 6.7】Select 组件基础单选示例。

基础单选下拉列表的基础功能是支持单击选择框展开选项菜单，切换选项可以选中一项菜单并正确获取选中项的值，通常在视觉上应该能明显区分选中项和未选中项，在交互上，用户鼠标经过某一选项时通常也会显示经过选项的变化，如图 6.11 所示。

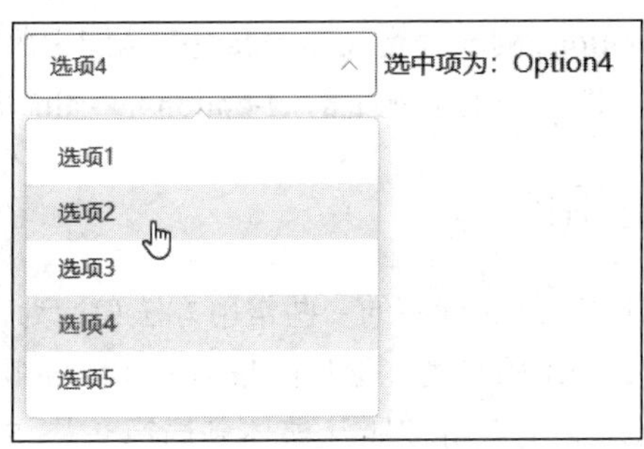


图 6.11　Select 基础单选

实现代码如下：

```
<template>
  <el-select v-model="value" placeholder="请选择">
    <el-option
      v-for="item in options"
      :key="item.value"
      :label="item.label"
      :value="item.value"
    >
    </el-option>
  </el-select>
</template>
<script>
```

```
13 export default {
14   data() {
15     return {
16       options: [
17         {
18           value: 'Option1',
19           label: '选项 1',
20         },
21         {
22           value: 'Option2',
23           label: '选项 2',
24         },
25         {
26           value: 'Option3',
27           label: '选项 3',
28         },
29         {
30           value: 'Option4',
31           label: '选项 4',
32         },
33         {
34           value: 'Option5',
35           label: '选项 5',
36         },
37       ],
38       value: ''
39     }
40   },
41 }
42 </script>
```

从上面的基础示例代码可以看到一个基础单选组件的使用方式：在模板中使用<el-select>和<el-option>标签，选项是一个 options 列表（定义在 data 中，第 16 行），el-select 绑定一个 v-model 属性（第 02 行），v-model 的值即为当前被选中的 el-option 的 value 属性值。

## 6.2.2 Select 组件的使用

除了基础使用方式外，HTML select 标签的一些常用方法和行为，Element 的 Select 组件也能完整实现，常用的其他行为包括 Select 的禁用、选项的禁用、选项分组、基础多选、清空选择、筛选和搜索等，对于这些常用的功能，笔者将按照从整体到局部，从 Select 的表现/行为到 option、option-group 的表现和行为结合示例进行一一说明。

【例 6.8】禁用 Select。

当选项不可编辑时，允许设置禁用，这是 HTML select 标签的基础功能，在 HTML 中用给 select 标签设置一个 disabled 属性来实现，这在 Element 的 Select 组件中也同样适用，禁用后的 Select 组件如图 6.12 所示。

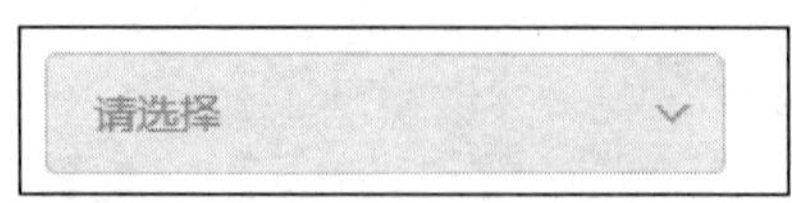


图 6.12 禁用 Select

在【例 6.7】代码的基础上修改模板（<template>），代码如下（其中“…”部分与【例 6.7】相同）：

```
01  <el-select v-model="value" placeholder="请选择" disabled>
02      …
03  </el-select>
```

可见实现禁用 Select 只需要在 el-select 标签上加上 disabled 属性即可，如上面代码的第 01 行。

【例 6.9】基础多选。

在 HTML 中的<select>多选需要按住 Ctrl 键配合鼠标单击选择多个选项，这样操作比较麻烦，而 Element 的 Select 组件只需要鼠标多次选中不同的选项即可，同时，Select 组件选中的选项会按照选中的顺序依次显示，如图 6.13 所示。

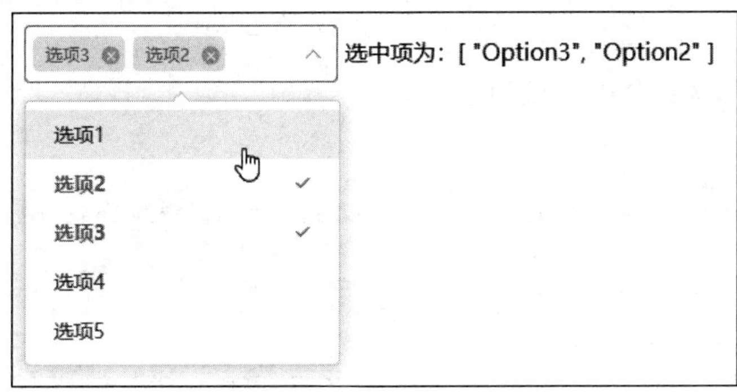


图 6.13　Select 组件基础多选

其代码基于【例 6.7】改造，代码如下（其中“…”部分与【例 6.7】相同）：

```
01  <template>
02    <el-select v-model="value" multiple placeholder="请选择">
03      …
04    </el-select>
05    选中项为：{{value}}
06  </template>
07  <script>
08  export default {
09    data() {
10      return {
11        options: [
12          …
13        ],
14        value: []
15      }
16    },
17  }
18  </script>
```

由上面的代码可以看到，基础多选只需要在<el-select>标签上加上 multiple 属性，这个和 HTML 多选的写法一致，然后修改 v-model 绑定的值为一个数组（见上面代码的第 14 行）。

【例 6.10】Select 组件清除选中项（基于【例 6.7】）。

对于 HTML 中的 select 元素，基础单选在选择之后是不能清掉选项的，但在封装的 Select 组件中，则只需要设置 clearable 为 true 就可以实现一键清空选中项的效果，如图 6.14 所示，无论是单选还是多选选择器，在鼠标上移时，Select 组件的右侧都会有一个清除按钮，单击清除按钮就能清空选项。

图 6.14　Select 组件清除选中项

实现代码如下（省略部分相同代码）：

```
<template>
<div>
    <el-select v-model="value" placeholder="请选择" clearable>
      …
    </el-select>
  </div>
  <div style="margin-top: 20px">
    <el-select v-model="value1" multiple placeholder="请选择" clearable>
      …
    </el-select>
  </div>
</template>
<script>
export default {
  data() {
    return {
      options: [
        …
      ],
      value: 'Option3',
      value1: ['Option3', 'Option5']
    }
  }
}
</script>
```

上例中，笔者在模板中写入了一个单选选择器和一个多选选择器，并定义它们的默认值为 value 和 value1，因为在没有选中项时，清除按钮不会显示。

【例 6.11】Select 组件启用筛选功能和远程搜索（基于【例 6.10】）。

当下拉列表很多的时候，通常希望直接输入部分内容就能够搜索出需要的选项，这样的交互更加方便友好，所以 Select 组件也支持这样的筛选，只要给 Select 组件设置一个 filterable 属性即可实现，如图 6.15 所示。

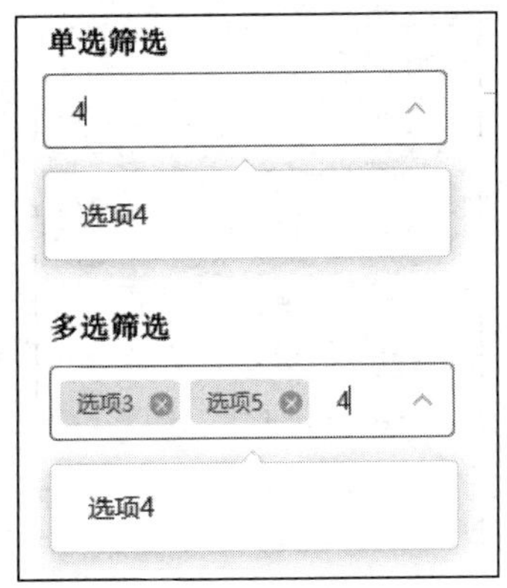


图 6.15　Select 组件启用筛选功能

实现代码如下：

```
<template>
<div>
    <el-select v-model="value" placeholder="请选择" filterable>
      …
    </el-select>
  </div>
  <div style="margin-top: 20px">
    <el-select v-model="value1" multiple placeholder="请选择" filterable>
      …
    </el-select>
  </div>
</template>
<script>
export default {
  data() {
    return {
      options: [
        …
      ],
      value: 'Option3',
      value1: ['Option3', 'Option5']
    }
  }
}
</script>
```

有时候，在筛选数据时，希望根据用户输入的关键字从后台请求返回待选项，那么远程搜索的功能就是非常实用的。Select 组件实现远程搜索需要设置三个属性，即定义 filterable 为 true（表示允许过滤搜索），同时设置 remote 属性为 true（表示过滤时从远程返回数据），并传入一个 remote-method 属性，这个属性的值为过滤值改变时执行的远程搜索方法或函数，通常在这个方法中向后台发送请求获取过滤结果并处理结果。下面通过示例说明，其结果如图 6.16 所示。

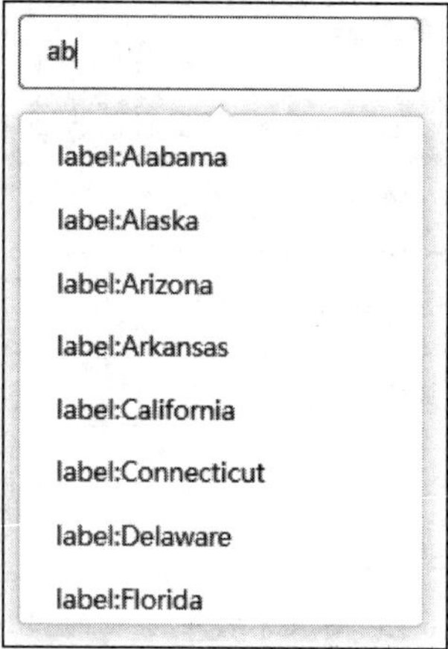


图 6.16　Select 组件启用远程搜索功能

其实现代码如下：

```
// 组件代码
<template>
  <el-select
    v-model="value"
    multiple
    filterable
    remote
    reserve-keyword
    placeholder="请输入关键词"
    :remote-method="remoteMethod"
    :loading="loading"
  >
    <el-option
      v-for="item in options"
      :key="item.value"
      :label="item.label"
      :value="item.value"
    >
    </el-option>
  </el-select>
</template>
<script>
import mockServer from './mockServer'
export default {
  data() {
    return {
      options: [],
      value: [],
      loading: false,
      list: [],
    };
  },
  created() {
    this.remoteMethod();
  },
  methods: {
    remoteMethod(query) {
      this.loading = true;
      mockServer(query).then(res => {
```

```
        this.options = res;
      }).catch(() => {
        this.options = [];
      }).finally(() => {
        this.loading = false;
      })
    },
  },
};
</script>
// mockServer.js 代码
const states = [
  "Alabama",
  "Alaska",
  "Arizona",
  "Arkansas",
  "California",
  "Connecticut",
  "Delaware",
  "Florida",
  "Hawaii",
  "Idaho",
  "Illinois",
  "Indiana",
  "Kansas",
  "Kentucky",
  "Louisiana",
  "Maine",
  "Massachusetts",
  "Minnesota",
  "Mississippi",
  "Montana",
  "Nevada",
  "New Hampshire",
  "New Jersey",
  "New Mexico",
  "New York",
  "North Dakota",
  "Ohio",
  "Oklahoma",
  "Pennsylvania",
  "Rhode Island",
  "South Carolina",
  "Tennessee",
  "Texas",
  "Vermont",
  "Virginia",
  "West Virginia",
  "Wisconsin",
  "Wyoming",
];
export default function mockServer(query) {
  return new Promise((resolve, reject) => {
    if (!states) reject("error");
    const data = states.map((item) => {
      return { value: 'value:${item}', label: 'label:${item}' };
    });
    setTimeout(() => {
      if (!query) {
        resolve(data);
```

```
          return;
        }
        resolve(
          data.filter((item) => {
            return item.label.toLowerCase().indexOf(query.toLowerCase()) > -1;
          })
        );
      }, 200);
    });
}
```

本例中，mockServer.js 文件为模拟服务器处理数据的过程，实际应用过程中由后台开发完成这部分内容。在这个文件中，mockServer 方法可以看作为暴露给前端的接口，前端直接调用这个接口异步返回需要的数据，在应用时只需要将过滤条件传给这个“接口”，然后将返回的数据赋值给选项数据 options，就能实时更新选项。

以上即为常用的控制 Select 组件整体的功能。下面介绍控制局部 options 选项的相关方法，接着看示例。

【例 6.12】禁用选项。

在 HTML 中，允许设置 options 的 disabled 属性来禁用选项，在 Select 组件中也支持使用同样的方法，即设置 disabled 属性来禁用 el-option 选项列表中的选项，禁用选项后，将无法选中已禁用选项的值，如图 6.17 所示。

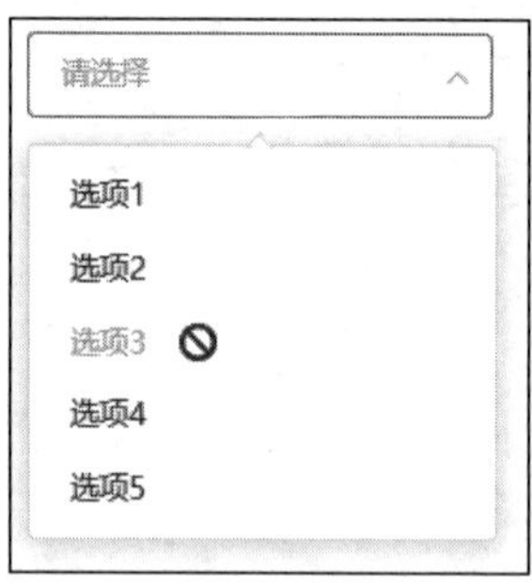


图 6.17　Select 组件禁用选项

本例代码在【例 6.7】的基础上进行修改，其主要实现代码如下（已省略部分相同的代码）：

```
<template>
  <el-select v-model="value" placeholder="请选择">
    <el-option
      v-for="item in options"
      :key="item.value"
      :label="item.label"
      :value="item.value"
      :disabled="item.disabled"
    >
    </el-option>
  </el-select>
</template>
<script>
export default {
  data() {
    return {
```

```
      options: [
        …
        {
          value: 'Option3',
          label: '选项 3',
          disabled: true,
        },
        …
      ],
      value: ''
    }
  },
};
</script>
```

【例 6.13】自定义选项内容。

Select 组件相比于 HTML select 标签最大的优势是样式高度可定制，在 HTML 的 option 标签内写入其他标签或定义样式都将会被忽略，所以 HTML 的 option 标签的内容最后只显示纯文本；而 Select 组件允许写入标签，并为标签书写样式。默认情况下，el-option 选项的内容展示的是选项配置中的 label 值，el-select 组件的 el-option 内容是一个插槽，用户可以在 el-option 中书写任何标签、组件或内容，以替换掉默认展示的 label 值。例如，将给出的城市中英文在两端分布，如图 6.18 所示。

图 6.18　Select 组件自定义选项内容

只需要将布局元素插入 el-option 中即可，其实现代码如下：

```
<template>
  <el-select v-model="value" placeholder="请选择">
    <el-option
      v-for="item in cities"
      :key="item.value"
      :label="item.label"
      :value="item.value"
    >
      <span style="float: left">{{ item.label }}</span>
      <span style="float: right; color: #8492a6; font-size: 13px">{{
        item.value
      }}</span>
    </el-option>
  </el-select>
</template>
<script>
export default {
  data() {
```

```
      return {
        cities: [{
          value: 'Beijing',
          label: '北京'
        }, {
          value: 'Shanghai',
          label: '上海'
        }, {
          value: 'Nanjing',
          label: '南京'
        }, {
          value: 'Chengdu',
          label: '成都'
        }, {
          value: 'Shenzhen',
          label: '深圳'
        }, {
          value: 'Guangzhou',
          label: '广州'
        }],
        value: ''
      }
    }
  };
</script>
```

【例 6.14】选项分组。

HTML 的 select 标签还有一个重要的标签 optgroup，可以给选项进行分组，以区分不同的选项，Select 组件也同样实现了这个标签，使用方式和 HTML 的 optgroup 一样，只需要将同一类的 option 标签包围起来即可，Select 组件使用 el-option-group 标签将同一分类的 el-option 标签包围起来，就形成了分组，其样式更加美观，如图 6.19 所示。

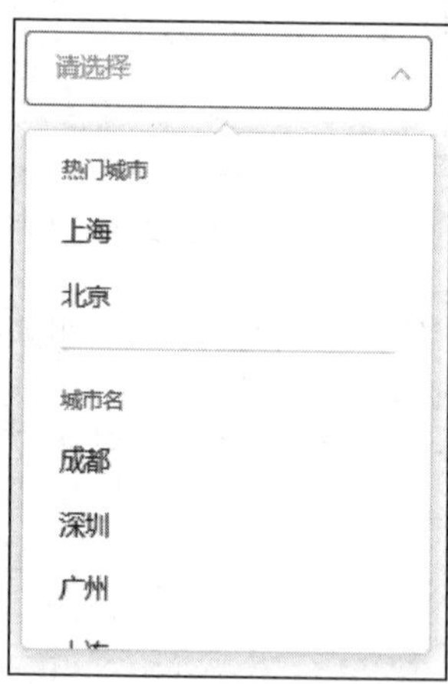


图 6.19　Select 组件选项分组

其实现代码如下：

```
<template>
  <el-select v-model="value" placeholder="请选择">
    <el-option-group
      v-for="group in options"
      :key="group.label"
```

```
        :label="group.label"
      >
        <el-option
          v-for="item in group.options"
          :key="item.value"
          :label="item.label"
          :value="item.value"
        >
        </el-option>
      </el-option-group>
    </el-select>
</template>
<script>
export default {
  data() {
    return {
      options: [
        {
          label: "热门城市",
          options: [
            {
              value: "Shanghai",
              label: "上海",
            },
            {
              value: "Beijing",
              label: "北京",
            },
          ],
        },
        {
          label: "城市名",
          options: [
            {
              value: "Chengdu",
              label: "成都",
            },
            {
              value: "Shenzhen",
              label: "深圳",
            },
            {
              value: "Guangzhou",
              label: "广州",
            },
            {
              value: "Dalian",
              label: "大连",
            },
          ],
        },
      ],
      value: "",
    };
  }
};
</script>
```

至此，常用的 Select 组件的属性和方法大致介绍完毕。Select 组件还有很多事件和方法可以满足其他需求，有兴趣的读者可以移步官网学习。

## 6.3 实战：一个注册和登录页面

本节将通过一个简单的注册和登录页面实例，结合 Vue Router 带领读者一起了解 Form 表单的应用。通过本例，读者可以大致上了解一个单页应用的搭建和应用过程。那么先来了解本例需要实现的需求：

首先是注册页面，其主体是一个注册表单，包含三个字段：用户名、密码、确认密码，以及一个“注册”按钮，一个跳转登录页面的链接，如图 6.20 所示。

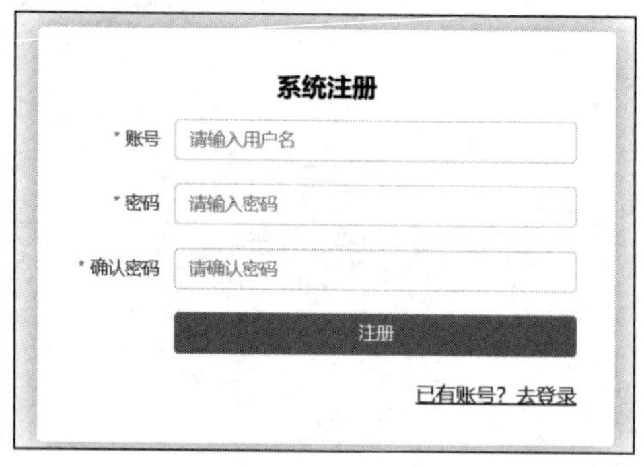


图 6.20　注册表单

在单击“注册”按钮之前需要校验表单：

- 用户名必填，且是英文字母开头的包含英文字母下划线（_）、中划线（-）的 4~32 位字符串。
- 密码必填，密码长度至少为 6 位。
- 确认密码必填，且必须与密码一致。

然后单击“注册”按钮，调用后台接口，注册成功将弹框提示注册成功。为演示方便，本例直接在提示中打印登录账号和密码，如图 6.21 所示。

图 6.21　注册成功弹出注册成功提示

关闭成功提示框之后将跳转到登录页面。登录页面主体部分也是一个表单，包含两个字段：账号和密码，以及一个登录按钮，一个跳转注册页面的链接，如图 6.22 所示。

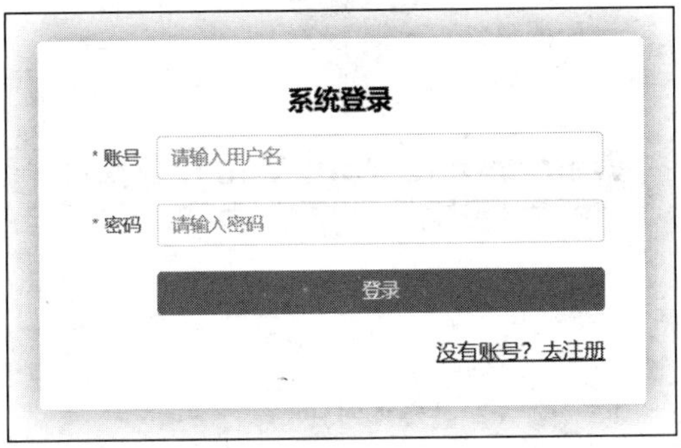

图 6.22　登录表单

在提交登录之前需要先进行表单校验：

- 和注册表单一样，用户名必填，且是英文字母开头的包含英文字母下划线（_）、中划线（-）的 4~32 位字符串。
- 和注册表单一样，密码必填，密码长度至少为 6 位。

然后单击“登录”按钮，调用后台接口，若登录成功，则弹出登录成功提示框，如图 6.23 所示。

图 6.23　登录成功之后弹出登录成功提示

关闭提示弹框后将直接进入首页，为演示方便，本例的首页是 Vue CLI 默认预设项目创建成功之后的 Home 组件（页面），如图 6.24 所示。

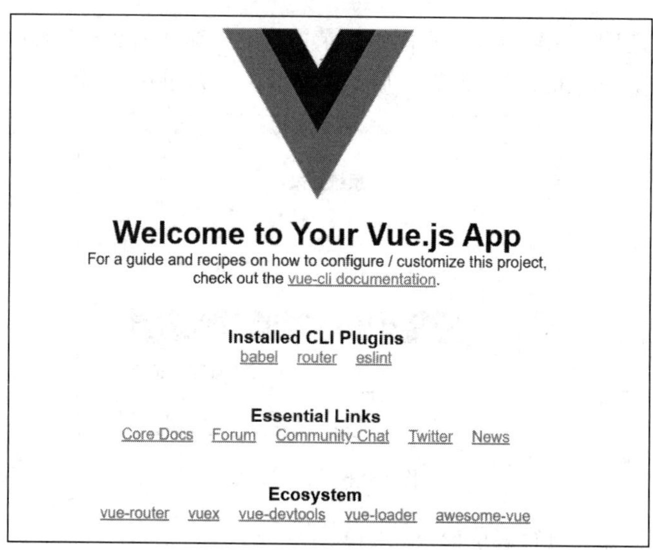


图 6.24 登录成功之后跳转的首页

为演示方便，本例所有调用后台接口的过程都是通过前端模拟实现的。接下来跟着下面的步骤开始完成这个需求。

步骤 01 创建一个包含 vue-router 的工程（参考 3.2.1 节）。

步骤 02 运行如下命令通过 npm 安装 Element Plus：

```
yarn add element-plus
```

步骤 03 在 main.js 中引入 Element Plus，本例使用完整引入方式，如以下粗体代码所示：

```
import { createApp } from 'vue'
import App from './App.vue'
import ElementPlus from 'element-plus'
import 'element-plus/dist/index.css'
createApp(App).use(router).use(ElementPlus).mount('#app')
```

步骤 04 在 router/index.js 中配置首页、登录页面和注册页面 3 个页面路由，代码如下：

```
import Home from "../views/Home.vue";

const routes = [
  {
    path: "/",
    name: "Home",
    meta: {
      requireAuth: true // 添加该字段，表示进入这个路由是需要登录的
    },
    component: Home,
  },
  {
    path: "/login",
    name: "Login",
    component: () => import("../views/sign/login.vue"),
  },
  {
```

```
    path: "/register",
    name: "Register",
    component: () => import("../views/sign/register.vue"),
  },
];
```

步骤 05 在 router/index.js 中配置前置导航守卫。

对于需要登录才能访问的页面，需要在未登录的情况下跳转到登录页面进行登录，可以在 router 的入口文件 router/index.js 中添加前置导航守卫 router.beforeEach，代码如下：

```
router.beforeEach((to, from) => {
  const token = localStorage.getItem("token");
  if (to.meta.requireAuth && !token) {
    // 如果访问非登录界面，且用户会话信息不存在，则代表未登录，跳转到登录界面
    return { name: 'Login' }
  }
  return true
});
```

本例中首页需要登录后进行访问，所以在步骤 04 首页的路由配置元数据信息中添加了 requireAuth（可以是其他名称）属性，并设置为 true，表明进入这个路由之前需要登录，所以在前置导航守卫中，根据这个元信息和登录标识 token 来判断是否需要跳回登录页面。

**注意：** Vue Router 通过导航守卫跳转或取消跳转，通过 router.beforeEach 可以注册一个全局的前置守卫，每一个路由进入时都会先执行这个守卫函数，在这个函数中返回 false，则会取消导航。每个守卫方法有两个参数，即 to（即将进入的目标路由）和 from（当前导航正要离开的路由），可以返回 true（导航有效）、false（取消导航）和一个具体的路由地址（格式同 router.push 参数一致）。

步骤 06 修改 App.vue 文件，去掉冗余代码并添加路由容器和全局样式，代码如下：

```
<template>
  <router-view></router-view>
</template>
<script>
export default {
  name: 'App',
}
</script>
<style>
#app {
  font-family: Avenir, Helvetica, Arial, sans-serif;
  -webkit-font-smoothing: antialiased;
  -moz-osx-font-smoothing: grayscale;
  text-align: center;
  color: #2c3e50;
}
html,
body,
div,
ul,
h1,
h2,
```

```
h3,
p {
  padding:0;
  margin: 0;
}
.w100p {
  width: 100%;
}
.txt-r {
  text-align: right;
}
.flex-center {
  display: flex;
  align-items: center;
  justify-content: center;
}
</style>
```

可以看到 App.vue 最后只留下了一个 router-view 标签，用来放置各路由对应的组件（页面）。

**步骤 07** 创建注册页面组件。

在 src 目录下创建一个 views/sign/register.vue 文件，开始注册表单布局，代码如下：

```
<template>
  <div class="page flex-center">
    <div class="sign-box">
      <el-form ref="form" :model="form" :rules="rules" label-width="80px">
        <h3 class="title">系统注册</h3>
        <el-form-item label="账号" prop="account">
          <el-input
            v-model="form.account"
            placeholder="请输入用户名"
          ></el-input>
        </el-form-item>

        <el-form-item label="密码" prop="password">
          <el-input
            v-model="form.password"
            type="password"
            placeholder="请输入密码"
          ></el-input>
        </el-form-item>

        <el-form-item label="确认密码" prop="cfpassword">
          <el-input
            v-model="form.cfpassword"
            type="password"
            placeholder="请确认密码"
          ></el-input>
        </el-form-item>

        <el-form-item label="">
          <div>
```

```
31                <el-button type="primary" class="w100p" @click="register"
32                  >注册</el-button
33                >
34              </div>
35              <div class="txt-r">
36                <router-link to="/login">已有账号？去登录</router-link>
37              </div>
38            </el-form-item>
39          </el-form>
40        </div>
41      </div>
42    </template>
```

**代码说明：**

这段模板中，定义了一个 el-form 表单（第 04 行），对应数据模型 model 为 form，校验规则放在一个对象 rules 中，文本标签仅设置了 label-width，采用默认右对齐方式，在表单最后有一个 router-link 标签，用于跳转到登录页面。

注册页面脚本如下：

```
<script>
export default {
  name: "register",
  data() {
    const validateCfpassword = (rule, value, callback) => {
      if (value !== this.form.cfpassword) {
        callback(new Error("两次密码输入不一致"));
      } else {
        callback();
      }
    };
    return {
      form: {
        account: "",
        password: "",
        cfpassword: "",
      },
      rules: {
        account: [
          { required: true, message: "请输入用户名", trigger: ["change", "blur"] },
          { pattern: /^[a-zA-Z][a-zA-Z0-9_-]{3,31}$/, message: '用户名由英文字母开头的长度 6-32 位字母、_和-组成', trigger: ["change", "blur"] },
        ],
        password: {
          required: true,
          min: 6,
          message: "请输入至少 6 个字符的密码",
          trigger: ["change", "blur"],
        },
        cfpassword: [
          {
            required: true,
            message: "请确认密码",
```

```
34              trigger: ["change", "blur"],
35            },
36            {
37              validator: validateCfpassword,
38              trigger: ["change", "blur"],
39            },
40          ],
41        },
42      };
43    },
44    methods: {
45      register() {
46        this.$refs.form.validate((valid) => {
47          if (valid) {
48            // 模拟向后台请求数据
49            const post = (params) => {
50              // 模拟后台比对数据
51              return new Promise((resolve, reject) => {
52                const { account, password } = params
53                let db_user = localStorage.getItem("db_user");
54                if (db_user) {
55                  db_user = JSON.parse(db_user);
56                } else {
57                  db_user = []
58                }
59                if (!db_user.find((v) => v.account === account)) {
60                  db_user.push({ account, password });
61                  localStorage.setItem("db_user", JSON.stringify(db_user));
62                  resolve ({ msg: '注册成功！'});
63                } else {
64                  reject({msg: '用户名：${account}已存在！'});
65                }
66              })
67            };
68            post(this.form).then((res) => {
69              alert('${res.msg}用户名：${this.form.account},密码：
${this.form.password}' );
70              this.$router.push("/");
71            }).catch(err => {
72              alert(err.msg);
73            })
74          } else {
75            console.log("error submit!!");
76            return false;
77          }
78        });
79      },
80    },
81  };
82  </script>
```

**代码说明：**

（1）表单数据模型model定义了三个字段（第14~18行）：用户名字段account、密码字段password和确认密码字段cfpassword。

（2）用户名的校验规则（第 20~22 行）：用户名字段 account 采用两条校验规则，即一个数组的形式设置了必填校验（required=true），以及一个正则表达式对格式和用户名长度（6~32 位）进行校验（pattern= /^[a-zA-Z][a-zA-Z0-9_-]{5,31}$/）。

（3）密码的校验规则（第 25~30 行）：密码字段 password 采用一条规则进行校验，即一个对象的形式，设置了必填校验和密码长度最小为 6。

（4）确认密码的校验规则（第 31~41 行）：确认密码字段 cfpassword 采用两条规则完成必填和与密码一致的校验，其中与密码保持一致的校验采用自定义 validator 方法进行校验。

（5）表单整体校验：在注册方法中需要先访问子组件 el-form 表单来调用它的 validate 方法对表单整体进行校验，所以需要使用 ref attribute 为子组件 el-form 表单指定引用 ID（模板第 04 行，指定了 ref=form），通过 this.$refs[ref 属性值]来获取表单组件的引用，表单校验回调函数中的 valid 字段为 true 时表明校验通过。

**注意：** ref 是 Vue 的一个特殊的 Attribute，用来给元素或子组件注册引用信息，引用信息将会被注册在父组件的$refs 对象上，在普通的 DOM 元素上使用时，引用指向对应的 DOM 元素；在子组件上使用时，引用指向组件实例，例如：

```
<p ref="p">hello</p>
```

this.$refs.p 指向的是上面定义的 p 元素，又如本例中的 el-form 组件，this.$refs.form 指向的是 ElForm 表单组件实例。$refs 只会在组件渲染完成之后生效，所以在获取不到引用时，需要关注 DOM 或组件是否在调用之前已经完成渲染。

上面是选项式 API 关于 ref 的使用方式，在组合式 API 中，可以直接像声明变量一样，从 setup 返回便可以获取组件或 DOM 的引用，如上例的 p 元素在 setup 中的写法如下（组件同理）：

```
<template>
  <p ref="p">hello</p></template>
<script>
  import { ref, onMounted } from 'vue'
  export default {
    setup() {
      const p= ref(null)
      onMounted(() => {
        // DOM 元素将在初始渲染后分配给 ref
        console.log(p.value.innerText) // hello
      })
      return {
        p
      }
    }
  }
</script>
```

（6）注册方法模拟发送请求：注册方法中在校验通过之后需要向后台发送请求，将新的用户信息传递给后台，本例在 register 方法中定义了一个 post 方法（第 68 行），模拟发送请求给后台，然后后台处理数据的过程，这个过程拟将用户数据存放在 localStorage 中（第 61 行），以实现登录时能够使用注册的信息进行登录，保证流程的连贯性。这个方法返回一个 Promise 实例来模拟异步请求。

**注意**：Promise 是 ECMAScript 6 原生提供的一个用于异步编程的对象，用于保存某个异步操作的状态，这个状态不受外界影响，一旦状态改变，就不会再变，任何时候都可以得到这个结果。Promise 构造函数接收一个函数作为参数，该函数的两个参数分别是 resolve 和 reject，它们是两个函数。resolve 函数的作用是将 Promise 对象的状态从“未完成”变为“成功”（即从 pending 变为 resolved），在异步操作成功时调用，并将异步操作的结果作为参数传递出去；reject 函数的作用是将 Promise 对象的状态从“未完成”变为“失败”（即从 pending 变为 rejected），在异步操作失败时调用，并将异步操作报出的错误作为参数传递出去。其原型链上定义了.then、.catch、.finally 方法，返回一个新的 Promise 实例，所以可以采用链式写法。.then 方法有两个参数，第一个参数是 resolved 状态的回调函数，第二个参数是 rejected 状态的回调函数，是可选的，.catch()方法是.then(null, rejection)或.then(undefined, rejection)的别名，用于指定发生错误时的回调函数。.finally()方法用于指定不管 Promise 对象最后状态如何都会执行的操作。

（7）本例使用.then 和.catch 定义了成功注册/登录和注册/登录失败时执行的动作，例如注册页面成功注册时，弹出注册成功并跳转到登录页面（第 69、70 行），注册失败时弹出注册失败的提示（第 72 行）。

更多关于 Promise 的介绍和使用可以参阅 ECMAScript 6 相关内容。

然后设置一些基本样式，本例中注册页面的基本布局与登录页面的基本布局相似，所以笔者将其提取成一个公用样式文件，即在 src/views/sign 下直接创建一个 index.css 文件，然后将样式写入，代码如下：

```
.page {
  height: 100vh;
}
a {
  color: blue;
}
.sign-box {
  width: 400px;
  background: #fff;
  padding: 30px 30px 0;
  border-radius: 4px;
  box-shadow: 0 0 25px #cac6c6;
}
.title {
  font-size: 20px;
  line-height: 30px;
  margin-bottom: 10px;
  color: #000;
}
.flex {
  display: flex;
  justify-content: center;
  align-items: center;
}
```

最后在注册页面中将这个样式文件引入，代码如下：

```
<style lang="css">
```

```
@import url(./index.css);
</style>
```

步骤 08 创建登录页面组件。

在 src 目录下创建一个 views/sign/login.vue 文件，开始登录表单布局，代码如下：

```
01 <template>
02   <div class="page flex-center">
03     <div class="sign-box">
04       <el-form ref="form" :model="form" :rules="rules" label-width="60px">
05         <h3 class="title">系统登录</h3>
06         <el-form-item label="账号" prop="account">
07           <el-input
08             v-model="form.account"
09             placeholder="请输入用户名"
10             prefix-icon="user"
11           ></el-input>
12         </el-form-item>
13         <el-form-item label="密码" prop="password">
14           <el-input
15             v-model="form.password"
16             type="password"
17             placeholder="请输入密码"
18             prefix-icon="lock"
19           ></el-input>
20         </el-form-item>
21         <el-form-item label="">
22           <div>
23             <el-button type="primary" class="w100p" @click="login"
24               >登录</el-button
25             >
26           </div>
27           <div class="txt-r">
28             <router-link to="/register">没有账号？去注册</router-link>
29           </div>
30         </el-form-item>
31       </el-form>
32     </div>
33   </div>
34 </template>
```

**代码说明：**

这段模板中定义了一个 el-form 表单（第 04 行），对应的数据模型 model 为 form，校验规则放在一个对象 rules 中，与注册页面相同的是定义了一个 label-width，采用默认的右对齐方式，在表单最后有一个 router-link 标签，用于跳转到注册页面。

登录页面脚本如下：

```
<script>
export default {
  name: "login",
  data() {
    return {
      form: {
```

```
          account: "",
          password: "",
        },
        rules: {
          account: [
            {
              required: true,
              message: "请输入用户名",
              trigger: ["change", "blur"],
            },
            {
              pattern: /^[a-zA-Z][a-zA-Z0-9 -]{5,31}$/,
              message: "用户名由英文字母开头的长度 6-32 位字母、_和-组成",
              trigger: ["change", "blur"],
            },
          ],
          password: {
            required: true,
            min: 6,
            message: "请输入至少 6 个字符的密码",
            trigger: ["change", "blur"],
          },
        },
      };
    },
    methods: {
      login() {
        this.$refs.form.validate((valid) => {
          if (valid) {
            // 模拟后台数据处理
            const post = ((params) => {
              // 模拟后台比对数据
              return new Promise((resolve, reject) => {
                let db user = localStorage.getItem("db user");
                if (db user) {
                  db user = JSON.parse(db user);
                }
                const { account, password } = params
                if (db user.find((v) => v.account === account && v.password === password)) {
                  resolve({msg: '登录成功！', token: Date.now()});
                } else {
                  reject({msg: '用户名或密码错误！'})
                }
              })
            });
            post(this.form).then((res) => {
              alert('${res.msg}' );
              localStorage.setItem("token", res.token);
              this.$router.push("/");
            }).catch(err => {
              alert(err.msg);
            })
          } else {
            console.log("error submit!!");
            return false;
          }
        });
      },
    },
```

```
66 };
67 </script>
```

**代码说明：**

（1）表单数据模型 model 定义了两个字段（第 06~09 行）：用户名字段 account 和密码字段 password。

（2）用户名的校验规则（第 11~21 行）与注册表单的用户名校验规则一致：用户名字段 account 采用两条校验规则，即一个数组的形式设置了必填校验（required=true），以及一个正则表达式对格式和用户名长度（6~32 位）进行校验（pattern= /^[a-zA-Z][a-zA-Z0-9_-]{5,31}$/）。

（3）密码的校验规则（第 25~30 行）与注册表单的密码校验规则一致：密码字段 password 采用一条规则进行校验，即一个对象的形式，设置了必填校验和密码长度最小为 6。

（4）表单的整体校验：同注册表单一样，在发送请求给后台之前，需要先对表单整体进行校验。同注册表单一样，登录表单也通过模板引用 ref 方式调用 form 表单的 validate 方法，在回调函数中，校验标识 valid 为 true，校验通过时才向后台发送登录请求。

（5）登录方法：在登录方法中，同注册页面的注册方法一样，定义了一个 post 方法，模拟后台处理登录的过程，同样返回一个 Promise。登录时调用这个方法，登录成功之后弹出登录成功提示，并将后台返回的 token 存放在 localStorage 中，用于标识用户已登录。若登录失败，则直接弹出后台给的错误提示。

接着引入页面样式，与注册页面相同，代码如下：

```
<style lang="css">
@import url(./index.css);
</style>
```

至此，所有代码书写完成。接下来按以下步骤验收成果。

步骤 01 根据 CLI 提示输入地址，如 http://localhost:8080/，直接访问页面首页，将会看到跳转到登录页面，说明路由配置正确。

步骤 02 单击登录表单“登录”按钮下的链接（见图 6.25 的框选部分），跳转到注册页面。

步骤 03 进入注册页面后，输入用户名：test1，密码：test100，确认密码：test100，单击“注册”按钮，在输入过程中随意输入不符合规则的字符串，将会在对应表单域下有相应校验失败的提示，如果输入正常，将会弹出注册成功提示，如图 6.21 所示。

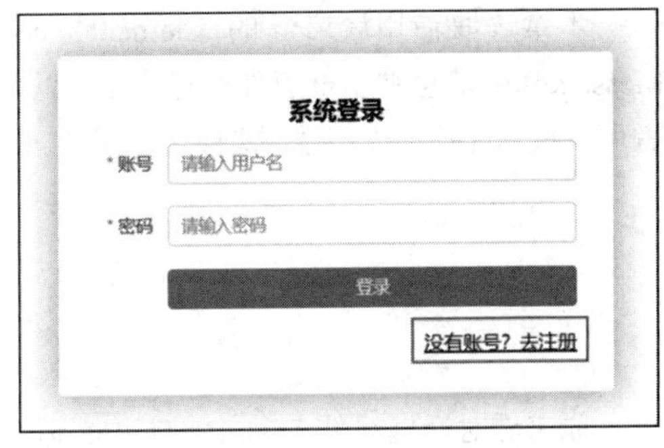


图 6.25 单击登录页面链接访问注册页面

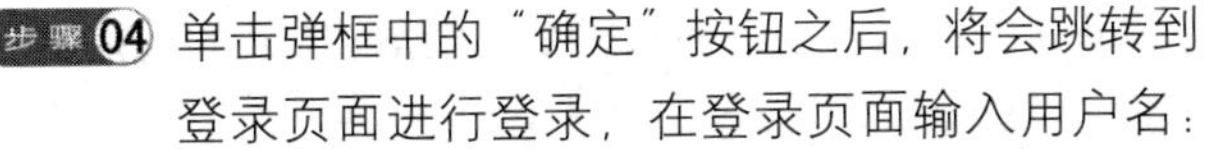

步骤 04 单击弹框中的“确定”按钮之后，将会跳转到登录页面进行登录，在登录页面输入用户名：test1，密码：test100，单击“登录”按钮，在输入过程中随意输入不符合规则的字符串，同注册表单一样，将会在对应表单域下有相应校验失败的提示，如果输入正确，将会弹出登录成功弹框，如图 6.23 所示，关闭提示框后会跳转回首页，如图 6.24 所示。

# 第 7 章

# Element 的 Dialog 组件、Message 组件和 MessageBox 组件

视图层最重要的功能是连接机器与用户，机器与用户交互的方式除了静态地展示信息供用户浏览外，还需要将用户的相关操作结果反馈给用户，通常是弹框提示，或者对话框增加输入。原生的提示界面不大美观，如原生的 Alert 类提示框，因此开发者通常会用 HTML 标签 div 辅助自定义样式和 JavaScript 控制显示/隐藏来美化界面，提升用户交互体验。在没有引入 UI 框架之前，开发者做着大量重复的工作，不同的页面可能会多次引入不同的弹框，使开发者需要重复编写相同的代码。而 UI 框架正是致力于设计风格的统一，为我们解决了这样的问题，Element 同样封装了这些弹框提示类组件，在其文档中归类为 Feedback 反馈组件，包含 Dialog 对话框组件、MessageBox 消息弹窗组件、Message 消息提示组件等，节省了大量 HTML 标签和样式的编写，也十分简洁易用。

本章选取使用较广泛的 Element Plus 框架封装好的 Dialog 对话框、Message 消息提示和 MessageBox 消息弹出框组件进行介绍，以及通过一个实例来应用这部分知识。通过本章的学习，读者可以快速完成一个列表的增、删、改、查功能。

## 7.1 Dialog 组件

先来看对话框组件 Dialog，Dialog 适合弹框内容需要大量自定义的场景，使用标签 el-dialog，其对话框标题、内容和尾部都是可以自定义的，灵活度非常高。下面来学习 Dialog 组件的使用。

### 7.1.1 Dialog 组件的引入和结构

先来了解一下 Dialog 组件的基本特性。Dialog 组件由一个 el-dialog 标签组成，对话框通常包含标题、主题、尾部和遮罩，Element 的 Dialog 组件通过添加相应的属性或内容，定义对话框的标题

内容、主题内容、尾部内容，以及控制是否需要遮罩、是否允许单击遮罩关闭对话框等。如果是全局引入 Element Plus，则可以直接在组件或页面中使用<el-dialog>标签并配置标签属性的事件和方法，可以定义一个弹框。如果是按需引入，则需要将 Dialog 组件按如下方式先引入，才能使用<el-dialog>标签并配置标签属性和事件定义一个弹框：

```
import { ElDialog } from 'element-plus'
// app 是 Vue.createApp()创建的应用实例
app.use(ElDialog);
```

Dialog 组件需要通过一个变量来控制它的显示/隐藏，这个变量通过 v-model 进行绑定，它是一个布尔值，若变量值为 true，则显示 Dialog 组件。为了更好地理解 Dialog 组件的结构和组成，下面来看一个基础示例。

【例 7.1】Dialog 基础示例。

下面演示单击一个按钮显示基础对话框，单击按钮后效果如图 7.1 所示。

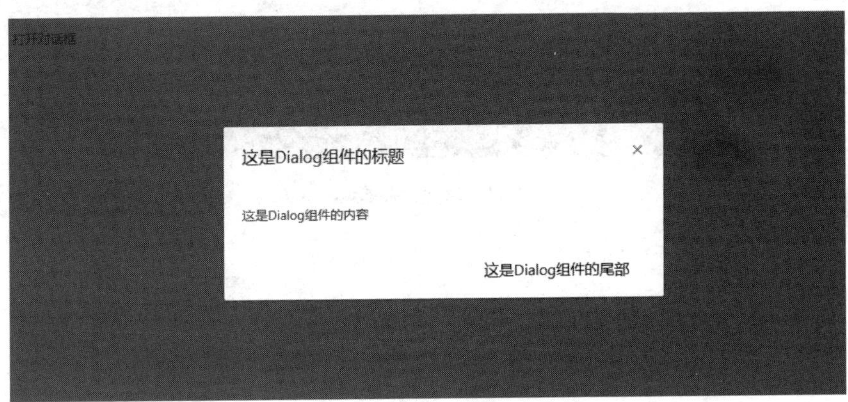


图 7.1　基础 Dialog 组件

实现代码如下：

```
<template>
  <el-button type="text" @click="dialogVisible = true">打开对话框</el-button>

  <el-dialog
   v-model="dialogVisible"
   title="这是 Dialog 组件的标题"
  >
   <span>这是 Dialog 组件的内容</span>
      <template #footer>
         <span>这是 Dialog 组件的尾部</span>
      </template>
  </el-dialog>
</template>

<script>
export default {
  data() {
```

```
return {
  dialogVisible: false
}
  }
}
</script>
```

由上面的代码片段可以看到，在 el-dialog 标签上绑定了 dialogVisible 属性控制对话框的显示/隐藏，通过 title 属性定义 Dialog 组件的标题；主题内容和尾部分别是两个插槽，主题内容直接定义在默认插槽内，尾部内容定义在名称为 footer 的插槽内。

## 7.1.2 Dialog 组件的使用

接下来通过更多示例来了解 Dialog 组件的使用。

【例 7.2】页脚居中显示。

默认页脚内容右对齐显示，如果要居中显示页脚，则可以在 el-dialog 标签上添加 center 属性，如图 7.2 所示。

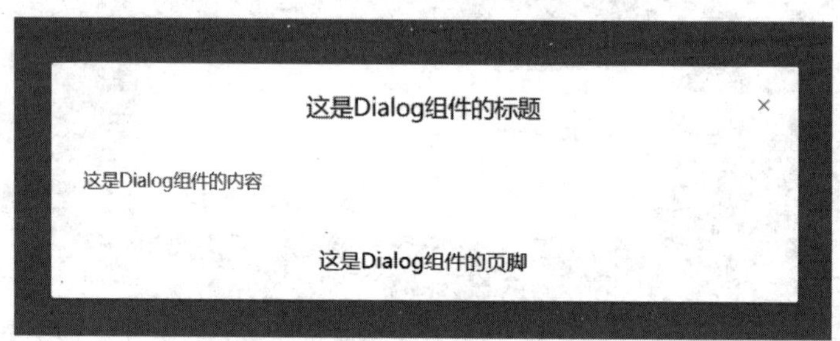


图 7.2　Dialog 页脚居中显示效果

实现代码基于【例 7.1】，代码如下（省略部分与【例 7.1】一致的内容）：

```
<el-dialog
    v-model="dialogVisible"
    title="这是 Dialog 组件的标题"
    width="70%"
    center
  >
    …
  </el-dialog>
```

【例 7.3】Dialog 组件关闭前的事件。

有时候在关闭对话框之前处理一些事件是十分有必要的。比如对话框内容是用户填写了重要信息的表单，如果直接单击“关闭”按钮，将会导致填写的信息丢失；如果是误操作，将会造成不必要的重复工作或麻烦，所以在操作关闭之前应当给予提示，由用户确认关闭之后，再关闭对话框，避免误操作（效果见图 7.3），此时可以使用 Dialog 的关闭前事件属性 before-close。

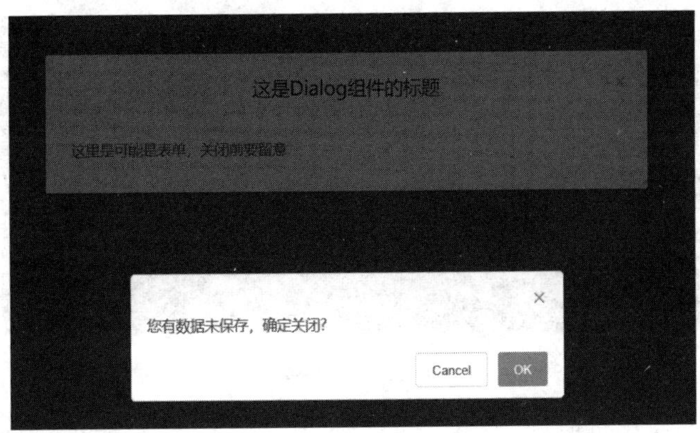


图 7.3　Dialog 关闭前提示

实现代码如下：

```
<template>
<el-dialog
    v-model="dialogVisible"
    title="这是 Dialog 组件的标题"
    width="70%"
    :before-close="handleClose"
    center
  >
   <span>这里可能是表单，关闭前要留意</span>
     </el-dialog>
</template>
...
methods:{
    handleClose(done)  {
        ElMessageBox.confirm('您有数据未保存，确定关闭?')
          .then(() => {
            done()
          })
          .catch(() => {
            // catch error
          })
    },
...
}
```

【例 7.4】Dialog 组件嵌套 Dialog 组件。

对话框的内容可以非常自由，即使在对话框内再嵌套对话框也是可以的，此时需要在嵌套的 el-dialog 组件上添加 append-to-body 属性，将内部 Dialog 组件直接插入 body 节点，则当两个对话框同时展示时，如果都设置了遮罩，那么遮罩背景颜色会呈现加深效果，如图 7.4 所示。

图 7.4　嵌套弹框

这种效果与在同级平铺设置另一个对话框，同时展示两个对话框时一样，而多层嵌套对话框会加深代码层级，容易使得代码的可读性降低，因此笔者不建议使用嵌套对话框，使用同级对话框即可。

上面的嵌套对话框实现代码如下：

```
<el-dialog
  v-model="dialogVisible"
  title="标题"
  width="70%"
>
  <template #default>
    <el-dialog
      v-model="innerVisible"
      width="30%"
      title="嵌套弹窗"
      append-to-body
    >
    </el-dialog>
  </template>
  <template #footer>
    <div class="dialog-footer">
      <el-button type="primary" @click="innerVisible = true">打开嵌套
Dialog</el-button>
    </div>
  </template>
</el-dialog>
```

【例 7.5】可拖曳的对话框。

对话框可拖曳是一个非常常见的需求：当对话框打开时会遮挡其下方的内容，所以如果临时关注对话框下方内容的同时又不希望关闭对话框，那么临时移开对话框就能提升交互体验。Dialog 组件只需要配置一个 draggable=true 属性，就能实现对话框的拖曳，代码如下：

```
<el-dialog v-model="dialogVisible" title="对话框" width="30%" draggable>
  ...
</el-dialog>
```

以上便是常见的对话框相关使用方法，更多内容读者可关注官网文档。

# 7.2 MessageBox 组件和$alert、$confirm、$prompt

MessageBox 消息提示框组件模拟的是系统的提示框 alert、confirm 和 prompt，不同的是它的样式允许用户自定义，所以更加美观灵活，适合一些内容比较简单的提示，如果内容比较复杂，定制化比较多，还是使用 Dialog 组件更佳。

## 7.2.1 MessageBox 组件的引入

如果完整引入了 Element Plus，就会在 app.config.globalProperties 中加入 4 个全局方法：$msgbox、alert、$confirm 和$prompt。所以，如果使用选项式 API，可以在组件或页面中使用 this.$msgbox、this.$alert、this.$confirm 和 this.$prompt，然后传入配置内容，就可以调用 MessageBox，或者采用组合式 API，则通过 getCurrentInstance 方法获取当前 Vue 实例，通过当前 Vue 实例上下文调用$msgbox、$alert、$confirm 和$prompt，调用方法如下：

```
const { proxy } = getCurrentInstance();
proxy.$msgbox(options);
proxy.$alert(options);
proxy.$confirm(options);
proxy.$prompt(options);
```

具体参数调用如下：

```
$msgbox(options)
$alert(message, title, options) 或 $alert(message, options)
$confirm(message, title, options) 或 $confirm(message, options)
$prompt(message, title, options) 或 $prompt(message, options)
```

如果是按需引入 MessageBox，则需要按如下方式引入 MessageBox 组件，并通过 ElMessageBox 进行调用：

```
import { ElMessageBox } from 'element-plus'
ElMessageBox(options)
```

对应 4 个全局方法的调用方式依次为：ElMessageBox、ElMessageBox.alert、ElMessageBox.confirm 和 ElMessageBox.prompt，参数和完整引入 Element Plus 相同。

为了更好地了解 MessageBox 的使用，下面先来看一个基础示例。

【例 7.6】MessageBox 基础示例。

通过单击页面上的按钮打开消息提示框，如图 7.5 所示。

图 7.5　MessageBox 基本使用

单击提示框的“确认”按钮，控制台输出确认提示，如图 7.6 所示。

```
action:  confirm
>
```

图 7.6　MessageBox 的基本使用：单击“确认”按钮输出确认提示

基础使用方法是模拟系统的 alert 方法，其实现代码如下：

```
<template>
  <el-button @click="open">打开 MessageBox</el-button>
</template>
<script>
import { ElMessageBox } from 'element-plus'
export default {
  name: 'HelloWorld',
  methods:{
    open(){
       ElMessageBox.alert('这是 alert 的内容', 'alert 的标题', {
        confirmButtonText: '确认',
        callback: (action) => {
          console.log('action: ', action);
        }
       })
}
}
}
</script>
```

## 7.2.2　MessageBox 的使用

除了基础示例外，MessageBox 还有更多配置使得它的使用很频繁。下面一起继续了解吧。

【例 7.7】确认消息提示框。

效果类似于浏览器默认确认弹框 window.confirm，MessageBox 的确认弹框模拟了系统的 confirm，如图 7.7 所示，其样式和配置更加灵活可配，用于提示用户确认其已经触发的动作，并询问是否进行此操作时会用到此对话框。

全局引入 Element Plus 时通过调用$confirm 方法即可打开确认消息提示框，MessageBox 组件也拥有极高的定制性，可以传入 options 作为第三个参数，它是一个对象。其中可以配置 type 属性字段，表明消息类型，可以为 success（成功）、error（异常）、info（消息）和 warning（警告），无效的 type 设置将会被忽略。需要注意的是，第二个参数 title 必须定义为 String 类型，如果是 Object，会被当作 options 使用，MessageBox 方法返回了一个 Promise 来处理后续响应。

图 7.7　确认消息提示框

实现代码如下：

```
<template>
  <el-button type="text" @click="open">打开确认提示框</el-button>
</template>
<script >
import { ElMessageBox } from 'element-plus';
...
methods: {
    open() {
      ElMessageBox.confirm("确实要永久删除这个商品吗?", "提示", {
        confirmButtonText: "确定",
        cancelButtonText: "取消",
        type: "warning",
      }).then(() => {
          alert("删除成功！");
        })
        .catch(() => {
          alert("取消删除！");
        });
    },
</script>
```

【例 7.8】提交内容提示框。

当需要用户输入内容时，可以使用 Prompt 类型的消息框，它模拟了系统的 prompt（见图 7.8），同样多样的配置让它更加灵活。

全局引入 Element Plus 时，通过调用$prompt 方法即可打开消息提示框。通常只有一个输入框时，使用这个方法会非常方便，如果有更多输入内容，建议使用 Dialog 组件来定义。

另外，在 prompt 方法的配置中，可以设置 inputPattern 字段为自定义匹配规则，用于通过匹配规则验证输入的合法性。或者设置 inputValidator 来指定验证方法，该方法可以返回 Boolean 或 String；返回 false 或 String 表示验证失败，返回的字符串将用作 inputErrorMessage，用来提示用户错误的原因，错误提示表现类似于 Form 表单验证失败，如图 7.9 所示。 此外，可以设置 inputPlaceholder 字段来定义输入框的占位符。

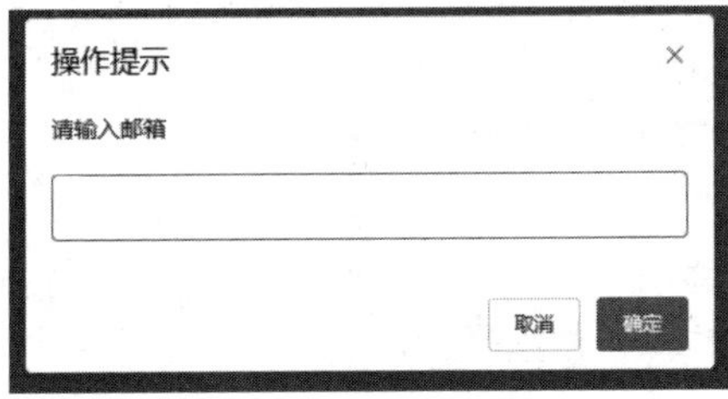

图 7.8　Prompt 提示框

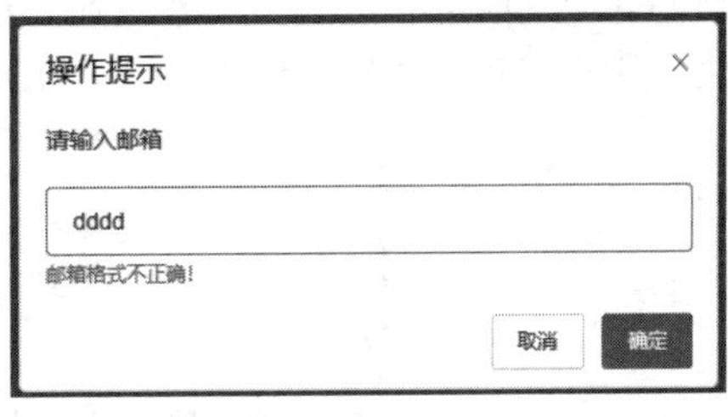


图 7.9　Prompt 提示框输入验证失败提示

下面设置 inputPattern 为邮箱格式，当校验失败时，显示 inputErrorMessage 配置的提示语，代码如下：

```
<template>
  <el-button type="text" @click="open">打开消息提示框</el-button>
</template>
<script >
```

```
import { ElMessageBox} from 'element-plus';
...
methods: {
    open() {
  ElMessageBox.prompt("请输入邮箱", "操作提示", {
        confirmButtonText: "确定",
        cancelButtonText: "取消",
        inputPattern:
          /[\w!#$%&'*+/=?^ '{|}~-]+(?:\.[\w!#$%&'*+/=?^ '{|}~-]+)*@(?:[\w](
?:[\w-]*[\w])?\.)+[\w](?:[\w-]*[\w])?/,
        inputErrorMessage: "邮箱格式不正确! ",
      })
        .then(({ value }) => {
          alert( '你输入的邮箱是:${value}');
        })
        .catch(() => {
          alert('输入已取消');
        });
}
...
</script>
```

【例 7.9】个性化设置弹框。

前面介绍的模拟系统的$alert、$confirm、$propmt 三个方法其实都是对 $msgbox 方法的二次封装。MessageBox 参数可以为一个 options 对象，所以还支持其他配置使弹框展示出多种效果。例如配置 showCancelButton（showConfirmButton）字段，决定是否显示“取消”（确定）按钮，不设置时默认为 true，显示“取消”（确定）按钮。又如配置 cancelButtonClass（confirmButtonClass）字段，为“取消”（确定）按钮添加自定义样式，使用 cancelButtonText（confirmButtonText）为“取消”（确定）按钮的自定义文本。

同 Dialog 组件一样，MessageBox 组件也有 beforeClose 属性，其值是一个函数，接收三个参数：action、instance 和 done。action 代表当前动作字符串，包含'confirm'、'cancel'或'close'；instance 表示当前消息弹框实例，如果需要调用 MessageBox 实例的方法，则可以使用该参数；最后是 done 方法，调用 done 方法可以关闭消息弹框，如果在 beforeClose 属性中不调用 done 方法，则消息弹框将不会关闭。使用 beforeClose 属性可以在关闭消息框前对实例进行一些操作，比如为“确定”按钮添加加载中的状态，则在单击“确定”按钮时，出现加载中的效果，如图 7.10 所示。

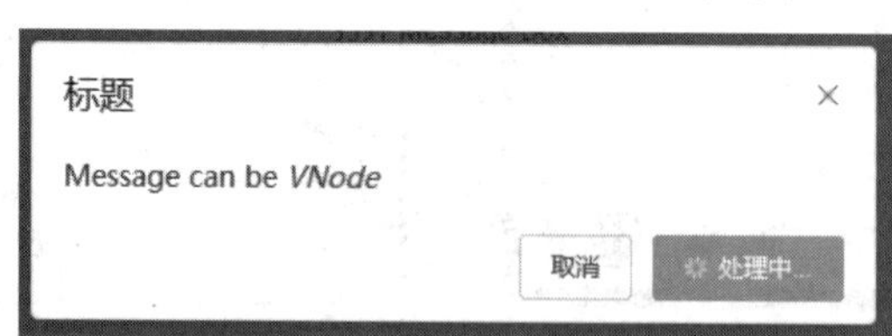


图 7.10　消息弹框中的“确定”按钮的加载中效果

实现代码如下：

```
<template>
  <el-button type="text" @click="open">Click to open the Message Box</el-button>
</template>
<script >
```

```
import { ElMessageBox } from 'element-plus';
import { h } from "vue";
...
methods: {
    open() {
  ElMessageBox({
        title: "标题",
        message: h("p", null, [
          h("span", null, "Message can be "),
          h("i", { style: "color: teal" }, "VNode"),
        ]),
        showCancelButton: true,
        confirmButtonText: "确定",
        cancelButtonText: "取消",
        beforeClose: (action, instance, done) => {
          if (action === "confirm") {
            instance.confirmButtonLoading = true;
            instance.confirmButtonText = "处理中...";
            setTimeout(() => {
              done();
              setTimeout(() => {
                instance.confirmButtonLoading = false;
              }, 300);
            }, 3000);
          } else {
            done();
          }
        },
      }).then((action) => {
        alert( 'action: ${action}');
      });
}
...
</script>
```

【例 7.10】使用 HTML 片段。

配置中的 message 字段支持传入 HTML 片段来作为展示内容。将 dangerouslyUseHTMLString 属性设置为 true，message 就会被当作 HTML 片段处理，效果如图 7.11 所示。

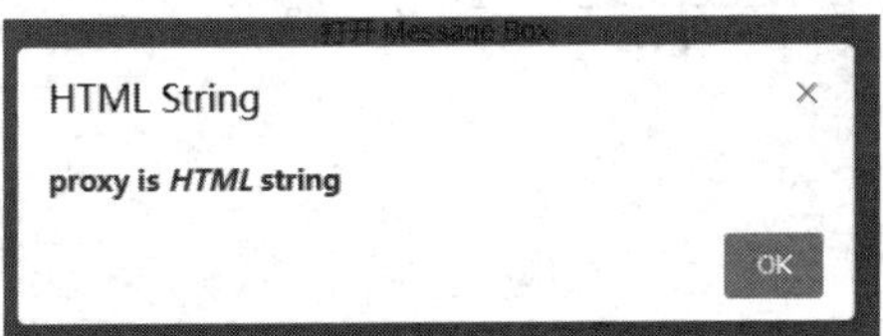


图 7.11　使用 HTML 片段的消息弹框

实现代码如下：

```
<template>
  <el-button type="text" @click="open">Click to open the Message Box</el-button>
</template>
<script >
import { ElMessageBox } from 'element-plus';
```

```
...
methods: {
    open() {
   ElMessageBox.alert(
        "<strong>proxy is <i>HTML</i> string</strong>",
        "HTML String",
        {
          dangerouslyUseHTMLString: true,
        }
      );
}
...
</script>
```

需要注意的是，message 属性虽然支持传入 HTML 片段，但是在网站上动态渲染任意 HTML 是非常危险的，容易导致 XSS 攻击，因此在 dangerouslyUseHTMLString 为 true 时，需要确保 message 的内容是可信的，记住永远不要将用户提交的内容赋值给 message 属性。

【例 7.11】区分取消操作与关闭操作。

有些场景下，单击“取消”按钮与单击“关闭”按钮有着不同的含义。

默认情况下，当用户触发取消（单击“取消”按钮）和触发关闭（单击“关闭”按钮或遮罩层，按下 Esc 键）时，Promise 的 reject 回调和 callback 回调的参数均为'cancel'。如果将 distinguishCancelAndClose 属性设置为 true，则上述两种行为的参数分别为'cancel'和'close'。

例如下面的代码：

```
<template>
  <el-button type="text" @click="open">Click to open the Message Box</el-button>
</template>
<script >
import { ElMessageBox } from 'element-plus';
...
methods: {
    open() {
  ElMessageBox.confirm(
    '您有未保存的更改，是否保存并继续?',
    '提示',
    {
      distinguishCancelAndClose: true,
      confirmButtonText: '保存',
      cancelButtonText: '取消',
    }
  )
    .then(() => {
      alert('已保存更改')
    })
    .catch((action) => {
      alert(action === 'cancel' ? '点击了取消按钮' : '点击了关闭按钮')
})
...
</script>
```

【例 7.12】可拖曳的消息弹框。

和 Dialog 一样，消息弹框也允许拖曳，有时候用户希望暂时不关闭弹框，但又需要确认提示框下方内容的情况时，可以拖曳消息弹框带来更好的交互体验。MessageBox 提供简单的配置便可以实现拖曳效果，即配置 draggable=true 即可，代码如下：

```
ElMessageBox.confirm(
    '确认需要删除该商品?',
    '确认提示',
    {
      confirmButtonText: '确定',
      cancelButtonText: '取消',
      type: 'warning',
      draggable: true,
    }
)
```

以上便是常见的 MessageBox 组件的相关使用方法，更多内容读者可关注官网文档。

## 7.3　Message 组件和$message

Message 消息提示组件常用于主动操作后的反馈提示。这个提示组件展示的消息从顶部出现，默认 3 秒后自动消失。下面便来学习 Message 组件的使用。

### 7.3.1　Message 组件的引入

如果完整引入了 Element Plus，就会在 app.config.globalProperties 中加入一个全局方法$message。所以，如果使用选项式 API，可以在组件或页面中使用 this.$message，传入配置内容，就可以调用 Message；在组合式 API 中，如果需要使用$message，可以通过 getCurrentInstance 方法获取当前 Vue 实例，通过当前 Vue 实例上下文调用$message，代码如下：

```
const { proxy } = getCurrentInstance();
proxy.$message(message);
```

如果是按需引入 Message，则需要按如下方式引入 Message 组件：

```
import { ElMessage } from 'element-plus'
```

为了更好地了解 Message 组件的引入方式，先通过一个基础实例来进行讲解。

【7.13】基本使用。

基础消息提示如图 7.12 所示。

图 7.12　Message 的基本用法

其实现代码如下：

### 1. 全局引入方式（选项式 API）

```
<template>
  <el-button type="text" @click="open"> Message 用法</el-button>
</template>
<script>
methods: {
    open() {
      this.$message('消息提示')
}
}
</script>
```

### 2. 全局引入方式（组合式 API）

```
<template>
  <el-button type="text" @click="open"> Message 用法</el-button>
</template>
<script>
import { getCurrentInstance} from "vue";
methods: {
setup() {
const { proxy } = getCurrentInstance();
  const open = () => {
      proxy.$message('消息提示')
}

return {
open
}
}
}
</script>
```

### 3. 按需引入方式

```
<template>
  <el-button type="text" @click="open"> Message 用法</el-button>
</template>
<script>
import { ElMessage   } from "element-plus";
methods: {
    open() {
      ElMessage('消息提示')
}
}
</script>
```

## 7.3.2 Message 组件的使用

接下来了解更多 Message 组件的使用，都以按需引入方式进行讲解。

【例 7.14】VNode 节点作为内容显示。

同 messageBox 一样，Message 组件也可以用虚拟节点作为内容，实现代码如下：

```
ElMessage({
      message: h("p", null, [
        h("span", null, "Message can be "),
        h("i", { style: "color: teal" }, "VNode"),
      ]),
    });
```

【例 7.15】不同状态的消息提示。

Element 定义了常用的 4 种消息提示状态，分别表示成功（success）、警告（warning）、消息（info）和错误（error）类的操作反馈，效果如图 7.13 所示。

当需要自定义更多属性时，Message 可以接收一个对象为参数。比如，设置 type 字段表示不同的状态，默认为 info。此时正文内容以 Message 的值传入。同时，Element 也为 Message 的 4 种状态注册了方法，可以在不传入 type 字段的情况下，直接通过.[type]进行调用，比如全局引入方式使用$message.error(message)显示一个错误/异常消息提示。

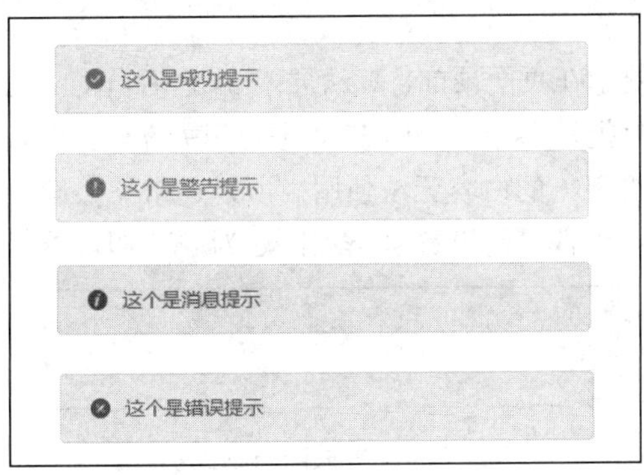


图 7.13　不同状态的消息提示

下面是 4 种状态的消息提示框的实现代码：

```
<template>
  <el-button :plain="true" @click="open2">success</el-button>
  <el-button :plain="true" @click="open3">warning</el-button>
  <el-button :plain="true" @click="open1">message</el-button>
  <el-button :plain="true" @click="open4">error</el-button>
</template>
<script>
import { ElMessage } from "element-plus";
export default {
  setup() {
    const open1 = () => {
      ElMessage("这个是消息提示");
    };
    const open2 = () => {
      ElMessage({
        message: "这个是成功提示",
        type: "success",
      });
    };
    const open3 = () => {
      ElMessage({
```

```
        message: "这个是警告提示",
        type: "warning",
      });
    };
    const open4 = () => {
      ElMessage.error("这个是错误提示");
    };
    return {
      open1,
      open2,
      open3,
      open4
    };
  },
};
</script>
```

【例 7.16】可关闭的消息。

Message 消息提示框会展示在页面顶部，默认展示 3s 之后自动关闭，但如果页面顶部有菜单或者其他重要内容，在弹出消息提示 3s 内，如果需要进行相关操作，但是弹框没有到关闭时间，将会一直展示在顶部，导致消息框下方的内容无法使用。所以通常需要设置关闭按钮，允许用户手动关闭消息提示框，使用 Message 组件只需设置 showClose 为 true 即可展示关闭按钮，如图 7.14 所示。

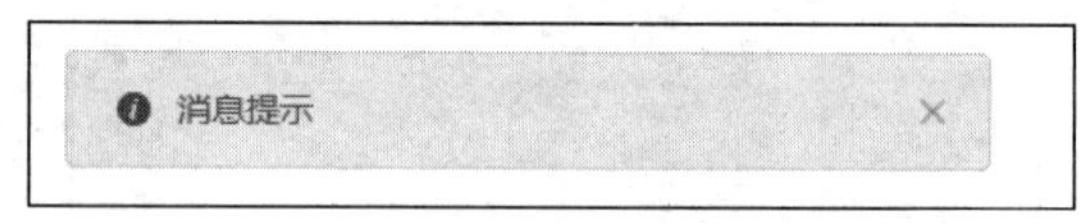


图 7.14 可关闭消息提示

实现代码如下：

```
ElMessage({message:"消息提示",showClose:true})
```

## 7.4 实战：一个列表的增、删、改、查功能

本节将通过一个综合实例来运用本章介绍的弹框和消息提示组件，本例将重点关注弹框和消息提示组件的使用，其中出现的列表和表单将忽略如列表分页、表单校验等细节，并且所有的请求后台的异步操作均在前端模拟返回。通过本节的学习，相信读者可以轻松实现一个列表的增、删、改、查。接下来，先来了解需要实现的需求。

假如有一个商品管理后台，其中有一个商品管理页面，用于对商品相关信息进行管理。

### 1. 查询

进入页面首先需要展示已有商品的列表，以及商品相关信息和是否上架等内容，如图 7.15 所示。

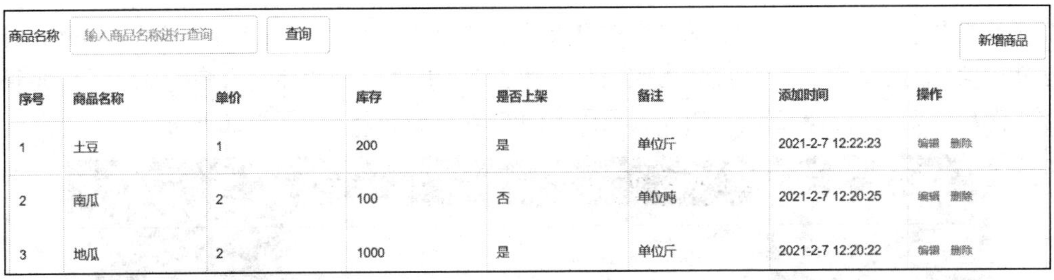

商品名称　输入商品名称进行查询　查询　　新增商品

| 序号 | 商品名称 | 单价 | 库存 | 是否上架 | 备注 | 添加时间 | 操作 |
|---|---|---|---|---|---|---|---|
| 1 | 土豆 | 1 | 200 | 是 | 单位斤 | 2021-2-7 12:22:23 | 编辑 删除 |
| 2 | 南瓜 | 2 | 100 | 否 | 单位吨 | 2021-2-7 12:20:25 | 编辑 删除 |
| 3 | 地瓜 | 2 | 1000 | 是 | 单位斤 | 2021-2-7 12:20:22 | 编辑 删除 |

图 7.15　商品信息列表

列表允许通过商品名称进行搜索，如图 7.16 所示。

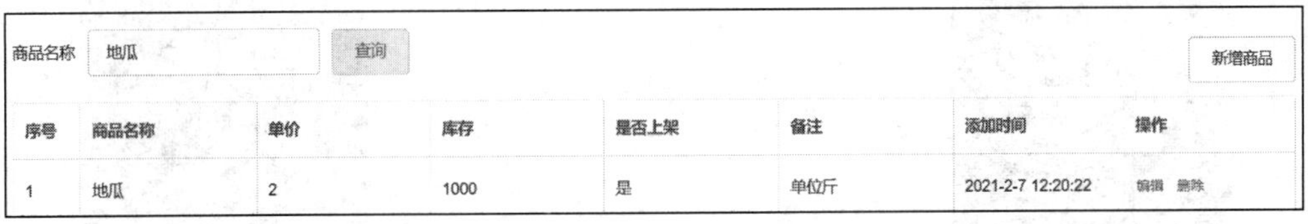

商品名称　地瓜　查询　　新增商品

| 序号 | 商品名称 | 单价 | 库存 | 是否上架 | 备注 | 添加时间 | 操作 |
|---|---|---|---|---|---|---|---|
| 1 | 地瓜 | 2 | 1000 | 是 | 单位斤 | 2021-2-7 12:20:22 | 编辑 删除 |

图 7.16　商品信息列表按商品名称查询

如果搜索失败，则需要提示搜索失败，如图 7.17 所示。

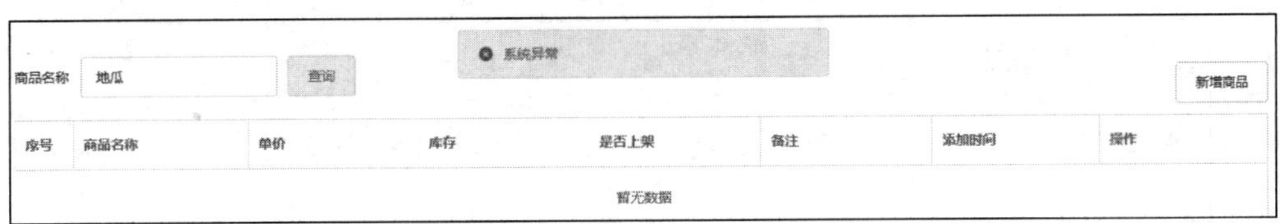


图 7.17　商品信息列表查询失败

## 2. 新增

单击“新增商品”按钮，弹出“新增商品”对话框，对话框内是商品相关信息和上架信息的表单，包含商品名称、数量、单价、是否上架和备注字段，如图 7.18 所示。

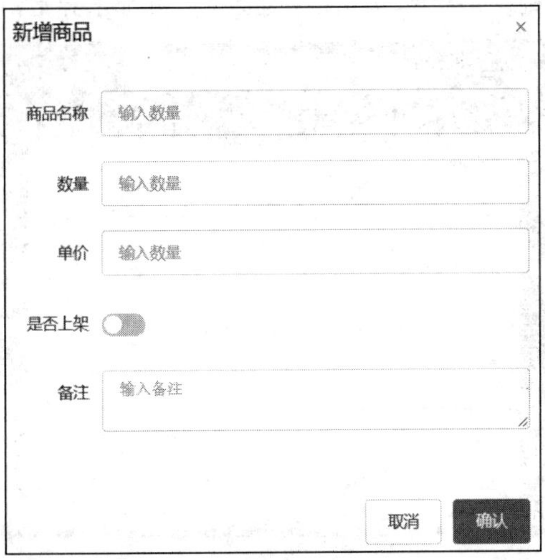

新增商品　×

商品名称　输入数量

数量　输入数量

单价　输入数量

是否上架

备注　输入备注

取消　确认

图 7.18　“新增商品”对话框

输入相关内容之后（如新增商品雪梨的商品信息如图 7.19 所示），单击“确认”按钮，将向后台发送新增信息请求，当后台返回新增成功时，弹出新增成功消息提示，并自动关闭“新增商品”对话框，然后自动返回列表页面，在列表项最前面新增一条记录，如图 7.20 所示。

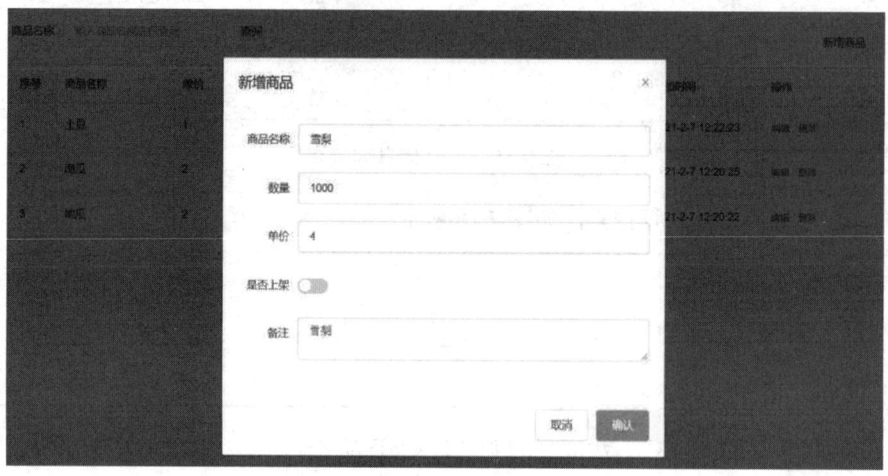


图 7.19　新增商品雪梨相关信息

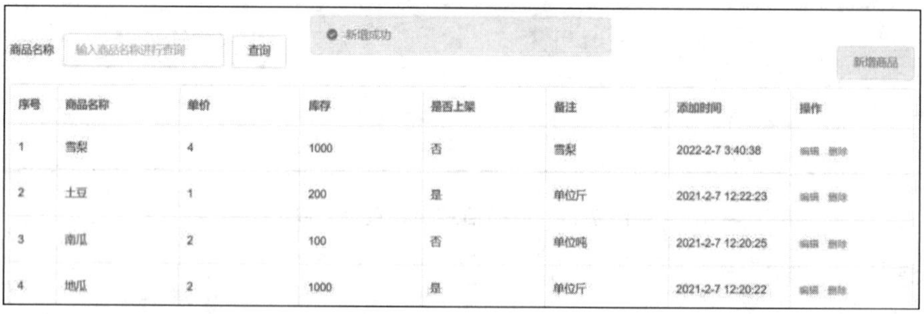

商品名称 输入商品名称进行查询 查询　新增成功　新增商品

| 序号 | 商品名称 | 单价 | 库存 | 是否上架 | 备注 | 添加时间 | 操作 |
|---|---|---|---|---|---|---|---|
| 1 | 雪梨 | 4 | 1000 | 否 | 雪梨 | 2022-2-7 3:40:38 | 编辑 删除 |
| 2 | 土豆 | 1 | 200 | 是 | 单位斤 | 2021-2-7 12:22:23 | 编辑 删除 |
| 3 | 南瓜 | 2 | 100 | 否 | 单位吨 | 2021-2-7 12:20:25 | 编辑 删除 |
| 4 | 地瓜 | 2 | 1000 | 是 | 单位斤 | 2021-2-7 12:20:22 | 编辑 删除 |

图 7.20　成功新增商品

若后台新增商品异常，则保持“新增商品”对话框，并弹出异常消息提示框，如图 7.21 所示。

图 7.21　新增商品失败

### 3. 修改

单击列表中操作列的“编辑”按钮，弹出一个“编辑商品”对话框，将对应商品信息回填到对应表单域中，如编辑商品为土豆的相关信息对话框如图 7.22 所示。

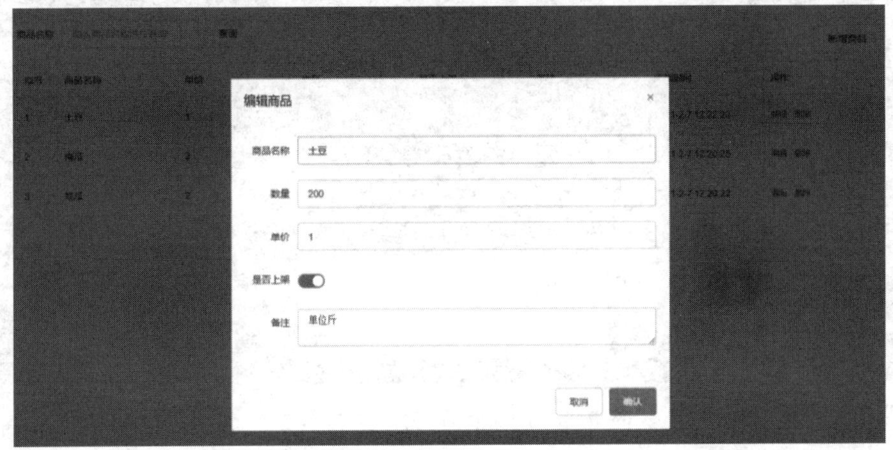


图 7.22 “编辑商品”对话框

修改商品相关信息，如修改单价为 3.5，单击“确认”按钮后，将提示修改成功，并自动关闭“编辑商品”对话框，自动回到列表页面，列表中对应商品土豆的单价更新为 3.5，如图 7.23 所示。

商品名称 输入商品名称进行查询 查询　　修改成功　　新增商品

| 序号 | 商品名称 | 单价 | 库存 | 是否上架 | 备注 | 添加时间 | 操作 |
|---|---|---|---|---|---|---|---|
| 1 | 土豆 | 3.5 | 200 | 是 | 单位斤 | 2021-2-7 12:22:23 | 编辑 删除 |
| 2 | 南瓜 | 2 | 100 | 否 | 单位吨 | 2021-2-7 12:20:25 | 编辑 删除 |
| 3 | 地瓜 | 2 | 1000 | 是 | 单位斤 | 2021-2-7 12:20:22 | 编辑 删除 |

图 7.23 商品信息编辑成功

若后台返回修改失败，则保持“编辑商品”对话框，并弹出修改失败时后台返回的消息提示，如图 7.24 所示。

图 7.24 商品信息编辑失败

### 4. 删除

单击商品列表操作列的“删除”按钮，则会弹出“确认”提示框，如图 7.25 所示。

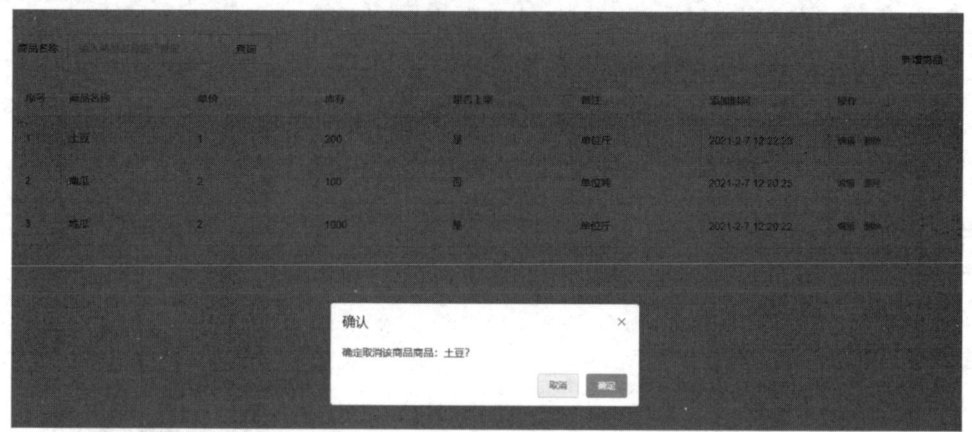


图 7.25　删除商品“确认”提示框

单击“确认”提示框的“确定”按钮后，将关闭“确认”提示框，并向后台发送删除对应商品信息的请求，当后台返回删除成功时，弹出删除成功的提示，并回到列表页，商品列表将不存在对应商品信息，如图 7.26 所示。

商品删除成功

商品名称 输入商品名称进行查询 查询　　新增商品

| 序号 | 商品名称 | 单价 | 库存 | 是否上架 | 备注 | 添加时间 | 操作 |
|---|---|---|---|---|---|---|---|
| 1 | 南瓜 | 2 | 100 | 否 | 单位吨 | 2021-2-7 12:20:25 | 编辑 删除 |
| 2 | 地瓜 | 2 | 1000 | 是 | 单位斤 | 2021-2-7 12:20:22 | 编辑 删除 |

图 7.26　商品删除成功

如果后台处理删除商品信息失败，则前端需要提示删除失败，如图 7.27 所示。

商品删除失败

商品名称 输入商品名称进行查询 查询　　新增商品

| 序号 | 商品名称 | 单价 | 库存 | 是否上架 | 备注 | 添加时间 | 操作 |
|---|---|---|---|---|---|---|---|
| 1 | 土豆 | 1 | 200 | 是 | 单位斤 | 2021-2-7 12:22:23 | 编辑 删除 |
| 2 | 南瓜 | 2 | 100 | 否 | 单位吨 | 2021-2-7 12:20:25 | 编辑 删除 |
| 3 | 地瓜 | 2 | 1000 | 是 | 单位斤 | 2021-2-7 12:20:22 | 编辑 删除 |

图 7.27　商品删除失败

以上，就是需要完成的需求。接下来跟着下面的步骤开始实现这个需求。

**步骤 01** 运行下面的命令，用 Vue CLI 创建一个默认预设的 Vue 3 项目，详细步骤参见 1.4.2 节中的

“使用默认预设创建一个 Vue 3 项目”：

```
vue create demo
```

步骤 02 运行下面的命令安装 Element Plus：

```
yarn add element-plus
```

步骤 03 在 main.js 中引入 Element Plus，本例使用完整引入方式，如以下粗体代码所示：

```
import { createApp } from 'vue'
import App from './App.vue'
import ElementPlus from 'element-plus'
import 'element-plus/dist/index.css'
createApp(App).use(ElementPlus).mount('#app')
```

步骤 04 运行如下命令启动服务：

```
cd demo
npm run serve
```

步骤 05 接下来开始实现列表查询需求，为演示方便，本例直接修改 App.vue 文件，首先修改模板，实现整体布局，包含搜索栏、新增商品按钮，以及表格信息和操作列，代码如下：

```
<template>
  <div class="flex">
    <el-form :model="searchForm" inline>
      <el-form-item label="商品名称">
        <el-input
          v-model="searchForm.name"
          placeholder="输入商品名称进行查询"
        ></el-input>
      </el-form-item>
      <el-form-item>
        <el-button @click="handleSearch">查询</el-button>
      </el-form-item>
    </el-form>
    <el-button>新增商品</el-button>
  </div>
  <el-table :data="tableData" border style="width: 100%" empty-text="暂无数据">
    <el-table-column type="index" label="序号" width="60" />
    <el-table-column prop="name" label="商品名称" />
    <el-table-column prop="price" label="单价" />
    <el-table-column prop="count" label="库存" />
    <el-table-column
      prop="onsale"
      label="是否上架"
      :formatter="formatOnsale"
    />
    <el-table-column prop="remark" label="备注" />
    <el-table-column
      prop="createTime"
      label="添加时间"
      :formatter="formatTime"
    />
    <el-table-column label="操作">
```

```
      <template #default="{ row }">
        <el-button type="text" size="small">编辑</el-button>
        <el-button type="text" size="small">删除</el-button>
      </template>
    </el-table-column>
  </el-table>
</template>
```

**代码说明：**

查询需求结构比较简单，最重要的元素是一个搜索表单和一个表格，其中：

（1）搜索表单 searchForm 定义了一个商品名称 name 属性，对应表格的商品名称。

（2）表格组件 el-table 定义了数据模型 data 为 tableData，且显示边框（border=true），另外，这里还设置了列表为空时显示文字为“暂无数据”。

（3）表格组件 el-table 包含的各列中有两列设置了格式化，即是否上架 onsale 字段和添加时间 createTime 字段。

步骤 06 编写脚本完成列表查询功能，本例通过组合式 API 来实现，代码如下：

```
    <template>
    <div class="flex">
      <el-form :model="searchForm" inline>
        <el-form-item label="商品名称">
          <el-input v-model="searchForm.name" placeholder="输入商品名称进行查询
"></el-input>
        </el-form-item>
        <el-form-item>
          <el-button @click="handleSearch">查询</el-button>
        </el-form-item>
      </el-form>
      <el-button @click="handleAdd">新增商品</el-button>
    </div>
    <el-table :data="tableData" border style="width: 100%" empty-text="暂无数据">
      <el-table-column type="index" label="序号" width="60" />
      <el-table-column prop="name" label="商品名称" />
      <el-table-column prop="price" label="单价" />
      <el-table-column prop="count" label="库存" />
      <el-table-column prop="onsale" label="是否上架
" :formatter="formatterOnsale" />
      <el-table-column prop="remark" label="备注" />
      <el-table-column prop="createTime" label="添加时间" :formatter="formatTime" />
      <el-table-column label="操作">
        <template #default="{ row }">
          <el-button type="text" size="small" @click="handleEdit(row)">编辑
</el-button>
          <el-button type="text" size="small" @click="handleDelete(row)">删除
</el-button>
        </template>
      </el-table-column>
    </el-table>
    <el-dialog v-model="createVisible" :title="title"
width="500px" :before-close="handleClose">
      <el-form ref="formRef" :model="createForm" label-width="80px">
```

```
      <!-- {{createForm}} -->
      <!-- <el-form-item prop="id" v-show="false">
        <input v-model="createForm.id">
      </el-form-item>-->
      <el-form-item label="商品名称" prop="name">
        <el-input v-model="createForm.name" placeholder="输入数量"></el-input>
      </el-form-item>
      <el-form-item label="数量" prop="count">
        <el-input v-model="createForm.count" placeholder="输入数量"></el-input>
      </el-form-item>
      <el-form-item label="单价" prop="price">
        <el-input v-model="createForm.price" placeholder="输入数量"></el-input>
      </el-form-item>
      <el-form-item label="是否上架" prop="onsale">
        <el-switch v-model="createForm.onsale"></el-switch>
      </el-form-item>
      <el-form-item label="备注" prop="remark">
        <el-input type="textarea" v-model="createForm.remark" placeholder="输
入备注"></el-input>
      </el-form-item>
    </el-form>
    <template #footer>
      <span class="dialog-footer">
        <el-button @click="handleClose">取消</el-button>
        <el-button type="primary" @click="handleConfirm">确认</el-button>
      </span>
    </template>
  </el-dialog>
</template>
<script>
import { reactive, ref, getCurrentInstance } from "vue";
export default {
  name: "App",
  setup() {
    const { proxy } = getCurrentInstance();
    const formatTime = (row, col) => {
      const date = new Date(row[col.property]);
      const year = date.getFullYear();
      const month = date.getMonth() + 1;
      const day = date.getDate();
      const hour = date.getHours();
      const min = date.getMinutes();
      const sec = date.getSeconds();
      return '${year}-${month}-${day} ${hour}:${min}:${sec}';
    };
    const formatterOnsale = (row, col) => {
      return row[col.property] ? "是" : "否";
};
// 后台数据模拟
    const data = [];
    const tableData = ref([]);
    const getTableData = () => {
      setTimeout(() => {
        // 失败
        // const res = { code: -1, msg: '系统异常'}
```

```
        // 成功
        const res = { code: 200, data: searchForm.name ? data.filter((v) => new
RegExp(searchForm.name).test(v.name + "")) : data.slice(), msg: '' }
        if (res.code !== 200) {
          tableData.value = [];
          proxy.$message.error(res.msg);
          return;
        }
        tableData.value = res.data;
      }, 300)
    };

    const searchForm = reactive({
      name: "",
    });
    const handleSearch = () => {
      getTableData()
    };

    getTableData()
    return {
      handleSearch,
      formatTime,
      formatterOnsale,
      tableData,
      searchForm,
      formRef,
      title,
      createForm,
      createVisible,
      handleAdd,
      handleClose,
      handleDelete,
      handleEdit,
      handleConfirm,
    };
  },
};
</script>

<style>
#app {
  font-family: Avenir, Helvetica, Arial, sans-serif;
  -webkit-font-smoothing: antialiased;
  -moz-osx-font-smoothing: grayscale;
  color: #2c3e50;
  margin-top: 60px;
}
.flex {
  display: flex;
  justify-content: space-between;
  align-items: center;
}
</style>
```

**代码说明：**

（1）两个格式化方法 formatTime（添加时间）和 formatOnsale（是否上架）：

- formatTime：将日期格式转化为“年月日 时:分:秒”进行展示。
- formatOnsale：将 el-switch 开关组件的 Boolean 值转化为一目了然的“是/否”。

（2）表格数据查询方法 getTableData：

getTableData 允许传入一个商品名称 name 参数，由于本例所有向后台发送请求的操作都由前端进行模拟，所以首先定义了一个 data 常量，用于模拟后台商品信息的全部数据，表格的数据取自该模拟数据，所以如果传入商品名称 name，查询成功时，表格数据将从全部数据 data 中按照商品名称 name 过滤出最终结果。搜索表单的方法是直接调用 getTableData 方法，具体实现参见查询按钮的单击事件 handleSearch 方法（参见加黑的代码行）。如果要模拟查询失败，则只需放开模拟失败时返回的数据（参见加黑的代码行），再调用$message 方法弹出失败提示。由于是完整引入 Element Plus，在 app.config.globalProperties 下挂载了一个全局方法$message，只需要通过 getCurrentInstance 方法获取当前 Vue 实例，并通过该实例的 proxy.$message 使用 Message 组件方法实现弹出提示即可。

（3）在 setup 中直接调用表格数据查询方法 getTableData，相当于进入页面就开始获取表格数据进行展示。

（4）所有相关的变量和方法从 setup 中返回，才能在模板中进行使用。

步骤 07 实现添加商品功能。

由于添加商品和编辑商品的表单项一致，因此考虑添加商品和编辑商品共用一个对话框，这里便用到了本章介绍的 Dialog 组件。那么，先给新增商品按钮添加单击事件，然后布局对话框，省略前面查询功能相关模板内容，代码如下：

```
<template>
  <div class="flex">
    …
    <el-button @click="handleAdd">新增商品</el-button>
  </div>
  …
  <el-dialog
    v-model="createVisible"
    :title="title"
    width="500"
    :before-close="handleClose"
  >
    <el-form
      ref="formRef"
      :model="createForm"
      label-width="80px"
    >
      <el-form-item prop="id" v-show="false">
       <input v-model="createForm.id">
     </el-form-item>
      <el-form-item label="商品名称" prop="name">
        <el-input v-model="createForm.name" placeholder="输入数量"></el-input>
      </el-form-item>
      <el-form-item label="数量" prop="count">
        <el-input
          v-model="createForm.count"
```

```
          placeholder="输入数量"
        ></el-input>
      </el-form-item>
      <el-form-item label="单价" prop="price">
        <el-input
          v-model="createForm.price"
          placeholder="输入数量"
        ></el-input>
      </el-form-item>
      <el-form-item label="是否上架" prop="onsale">
        <el-switch v-model="createForm.onsale"></el-switch>
      </el-form-item>
      <el-form-item label="备注" prop="remark">
        <el-input
          type="textarea"
          v-model="createForm.remark"
          placeholder="输入备注"
        ></el-input>
      </el-form-item>
    </el-form>
    <template #footer>
      <span class="dialog-footer">
        <el-button @click="handleClose">取消</el-button>
        <el-button type="primary" @click="handleConfirm">确认</el-button>
      </span>
    </template>
  </el-dialog>
</template>
```

**代码说明：**

（1）按钮单击事件：给新增商品按钮绑定单击事件和处理函数 handleAdd。

（2）Dialog 组件：在 el-table 组件之后添加 el-dialog 组件，并绑定显示/隐藏标识（v-model=createVisible）、标题（title）、宽度（width）和关闭前方法（before-close，将在这个方法中处理表单信息重置，以保证每次表单信息都是从对应初始状态变化而来的）。

（3）Dialog 组件尾部设置了“取消”和“确认”按钮：“取消”按钮绑定单击事件处理方法 handleClose，将关闭弹框并重置 createForm 表单域；“确认”按钮绑定单击事件处理方法 handleConfirm，将发送请求给后台，完成表单提交。

根据上面的布局完成添加功能的脚本，省略查询功能相关代码，代码如下：

```
<script>
import { reactive, ref, getCurrentInstance } from "vue";
export default {
  name: "App",
  setup() {
    …
    const formRef = ref();
    const title = ref("");
    const createVisible = ref(false);
    const createForm = reactive({
      id: "",
      name: "",
      price: "",
      count: "",
      onsale: false,
      remark: "",
```

```
});
const defaultForm = { ...createForm }
    const onCreate = (info) => {
      // 模拟后台请求返回的异步过程
      setTimeout(() => {
        // 失败
        // const res = { code: -1, msg: '系统异常'}
        // 成功
        const res = { code: 200, msg: ''}
        if (res.code !== 200) {
          proxy.$message.error(res.msg);
        } else {
          const newinfo = {
            ...info,
            createTime: new Date(),
            id: 'id ${Date.now()}',
          };
          // 模拟后台数据处理
          data.unshift(newinfo);
          proxy.$message.success("新增成功");
          handleClose();
          getTableData()
        }
      }, 300)
    };
    const onUpdate = (newinfo) => {};
    const handleClose = () => {
      createVisible.value = false;
      for (const k in defaultForm) {
       createForm[k] = defaultForm[k];
     }
    };
    const handleConfirm = () => {
      if (createForm.id) {
        onUpdate(createForm);
      } else {
        onCreate(createForm);
      }
    };
    const handleAdd = () => {
      title.value = "新增商品";
      createVisible.value = true;
    };
    return {
      …
      formRef,
      title,
      createForm,
      createVisible,
      handleAdd,
      handleClose,
      handleConfirm
    };
  },
};
</script>
```

**代码说明：**

（1）单击“新增商品”按钮时，处理方法 handleAdd 将 Dialog 组件的标题设置为“新增商品”，并显示 Dialog 组件（createVisible.value = true）。

（2）handleClose 方法中设置不显示 Dialog 组件（createVisible.value = false），并通过默认 Form 表单项 defaultForm 重置表单域。

（3）handleConfirm 方法中，根据是否有商品 ID 判断调用方法时创建（onCreate 方法）还是修改（onUpdate 方法，在介绍编辑功能时完善）。

（4）onCreate 方法：创建方法中采用 setTimeout 模拟后台请求返回成功和失败的情形，模拟成功返回时，取消成功后面的 res 定义，分支进 else 分支，其中第 34 行，data.unshift(newinfo)为模拟将新数据（newinfo）传递给后台，后台将新数据入库的操作，在实际应用中由后台实现。新增成功将调用 handleClose 方法关闭和重置 Dialog 对话框和表单，并刷新列表数据（调用 getTableData 重新查询列表数据）。

**步骤 08** 为列表"编辑"按钮添加单击事件并完成编辑功能。

修改 App.vue 模板中的表格操作列，为"编辑"按钮添加单击事件和处理方法 handleEdit，忽略前面的查询和添加功能相关代码，代码如下：

```
<template>
  …
  <el-table :data="tableData" border style="width:100%" empty-text="暂无数据">
    …
    <el-table-column label="操作">
      <template #default="{ row }">
        <el-button type="text" size="small" @click="handleEdit(row)">编辑
</el-button>
        …
      </template>
    </el-table-column>
  </el-table>
  …
</template>
```

然后添加编辑相关脚本，代码如下：

```
<script>
import { reactive, ref, onMounted, getCurrentInstance } from "vue";
export default {
  name: "App",
  setup() {
    …
    const onUpdate = (newinfo) => {
      // 模拟后台修改请求返回的异步结果
      setTimeout(() => {
        // 失败
        // const res = { code: -1, msg: '系统异常'}
        // 成功
        const res = { code: 200, msg: ''}
        if (res.code !== 200) {
          proxy.$message.error(res.msg);
        } else {
          const index = data.findIndex((v) => v.id === newinfo.id);
          data[index] = {
            ...data[index],
            ...newinfo,
          };
          proxy.$message.success("修改成功");
```

```
23              handleClose();
24              getTableData()
25            }
26          },300)
27        };
28      const handleEdit = (row) => {
29        title.value = "编辑商品";
30        createVisible.value = true;
31        for(const k in createForm) {
32          createForm[k] = row[k]
33        }
34      };
35
36      return {
37        …
38        handleEdit
39      };
40    },
41  };
42  </script>
```

**代码说明：**

（1）脚本中添加了 handleEdit 处理方法，设置 Dialog 标题为“编辑商品”，并显示“编辑商品”对话框，使用当前行信息赋值 createForm 表单域各字段，实现信息回填。

（2）onUpdate 方法与 onCreate 方法一样，用于模拟后台更新数据的过程，其中第 17~21 行用于模拟后台数据的修改过程，在实际应用中前端无须处理。修改成功时，调用 ElMessage 组件方法设置成功提示，并调用 handleClose 方法关闭 Dialog 组件，然后调用 getTableData 方法重新刷新列表数据。

**步骤 09** 接下来给列表操作列的"删除"按钮添加单击事件和处理函数，以实现删除功能。

修改 App.vue 模板中的表格操作列，为“删除”按钮添加单击事件和处理方法 handleDelete，忽略前面的查询和添加/编辑功能相关代码，代码如下：

```
<template>
  …
  <el-table :data="tableData" border style="width: 100%" empty-text="暂无数据">
    …
    <el-table-column label="操作">
      <template #default="{ row }">
        …
       <el-button type="text" size="small" @click="handleDelete(row)">删除
</el-button>
      </template>
    </el-table-column>
  </el-table>
  …
</template>
```

然后在脚本中添加处理方法 handleDelete，相关代码如下：

```
<script>
…
export default {
  name: "App",
  setup() {
```

```
06      …
07      const handleDelete = (row) => {
08        proxy.$confirm('确定取消该商品商品：${row.name}？', "确认", {
09          distinguishCancelAndClose: true,
10          confirmButtonText: "确定",
11          cancelButtonText: "取消",
12        }).then(() => {
13          // 模拟后台请求删除返回的异步结果
14          setTimeout(() => {
15            // 删除失败
16            // const res = {code: -1, msg: '删除失败'}
17            // 删除成功
18            const res = {code: 200, msg: ''}
19            if (res.code !== 200) {
20              ElMessage({
21                type: "error",
22                message: "商品删除失败",
23              });
24            } else {
25              // 模拟后台处理过程
26              const index = data.findIndex((v) => v.id === row.id);
27              data.splice(index, 1);
28              proxy.$message({
29                type: "success",
30                message: "商品删除成功",
31              });
32              getTableData()
33            }
34          }, 300);
35        });
36      };
37      …
38      return {
39        …
40        handleDelete
41      };
42    },
43  };
44  </script>
```

**代码说明：**

（1）上面的脚本中，在 handleDelete 方法中调用 ElMessageBox 的 confirm 方法弹出确认提示框（第 08 行），设置了 distinguishCancelAndClose，将取消按钮与关闭按钮、遮罩层、按下 Esc 键进行区分，同时设置“确定”和“取消”按钮的文字。

（2）在单击确认提示框的“确定”按钮之后，模拟后台处理删除后返回的结果（第 15~18 行），并对结果进行处理。在删除成功时，模拟后台移除数据的过程（第 26~27 行），删除成功后调用 ElMessage 方法弹出成功提示，并调用 getTableData 重新查询列表数据，更新列表；在删除失败时，调用 ElMessage 方法弹出错误提示。

最后测试各个按钮的功能与前面的需求描述是否一致。至此，本节实例对于部分反馈组件的应用功能已全部实现。

# 第二篇

## Vue+Element 权限管理系统项目实战

第一篇介绍的是基础知识，从本篇开始，正式进入实战项目的练习。笔者将带领读者使用 Vue 3 和 Element Plus 等技术来构建一个功能完整的单页面应用——权限管理系统。该系统包括应用管理、系统管理、审计管理、个人中心等模块。通过全面细致地讲解，综合运用 Vue 生态技术(包含 Vue Router、Vuex 和 Axios 请求、数据模拟 Mock.js 等技术），完整地介绍这个权限管理系统的前端实现全过程。笔者设计该实战项目的目的是，帮助读者快速掌握基于 Vue+Element 技术框架的开发流程，并让读者能够体会到 Vue+Element 在前端 Web 开发中的优势所在。

# 第 8 章 搭建项目基础框架

本章进入练习的第一步：搭建项目基础框架，笔者称之为打造硬实力，包括开发环境的搭建和基础依赖的安装，搭建开发环境包括安装Git、Node.js、VScode，安装的基础依赖包括Vue、Vue Router、Vuex 和 Element Plus。

通过本章的学习，读者可以：

- 了解项目的大致需求和项目使用到的技术。
- 了解 Git、Node.js、VScode 的安装方式。
- 了解 Vue CLI 安装 Vue、Vue Router、Vuex 的方法。
- 了解手动安装 Element Plus 的方法和全局引入方式。
- 了解 Element Plus 图标集的使用方式。

## 8.1 项目的说明和用到的技术

在开始实操之前，我们需要了解项目的基本情况。本节将从整体上对该项目做一个简单的介绍，包括其需要实现的功能，以及将要使用的技术。读者通过本节的学习可以对该项目有一个大致的认识。

### 8.1.1 项目简介

本篇实战项目是一个简单的权限管理系统。该项目主要用于管控外部某个应用的用户权限，即通过该系统配置相关用户的权限后，在外部应用系统上的对应用户将拥有在该系统配置的对应权限。

由于该项目是为了控制外部应用系统的权限而设置的，因此在设计上对于系统的外观以及功能设计都相对简单，若读者需要使用该项目代码作为模板，则可以根据需要自行扩展。

另外，该实战项目旨在带领读者学会综合运用 Vue + Element Plus 生态相关的知识，对于外部应用系统，如果仍然考虑使用 Vue + Element Plus 构建前端，则可参考本项目源码，本书不会过多介绍这个外部应用系统。

## 8.1.2 项目功能

从设计上看，该系统统一采用上下结构，至少包含一个头部区域和一个主体内容区域。页面类型总体分为三种，第一种是简单的上下结构，如登录/404 页面，第二种是上下结构且下区为左右结构，根据页面下区左右结构的不同，笔者将这种结构又分为两种，第一种如系统主要功能页，其下区左右结构占满整个区域，第二种如个人中心页，其下区左右结构固定宽度且居中显示。先来看这三个页面类型的整体设计。

### 1. 登录/404 页面

首先，任何一个权限系统都需要进行登录鉴权之后才能访问和操作，本系统的登录页面不是系统的主要功能，所以在设计上也相对简单。该页面为上下结构，上部包含系统 Logo 和语言切换按钮，下部是一个居中的登录表单，仅需提供用户名和密码即可进行登录，如图 8.1 所示。如果需要从系统安全上考虑更多，读者可自行添加更多安全输入项，如验证码等。

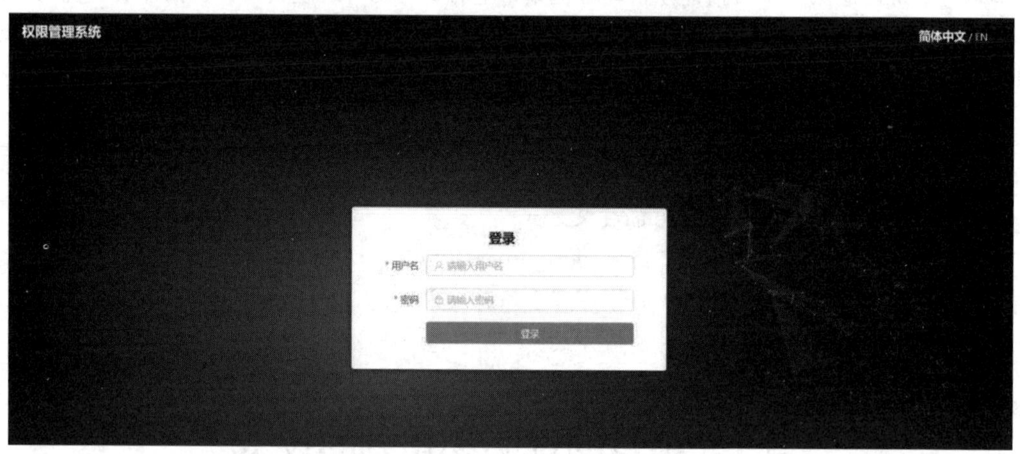


图 8.1 登录界面结构

404 页面是在页面地址匹配不上任何路由时需要跳转的页面，该页面也为上下结构，上部是一个通用头部，下部主体部分仅用文字作为提示，并提供一个返回首页的链接，如图 8.2 所示。

图 8.2 404 页面结构

### 2. 系统主要功能页

当登录鉴权成功后将进入系统内页，为上下结构，上部包括系统 Logo、语言切换按钮、消息图标和用户信息，下部为主要功能区域，为左右结构，左侧是一个可根据权限展示的纵向菜单，支持折叠和展开，右侧是页面主体区域，如图 8.3 所示。

| ID | 用户名 | 机构 | 角色 | 邮箱 | 手机号 | 状态 | 操作 |
|---|---|---|---|---|---|---|---|
| 1 | swilpthot | wowo集团 / 北京分公... | 项目经理 | i.gwkjhouot@jhgb.aw | 15484601439 | 在职 | 编辑 删除 |
| 2 | ohnxolego | 大具集团 / 北京分公司 | 测试人员 | e.cqkxg@mgqdgw.bv | 15054491365 | 离职 | 编辑 删除 |
| 3 | ppgseszy | wowo集团 / 上海分公司 | 测试人员 | v.xijjfk@nqdjhbwpwu.... | 14374678611 | 在职 | 编辑 删除 |
| 4 | xucmqnt | wowo集团 / 上海分公司 | 管理员 | k.kjlsr@caxz.gt | 13270226775 | 在职 | 编辑 删除 |
| 5 | lndhulh | wowo集团 / 上海分公司 | 测试人员 | m.zosc@tudgxas.st | 13551291476 | 离职 | 编辑 删除 |
| 6 | bletzfi | wowo集团 / 上海分公司 | 测试人员 | f.oalhvs@pbiwrco.is | 14240370476 | 离职 | 编辑 删除 |
| 7 | nnfoq | wowo集团 / 北京分公... | 测试人员 | h.lltepiwpsm@xdnsx.ae | 13825716128 | 离职 | 编辑 删除 |
| 8 | yioiqw | wowo集团 / 北京分公... | 管理员 | w.vlvhq@yiduejrmn.eh | 13751760869 | 离职 | 编辑 删除 |
| 9 | sdpo | wowo集团 / 北京分公... | 项目经理 | s.dbl@aspngadbzg.uy | 13258573106 | 离职 | 编辑 删除 |
| 10 | jrgl | wowo集团 / 北京分公... | 管理员 | c.cccd@hkejkr.am | 15887780716 | 离职 | 编辑 删除 |

8.3　系统主要功能页整体结构

### 3. 个人中心页

个人中心页展示的是当前登录用户的个人基本信息、系统消息和个人信息的修改操作，为上下结构，上部与系统主要功能页相同，是一个通用头部，下部为左右结构，由于个人信息普遍篇幅不会太长，因此该系统做了左右结构的第二种设计，保证右侧区域显示的内容紧凑、无太大的视觉问题的情况下整体居中显示，如图 8.4 所示。

图 8.4　个人中心页整体结构

### 4. 通用头部

从上面三种类型的页面结构分析，可以将上部看成一个通用头部，包含网站 Logo、语言切换按钮、消息图标以及用户信息多个元件，这些元件根据页面类型的不同或者登录状态的不同可进行条件展示或隐藏，如图 8.5 所示。

（1）网站 Logo：这里使用文字展示。

（2）语言切换按钮：提供中英文切换功能。

（3）消息图标：可以链接到当前用户个人中心的系统消息界面，如果有未读消息，则需要显示未读消息红点。

（4）用户信息：显示当前登录用户的名称和一个下三角，可展开一个下拉菜单，包含个人中心和退出，个人中心链接至个人中心页面，退出菜单可以直接退出系统。

（5）当用户未登录时，不显示消息图标和用户信息，需要显示登录按钮跳转到登录界面（这里用于 404 页面，用户未登录访问该系统不存在的路由时，采用该设计，如图 8.6 所示）。

图 8.5　通用头部 1

图 8.6　通用头部 2

## 5. 主体内容区域

主体内容区域为左右结构，左侧是纵向菜单栏，右侧是各菜单切换后的主体内容区域，如图 8.7 所示。

图 8.7　主体内容区域

这个部分包含系统的重要内容，主要包含三个模块：应用管理、系统管理和审计管理，其中：

（1）应用管理模块的存在是该系统创建的目的，用于控制外部应用系统的权限，包含用户管理、机构管理角色管理和资源管理 4 个子模块，分别管理外部应用系统的用户、用户所属机构、应用角色和应用资源。

（2）系统管理模块用于管理本项目系统相关功能，包含用户管理和公告管理两个子模块，分别管理本系统的访问用户和全站推送公告，仅支持超级管理员访问。

（3）审计管理模块用于给用户查看系统相关日志记录以方便排查问题，包含访问日志和操作日志两个子模块，分别展示用户的访问日志和操作日志，所有用户都可以访问这两个模块，不同的是超级管理员可以查看系统所有用户的访问和操作日志，其他用户只能查看个人系统的访问和操作日志，该模块页面仅支持查询功能。

三大模块中：

- 应用管理的用户管理和角色管理两个子模块、系统管理的两个子模块和审计管理的两个子模块的入口页面都是一个带分页的表格（如用户管理页面主体部分如图 8.8 所示）；应用管理的用户管理和角色管理两个子模块、系统管理的两个子模块都带有查询、新增、编辑、删除和批量删除功能；应用管理的机构管理和资源管理两个子模块的入口页面都是一个树形表格（如机构管理页面主体部分如图 8.9 所示），带有查询、新增、编辑和删除功能。
- 所有模块的新增和编辑功能都是在一个弹框中完成的，弹框中根据不同模块管理的主体不同对应不同的表单，如用户管理新增/编辑对话框如图 8.10 所示，角色管理新增/编辑对话框如图 8.11 所示。
- 删除功能和批量删除功能对系统数据来说是危险操作，所以 4 个模块的删除/批量功能在确认执行之前需要二次确认才可以继续操作，这两个操作的确认弹窗统一采用一种形式，如图 8.12 所示。

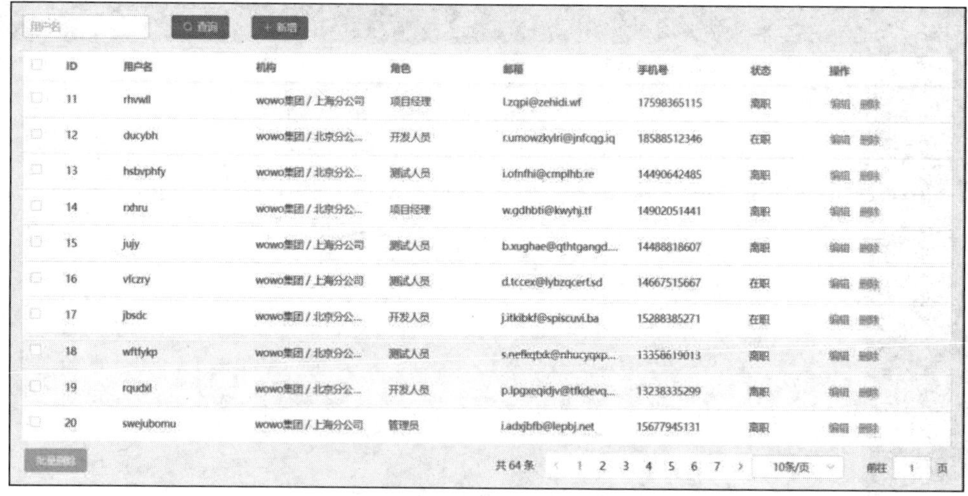


图 8.8 应用管理-用户管理页面主体效果

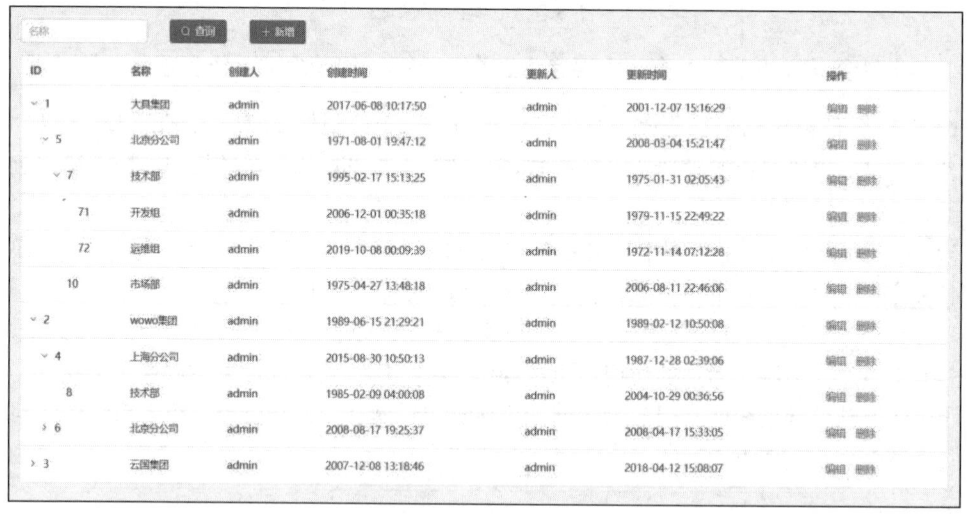


图 8.9 应用管理-机构管理页面主体效果

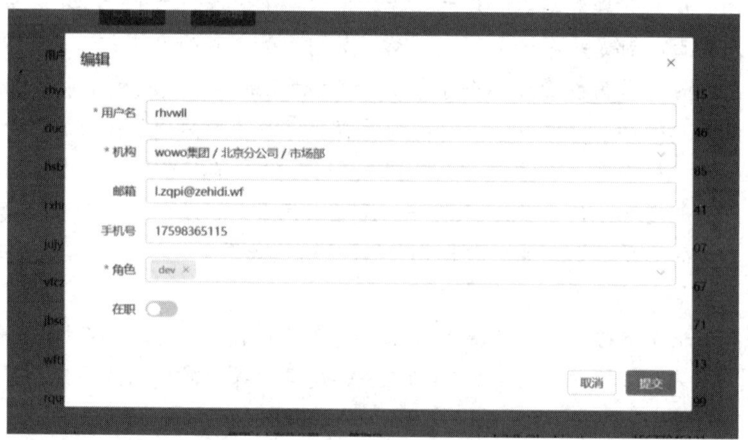


图 8.10 应用管理-用户管理编辑用户对话框

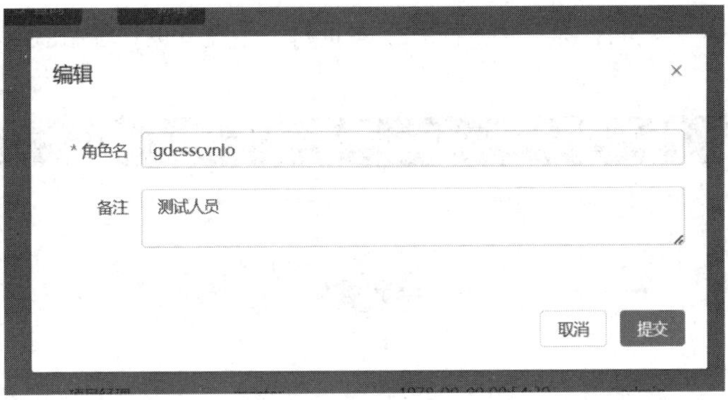

图 8.11　应用管理-角色管理编辑角色对话框

图 8.12　应用管理模块删除/批量删除确认提示框

### 6. 个人中心

个人中心页面下部分同样也是左右结构，左侧是个人中心的导航菜单，右侧是对应路由的内容显示区域，主要包含基本资料、修改密码和系统消息。

（1）基本资料

用于展示系统用户的基本信息，本实战项目设计精简，所以只展示用户名和管理组，系统设置了三个默认用户：admin、master 和 visitor，这三个用户的基本信息不允许编辑，如图 8.13 所示。

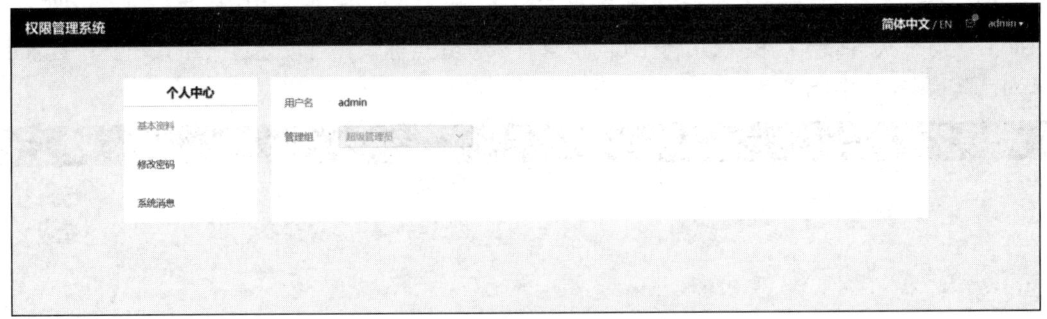


图 8.13　个人中心-基本资料（系统默认用户）

管理组固定包括三个角色：超级管理员、应用管理员和普通用户，三个管理组分别对应三种系统权限：

- 超级管理员：系统最大权限，可以操作系统所有菜单和功能。
- 应用管理员：仅有应用管理权限以及审计管理权限，在审计管理中仅能看到个人日志信息。
- 普通用户：系统最小权限，仅支持查看审计管理菜单的内容，仅能看到个人日志信息。

除去系统默认用户外，其他系统用户可在基本资料下申请变更管理组获取更多权限，如图 8.14 所示。

图 8.14　个人中心-基本资料（其他系统用户）

（2）修改密码

修改密码是一个简单的表单，仅包含旧密码、新密码、确认密码 3 个表单域，如图 8.15 所示。

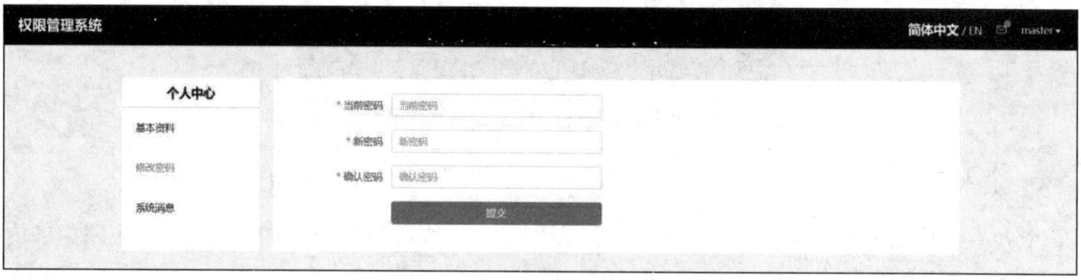

图 8.15　个人中心-修改密码页面

（3）系统消息

系统消息分为两种类型，一种是系统发送的公告，另一种是系统推送给用户的站内信。使用 el-tabs 的两个标签页进行展示，展示的内容格式相似，目前设计的消息内容比较简单，标题和内容都很简洁，消息状态有未读和已读，未读的消息有未读红点标识。可以通过一个按钮一键设置所有消息为已读状态，如图 8.16 所示。

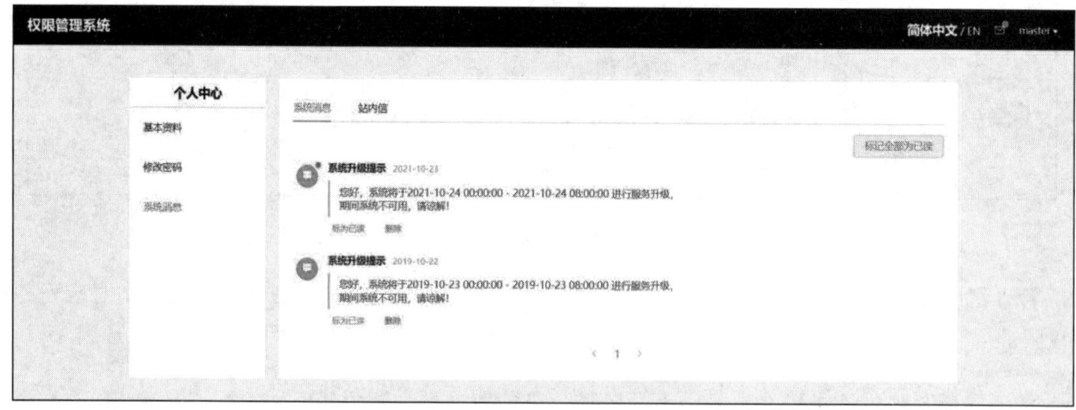


图 8.16　个人中心-系统消息页面

以上便是本项目所有功能的大致描述，更详细的功能介绍在后续功能实现章节中进行说明。

### 8.1.3 项目使用的技术

根据前面对项目功能的描述，整理出本项目依赖的技术，读者可通过本项目综合学习到以下技能：

（1）Vite：采用 Vite 作为构建工具，关于本项目用到的基本相关配置将逐一学习。

（2）Vue：详细介绍参照第 2 章。

（3）Element Plus：详细介绍参照第 1 章。

（4）Vue Router：详细介绍参照第 3 章。

（5）Vuex：详细介绍参照第 4 章。

（6）Axios：HTTP 请求库，用于发送请求，将在 9.4 节进行简单介绍并封装使用，这项技术贯穿整个项目。

（7）Mock.js：请求模拟库，用于前后端分离的情况下，前端对请求返回的数据进行模拟，以脱离对后端接口的依赖。将在 9.4 节进行简单介绍并封装使用，这项技术贯穿整个项目。

（8）Vue I18n：Vue.js 的国际化插件，用于支持本项目的中英文切换功能，将在 9.3 节介绍中英文切换功能时进行简单介绍，并在整个项目中使用。

（9）Vue 组合式 API、setup 语法糖等，使功能模块代码清晰，易于维护。

（10）CSS 预处理器 Sass：用于编译 Scss 样式为 CSS 的技术，本书不做介绍，这项技术在本书中使用难度不高，较为基础，读者跟着项目使用即可，如需了解更多，可以自行学习。

## 8.2 搭建开发环境

本实例教程从无到有带领读者学习 Vue 3 的使用，在开始实践之前需要先准备开发环境，包括安装工具或软件，需要安装的工具或软件包括 Git、Node.js 和 VScode。本节将带领读者简单了解这些工具的安装方法，完成项目的准备工作。

### 8.2.1 安装 Git

Git 是一个功能强大的版本控制工具，安装 Git 是为了可以使用 Git 命令行，如果只想学习如何使用 Vue 3 和 Element Plus,不需要做版本控制，可以忽略本节的内容。下面来看安装步骤。

步骤 01 去 Git 官网下载对应系统的软件版本，下载地址为 git-scm.com，如 Windows 系统的下载页面如图 8.17 所示，单击图中的 Downloads 按钮。

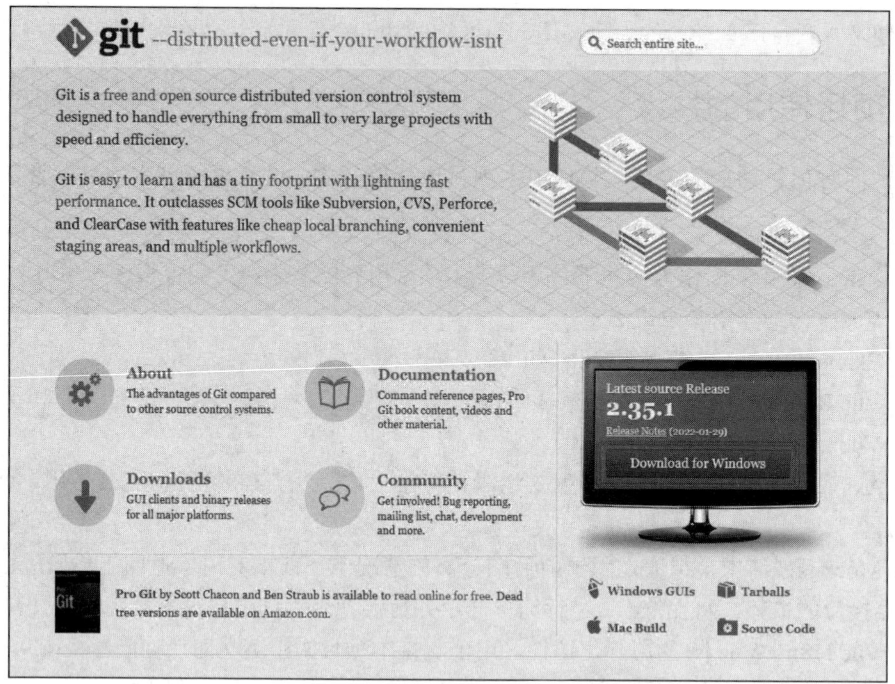


图 8.17　下载 Git 软件（Windows 系统）

步骤 02 然后进入下载页面，如图 8.18 所示，这里可以选择 Git 安装包，根据需要下载最新版本或者其他类型的版本，这里单击 Click here to download 下载最新版本。

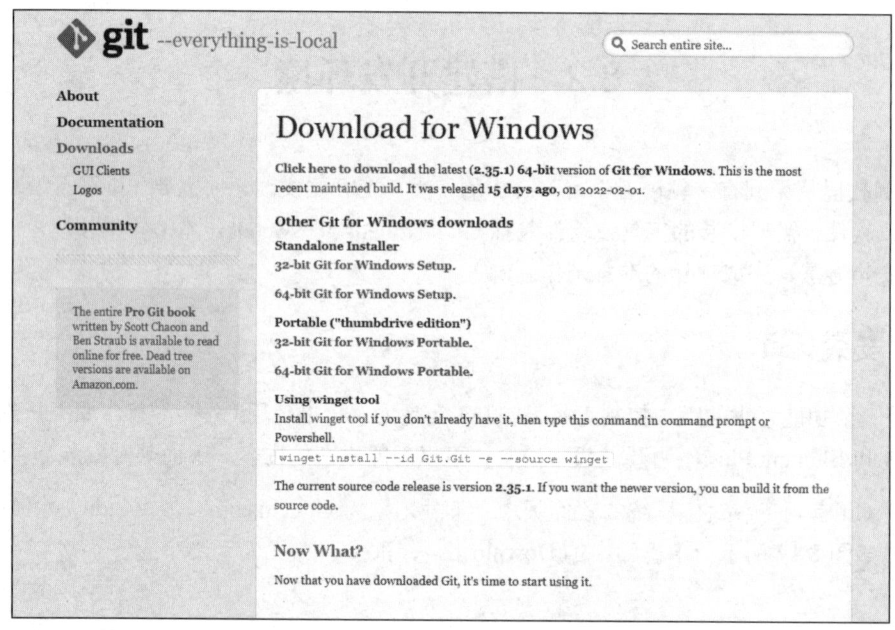


图 8.18　Git 软件下载页面（Windows 系统）

步骤 03 Windows 系统用户下载好的 Git 安装包是一个.exe 文件，双击这个文件按照提示傻瓜式安装即可。安装成功后，随意选择一个文件夹，打开命令行工具，运行 git --version，显示版本号，即安装成功，如下：

```
$ git --version
git version 2.35.1.windows.1
```

步骤 04 Mac 用户或者 Linux/UNIX 用户，第 2 步后进入对应系统的下载页面，根据页面介绍选择一个安装方式进行安装即可。

## 8.2.2　安装 Node.js

Node.js 是基于 Chrome V8 JS 引擎的 JS 运行环境，其包管理工具 npm 是当今前端项目最常用的依赖管理工具，安装了 Node.js 就同时安装了 npm，其安装方法也非常简单。下面来看基本操作步骤。

步骤 01 进入 Node.js 官网，可以直接下载符合系统的软件包，如图 8.19 所示为 Windows 64 位系统的界面，选择下载最新版本的 Node.js 即可。

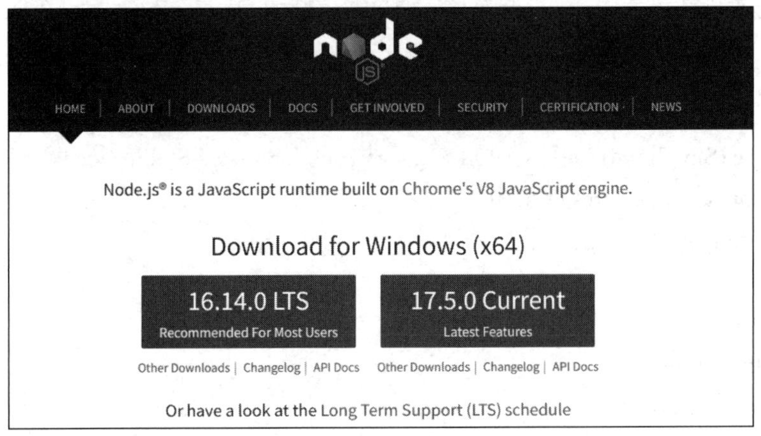


图 8.19　Node.js 安装包下载

步骤 02 下载完成后，单击安装包直接傻瓜式安装即可，安装完成之后，运行 node -v 或 npm –v 命令显示 node 或 npm 版本号，即安装成功，如下：

```
$ node -v
16.14.0

$ npm -v
8.3.1
```

## 8.2.3　安装 VScode

VScode 是本实战项目主要的代码编辑工具，其安装方式在 1.6 节已经详细介绍过，如果读者已经学习过 1.6 节，则可跳过本节。下面简单重温一下安装步骤。

步骤 01 进入 VScode 官网下载页面，如图 8.20 所示，下载对应系统的安装包。

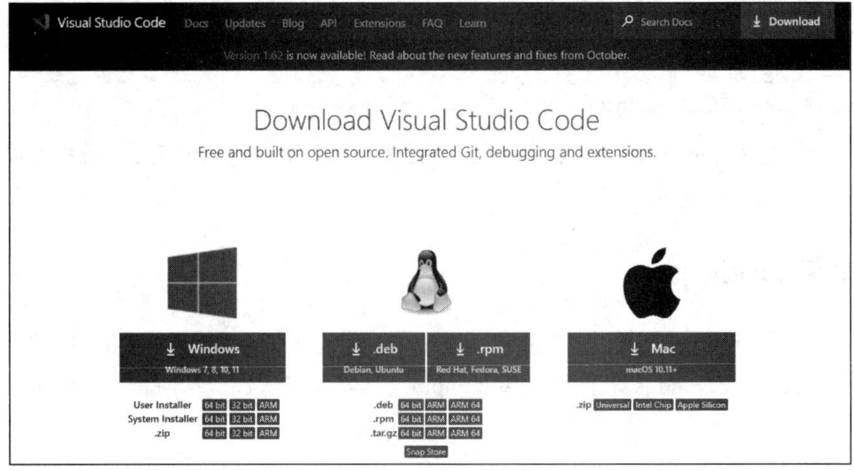


图 8.20　VScode 下载页面

步骤 02 下载完安装包之后，双击安装包进行傻瓜式安装即可。安装成功后，可以通过快捷方式直接打开 VScode。

步骤 03 安装插件，通过在线方式安装以下插件：

（1）Chinese (Simplified) (简体中文) Language Pack for Visual Studio Code。

（2）Vue Language Features (Volar)。

（3）Vue 3 Snippets。

（4）Eslint。

（5）Auto Rename Tag。

（6）Path Intellisense。

（7）Bracket Pair Colorizer。

安装方式如图 8.21 所示。

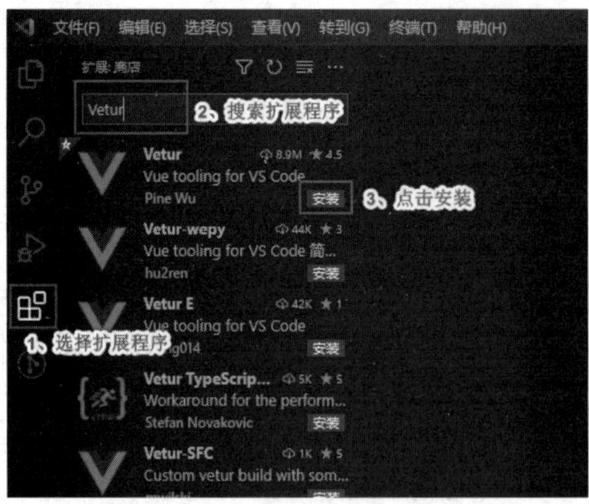


图 8.21　VScode 安装插件

（1）选择左侧工具栏的扩展程序图标。

（2）在搜索框输入插件名称，按回车键进行搜索。

（3）在对应插件下单击“安装”按钮即可。

## 8.2.4　创建 Vue 项目

在第一篇中为了将关注内容集中于目标章节介绍的技术，一直使用 Vue CLI 创建 Vue 项目，而随着 Vite 工具的流行以及 Vite 本身热更新快速的特性，第二篇中为了提高开发效率，将使用 Vite 代替 Vue CLI 来创建一个名为 demo-site 的 Vue 3 项目。下面可以跟着笔者的步骤一步一步来学习。

步骤 01 打开 VScode，然后单击菜单“查看→终端”或使用快捷键“Ctrl+~”调出终端工具，由于 yarn 命令比较简洁，因此下面通过 yarn 命令直接创建使用 Vite 构建工具的 Vue 3 项目，默认 yarn 已经成功安装，后续依赖都采用 yarn 安装方式，读者也可选择自己喜欢的安装工具 npm 或 pnpm 等进行依赖的安装：

```
yarn create vite demo-site --template vue
```

创建成功时终端如图 8.22 所示。

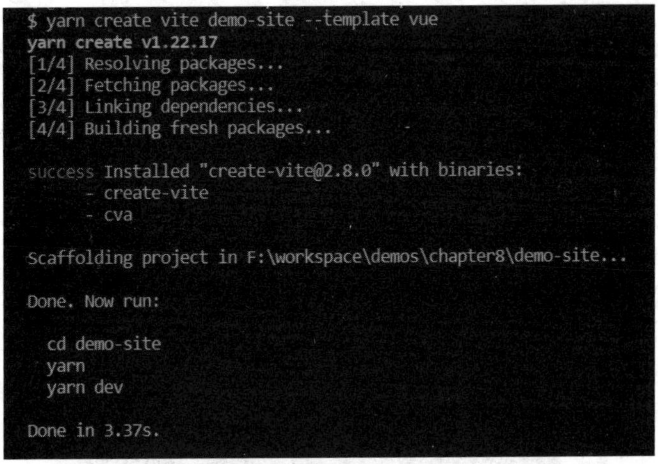

```
$ yarn create vite demo-site --template vue
yarn create v1.22.17
[1/4] Resolving packages...
[2/4] Fetching packages...
[3/4] Linking dependencies...
[4/4] Building fresh packages...

success Installed "create-vite@2.8.0" with binaries:
      - create-vite
      - cva

Scaffolding project in F:\workspace\demos\chapter8\demo-site...

Done. Now run:

  cd demo-site
  yarn
  yarn dev

Done in 3.37s.
```

图 8.22　Vite 创建项目成功

步骤 02 根据终端提示，逐步运行如下命令安装依赖以及启动项目，项目启动成功时，终端提示如图 8.23 所示。

```
cd demo-site
yarn
yarn dev
```

```
vite v2.8.6 dev server running at:

> Local: http://localhost:3000/
> Network: use `--host` to expose

ready in 545ms.
```

图 8.23　Vite 项目启动成功

步骤03 输入终端提示中的 http://localhost:3000/，效果如图 8.24 所示。

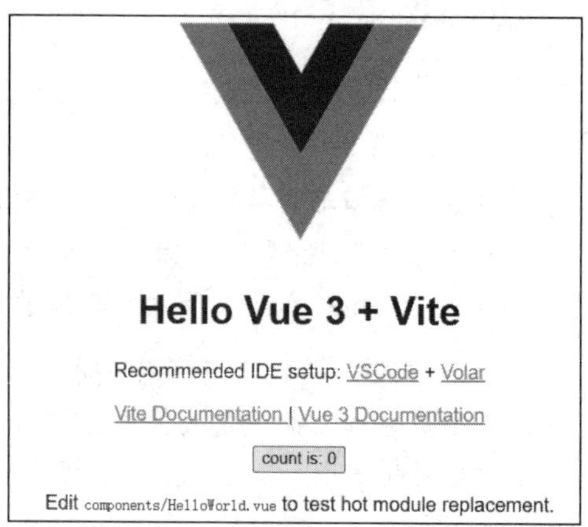


图 8.24　启动服务成功

至此，一个依赖最简单的 Vue 3 项目创建成功。查看项目根目录的 package.json 文件，如图 8.25 所示。

```
{
  "name": "demo-site",
  "private": true,
  "version": "0.0.0",
  ▷ 调试
  "scripts": {
    "dev": "vite",
    "build": "vite build",
    "preview": "vite preview"
  },
  "dependencies": {
    "vue": "^3.2.25"
  },
  "devDependencies": {
    "@vitejs/plugin-vue": "^2.2.0",
    "vite": "^2.8.0"
  }
}
```

图 8.25　Vite 构建工具创建 Vue 3 项目成功时的 package.json 文件内容

### 8.2.5　手动安装 Vue Router

根据项目使用的技术，继续安装 Vue Router。

步骤01 在 VScode 中新开一个终端，在项目根路径下使用 yarn 命令安装 Vue Router：

```
yarn add vue-router@next
```

安装成功时，根目录下 package.json 的 dependencies 多出了 vue-router 依赖及版本，截至笔者写此书时，安装的 vue-router 版本为 4.0.13，如图 8.26 所示。

```
{
  "name": "demo-site",
  "private": true,
  "version": "0.0.0",
  ▷ 调试
  "scripts": {
    "dev": "vite",
    "build": "vite build",
    "preview": "vite preview"
  },
  "dependencies": {
    "vue": "^3.2.25",
    "vue-router": "^4.0.13"
  },
  "devDependencies": {
    "@vitejs/plugin-vue": "^2.2.0",
    "vite": "^2.8.0"
  }
}
```

图 8.26　Vue Router 安装成功时的 package.json

步骤 02 在 src 下创建 views 文件夹，用于管理项目页面内容，然后创建两个页面 Home.vue 和 About.vue，分别写入如下内容：

```
// Home.vue
<template>
这里是 Home 页面
</template>

// About.vue
<template>
这里是 About 页面
</template>
```

步骤 03 在 src 下创建 router 文件夹，用于管理路由相关内容，然后创建 index.js，写入如下内容，各组件使用懒加载形式进行引入（component 的写法如下）：

```
import { createRouter, createWebHashHistory } from 'vue-router'

const routes = [
  {
    path: '/',
    name: 'Home',
    component: () => import('../views/Home.vue')
  },
  {
    path: '/about',
    name: 'About',
    component: () => import('../views/About.vue')
  }
]

const router = createRouter({
  history: createWebHashHistory(),
  routes
})

export default router
```

步骤04 修改 APP.vue 如下：

```
<script setup>
</script>

<template>
  <div id="nav">
    <router-link to="/">Home</router-link>|
    <router-link to="/about">About</router-link>
  </div>
  <router-view></router-view>
</template>

<style>
#app {
  font-family: Avenir, Helvetica, Arial, sans-serif;
  -webkit-font-smoothing: antialiased;
  -moz-osx-font-smoothing: grayscale;
  text-align: center;
  color: #2c3e50;
  margin-top: 60px;
}
</style>
```

步骤05 在 main.js 中引入 router 文件并挂载到项目实例上，如以下粗体内容所示：

```
import { createApp } from 'vue'
import App from './App.vue'
import router from './router'

createApp(App).use(router).mount('#app')
```

步骤06 页面效果如图 8.27 所示，单击 About 链接，下方路由容器内切换为 About 页面内容，如图 8.28 所示，反复切换 Home 和 About，路由容器内容显示正常，说明 Vue Router 可以正常使用。

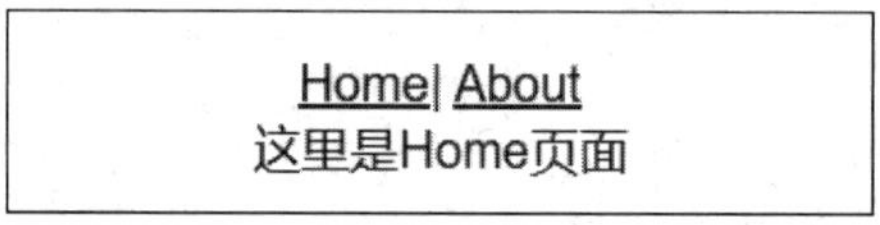

Home| About
这里是Home页面

图 8.27 访问效果：Home 页面

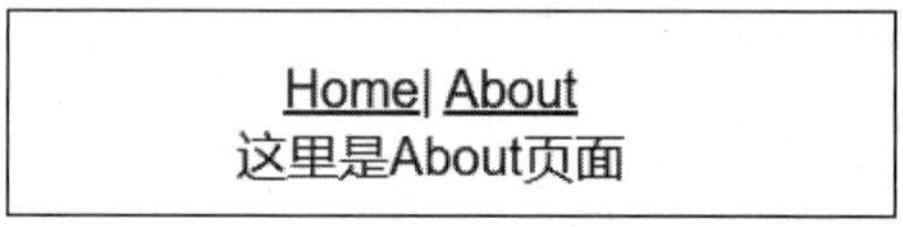

Home| About
这里是About页面

图 8.28 访问效果：About 页面

## 8.2.6 手动安装 Vuex

根据项目使用的技术，继续安装 Vuex。

步骤01 在 VScode 中新开一个终端，在项目根路径下使用 yarn 命令安装 Vue Router：

```
yarn add vuex@next
```

安装成功时，根目录下 package.json 的 dependencies 多出了 Vuex 依赖及版本，截至笔者写此书时，安装的 vue-router 版本为 4.0.2，如图 8.29 所示。

```
{
  "name": "demo-site",
  "private": true,
  "version": "0.0.0",
  ▷ 调试
  "scripts": {
    "dev": "vite",
    "build": "vite build",
    "preview": "vite preview"
  },
  "dependencies": {
    "vue": "^3.2.25",
    "vue-router": "^4.0.13",
    "vuex": "^4.0.2"
  },
  "devDependencies": {
    "@vitejs/plugin-vue": "^2.2.0",
    "vite": "^2.8.0"
  }
}
```

图 8.29　Vuex 安装成功时的 package.json

步骤 02 在 src 下创建 store 文件夹，用于状态管理，然后创建 index.js 文件，设置一个计数值 count，初始值为 0，并可通过 mutations 的 increase 方法改变这个值，代码如下：

```
import { createStore } from 'vuex'

export default createStore({
  state: {
    count: 0,
  },
  mutations: {
    increase(state, count) {
      state.count += count;
    }
  }
})
```

步骤 03 修改 src/views 下的两个页面 Home.vue 和 About.vue，分别使用上面的计数值，代码如下：

```
// Home
<template>
这里是 Home 页面
<hr/>
count: {{count}}
</template>
<script setup>
import { computed } from 'vue'
import { useStore } from 'vuex'
const store = useStore()
const count = computed(() => store.state.count)
</script>

// About.vue
<template>
这里是 About 页面
<hr />
<button @click="increase">增加</button>
```

```
<hr />
count: {{ count }}
</template>
<script setup>
import { useStore } from 'vuex'
const store = useStore()
let count = 3;
function increase() {
  count ++;
  store.commit('increase', count)
}
</script>
```

**代码说明：**

（1）为了提高效率，本项目中所有脚本采用 setup 语法糖写法。

（2）Home 页面直接展示 count 计数值。

（3）About 页面定义了一个按钮和按钮的单击事件处理函数 increase，用于修改 count 计数值，查看页面时，单击按钮后，About 页面的计数值变更，状态中的 count 也随之改变，如此说明 store 也可以正常使用了。

## 8.2.7 手动安装 Element Plus

根据项目使用的技术，继续安装 Element Plus。

步骤 01 运行如下命令安装 Element Plus：

```
yarn add element-plus
```

安装成功时，在 package.json 的 dependencies 中出现 element-plus 及其版本号，截至笔者写此书时，笔者安装的版本号为 2.1.4，如图 8.30 所示。

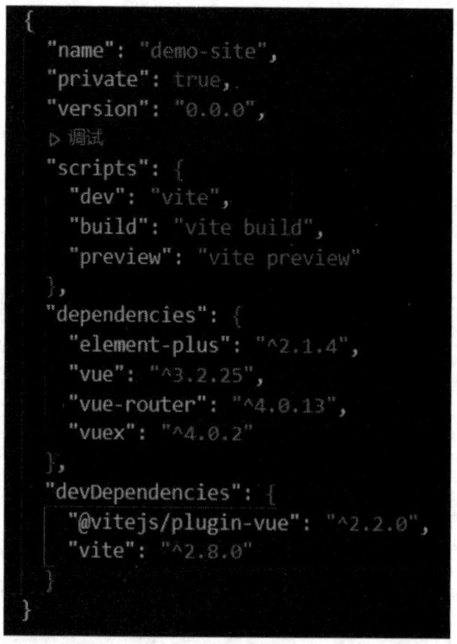

```
{
  "name": "demo-site",
  "private": true,
  "version": "0.0.0",
  ▷ 调试
  "scripts": {
    "dev": "vite",
    "build": "vite build",
    "preview": "vite preview"
  },
  "dependencies": {
    "element-plus": "^2.1.4",
    "vue": "^3.2.25",
    "vue-router": "^4.0.13",
    "vuex": "^4.0.2"
  },
  "devDependencies": {
    "@vitejs/plugin-vue": "^2.2.0",
    "vite": "^2.8.0"
  }
}
```

图 8.30 Element Plus 安装成功

步骤 02 为了少写常用的引用，关注实际代码，本例使用自动引入 Element Plus 方式，所以需要安装 unplugin-vue-components 和 unplugin-auto-import 作为开发依赖，运行如下命令进行安装：

```
yarn add -D unplugin-vue-components unplugin-auto-import
```

安装成功时，package.json 的 devDependencies 出现两个插件的信息，如图 8.31 所示。

```
{
  "name": "demo-site",
  "private": true,
  "version": "0.0.0",
  ▷ 调试
  "scripts": {
    "dev": "vite",
    "build": "vite build",
    "preview": "vite preview"
  },
  "dependencies": {
    "element-plus": "^2.1.4",
    "vue": "^3.2.25",
    "vue-router": "^4.0.13",
    "vuex": "^4.0.2"
  },
  "devDependencies": {
    "@vitejs/plugin-vue": "^2.2.0",
    "unplugin-auto-import": "^0.6.6",
    "unplugin-vue-components": "^0.18.4",
    "vite": "^2.8.0"
  }
}
```

图 8.31　unplugin-vue-components 和 unplugin-auto-import 安装成功

步骤 03 修改配置文件 vite.config.js，配置自动引入如下粗体部分内容：

```
import { defineConfig } from 'vite'
import vue from '@vitejs/plugin-vue'
import AutoImport from 'unplugin-auto-import/vite'
import Components from 'unplugin-vue-components/vite'
import { ElementPlusResolver } from 'unplugin-vue-components/resolvers'

// https://vitejs.dev/config/
export default defineConfig({
  plugins: [
    vue(),
    AutoImport({
      resolvers: [ElementPlusResolver()],
    }),
    Components({
      resolvers: [ElementPlusResolver()],
    }),
  ]
})
```

步骤 04 至此，在模板中可以直接使用 Element 组件标签了，在脚本中也无须引入，即可直接使用组件方法。下面修改 APP.vue 进行验证：添加一个按钮和按钮的单击事件，并在单击事件中弹出一个提示，如以下粗体部分内容所示：

```
<script setup>
const showMsg = () => {
  ElMessageBox.alert('你好！')
```

```
}
</script>

<template>
  <div id="nav">
    <router-link to="/">Home</router-link>|
    <router-link to="/about">About</router-link>
  </div>
  <el-button type="primary" @click="showMsg">按钮</el-button>
  <hr/>
  <router-view></router-view>
</template>
...
```

步骤05 浏览页面，可以看到模板中使用的 el-button 按钮在页面中显示的样式正常，如图 8.32 所示。

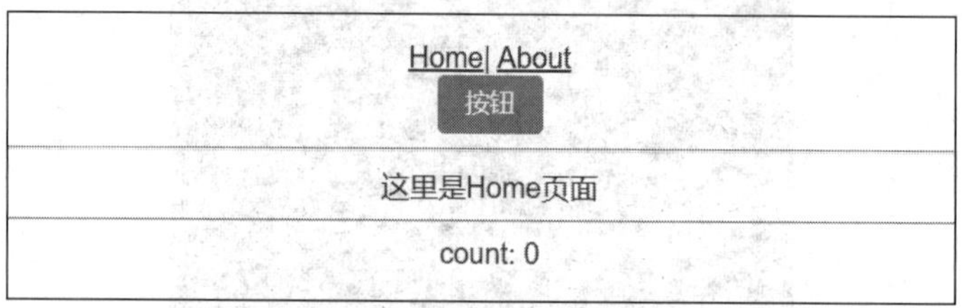


图 8.32 el-button 正常显示

步骤06 然后单击"按钮"可以正常弹出提示框，如图 8.33 所示，说明自动引入配置成功。

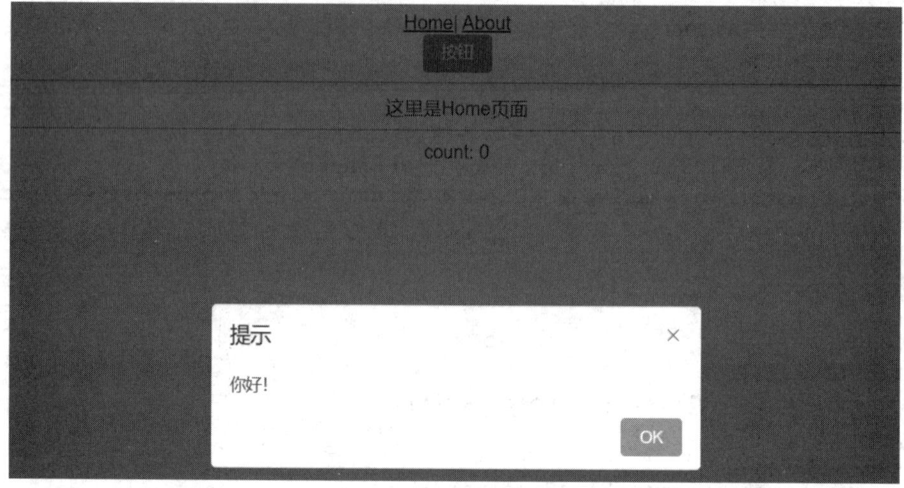


图 8.33 el-button 单击事件正常弹出提示

步骤07 为了更好地关注业务逻辑代码，还可以修改自动导入插件 unplugin-auto-import，配置 Vue、Vue Router、Vuex 和后续安装的 Vue I18n 都自动导入，即修改配置文件 vite.config.js 的内容，如以下粗体部分所示：

```
...
export default defineConfig({
  plugins: [
    vue(),
```

```
    AutoImport({
      imports: ['vue', 'vue-router', 'vuex', 'vue-i18n'],
      resolvers: [ElementPlusResolver()],
    }),
    Components({
      resolvers: [ElementPlusResolver()],
    }),
  ]
})
```

步骤 08 为验证上一步的配置正确，修改 src/views 下两个页面 Home.vue 和 About.vue 文件的内容，去掉 ref 和 useStore 的定义，然后查看页面，发现各项功能都和之前一样。

至此，Element Plus 的配置已经完成。

### 8.2.8　引入 Element Plus 图标集

由于本项目还使用了 Element Plus 的图标，像左侧导航的图标是根据后台数据配置确定的，因此使用什么图标是不确定的。本项目中使用全局引入图标集，如果图标是固定的，可以采用按需加载，截至笔者完成本章之时，自动导入图标的功能还在开发中。

Element 图标集为@element-plus/icons-vue，在安装当前版本 2.1.4 的 Element Plus 时已经自动安装上了，只需要按需或全部引入即可使用。下面笔者使用全局引入，并全局注册所有图标组件，以方便在全局范围内使用图标。

步骤 01 修改 main.js 文件引入图标并全局注册图标组件，如以下粗体部分内容所示：

```
import { createApp } from "vue";
import App from "./App.vue";
import router from "./router";
import store from "./store";
import * as ElIcons from "@element-plus/icons-vue";
const app = createApp(App);
for (const name in ElIcons) {
  app.component(name, ElIcons[name]);
}
app.use(router).use(store).mount("#app");
```

步骤 02 为验证图标是否正常注册，修改 src/App.vue 文件，在 el-button 后添加一个编辑图标，并用分割线 hr 标签分割开上下文内容，代码如下（关注粗体部分代码）：

```
<template>
  <div id="nav">
    ...
  </div>
  <el-button type="primary" @click="showMsg">按钮</el-button>
  <hr />
  <el-icon :size="36" :color="color">
    <edit></edit>
  </el-icon>
  <hr />
  ...
</template>
```

步骤03 访问首页，效果如图 8.34 所示，编辑图标显示正常。

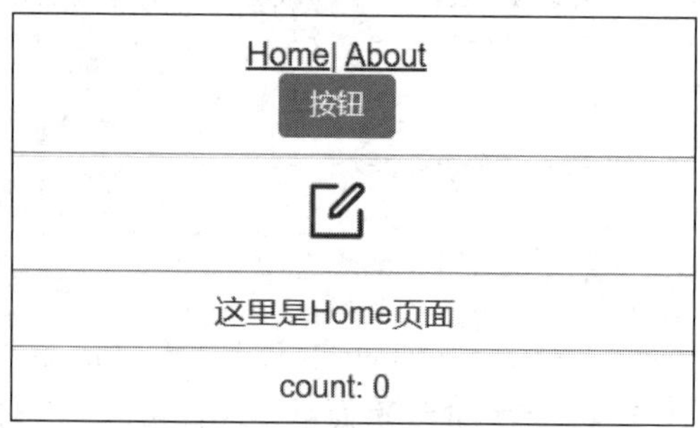


图 8.34　Element 图标的编辑图标正常引入效果

## 8.2.9　安装 CSS 预处理器 Sass

最后，考虑到 Element 的样式可以通过其主题变量进行修改，后续如果有修改主题的需求，可能需要通过修改 Element 的主题变量来实现。为了扩展性考虑，本项目也和 Element 一样采用 Sass 作为 CSS 预编译语言，所以需要安装对应的编译器 Sass。下面继续按照如下步骤安装 Sass。

步骤01 使用 yarn 安装 Sass，命令如下：

```
yarn add -D sass
```

安装成功时，package.json 文件的 devDependencies 出现 Sass 信息，如图 8.35 所示。

```
{
  "name": "demo-site",
  "private": true,
  "version": "0.0.0",
  ▷ 调试
  "scripts": {
    "dev": "vite",
    "build": "vite build",
    "preview": "vite preview"
  },
  "dependencies": {
    "element-plus": "^2.1.4",
    "vue": "^3.2.25",
    "vue-router": "^4.0.13",
    "vuex": "^4.0.2"
  },
  "devDependencies": {
    "@vitejs/plugin-vue": "^2.2.0",
    "sass": "^1.49.9",
    "unplugin-auto-import": "^0.6.6",
    "unplugin-vue-components": "^0.18.4",
    "vite": "^2.8.0"
  }
}
```

图 8.35　Sass 安装成功

步骤02 接下来验证 Sass 的可用性，修改 src/Home.vue，将 count 的输出用 p 元素包裹起来，然后外面再套一层 div，设置 class 为 wrap，然后添加样式，如以下粗体部分内容所示：

```
<template>
这里是 Home 页面
<hr/>
<div class="wrap">
  <p>count: {{count}}</p>
</div>

</template>
<script setup>
const store = useStore()
const count = computed(() => store.state.count)
</script>
<style lang="scss">
.wrap {
  background: yellow;
  p {
    color: blue;
    font-size: 24px;
  }
}
</style>
```

**代码说明：**

上面的代码中，在 style 标签上添加了 lang 属性为 scss（如果不设置 lang，将默认是 css），将会使用 Sass 进行编译，如果编译成功，则页面可以正常展示，可以看到 count 展示的背景色是黄色，文本颜色是蓝色，如图 8.36 所示，表示 Sass 应用成功。这种嵌套样式的写法是最简单的语法，后续项目中也仅用到这样的语法，更多复杂的语法，读者可以自行学习。

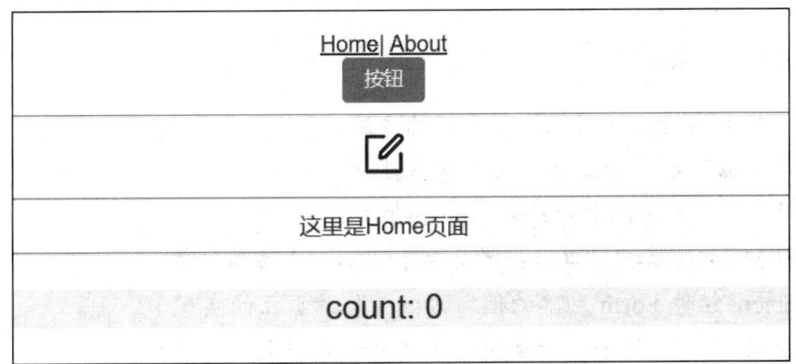


图 8.36　Sass 应用成功

# 第 9 章

# 初始化页面布局

第 8 章可以说已经成功地打造了项目的硬实力，从本章开始需要继续打造项目的软实力，即开始编码。从整体出发，编码的第一步是初始化页面整体布局。从第 8 章的项目介绍可知，该项目页面有一个通用的布局框架，页面整体是上下结构，上部为站点通用头部，下部为主体内容区域，以系统主要功能模块分析，主体内容区域为左右结构布局，左侧为导航菜单，右侧为路由对应的详细内容区域，各结构要素根据页面路由的不同，下部区域存在差异。所以，由分析得出，初始页面布局需要完成基础布局框架和站点通用头部、左侧导航栏功能。本章将带领读者引入合适的技术完成这些功能。

通过本章的学习，读者可以：

- 掌握使用 Normalize.css 实现样式重置的方法。
- 掌握使用 Vue I18n 实现语言国际化的方法。
- 掌握使用 Axios 发送请求和封装 Axios 的方法。
- 掌握使用 Mock.js 模拟接口数据的方法和 Mock 方法的封装方式。
- 掌握 Element 组件 Form 表单的使用方式（登录页面的实现）。
- 掌握 Element 组件 ElMenu 的使用方式（左侧导航菜单的实现）。
- 掌握 Vue Router 静态路由和动态路由的使用方式（左侧导航菜单的实现）。

## 9.1 原生样式重置

由于不同浏览器的默认样式存在差异性，导致同一段代码在不同浏览器上的表现可能不完全相同，因此在做页面整体布局时都会考虑先对浏览器的差异元素重新设置默认样式，即为 CSS Reset。传统的 CSS Reset 通常会用如下代码进行重置：

```
* {
  margin: 0;
```

```
    padding: 0;
    border:0;
}
```

这种重置方式简单粗暴，因为设置了“*”通配符，所以会遍历所有的标签进行重置，当网站标签较多时会增加网站运行的负载，使网站加载更加耗时，因此不建议如此使用。这里笔者推荐一个比较友好的方案——Normalize.css，因其是一个很小的 CSS 文件，在默认的 HTML 元素样式上，只精确地针对需要正常化的风格，保留了有用的默认值，使浏览器呈现所有元素时更加一致，符合现代标准。相比于传统的 CSS Reset，Normalize.css 是一种现代的、为 HTML 5 准备的优质替代方案，因此在许多项目中都有用到它。

本篇实战案例也借鉴这一方案，使用 Normalize.css 进行 CSS Reset。

那么如何使用 Normalize.css 呢？

其使用方法非常简单，有以下两种：

（1）CND 直接引入

这种方式去 GitHub 或者指定 CDN 下载 Normalize.css 后，在全局引入这个下载好的文件即可。

（2）npm/yarn 安装

可以直接将其当作生产依赖使用，即使用 npm/yarn 进行安装，命令如下：

```
npm install --save normalize.css 或 yarn add normalize.css
```

安装完成之后，可以通过 import 引入这个文件，由于是重置整站的样式，因此需要全局引入它，直接在 main.js 文件中各 import 语句之后加入如下代码：

```
import 'normalize.css/normalize.css'
```

最后，查看是否已经正常引入了 Normalize.css，只需要启动服务，打开网站，并在网站任意位置右击，选择“检查”（Chrome 浏览器，后续浏览都在 Chrome 浏览器），或直接在网站中使用快捷键 F12，然后查看指定元素的样式是否有与 Normalize.css 文件中的样式一致的代码，如查看 html 元素的样式，Normalize.css 中的样式定义如图 9.1 所示，查看开发者工具（或按快捷键 F12）中的 html 标签的样式，有一段代码与之一致，如图 9.2 框选部分的代码。

```
/*! normalize.css v8.0.1 | MIT License | github.com/necolas/normalize.css */

/* Document
   ========================================================================== */

/**
 * 1. Correct the line height in all browsers.
 * 2. Prevent adjustments of font size after orientation changes in iOS.
 */

html {
  line-height: 1.15; /* 1 */
  -webkit-text-size-adjust: 100%; /* 2 */
}
```

图 9.1　Normalize.css 中的 html 样式重置

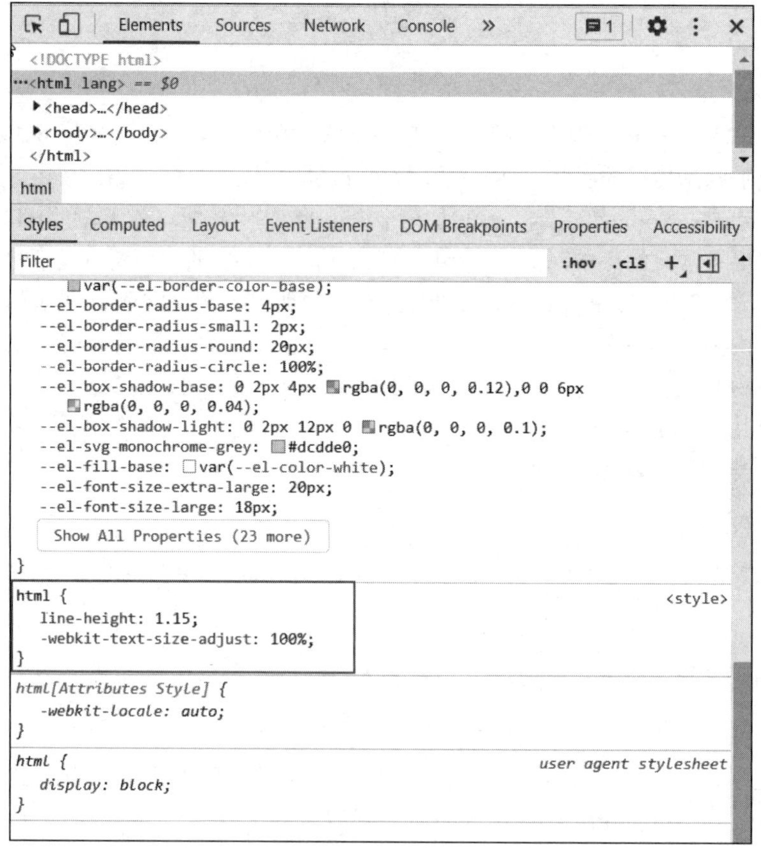

图 9.2　审查元素（F12）Elements 标签页中的 html 样式重置

# 9.2　初始化页面布局

从该项目的功能说明了解到，该项目有两种页面类型采用上下结构，且下部为左右结构（系统主要功能页和个人中心页），又因为系统主要功能页是系统的重点，所以考虑以系统主要功能页的布局方式作为项目主要布局方式。从这种布局设计特性出发，考虑到两种布局方案：

（1）固定布局方式：通用头部固定定位布局，上下结构占满屏高，下部内容溢出滚动，下部左侧为固定定位布局，上边距为通用头部的高度，右侧区域满屏，由于头部和左侧均是固定定位布局，因此右侧区域上边距为通用头部的高度，左边距为左侧导航的宽度。这种方式使得右侧区域与通用头部和左侧导航栏存在交叉，如果不想用这种交叉布局，又需要让整体结构一屏展示，则需要使用 CSS 的计算属性设置右侧区域的宽高。

（2）Flex 纵向布局方式：通用头部固定高度，上下结构占满屏高，下部的高度可以通过 Flex 布局特性自适应屏幕剩余高度。

综合考虑两种布局方式，本项目采用第二种方案 Flex 纵向布局方式，因 Flex 布局方式的代码结构与视觉十分吻合，块与块之间不像第一种方案要么存在交叉，要么需要使用 CSS 的计算属性计算右侧区域的宽高，其自适应方式也更灵活。

下面便来看这种布局方式如何搭建。

步骤 01 修改 App.vue 文件，设置 Element-Plus 默认语言为中文，并添加页面路由容器，代码如下：

```
<template>
  <el-config-provider :locale="zhCn">
    <router-view></router-view>
  </el-config-provider>
</template>

<script setup>
import zhCn from 'element-plus/lib/locale/lang/zh-cn'
</script>

<style>
html,
body {
  height: 100%;
}
#app {
  height: 100%;
  overflow: hidden;
}
</style>
```

步骤 02 为了看到布局效果，需要设置三种页面类型的路由，在路由页面路径中经常会需要使用带有 src 文件夹的路径，所以为了节省字符，提高开发效率，笔者修改配置文件 vite.config.js 添加别名配置，使用"@"来指代 src 路径，如以下粗体部分内容所示：

```
...
import { resolve } from 'path'

// https://vitejs.dev/config/
export default defineConfig({
  plugins: [
    ...
  ],
  resolve: {
    alias: {
      '@': resolve(__dirname, 'src'),
    }
  }
})
```

步骤 03 在 src/router.js 中添加三种页面路由，同时配置一个 404 页面路由，代码如下：

```
import { createRouter, createWebHashHistory } from 'vue-router'
import Layout from '@/layout/index.vue'
const routes = [
  {
    path: "/",
    name: "Home",
    component: Layout,
    children: [
```

```
      {
        path: "login",
        name: "Login",
        component: () => import("@/views/login/index.vue"),
      },
      {
        path: "404",
        name: "NotFound",
        component: () => import("@/views/404.vue"),
      },
      {
        path: "personal",
        name: "Personal",
        meta: {
          requireAuth: true,
        },
        component: () => import("@/views/personal/index.vue"),
children: [
          {
            path: 'message',
            name: "PersonalMessage",
            meta: {
              requireAuth: true,
            },
            component: () => import("@/views/personal/Message.vue"),
          }
        ]
      },
      {
        path: "app",
        name: "App",
        meta: {
          requireAuth: true,
        },
        component: () => import("@/views/app/index.vue"),
      },
    ],
  },
  {
    path: "/:pathMatch(.*)*",
    name: "404",
    redirect: '/404',
    component: () => import("@/views/404.vue"),
  }
];
const router = createRouter({
  history: createWebHashHistory(process.env.BASE_URL),
  routes
})
export default router
```

**步骤 04** 创建各路由对应的页面文件：在 src/views 下分别创建登录页面 login/index.vue、内部首页 app/index.vue、个人中心页面 personal/index.vue、个人中心消息页面 personal/Message.vue 和 404 页面 404.vue，写入如下内容（各 Vue 页面的 h1 标签内的文字需要修改成对应的文本）：

```
// login/index.vue
<template>
  <h1>这是登录页面</h1>
</template>

// app/index.vue
<template>
  <h1>这是内部首页</h1>
</template>

// personal/index.vue
<template>
  <h1>这是个人中心页面</h1>
<router-view></router-view>
</template>

// personal/Message.vue
<template>
  <h1>这是个人中心消息页面</h1>
</template>

// 404.vue
<template>
  <h1>这是 404 页面</h1>
</template>
```

**代码说明：**

需要注意的是，个人中心消息页面是个人中心页面的一个子页面，所以在个人中心页面下添加了一个路由容器<router-view>，用于存放子页面的内容。

**步骤 05** 在 src 目录下创建一个 layout 文件夹，用于存放布局文件，然后在 src/layout 下创建一个 components 文件夹，用于存放布局子组件。

**步骤 06** 在 src/layout/components 下创建两个子组件：通用头部组件 PageHeader.vue 和左侧导航组件 PageSiderbar.vue，分别写入如下简单的内容（修改 h1 标签内的文本为对应的组件文本）：

```
// PageHeader.vue
<template>
  <div>这是通用头部组件</div>
</template>

// PageSiderbar.vue
<template>
  <div>这是侧边导航组件</div>
</template>
```

**步骤 07** 在 src/layout 下创建 index.vue 文件，用于存放总体布局，代码如下：

```
<template>
  <div class="page-container">
    <header>
      <page-header />
    </header>
    <main>
```

```
      <div v-if="showLeft" class="left">
        <page-sidebar></page-sidebar>
      </div>
      <div class="right">
        <router-view></router-view>
      </div>
    </main>
  </div>
</template>
<script setup>
import PageHeader from './components/PageHeader.vue'
import PageSidebar from './components/PageSidebar.vue'
const route = useRoute();
const showLeft = computed(() => {
  const routeName = route.name;
  return !['Login', 'NotFound'].includes(routeName)
&& !/^Personal/.test(routeName);
})
</script>
<style lang="scss">
.page-container {
  display: flex;
  flex-direction: column;
  height: 100%;
  overflow: hidden;
  > header {
    height: 54px;
    background: #000;
    color: #fff;
  }

  > main {
    display: flex;
    flex: 1;
    overflow: auto;
    > .left {
      height: 100%;
      background-color: #000;
      color: #fff;
    }
    > .right {
      flex: 1;
      overflow: hidden;
      background-color: #f5f7f9;
      > .main-body {
        padding: 16px 16px 30px;
        overflow: auto;
        height: 100%;
        box-sizing: border-box;
      }
    }
  }
}
</style>
```

**代码说明：**

在整体布局中，引入了前面定义的两个子组件：PageHeader 和 PageSidebar，并通过一个计算属性 showLeft 来设置 PageSidebar 显示的条件，即在登录页面、个人中心页面及其子页面、404 页面中不显示这个侧边导航子组件，其中个人中心页面及其子页面的路由统一使用 Personal 前缀，以区分个人中心关联的页面。

至此，我们的页面初始化布局已经完成。最后，通过直接在浏览器上修改路由地址即可看到这个布局的大致样子，因为没有过多样式修饰，所以到目前为止页面还非常丑陋，如输入 http://localhost:3000/#/login，显示登录页面，如图 9.3 所示。

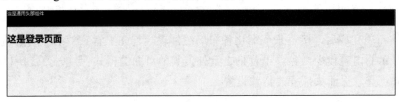


图 9.3　初始化布局后的登录页面

输入 http://localhost:3000/#/o 或者其他不存在的页面路由，显示 404 页面，如图 9.4 所示。

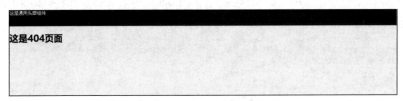


图 9.4　初始化布局后的 404 页面

输入 http://localhost:3000/#/app，显示系统内页，如图 9.5 所示。

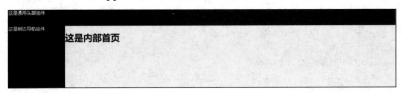


图 9.5　初始化布局后的系统内页

输入 http://localhost:3000/#/personal，显示个人中心页面，如图 9.6 所示。

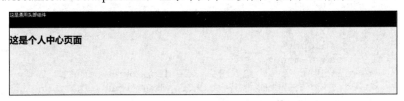


图 9.6　初始化布局后的个人中心页面

输入 http://localhost:3000/#/personal/message，显示个人中心消息页面，如图 9.7 所示。

这是通用头部组件

**这是个人中心页面**

**这是个人中心消息页面**

图 9.7　初始化布局后的个人中心消息页面

# 9.3　头部组件的封装

初始化整体布局完成后，接下来该细化各布局组件了。首先来看头部组件的封装，通用头部除了在登录界面显示的内容较少，且浮于背景之上外，其他页面的样式保持一致，所以整体上以内页头部样式为基础，登录页面头部样式特殊设置。

## 9.3.1　基础结构

从项目功能介绍中得知，通用头部组件包含系统 Logo、中英文切换元件、消息图标元件以及个人信息元件，所以通用头部组件的整体结构和样式如下：

```
<template>
  <div class="header-cont">
    <div class="left">
      <h1>
        <router-link to="/">权限管理系统</router-link>
      </h1>
    </div>
    <div class="right flex-center">
      <div class="lang gap">
        <span class="item active">简体中文</span> /
        <span class="item">EN</span>
      </div>
      <div class="gap cursor">
        <router-link to="/personal/message"><el-icon><message
/></el-icon></router-link>
      </div>
      <el-dropdown trigger="click">
        <div class="flex-center cursor">
          这里是用户名
          <el-icon><caret-bottom /></el-icon>
        </div>
        <template #dropdown>
          <el-dropdown-menu>
            <el-dropdown-item>个人中心</el-dropdown-item>
            <el-dropdown-item>退出</el-dropdown-item>
          </el-dropdown-menu>
        </template>
      </el-dropdown>
    </div>
  </div>
</template>
<script>
```

```
export default {

}
</script>
<style lang="scss">
.header-cont {
  display: flex;
  align-items: center;
  justify-content: space-between;
  padding: 0 20px;
  height: 100%;
  a {
    color: inherit;
    text-decoration: none;
  }
  h1 {
    margin: 0;
    font-size: 20px;

  }
  .gap {
    margin-right: 20px;
  }
  .right {
    .lang {
      font-size: 14px;
      .item {
        cursor: pointer;
        &.active {
          font-size: 18px;
          font-weight: bold;
        }
      }
    }
  }
  .el-dropdown {
    color: inherit;
  }
}
</style>
```

这里可以抽出部分公共样式，如 flex-center 的 flex 居中布局和 cursor，设置在有交互或链接时鼠标样式显示为手型。由于本系统的公共样式有限，笔者将它们写在 App.vue 文件中，读者在实际项目中可以根据需要创建一个公共样式文件用于存放公共样式。笔者这里添加到 App.vue 文件中的样式如下：

```
.flex-center {
  display: flex;
  align-items: center;
  justify-content: center;
}
.cursor {
  cursor: pointer;
}
```

至此，通用头部整体结构已经完成。我们已经为系统 Logo 和消息图标添加了链接，分别跳转到首页“/”和个人中心消息页面“/personal/message”，接下来需要完善通用头部剩余元件中英文切换和个人信息的功能。这两个功能涉及 Vue 生态的不同知识点，其中中英文切换需要引入 Vue 生态的一个插件 vue-i18n，这在第一篇的知识中没有介绍。然后是个人中心信息的展示，这个功能需要使用前端缓存、Vuex 状态管理以及 Axios 请求处理，下面分别进行介绍。

## 9.3.2 中英文切换

国际化多语言支持是现代系统非常常见的功能，Vue 生态也提供了 vue-i18n 作为支持，它不是一个官方项目，而是属于另一个开源项目 Intlify。下面开始使用这个插件完成中英文切换功能。

步骤 01 安装插件，执行 npm/yarn 命令：

```
npm i vue-i18n@next -S 或 yarn add vue-i18n@next
```

安装成功之后，在 package.json 文件的 dependencies 中多出了 vue-i18n 和其版本号，笔者写此书时，安装的版本是 9.2.0-beta.33，如图 9.8 所示。

```
{
  "name": "demo-site",
  "private": true,
  "version": "0.0.0",
  ▷ 调试
  "scripts": {
    "dev": "vite",
    "build": "vite build",
    "preview": "vite preview"
  },
  "dependencies": {
    "element-plus": "^2.1.4",
    "normalize.css": "^8.0.1",
    "vue": "^3.2.25",
    "vue-i18n": "^9.2.0-beta.33",
    "vue-router": "^4.0.13",
    "vuex": "^4.0.2"
  },
  "devDependencies": {
    "@vitejs/plugin-vue": "^2.2.0",
    "sass": "^1.49.9",
    "unplugin-auto-import": "^0.6.6",
    "unplugin-vue-components": "^0.18.4",
    "vite": "^2.8.0"
  }
}
```

图 9.8 切换成英文后的头部

步骤 02 为方便管理，在 src 下创建一个文件夹 i18n，用于管理系统语言相关的内容。

步骤 03 在 src/i18n 下创建一个 language 文件夹，用于管理系统的语言包，然后创建两个语言文件 zh-cn.js 和 en.js（创建 JSON 文件也可以，使用时注意引入方式），内容如下：

```
// zh-cn.js
export default {
  sitename: "权限管理系统",
  personalCenter: "个人中心",
  logout: "退出",
```

```
};

// en.js
export default {
  sitename: "PM SYSTEM",
  personalCenter: "Percenal Center",
  logout: "Exit",
};
```

步骤 04 在 src/i18n 下创建一个入口文件 index.js，引入 vue-i18n，并进行一些基础配置，引入上一步创建的两个语言包，代码如下：

```
import { createI18n } from 'vue-i18n'
import localZhCn from './languages/zh-cn'
import localEn from './languages/en'

const i18n = createI18n({
  legacy: false,
  locale: 'zh-cn',
  fallbackLocale: 'zh-cn',
  messages: {
    'zh-cn': localZhCn,
    'en': localEn
  }
})
export default i18n
```

**代码说明：**

上面使用 createI18n 创建 i18n 实例，传入一个选项：

- 如果使用组合式 API，则必须设置 legacy 为 false。
- 设置默认语言为中文 zh-cn，对应 messages 里面的语言包的名称。
- fallbackLocale 设置首选语言缺少翻译时要使用的语言。上面的配置是指默认先从 locale 指定的语言 zh-cn 查找相应的翻译，如果 zh-cn 中不存在对应的翻译，就从 fallbackLocale 设置的语言 en 里查找。

步骤 05 然后在项目的入口文件中引入 i18n 实例，如以下粗体部分内容所示：

```
import { createApp } from "vue";
import App from "./App.vue";
import router from "./router";
import store from "./store";
import i18n from './i18n'
import * as ElIcons from "@element-plus/icons-vue";
import 'normalize.css/normalize.css'

const app = createApp(App);
for (const name in ElIcons) {
  app.component(name, ElIcons[name]);
}
app.use(router).use(store).use(i18n).mount("#app");
```

步骤 06 接着就可以在通用头部模板中通过 useI18n().t 方法来翻译了，为了看到效果，还需要添加中英文切换文字的单击事件，修改 PageHeader.vue 的模板和脚本如下：

```
<template>
  <div class="header-cont">
    <div class="left">
      <h1>
        <router-link to="/">{{ t('sitename') }}</router-link>
      </h1>
    </div>
    <div class="right flex-center">
      <div class="lang gap">
        <span
          class="item"
          :class="{ active: locale === 'zh-cn' }"
          @click="changeLanguage('zh-cn')"
        >简体中文</span>
        /
        <span
          class="item"
          :class="{ active: locale === 'en' }"
          @click="changeLanguage('en')"
        >EN</span>
      </div>
      <div class="gap">
        <router-link to="/personal/message">
          <el-icon><message /></el-icon>
        </router-link>
      </div>
      <el-dropdown trigger="click">
        <div class="flex-center cursor">
          这是用户名
          <el-icon><caret-bottom /></el-icon>
        </div>
        <template #dropdown>
          <el-dropdown-menu>
            <el-dropdown-item>{{ t('personalCenter') }}</el-dropdown-item>
            <el-dropdown-item>{{ t('logout') }}</el-dropdown-item>
          </el-dropdown-menu>
        </template>
      </el-dropdown>
    </div>
  </div>
</template>
<script setup>
const { locale, t } = useI18n();

// 语言切换
function changeLanguage(lang) {
  locale.value = lang
  localStorage.setItem('locale', lang)
}
</script>
```

**代码说明：**

（1）setup 中定义了一个 changeLanguage 方法，该方法通过修改 vue-i18n 的 locale 的值来改变当前显示的语言。

（2）和其他 Vue 插件一样，使用 use 方法来使用 i18n 实例属性和方法（第 43 行）。

（3）为保证下一次访问浏览器时保持与上一次离开前的语言一致，即持久化语言，笔者将 locale 值存到 Local Storage 里面，后续可以在 App.vue 中对 Element 的全局语言根据存储在 Local Storage 的 locale 值进行初始化（见本节后续步骤 08）。

至此，可刷新页面查看效果。单击头部 EN，观察到头部 EN 文字会变大加粗，同时系统 Logo 和个人信息的下拉框文本成功变成英文，如图 9.9 所示。

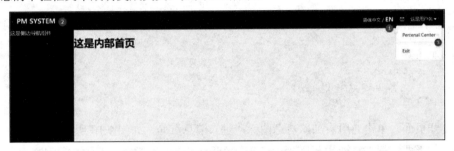


图 9.9　切换成英文后的头部

步骤 07 然后考虑到项目中引入的 UI 组件 Element Plus 也需要根据语言变化进行切换，Element Plus 已经内置了各组件的语言包，只需要在语言切换的时候切换不同的语言包即可，所以同样需要引入 Element Plus 的语言包。为方便管理，这两个语言包也写入 i18n 入口文件 index.js 中，则修改 src/i18n/index.js 内容如下：

```
iimport { createI18n } from 'vue-i18n'
import localZhCn from './languages/zh-cn'
import localEn from './languages/en'
import zhCn from 'element-plus/es/locale/lang/zh-cn'
import en from 'element-plus/es/locale/lang/en'
...
export const elementLocales = {
  'zh-cn': zhCn,
  en
}
```

步骤 08 然后在全局中修改 Element 的语言，修改 App.vue，全局控制语言的变化如下（关注粗体部分代码，以下已省略样式）：

```
<template>
  <el-config-provider :locale="elementLocales[locale]">
    <router-view></router-view>
  </el-config-provider>
</template>

<script setup>
import { elementLocales } from '@/i18n'
const { locale } = useI18n();
```

```
locale.value = localStorage.getItem('locale') || 'zh-cn';
</script>
...
```

**代码说明：**

上面的代码中，初始化界面时设置 i18n 的 locale 值为 localStorage 中缓存的值，如果没有缓存，则设置默认为中文（参见加黑的代码行）。同时，在 setup 中引用上一步中导出的语言包，并 return 后供模板使用。

为验证上述实现，笔者在 src/views/personal/Message.vue 文件中加入了一个系统名称的翻译，同时简单地引入了一个分页组件 el-pagination。最后，Message.vue 文件如下：

```
<template>
  <h1>这是个人中心消息页面--{{t('sitename')}}</h1>
  <el-pagination :page-size="100" layout="total, prev, pager, next" :total="1000"></el-pagination>
</template>
<script setup>
const { t } = useI18n();
</script>
```

然后打开页面，单击通用头部的消息图标，进入消息页面，如图 9.10 所示。

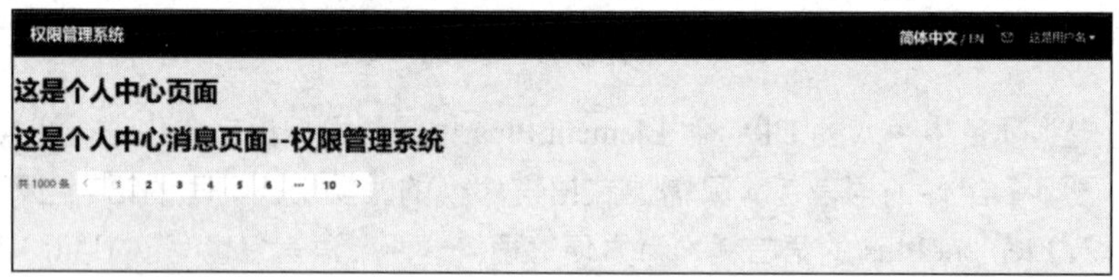


图 9.10 消息页面默认中文

此时页面显示的是中文，单击通用头部的 EN 文本，观察到消息页面内容随即切换了系统名称和分页组件的语言，如图 9.11 所示。

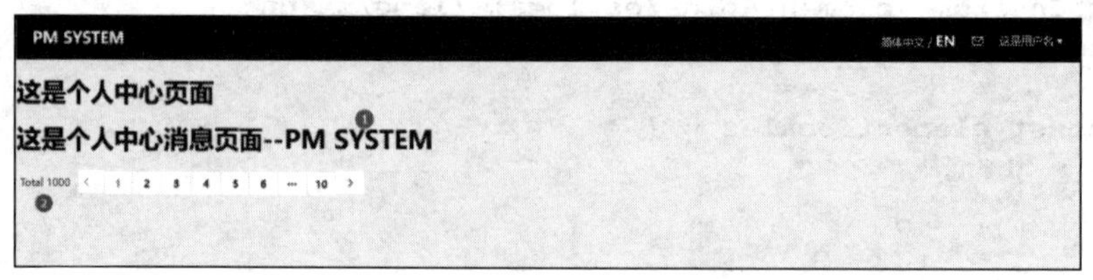


图 9.11 消息页面切换成英文

刷新页面，仍然保持着英文状态，说明设置的 localStorage 缓存成功，并且在反复切换中英文时，效果对应正常显示。至此，通用头部的语言切换功能完成。

## 9.3.3 个人信息展示初步实现

通用头部最后一个功能是个人信息及其下拉列表功能的完善。首先来分析这个功能需要实现的需求内容：

- 未登录时不显示消息图标和个人信息，需要显示“登录”按钮，但登录页面不显示“登录”按钮。
- 如果有未读消息，则消息图标需要显示未读红点标识。
- 个人信息下拉菜单：

（1）个人中心：跳转至个人中心基本资料页面。
（2）退出：实现退出系统。

下面分别实现这 3 个功能。

功能 1：未登录时不显示消息图标和个人信息，需要显示“登录”按钮，但登录页面不显示“登录”按钮。

该功能需要根据登录状态判断是否已登录，登录状态下的用户信息取自登录页面输入的用户名，那么假设这个登录状态标识名为 isLogin，用户信息名为 username，由于登录页面相关功能还未实现，因此暂时使用变量方式简单做一个初始化，则通用头部可修改如下：

```
<template>
  <div class="header-cont">
    <div class="left">
      …
    </div>
    <div class="right flex-center">
      <div class="lang gap">
        …
      </div>
      <template v-if="isLogin">
        <div class="gap">
          <router-link to="/personal/message">
            <el-icon><message /></el-icon>
          </router-link>
        </div>
        <el-dropdown trigger="click">
          <div class="flex-center cursor">
            {{ username }}
            <el-icon><caret-bottom /></el-icon>
          </div>
          …
        </el-dropdown>
      </template>
      <template v-else-if="$route.name !== 'Login'">
        <router-link to="/login">{{t('login')}}</router-link>
      </template>
    </div>
  </div>
</template>
<script>
const { locale, t } = useI18n();
// 语言切换
function changeLanguage(lang) {
  …
}
const isLogin= ref(false);
```

```
const username = ref('admin');
</script>
<style lang="scss">
…
</style>
```

此时打开页面进入首页，则通用头部将显示“登录”按钮，如图 9.12 所示（通用头部框选部分）。

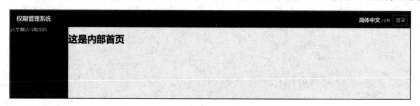


图 9.12　未登录时的通用头部

若手动修改 isLogin 值，如修改上面的脚本如下：

```
<script setup>
const { locale, t } = useI18n();

// 语言切换
function changeLanguage(lang) {
  …
}

const isLogin= ref(false);
const username = ref('admin');
isLogin.value = true;
</script>
```

那么，刷新首页，将显示消息图标和用户个人信息，如图 9.13 所示。

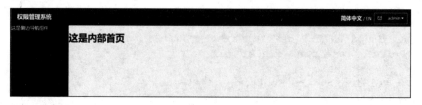


图 9.13　已登录时的通用头部

功能 2：如果有未读消息，则消息图标需要显示未读红点标识。

该功能需要获取是否有未读消息，通常的做法是向后台发送获取用户基本信息的请求，然后根据用户未读消息数判断是否显示未读红点。这个功能涉及请求，所以本节实现该功能先使用变量定义的做法，后续请求封装完成之后，再回头完善这个功能。

另外，前端显示未读红点可以使用 Element 的徽章组件 el-badge，这个组件可以显示消息状态，也可以显示消息数量，而我们的需求只需要显示消息状态即可，所以先使用一个变量模拟未读数量，修改代码如下：

```
<template>
  <div class="header-cont">
    <div class="left">
```

```
        …
      </div>
      <div class="right flex-center">
        <div class="lang gap">
          …
        </div>
        <template v-if="isLogin">
          <div class="gap">
            <router-link to="/personal/message">
              <el-badge :is-dot="!!unReadCount">
                <el-icon><message /></el-icon>
              </el-badge>
            </router-link>
          </div>
          <el-dropdown trigger="click">
            …
          </el-dropdown>
        </template>
        …
      </div>
    </div>
  </template>
  <script setup>
  const { locale, t } = useI18n();
  // 语言切换
  function changeLanguage(lang) {
    …
  }
  .....
  const unReadCount = ref(0);
  </script>
  <style lang="scss">
  …
  </style>
```

**代码说明：**

上面的代码中，使用变量 unReadCount 来模拟用户未读消息的数量，初始值为 0，并在模板中使用该变量，设置 el-badge 的 is-dot 属性为该值转换的 Boolean 值，则是否显示未读红点由 unReadCount 的值控制，如果该值为 0，经转换后为假，将不显示红点，否则将显示红点。修改这个变量的值为非 0 的值，代码如下：

```
  <script setup>
  const { locale, t } = useI18n();
  // 语言切换
  function changeLanguage(lang) {
    …
  }
  …
  const unReadCount = ref(0);
  unReadCount.value = 3
  </script>
```

修改后，通用头部效果如图 9.14 所示。

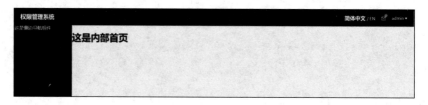


图 9.14 通用头部未读红点标识

功能 3：个人信息下拉菜单。

个人信息下拉菜单使用的是 Element 的 el-dropdown 下拉菜单组件，下拉菜单的单击事件使用该组件的 command 属性，设置单击菜单项触发的事件回调，同时通过 dropdown 插槽设置下拉菜单 el-dropdown-menu 组件，在该组件的子组件 el-dropdown-item 上设置 command 指令，这些指令将传入对应 el-dropdown 组件的 command 事件回调中，所以修改模板如下：

```
<template>
  <div class="header-cont">
    <div class="left">
      …
    </div>
    <div class="right flex-center">
      <div class="lang gap">
        …
      </div>
      <template v-if="token">
        <div class="gap">
          …
        </div>
        <el-dropdown trigger="click" @command="handleCommand">
          <div class="flex-center cursor">
            {{ username }}
            <el-icon><caret-bottom /></el-icon>
          </div>
          <template #dropdown>
            <el-dropdown-menu>
              <el-dropdown-item command="toPersonal">
{{ t('personalCenter') }}
</el-dropdown-item>
              <el-dropdown-item divided command="toLogout">
{{ t('logout') }}
</el-dropdown-item>
            </el-dropdown-menu>
          </template>
          …
        </el-dropdown>
      </template>
      …
    </div>
  </div>
</template>
```

上面的模板代码中定义了 command 事件处理函数为 handleCommand，以及传入这个处理函数的下拉菜单的两个指令 toPersonal（个人中心处理）和 toLogout（退出处理），在脚本中需要添加这些处理，修改脚本如下：

```
<script set>
const { local, t } = useI18n();
// 语言切换
function changeLanguage(lang) {
   …
}
…
const router = useRouter();
const commands = ({
toPersonal: () => {
 router.push('/personal')
},
toLogout: () => {
 console.log('退出')
}
});
function handleCommand(command) {
commands[command] && commands[command]();
}
</script>
```

**代码说明：**

上面的脚本处理中，将两个指令名称传入 handleCommand 处理函数中，这两个指令分别对应两个处理函数，为方便管理，这两个处理函数统一放入 commands 对象中进行维护。

其中，个人中心可以通过路由直接跳转到个人中心页面，退出功能则通常需要调用后台接口通知后台用户退出系统，涉及请求操作，所以实际处理将后续完善。这里先使用一个简单的打印功能来确定方法正确被调用，所以当单击下拉菜单中的“个人中心”时，将直接跳转至个人中心页面，单击“退出”时，开发者工具控制台打印处理“退出”文本，如图 9.15 所示。

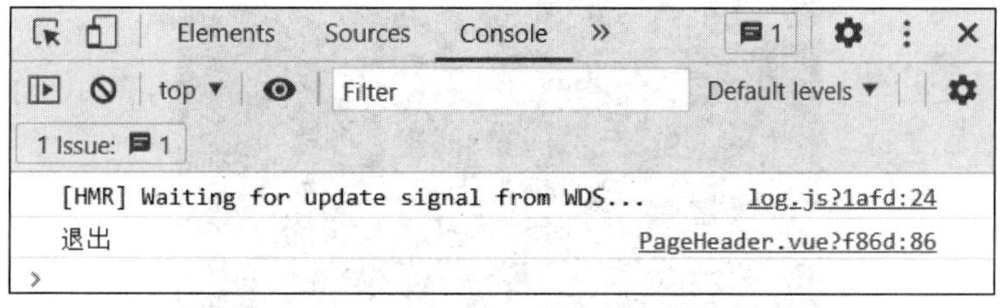


图 9.15　单击“退出”时开发者工具控制台的效果

## 9.4　登录页面和 404 页面的实现

登录页面在布局上是项目中较为简单的一个页面，在使用技术上却是最为广泛的一个页面，涉及请求管理、状态管理和数据模拟等。这样完成一个登录页面的基本框架就可以成形了，后续实现可以以登录页面为基础或参照进行学习。

登录页面由一个通用头部和登录表单组成，登录表单需要将用户信息提交到后台进行校验处理，所以这里涉及发送请求的操作，常规的方法是引入 Axios 插件来发起一个请求。虽然使用 Axios 发起一个请求是非常简单的事情，但在大型项目中，后台的请求返回通常会有一套通用的规则，而这样的返回规则在前端也需要经常处理，因此直接用 Axios 发送请求的写法会使得代码冗余度增加，比如频繁处理同一个错误规则提示，如未登录提示等，长此以往，代码会变得越来越难以维护，所以需要考虑 Axios 的封装。

既然需要发送请求，就需要依赖后台接口，而今前后端分离为主流的时代，为了更好地分离前后端，提高前端开发效率，完全可以通过模拟数据来达到相同的效果，这就需要另一个技术 Mock.js。使用 Mock.js 来模拟数据是非常简单的事情，和 Axios 的使用同理，在前端经常需要处理模拟这个动作，因此也可以考虑 Mock.js 的封装。

另外，当请求发送成功时，需要保留登录状态，登录状态将在整个项目中使用，任何操作都需要在已登录状态下完成，这样才能保证用户数据或网站数据的安全，如果登录状态失效，则需要更新状态并退出系统，用户需要重新登录，才可以重新执行相应操作，所以需要考虑状态管理。

对于前两项技术，在第一篇中没有做过相关介绍，本节将对这两项技术进行简单的介绍，然后结合状态管理技术完成登录页面，并完善通用头部状态和请求相关功能。另外，由于 404 页面相对简单，在本节也一并实现。

## 9.4.1 封装 Axios

Axios 是一个基于 Promise 的易用、简洁且高效的 HTTP 请求插件，可以用于浏览器和 Node.js。

首先执行 yarn 命令安装依赖，安装成功时在 package.json 文件的 dependencies 下多出了 Axios 及其版本号，笔者写此书时，安装的版本为 0.26.1，如图 9.16 所示。

```
yarn add axios
```

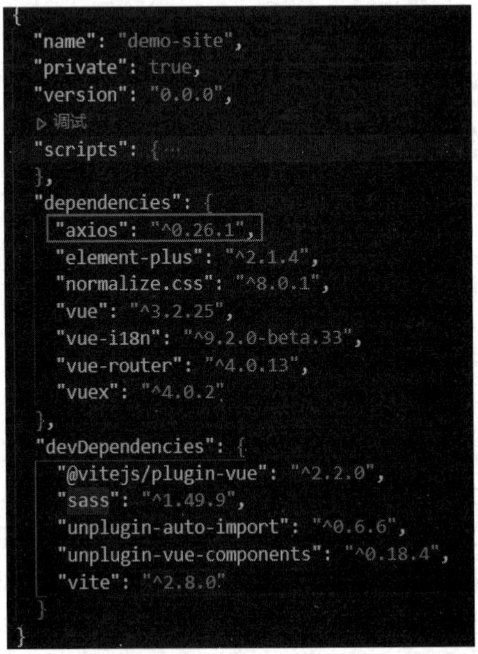

```
{
  "name": "demo-site",
  "private": true,
  "version": "0.0.0",
  ▷ 调试
  "scripts": {…
  },
  "dependencies": {
    "axios": "^0.26.1",
    "element-plus": "^2.1.4",
    "normalize.css": "^8.0.1",
    "vue": "^3.2.25",
    "vue-i18n": "^9.2.0-beta.33",
    "vue-router": "^4.0.13",
    "vuex": "^4.0.2"
  },
  "devDependencies": {
    "@vitejs/plugin-vue": "^2.2.0",
    "sass": "^1.49.9",
    "unplugin-auto-import": "^0.6.6",
    "unplugin-vue-components": "^0.18.4",
    "vite": "^2.8.0"
  }
}
```

图 9.16　Axios 安装成功

Axios 提供了一个配置灵活的 API，可以传递相关配置来创建请求，如下：

```
axios(config)
```

可用且常用的配置选项如下：

- url：用于请求的服务器 URL。
- method：创建请求时使用的方法。
- baseURL：请求的基地址，若 URL 配置的不是绝对地址，这个基地址将会附加到 URL 上。
- headers：自定义请求头配置。
- params：与请求一起发送的 URL 参数，类似于 vue-router 的 params，将会附加到 URL 上。
- data：作为请求体被发送的数据，仅适用于'PUT'、'POST'、'DELETE 和'PATCH'请求方法。
- timeout：设置请求的超时时间，单位为毫秒。
- withCredentials：设置跨域请求时是否需要使用凭证。
- responseType：设置浏览器将要响应的数据类型。

为了方便，Axios 为所有支持的请求方法提供了别名，例如可以通过 axios.get 发送 GET 请求，axios.post 发送 POST 请求，axios.delete 发送 DELETE 请求，axios.put 发送 PUT 请求和 axios.patch 发送 PATCH 请求，等等，更多选项配置和 Axios 的详细用法读者可以自行学习，本节不再过多介绍，本节将着重介绍如何对 Axios 进行封装。

下面来做一个简单的测试，修改 src/views/login.vue 代码，增加一个“测试”按钮，以及单击事件 textAxios 的处理方法，代码如下：

```
<template>
  <h1>这是登录页面</h1>
  <el-button @click="textAxios">测试</el-button>
</template>
<script setup>
import axios from 'axios'
function textAxios() {
  axios.get('http://localhost:8080/')
    .then(res => {
      alert(res.data);
    })
    .catch(error => {
      console.log(error);
    });
}
</script>
```

单击页面上的“测试”按钮，会弹出 index.html 的代码，如图 9.17 所示。

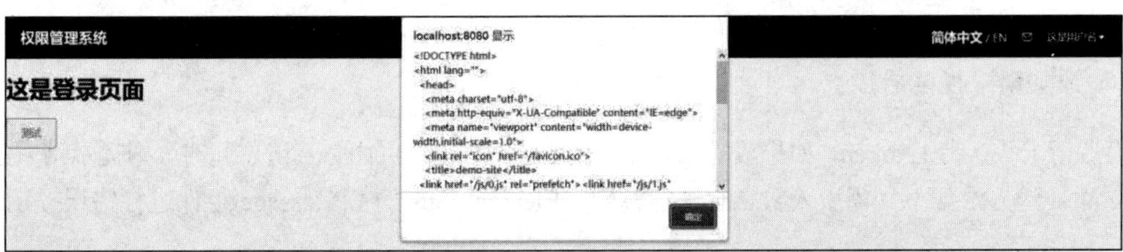


图 9.17　Axios get 测试

了解了 Axios 的基本使用方法之后，接下来便可以开始对其进行封装了。

步骤 01 统一请求配置。

首先，后台的返回规则有一个通用的规则，前端的请求也有统一的规则，所以可以考虑设置一个通用的配置文件。为了方便管理，在 src 下创建一个 request 文件夹，然后在 request 文件夹下创建一个 config.js 文件，将 Axios 通用配置写入文件中，代码如下：

```
01 export default {
02   method: 'get',
03   // 基础 url 前缀
04   baseURL: 'http://localhost:8001',
05   // 请求头信息
06   headers: {
07     'Content-Type': 'application/json;charset=UTF-8'
08   },
09   // 设置超时时间
10   timeout: 10000,
11   // 携带凭证
12   withCredentials: true,
13   // 返回数据类型
14   responseType: 'json'
15 }
```

我们来看上面的配置，method 属性设置了默认请求为 GET（第 02 行），baseURL 属性设置了请求的基地址为后台的地址（第 04 行），笔者假设后台搭建在 localhost:8001 上，然后 headers 属性设置了通用请求头的 Content-Type 为 json（第 06~08 行），timeout 属性设置了请求的超时时间为 10s（第 10 行），withCredentials 属性设置了跨域请求时需要使用凭证，最后是一个 responseType 属性，设置了服务器响应的数据类型为 json（第 14 行）。接下来便使用这些配置来构建一个通用请求。

步骤 02 统一 API 请求。

在 src/request 下创建一个 index.js 文件，引入 Axios，再引入上一步创建的 config.js 文件，然后创建一个 request 方法，返回 Promise，并导出这个方法，以便在其他文件中使用。在这个方法中通过 axios.create 创建一个 Axios 实例，代码如下：

```
import axios from 'axios';
import config from './config';

export default function request(options) {
  return new Promise((resolve, reject) => {
    const instance = axios.create({ ...config })
})
}
```

步骤 03 添加请求拦截器。

设置请求头，带上 token，如果没有 token，则需要跳回登录页面，若请求超时，则提示请求超时。修改 request 的方法如下（需引入 router 进行跳转，Element Plus 的 ElMessage 组件进行错误提示）：

```
...
import router from "../router";
```

```
import { ElMessage } from "element-plus";

export default function request(options) {
  return new Promise((resolve, reject) => {
    const instance = axios.create({ ...config })
    // request 请求拦截器
    instance.interceptors.request.use(
      (config) => {
       let token = localStorage.getItem("pm_token");
       // 发送请求时携带 token
       if (token) {
         config.headers.token = token;
       } else {
         router.push("/login");
       }
       return config;
     },
      (error) => {
       // 请求发生错误时
       console.log("request:", error);
       // 判断请求超时
       if (
         error.code === "ECONNABORTED" &&
         error.message.indexOf("timeout") !== -1
       ) {
         ElMessage({ message: '请求超时', type: 'error', showClose: true });
       }
       return Promise.reject(error);
      }
    )
  })
}
```

步骤 04 添加响应拦截器。

若统一进行错误处理，则修改 request 方法如下：

```
...
export default function request(options) {
  return new Promise((resolve, reject) => {
    const instance = axios.create({ ...config });
    // request 请求拦截器
    ...

    // response 响应拦截器
    instance.interceptors.response.use(
      (response) => {
        return response.data;
      },
      (err) => {
        if (err && err.response) {
          switch (err.response.status) {
            case 400:
              err.message = "请求错误";
              break;
```

```
          case 401:
            err.message = "未授权，请登录";
            break;
          case 403:
            err.message = "拒绝访问";
            break;
          case 404:
            err.message = "请求地址出错: ${err.response.config.url}";
            break;
          case 408:
            err.message = "请求超时";
            break;
          case 500:
            err.message = "服务器内部错误";
            break;
          case 501:
            err.message = "服务未实现";
            break;
          case 502:
            err.message = "网关错误";
            break;
          case 503:
            err.message = "服务不可用";
            break;
          case 504:
            err.message = "网关超时";
            break;
          case 505:
            err.message = "HTTP 版本不受支持";
            break;
          default:
        }
      }
      console.error(err);
    if (err.message) {
      ElMessage({ message: err.message, type: "error", showClose: true });
    }
      return Promise.reject(err);
    }
  );
}
```

步骤 05 最后，处理正确返回了结果的数据。

正确返回结果时，统一返回格式为 JSON，包含 3 个属性：code、msg 和 data。code 表示成功标识，为 200 时表示成功，成功时通常会带回数据 data，如果不是 200，则为失败，其中-1 表示正常的失败行为，-2 表示登录失效，需要跳回登录页面，失败时通常会返回错误原因 msg，代码如下：

```
...
export default function request(options) {
  return new Promise((resolve, reject) => {
    const instance = axios.create({ ...config });
    // request 请求拦截器
...
// response 响应拦截器
```

```
…

    // 请求处理
    instance(options)
      .then((res) => {
/**
      * response 统一格式
      * {
      *    code: 200,
      *    msg: '消息[String]',
      *    data: '返回数据[Any]'
      * }
      * code 说明:
      * 200 成功
      * -1 失败，可能网络不通，可能后台服务异常或其他异常
      * -2 登录失效跳回登录
      */
        if (res.code === 200) {
          resolve(res);
        } else {
          // 未登录
          if (res.code === -2) {
            router.push("/login");
          }
          ElMessage({ message: res.msg || "操作失败", type: "error", showClose:
true });
          reject(res);
        }
      })
      .catch((error) => {
        reject(error);
      });
  });
}
```

至此，Axios 的封装已经完成。这个封装方法中的中英文翻译可以使用 vue-i18n 实例的全局方法 t 来实现。下面仅说明其实现方法，读者可以自行完善，代码如下：

```
import i18n from '@/i18n'
const { t } = i18n.global;
….
ElMessage({ message: t(err.message, type: "error", showClose: true });
….
```

接下来，为了验证这个方法是否可以正常使用，可以先完善登录页面的功能。首先登录页面布局可以参照第一篇 6.3 节的实例来实现，这里不再详述，为了页面更加美观，这里选用了一幅背景图片 bg.jpg 存放到 src/assets 下。修改 src/views/login/index.vue 文件如下：

```
<template>
  <div class="page flex-center">
    <div class="sign-box">
      <el-form ref="formRef" :model="form" :rules="rules" label-width="86px">
        <h3 class="title">{{ t('login') }}</h3>
        <el-form-item :label="t(form.username')" prop="account">
          <el-input
```

```
            v-model="form.account"
            :placeholder="t('form.usernameHolder')"
            prefix-icon="user"
          ></el-input>
        </el-form-item>
        <el-form-item :label="t('form.password')" prop="password">
          <el-input
            v-model="form.password"
            type="password"
            :placeholder="t('form.passwordHolder')"
            prefix-icon="lock"
          ></el-input>
        </el-form-item>
        <el-form-item label>
          <el-button
           type="primary"
           :loading="loading"
           class="w100p"
           @click="doLogin"
          >{{ t('login') }}</el-button>
        </el-form-item>
      </el-form>
    </div>
  </div>
</template>
<script setup>
import { login } from '@/apis/login'
const router = useRouter();

const { t } = useI18n();
const formRef = ref();
const form = reactive({
  account: "",
  password: "",
})
const rules = computed(() => {
  return {
    account: [
      {
        required: true,
        message: t("form.usernameHolder"),
        trigger: ["change", "blur"],
      },
      {
        pattern: /^[a-zA-Z][a-zA-Z0-9_-]{3,31}$/,
        message: t('form.usernameError'),
        trigger: ["change", "blur"],
      },
    ],
    password: {
      required: true,
      min: 4,
      message: t('form.passwordError'),
      trigger: ["change", "blur"],
    },
```

```
  }
});
const loading = ref(false)
const store = useStore();
function doLogin() {
  formRef.value.validate((valid) => {
    if (!valid) return;
    loading.value = true;
    login(form).then((res) => {
      store.commit('user/setToken', res.data.token);
      store.dispatch('user/refreshInfo');
      store.commit("setRouteLoaded", false);
      // localStorage.setItem('pm_token', res.data.token)
      router.push("/");
    }).finally(() => {
      loading.value = false;
    })
  });
}
</script>
<style lang="scss">
.page {
  height: 100%;
  background: url(~@/assets/bg.jpg) no-repeat;
  background-size: cover;
}
.sign-box {
  width: 400px;
  background: #fff;
  padding: 30px 50px 20px 30px;
  border-radius: 4px;
  box-shadow: 0 0 10px #022c44;
}
.title {
  text-align: center;
  font-size: 20px;
  line-height: 30px;
  margin-top: 0;
  margin-bottom: 10px;
  color: #000;
}
</style>
```

从该页面的实现中可以抽离出两个公共样式，笔者同样将其写入 src/App.vue 文件的 style 标签元素内，代码如下：

```
.txt-c {
  text-align: center;
}
.w100p {
  width: 100%;
}
```

然后为了统一管理请求，在 src 下创建 apis 文件夹，用于存放各模块的远程请求方法。接着在 src/api 上创建 login 文件夹，写入登录和退出接口的请求方法，代码如下：

```
import request from "@/request";
// 登录
export const login = (data) => {
  return request({
    url: "login",
    method: "post",
    data,
  });
};
```

然后再回头查看登录页面的登录方法 doLogin，其实就是引用了上面这个文件导出的 login 方法，该方法调用 axios 封装方法 request 来发送请求，当请求返回登录成功时，正常情况下会带回一个登录标识 token，在处理请求返回时，将这个 token 存到本地缓存 localStorage 中，然后跳转到系统首页。

最后修改语言包，添加翻译如下：

```
// src/i18n/language/zh-cn.js
export default {
  …
  form: {
    username: "用户名",
    usernameHolder: "请输入用户名",
    usernameError: "用户名由英文字母开头的长度 4-32 位字母、_和-组成",
    password: "密码",
    passwordHolder: "请输入密码",
    passwordError: "请输入至少 4 个字符的密码",
  },
};

// src/i18n/language/en.js
export default {
  …
  form: {
    username: "Username",
    usernameHolder: "Please enter your username.",
    usernameError:
      "Username can only start with an alphabet and contains 4~32 characters with
alphabet, _ and -.",
    password: "Password",
    passwordHolder: "Please enter your password.",
    passwordError: "Please enter a password of at least 4 characters",
  }
};
```

至此，登录页面完成。进入登录页面，在登录表单中随意输入符合校验规则的内容，然后单击“登录”按钮，则会提示 Network Error（因为没有完成后台服务，所以无法连通前面 Axios 封装中配置的后台地址 http://localhost:8001），如图 9.18 所示。

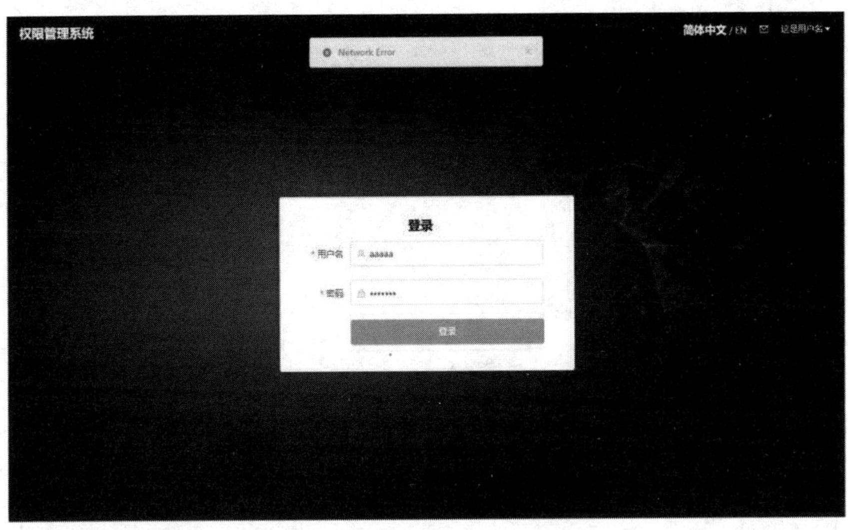


图 9.18　登录页面的 Axios 请求

接着通过审查元素打开开发者工具，再次单击“登录”按钮查看请求发送情况，可以看到前端已经正确发送请求到后台地址 http://localhost:8001，如图 9.19 所示。

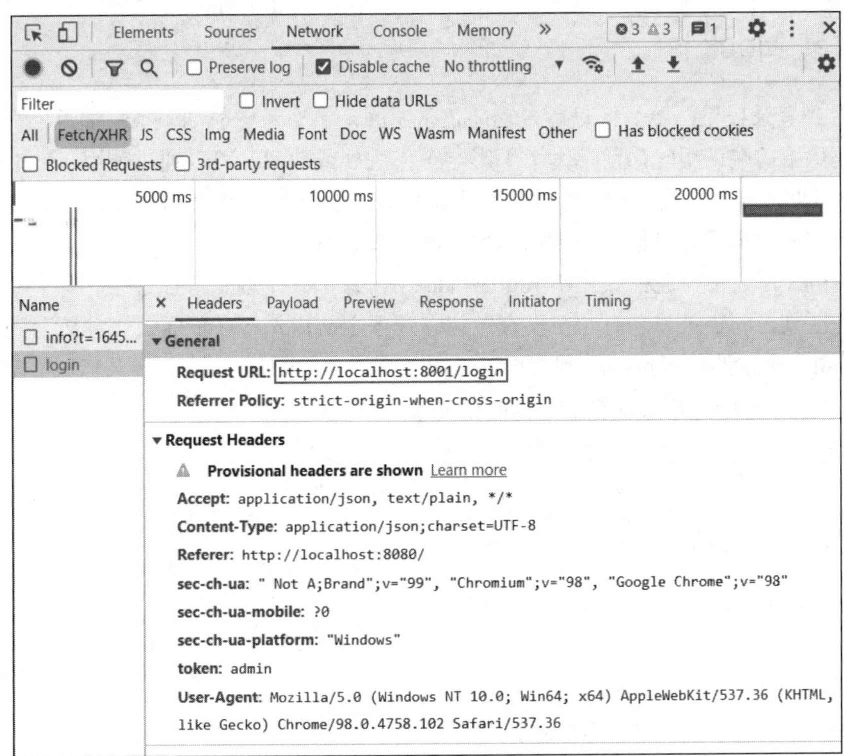


图 9.19　开发者工具登录请求

再打开 payload 标签页查看请求参数，可以看到已经正确传递了参数（这里的密码是明文的，为了安全考虑，读者可以在发送前对密码进行加密再传输），如图 9.20 所示。

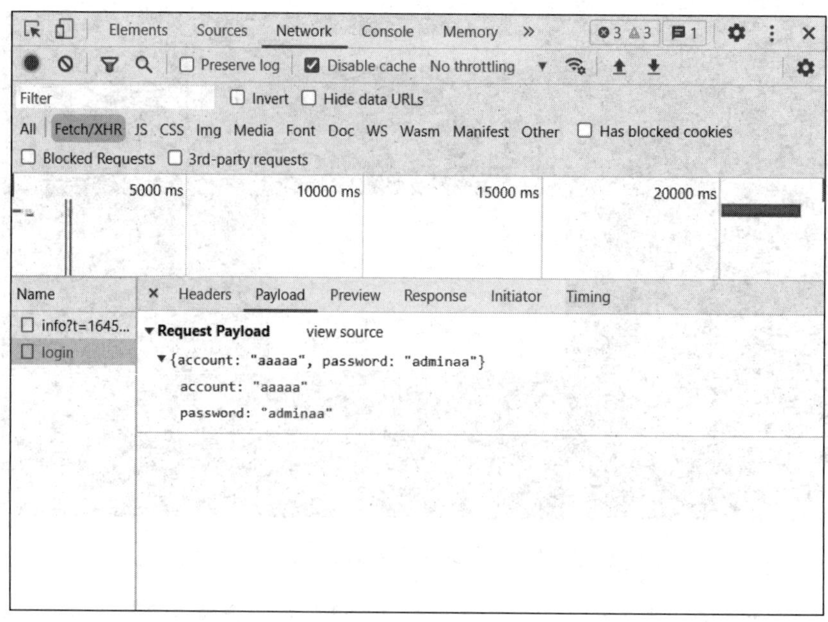


图 9.20　开发者工具登录请求的请求参数

## 9.4.2　封装 Mock.js

为了能看到登录效果，要么依赖后台功能正常返回，要么考虑前端模拟后端返回。当后端的接口还未完成提供给前端调用时，前端为了不影响工作进展或效率，可以通过使用 Mock.js 手动模拟后端接口，待后期后端完成接口后，可连接后端服务进行联调并上线。使用 Mock.js 模拟后端接口，可随机生成所需的数据，并可模拟对数据的增、删、改、查。

在介绍 Mock.js 之前，先修改一下 router/index.js，添加一个前置导航守卫，让登录成功与退出成功有明显的区别，即登录成功时，在没有做状态管理之前，先将登录标识（定义为 pm_token）存放在 localStorage 中，然后直接跳转到首页，退出成功时，localStorage 的登录标识被清除，将跳转回登录页面，所以 router/index.js 添加的前置导航守卫如下：

```
router.beforeEach((to) => {
  const token = localStorage.getItem("pm_token");
  if (to.meta.requireAuth && !token) {
    return { name: 'Login' }
  }
  return true;
});
```

接下来正式介绍 Mock.js 的使用。

首先，执行如下 yarn 安装依赖命令安装 Mock.js：

```
yarn add mockjs
```

安装成功时，在 package.json 文件的 dependencies 下多出了 mockjs 及其版本号，笔者写此书时，安装的版本为 1.1.0，如图 9.21 所示。

```
{
  "name": "demo-site",
  "private": true,
  "version": "0.0.0",
  ▷ 调试
  "scripts": {…
  },
  "dependencies": {
    "axios": "^0.26.1",
    "element-plus": "^2.1.4",
    "mockjs": "^1.1.0",
    "normalize.css": "^8.0.1",
    "vue": "^3.2.25",
    "vue-i18n": "^9.2.0-beta.33",
    "vue-router": "^4.0.13",
    "vuex": "^4.0.2"
  },
  "devDependencies": {
    "@vitejs/plugin-vue": "^2.2.0",
    "sass": "^1.49.9",
    "unplugin-auto-import": "^0.6.6",
    "unplugin-vue-components": "^0.18.4",
    "vite": "^2.8.0"
  }
}
```

图 9.21　Mock.js 安装成功

Mock.js 提供一个数据生成 API，即 Mock.mock(rurl?, rtype?, template|function(options))，其参数说明如下：

- rurl：拦截的请求地址，可以是 URL 字符串或 URL 正则，为可选配的参数。
- rtype 为拦截的 Ajax 类型，如 GET、POST、DELETE、PUT 等。
- template|function(options)：最后一个参数可以有两种形式：template 为数据模板，可以是对象或字符串；function(options)为用于生成响应数据的函数，这个函数的一个参数指向本次请求的 Ajax 选项集，包含 url（请求地址）、type（请求类型）、body（请求数据）三个属性。

这个 API 可以演变出多个 API，如下：

- Mock.mock( template )。
- Mock.mock( rurl, template )。
- Mock.mock( rurl, function( options ) )。
- Mock.mock( rurl, rtype, template )。
- Mock.mock( rurl, rtype, function( options ) )。

另外，还可以通过 Mock.setup( settings )这个 API 设置拦截请求的通用配置，目前支持的配置项仅有 timeout，用于设置超时时间。

关于 Mock.js 的语法规则，读者可以跟着本项目实战逐一学习，之后自行学习更多内容。

安装 Mock.js 之后，简单引用测试验证一下是否可以正常使用，在 login/index.vue 文件的头部引入 Mock.js，并模拟返回如下：

```
...
import Mock from 'mockjs'
Mock.mock('http://localhost:8001/login', {
  code: 200,
  data: {
    token: '@guid'
  }
})
export default {
...
}
...
```

然后再次打开登录页面，随意输入合规的账号和密码，单击“登录”按钮，可以发现页面正确跳转到系统内页去了，查看开发者工具，localStorage 中出现了 pm_token 的值，如图 9.22 所示。

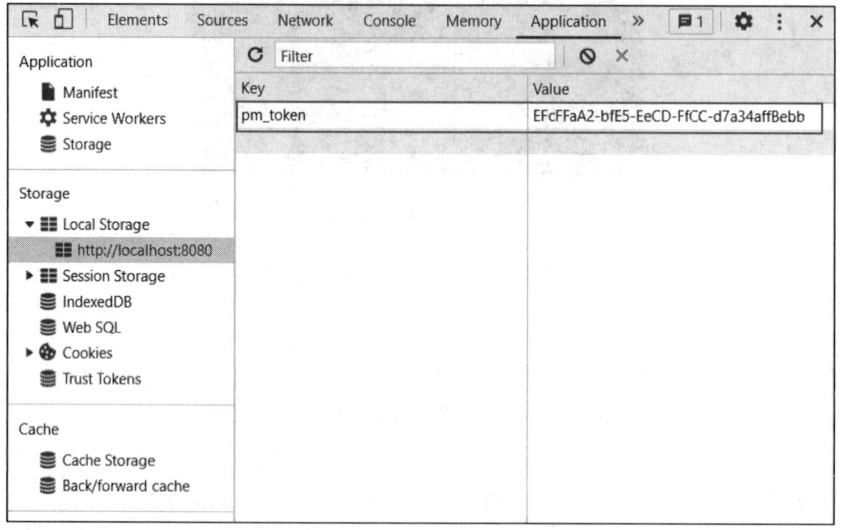


图 9.22　登录页面成功模拟数据

此时说明返回已经被正确模拟了，但是上述简单的用法没有任何打印日志，即使在开发者工具 Network 标签页也看不到请求发送的痕迹，这样不利于页面排错，所以需要考虑封装。根据前面描述的 Mock.js API，我们了解到 Mock.js 可以通过正则来拦截请求，通过函数来返回模拟数据，这就使得我们可以在数据返回之前设置条件，根据不同条件返回不同的数据，也就方便模拟整个后台的行为而在前端形成闭环。利用这个思路，接下来开始 Mock.js 的封装。

步骤 01 为方便管理，在 src 下创建一个 mock 文件夹，并在 mock 文件夹下新建一个 index.js 入口文件。

步骤 02 和 Axios 请求模拟一样，数据的模拟也区分不同模块，因此继续在 src/mock 下创建一个 modules 文件夹，用于存放不同模块的模拟函数。

步骤 03 在 src/mock/modules 下创建一个 login.js 文件，写入登录相关的模拟函数，代码如下：

```
/*
 * 系统登录模块
 */
```

```
// 登录
export function login() {
  return {
    url: "login",
    method: "post",
response: (opts) => {
   const name = opts.data.account;
      return {
        code: 200,
        msg: "",
        data: {
          token: "eyJhbGciOiJIUzUxMiJ9.eyJzdWIiOiJhZG1pbiIsImV4cC",
          name
        },
      };
    }
  };
}
```

**代码说明：**

这个文件写入了模拟登录接口的返回函数，该函数模拟成功登录时的返回。

步骤 04 在 src/mock/index.js 中引入 Mock.js，并实现统一的模拟函数，所有模拟接口都可以通过调用这个函数进行数据模拟。

考虑到仅需要在本地开发或者有需要的时候才进行数据模拟，所以可以通过定义开关来决定是调用后台接口还是使用 Mock.js 进行模拟，可以配置的开关包括模拟所有模块开关、模拟单个模块开关以及模拟单个接口开关。例如登录模块，定义一个模拟函数名为 Mock，模拟所有模块可以看作遍历所有模块，一一模拟单个模块，所以最后写入 index.js 文件的内容如下：

```
import Mock from 'mockjs'
import config from "./config";
import * as login from './modules/login'
const { baseURL, timeout } = config;
Mock.setup({ timeout })

// 1. 开启/关闭所有模块拦截，通过 openMock 开关设置
// 2. 开启/关闭单个模块拦截，通过调用 mock 方法 isOpen 参数设置
// 3. 开启/关闭模块中某个请求拦截， 通过函数返回对象中的 isOpen 属性设置
const openMock = true
// 模拟所有模块
mockAll([login], openMock)

function mockAll(modules, isOpen = true) {
  for (const k in modules) {
    mock(modules[k], isOpen)
  }
}
// 模拟单个模块
// mock(login, openMock)
/**
 * 创建 mock 模拟数据
 * @param {*} mod 模块
```

```
24    * @param {*} isOpen 是否开启？
25    */
26  function mock (mod, isOpen = true) {
27    if (isOpen) {
28      for (var key in mod) {
29        ((res) => {
30          if (res.isOpen !== false) {
31            let url = baseURL
32            if(!url.endsWith("/")) {
33              url = url + "/"
34            }
35            url = url + res.url
36            Mock.mock(new RegExp(url), res.method, (opts) => {
37              opts.data = opts.body ? JSON.parse(opts.body) : null
38            const resData = Mock.mock(typeof res.response === 'function' ?
res.response(opts) :
39  res.response);
40              console.log('%cmock 拦截, 请求: ', 'color:blue', opts)
41              console.log('%cmock 拦截, 响应: ', 'color:blue', resData)
42              return resData;
43            })
44          }
45        })(mod[key]() || {})
46      }
47    }
48  }
```

其中，最重要的模拟函数处理过程是遍历模块内的所有接口处理函数（第 28 行），如果返回配置了isOpen为false,那么这个接口将直接调用后台,而不进行模拟,默认情况下,即不配置isOpen,或者返回了 isOpen 为 true，将根据 mock 函数处理返回：

- 处理请求地址:为了写法简便,在模块模拟返回函数中可以直接省略 baseURL,通过 index.js 入口模拟函数统一添加基地址 baseURL。
- 处理当前 Ajax 请求 body: Mock.mock(rurl, rtype, function(options))最后一个参数是一个函数，函数的形参 options 有一个 body 属性值，代表请求体，通常是一些请求参数。因为它是一个 JSON 字符串，需要转换成 JSON 才方便读取对应参数值，而在模块返回模板中，读取这个对应参数值是比较常用的操作，所以为方便各模块读取，这里需要进行 JSON 转换的统一处理，并赋值给一个新的参数 data（第 37 行）。
- 调用 Mock.mock(rurl, rtype, function(options))处理各模块模拟函数（如步骤 03 中系统登录模块的登录接口模拟函数 login 方法）执行后的返回结果对象的 response 属性，这个属性的值可以是一个对象或字符串，也可以是一个函数，这个函数可以传入本次请求的 Ajax 选项集，即 Mock.mock(rurl, rtype, function(options))最后一个参数 function(options)的形参 options，从而在 response 中对本次请求的相关参数进行处理，根据不同参数返回不同的模拟数据。
- 考虑到模块返回对象的返回函数的处理结果即为模拟的最终数据，如果可以继续通过调用 Mock.mock(template)进行模拟，那么可以在返回函数中继续使用 Mock.js 语法来随机生成对应的数据，对于模拟随机数据非常方便，所以最后 Mock.mock(rurl, rtype, function(options))

的最后一个参数 function(options)函数返回之前，再次调用 Mock.mock(template)返回最终的模拟数据（第 38、39 行）。

- 最后打印请求选项集和最终的返回数据（第 40、41 行）。

最后，通过调用 mockAll(modules, isOpen)方法将登录模块（目前仅有登录模块，后续会有更多模块）放入数组中传入，模拟所有接口的开关是 openMock，可以根据需要设置 true（开启）或 false（关闭），或者直接调用 mock(module, isOpen)方法传入登录模块，以及单个模块开关是否开启的值。

至此，Mock.js 封装完成。只需要在入口文件 src/main.js 中引入上面的入口文件即可，即修改 main.js 如下（注意加粗部分）：

```
import { createApp } from 'vue'
import App from './App.vue'
import router from './router'
import store from './store'
import i18n from './i18n'
import installElementPlus from './plugins/element'
import 'normalize.css/normalize.css'
import './mock'

const app = createApp(App)
installElementPlus(app)
app.use(store).use(router).use(i18n).mount('#app')
```

然后打开登录页面，同时打开开发者工具进行验证，随意输入符合校验规则的用户名和密码，单击“登录”，进入首页，然后观察 Console 面板输出的 login 接口的 Mock 数据打印，如图 9.23 所示。

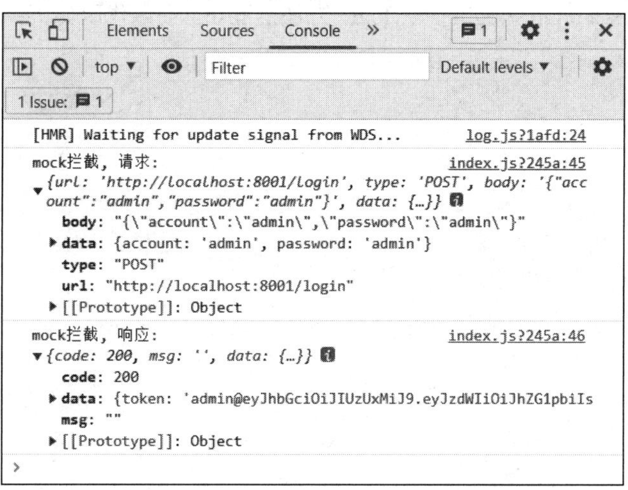


图 9.23　登录接口 login 的 Mock 数据打印

如果需要模拟登录失败，则可以直接修改 src/mock/modules/login.js 的 login 方法的 response，代码如下：

```
export function login() {
  return {
    url: "login",
    method: "post",
```

```
    response: (opts) => {
      return {
        code: -1,
        msg: "用户名或密码不正确！"
      };
    }
  };
}
```

又或者为了保证流程连贯，可以设置系统的一些默认用户信息，笔者将这个信息同样写入 src/mock 文件夹，在这个文件夹下创建一个 data.js 文件，写入系统默认三个用户的信息，并导出供外部使用：

```
export const users = [
  {
    name: "visitor",
    password: "visitor",
  },
  {
    name: "master",
    password: "master",
  },
  {
    name: "admin",
    password: "admin",
  },
];
```

然后修改 src/mock/modules/login.js 的 login 方法的 response，代码如下：

```
import { users } from "../data";
// 登录
export function login() {
  return {
    url: "login",
    method: "post",
    response: (opts) => {
      const name = opts.data.account;
      if (
        users.find((v) => v.name === name && v.password === opts.data.password)
      ) {
        return {
          code: 200,
          msg: "",
          data: {
            token: "eyJhbGciOiJIUzUxMiJ9.eyJzdWIiOiJhZG1pbiIsImV4cC",
            name,
          },
        };
      }
      return {
        code: -1,
        msg: "用户名或密码错误",
      };
    },
```

```
    };
}
```

此时，如果原来成功登录过，在 localStorage 中会存在登录标识 pm_token，所以需要清除浏览器缓存后刷新页面，这样就会自动跳转回登录页面，然后输入前面在 src/mock/data.js 文件中 users 定义的三个默认用户的其中一个对应的用户名和密码，即可正常跳转到首页，否则提示“用户名或密码错误”，如图 9.24 所示。

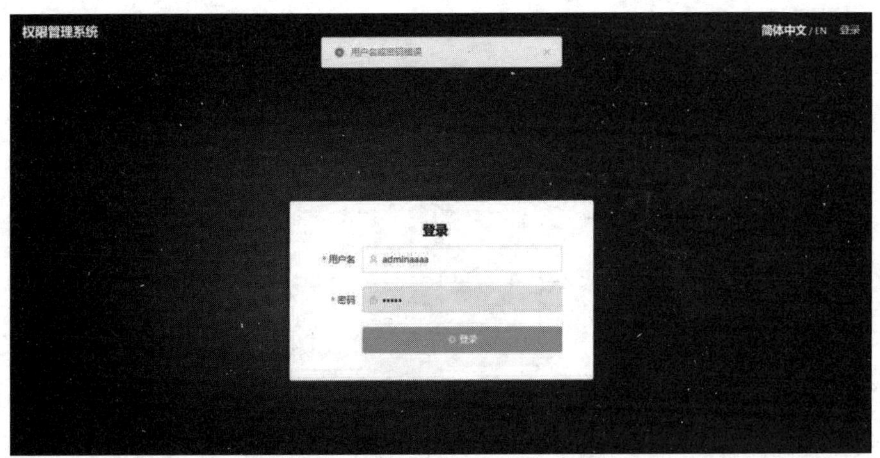


图 9.24　登录接口 login 的输入 Mock 不存在数据的效果

在开发者工具的 Console 面板可以查看请求和返回的信息，如图 9.25 所示。

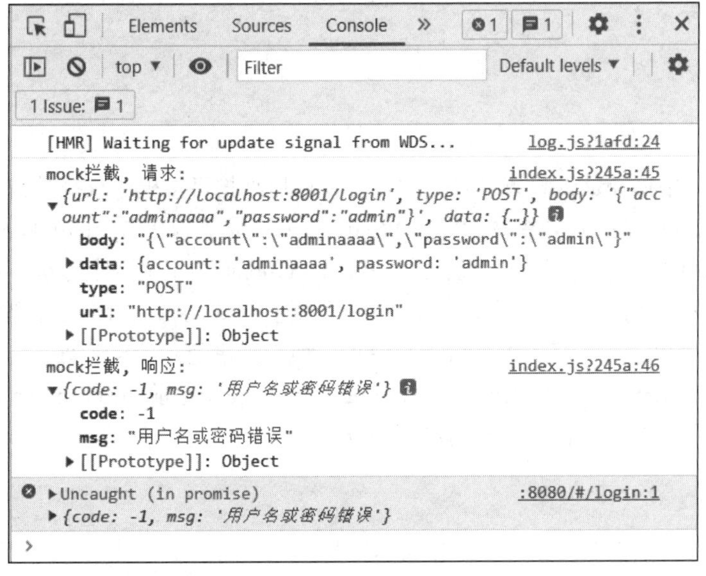


图 9.25　请求和返回的信息

## 9.4.3　登录状态管理

应用状态的管理可以使用第一篇中介绍的 Vuex 来实现，在 8.2.4 节说明了创建 Vue 项目时已经安装了 Vuex，所以登录状态的管理可以直接修改 store 相关文件。

在登录页面没有进行状态管理之前，笔者将登录状态标识 pm_token 存于 localStorage 中，考虑状态管理之后，需要将这个状态交由 Vuex 处理。另外，笔者将本实战项目当作一个中大型项目处理，考虑通常在中大型项目中多个模块可能需要处理不同模块对应的状态，所以在代码实现上，可以使用模块化进行状态管理。因此，笔者将登录状态或者用户的相关状态使用 user 模块进行管理，在 src/store 下创建一个 modules 文件夹，并在 modules 文件夹下添加 user.js 文件，先处理登录标识，所以文件内容如下：

```
01  export default {
02    namespaced: true,
03    state: {
04      token: '',
05    },
06    getters: {
07      isLogin(state) {
08        return !!state.token || !!localStorage.getItem('pm_token');
09      }
10    },
11    mutations: {
12      setToken(state, token) {
13        localStorage.setItem('pm_token', token);
14        state.token = token;
15      },
16      clearToken(state) {
17        state.token = ''
18        localStorage.removeItem('pm_token');
19      }
20    },
21  };
```

**代码说明：**

首先设置 namespace:true，设置命名空间，方便日后维护可按模块查找排错等。然后在 getters 中设置派生变量 isLogin，表示是否登录（第 06~09 行），取值为状态中的 token 字符串的 Boolean 转换，或者直接取自本地 pm_token 标识。然后在 mutations 中定义两个方法，用于设置 token 值（setToken）和清除 token 值（clearToken），token 值是登录成功时后台返回的登录令牌字符串，系统中的请求需要携带该令牌字符串供后台验证身份，所以考虑登录状态管理后，需要修改提交登录的成功处理，修改 src/views/login/index.vue 的 doLogin 方法，注释之前 localStorage 设置的 pm_token，改为 store 调用，代码如下（省略部分已有代码）：

```
<script>
…
import { useStore } from 'vuex'
export default {
  name: "Login",
  setup() {
…
const loading = ref(loading);
const store = useStore();
    function doLogin() {
      formRef.value.validate((valid) => {
```

```
        if (!valid) return;
        loading.value = true;
        login(form).then((res) => {
          store.commit('user/setToken', res.data.token);
          // localStorage.setItem('pm_token', res.data.token)
          router.push("/");
        }).finally(() => {
          loading.value = false;
        })
      });
    }
    return {
      …
      doLogin
    };
  },
};
</script>
```

然后在入口文件中引入该模块，修改 src/store/index.js 如下：

```
import { createStore } from 'vuex'
// 引入子模块
import user from './modules/user'
export default createStore({
  state: {
  },
  mutations: {
  },
  modules: {
    user
  }
})
```

修改完成后测试登录流程，与之前的效果一致(登录成功，跳转到首页，在开发者工具 Application 面板的 Local Storage 中存在登录标识 pm_token，如图 9.26 所示），说明保存登录状态成功。

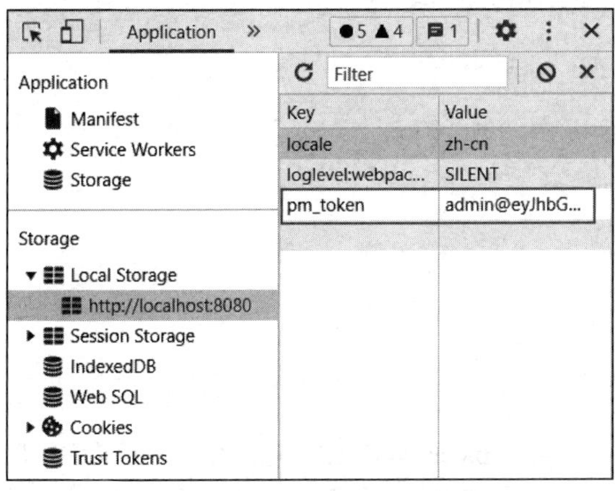


图 9.26　登录成功 pm_token 标识

### 9.4.4 通用头部遗留功能完善

登录页面完成后，本项目的所有技术框架全部完成。之前遗留的通用头部功能可以参照登录页面的技术实现进行补充。

功能 1：未登录时显示登录链接，已登录显示个人信息。

（1）修改登录标识 isLogin 为一个计算属性，取自 user 模块的 isLogin 状态，如以下粗体部分内容所示：

```
<script setup>
const { locale } = useI18n();
// 语言切换
function changeLanguage(lang) {
 …
}

const isLogin = computed(() => store.getters['user/isLogin']);
const username = ref('admin');
</script>
```

（2）获取用户基本信息。

用户的个人信息通常情况下可以通过向后端发送个人信息的请求来获取，由于这个用户信息在通用头部使用，本系统的所有页面都有这个通用头部，因此当这个通用头部渲染完成之后，如果代码中未手动执行组件刷新，将不会重新刷新组件元件，所以当登录状态更新时，如果不手动更新用户信息，用户信息将不会主动更新，导致用户信息不同步。

如此分析之后，可以考虑用户信息也是一个计算属性，这样当用户信息依赖的登录状态发生改变时，就能主动更新通用头部各元件的状态。所以按照以下步骤继续完善：

步骤 01 设置个人信息接口请求。

这个接口请求属于个人中心模块，因此在 src/apis 下新建一个 personal.js 文件，用于管理个人中心相关接口，补充个人信息接口内容如下：

```
import request from "@/request";
// 用户基本信息
export const userInfo = (data) => {
  return request({
    url: 'personal/userinfo',
    method: "get",
    data,
  });
};
```

步骤 02 修改登录请求的模拟返回函数，修改 token 格式。

接口请求确定之后，需要使用 mock 模拟该模块的内容。但考虑该用户的信息接口不需要携带任何请求参数，那么请求时带给后端的用户信息只有登录标识 token，所以假设后端就是通过这个 token 获取用户信息的，前端可以模拟这个动作。为方便通过 token 获取用户信息，模拟数据之前可以将登录成功返回的 token 加上用户名称，并用一个分隔符隔开用户名和随机 token（笔者使用“@”

作为分隔符），这样前端模拟时就可以直接从 token 拿到用户名称。所以，修改 src/modules/login.js 如下：

```
import { users } from "../data";
// 登录
export function login() {
  return {
    url: "login",
    method: "post",
    response: (opts) => {
      const name = opts.data.account;
      if (
        users.find((v) => v.name === name && v.password === opts.data.password)
      ) {
        return {
          code: 200,
          msg: "",
          data: {
            token: name + "@eyJhbGciOiJIUzUxMiJ9.eyJzdWIiOiJhZG1pbiIsImV4cC",
            name,
          },
        };
      }
      return {
        code: -1,
        msg: "用户名或密码错误",
      };
    },
  };
}
```

步骤 03 添加用户基本信息接口模拟返回函数。

在 src/mock/modules 中创建一个 personal.js 文件对用户信息接口进行模拟，从 token 中获取用户信息如下：

```
import { users } from "../data";
export function userInfo() {
  return {
    url: "personal/userinfo",
    type: "get",
    response: (opts) => {
      const token = localStorage.getItem('pm_token');
      if (token) {
        const uinfo = {...users.find((v) => v.name === token.split('@')[0])}
        delete uinfo.password;
        return {
          code: 200,
          data: {
            ...uinfo,
            'unReadCount|0-10': 0
          }
        };
      } else {
        return {
```

```
          code: -2,
          msg: '请先登录!'
        }
      }
    },
  };
}
```

步骤04 将 personal 这个模块加入模拟序列之中，修改 src/mock/index.js，引入该模块并 mock 该模块如下：

```
import * as personal from "./modules/personal";
...
mockAll([login, personal], openMock);
...
// 或
// mock(personal, openMock)
...
```

步骤05 在 store 中写入获取和设置用户信息的方法。

考虑到更新用户信息的需求可能在各个模块都需要，所以可以将获取和设置用户的基本信息相关内容存于 store 中，修改 src/store/modules/user.js，添加相关内容如下：

```
import { userInfo } from '@/apis/personal';
export default {
  ...
  state: {
    ...
    userInfo: {} // 用户基本信息
  },
  getters: {
    ...
  },
  mutations: {
...
setUserInfo(state, info) {
  state.userInfo = info || {};
},
clearUserInfo(state) {
  state.userInfo = {};
}
  },
  actions: {
    refreshInfo({ commit }) {
      userInfo().then(res => {
        commit('setUserInfo', res.data)
      })
    }
  }
};
```

步骤06 修改登录页面 src/views/login/index.vue 提交动作，在登录成功之后刷新用户基本信息，代码如下：

```
<script setup>
import { login } from '@/apis/login'
…
const loading = ref(false)
const store = useStore();
function doLogin() {
  formRef.value.validate((valid) => {
    if (!valid) return;
    loading.value = true;
    login(form).then((res) => {
      store.commit('user/setToken', res.data.token);
      store.dispatch('user/refreshInfo');
      // localStorage.setItem('pm_token', res.data.token)
      router.push("/");
    }).finally(() => {
      loading.value = false;
    })
  });
}
</script>
```

步骤07 在通用头部中使用用户信息将用户名称和未读消息红点取值完善，修改 src/layout/components/PageHeader.vue 的脚本如下：

```
<script>
const { locale } = useI18n();
// 语言切换
function changeLanguage(lang) {
   …
}

const store = useStore();
const isLogin = computed(() => store.getters['user/isLogin']);
const userInfo = computed(() => store.state.user.userInfo);
const username = computed(() => userInfo.value?.name)
const unReadCount = computed(() => userInfo.value?.unReadCount);

store.dispatch('user/refreshInfo');
</script>
```

**代码说明：**

为保证页面刷新时能同步登录用户的信息变化，在通用头部组件 PageHeader.vue 初始化时需要主动刷新一次用户信息，即调用一次 store.dispatch('user/refreshInfo')。

功能 2：完善个人信息下拉菜单退出动作。

退出动作即向后端发送退出请求，当后端响应请求并退出成功时，前端清除用户信息缓存，并退回登录页面。所以根据以下列步骤进行完善。

步骤01 修改 src/apis/login.js 请求文件，添加退出接口请求配置。

笔者将退出请求归类为登录模块，所以添加请求内容如下：

```
// 登出
```

```
export const logout = () => {
  return request({
    url: "logout",
    method: "get",
  });
};
```

步骤02 添加退出接口的模拟返回函数，修改 src/mock/modules/login.js，添加如下内容：

```
// 退出接口
export function logout() {
  return {
    url: "logout",
    method: "get",
    response: {
      code: 200,
      msg: null,
      data: {},
    }
  };
}
```

步骤03 修改通用头部组件 src/layout/components/PageHeader.vue，完善退出指令脚本内容如下：

```
<script>
import { logout } from '@/apis/login'
const { locale } = useI18n();
// 语言切换
function changeLanguage(lang) {
  …
}

const store = useStore();
…

const router = useRouter();
const commands = ({
   toPersonal: () => {
     …
   },
   toLogout: () => {
     logout().then(res => {
       if (res.code == 200) {
         store.commit('user/clearToken');
         store.commit('user/clearUserInfo');
         router.push('/login')
       }
     })
   }
});
function handleCommand(command) {
  commands[command] && commands[command]();
}
</script>
```

至此，通用头部功能已经全部完成。从登录页面登录成功后，刷新页面可以看到用户名称能够正常显示，单击用户名称展开下拉菜单，单击“退出”按钮验证退出功能，当退出成功时，页面立即跳回登录页面，此时查看开发者工具 Application 面板的 Local Storage，发现不存在用户登录标识 pm_token，如图 9.27 所示。

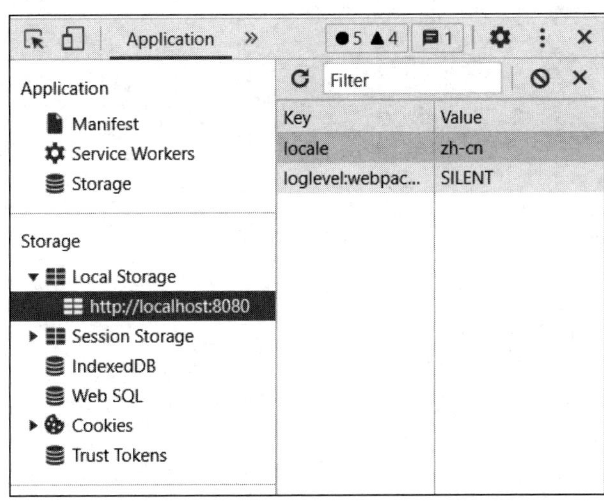


图 9.27　退出成功 Local Storage 中不存在 pm_token

## 9.4.5　404 页面

404 页面作为本项目最简单的页面，没有什么高难技术点，只需要做好布局和编写 CSS 样式即可，最后 404 页面代码如下：

```
<template>
  <div class="font-lg">404</div>
  <div class="font-sm">{{ t('tips404') }}</div>
  <p class="txt-c">
    <el-button type="text"
@click="$router.push('/')">{{ t('backHome') }}</el-button>
  </p>
</template>
<script setup>
const { t } = useI18n();
</script>
<style lang="scss">
.font-lg {
  margin-top: 40px;
  font-size: 150px;
  font-weight: bold;
  text-align: center;
  color: var(--el-color-primary);
}
.font-sm {
  font-size: 26px;
  text-align: center;
}
</style>
```

添加语言翻译如下：

```
// src/i18n/languages/zh-cn.js
export default {
  …
  tips404: "对不起！页面找不到了…",
  backHome: "返回首页",
  form: {
    …
  },
};

// src/i18n/languages/en.js
export default {
  …
  tips404: "Sorry, page Not Found!",
  backHome: "Back to HomePage",
  form: {
    …
  },
};
```

# 9.5 左侧导航栏封装

该项目的整体布局为上下结构，其中主要功能页面下部是左右结构，左侧为功能导航，支持展开收缩导航菜单，右侧是一个路由容器。一般情况下，用户拥有的导航菜单权限是根据用户的系统权限决定的，即导航菜单应该是动态变化的，但在实现动态菜单之前，通常先排除权限问题的影响，考虑先完成所有菜单项的正确展示，即静态菜单。当静态菜单实现之后，再进行权限的判断就会更加容易。

本节将结合路由 vue-router 从静态菜单开始，完整实现导航菜单的功能，然后加入权限判断实现动态导航菜单展示。

## 9.5.1 静态菜单

下面先来实现静态菜单功能。

步骤 01 添加导航对应页面。

该项目系统导航为一个两级树形结构，每一个导航（2 级叶子节点）跳转一个页面。系统主要功能模块分为三大类：应用管理（app）、系统管理（sys）和审计管理（logs）。其中应用管理模块包含用户管理（User）、机构管理（Dept）、角色管理（Role）和资源管理（Resource）4 个子功能模块；系统管理包含用户管理（User）、公告管理（Notice）两个子功能模块；审计日志包含操作日志（Operation）和访问日志（Visit）两个子功能模块。将每个子功能模块看作一个页面，则页面结构如图 9.28 所示。

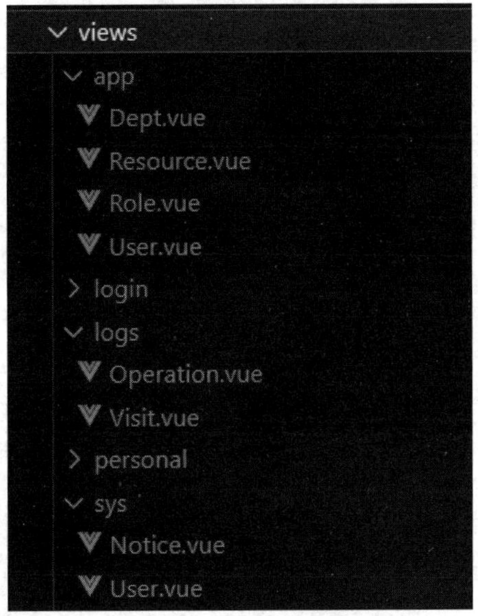


图 9.28　导航页面结构

为每个子模块页面添加简单的测试文本如下：

```
// src/views/app/User.vue
<template>
  <h1>这是应用用户页面</h1>
</template>

// src/views/app/Dept.vue
<template>
  <h1>这是应用机构页面</h1>
</template>

// src/views/app/Role.vue
<template>
  <h1>这是应用角色页面</h1>
</template>

// src/views/app/Resource.vue
<template>
  <h1>这是应用资源页面</h1>
</template>

// src/views/sys/User.vue
<template>
  <h1>这是系统用户页面</h1>
</template>

// src/views/sys/Noice.vue
<template>
  <h1>这是系统公告页面</h1>
</template>

// src/views/logs/Operation.vue
```

```
<template>
  <h1>这是操作日志页面</h1>
</template>

// src/views/logs/Visitr.vue
<template>
  <h1>这是访问日志页面</h1>
</template>
```

步骤 02 构造静态导航树结构。

我们最终需要实现的目标是考虑权限控制的动态菜单，则导航菜单的数据最终是由后端返回的，通常可将导航数据看作一个树形资源结构，这里先实现静态菜单，所以可以先模拟后台数据格式写死一个菜单结构。笔者这里直接修改 mock/data.js 文件，添加这个树形数据并导出，代码如下：

```
// src/mock/data.js
...
export const menuTreeData = [
  {
    name: 'App',
    path: "/app",
    icon: "menu",
    children: [
      {
        name: 'AppUser',
        path: "/app/user",
        icon: "user",
      },
      {
        name: 'AppDept',
        path: "/app/dept",
        icon: "office-building",
      },
      {
        name: 'AppRole',
        path: "/app/role",
        icon: "avatar",
      },
      {
        name: 'AppResource',
        path: "/app/resource",
        icon: "management",
      },
    ],
  },
  {
    name: 'Sys',
    path: "/sys",
    icon: "setting",
    children: [
      {
        name: 'SysUser',
        path: "/sys/user",
        icon: "user-filled",
      },
```

```
          {
            name: 'SysNotice',
            path: "/sys/notice",
            icon: "chat-dot-round",
          },
        ],
      },
      {
        name: 'Logs',
        path: "/logs",
        icon: "document",
        children: [
          {
            name: 'LogsVisit',
            path: "/logs/visit",
            icon: "tickets",
          },
          {
            name: 'LogsOperation',
            path: "/logs/operation",
            icon: "operation",
          },
        ],
      },
    ];
```

步骤 03 修改布局的左侧导航组件 src/layout/components/PageSidebar.vue，使用 Element 的菜单组件 el-menu，引入上一步构造的树形结构数据，完成基本布局，代码如下：

```
    <template>
      <div class="page-sidebar">
        <el-menu :default-active="defaultActive" router
class="sidemenu" :collapse="isCollapse">
          <el-sub-menu v-for="(item, i) in treeData" :key="i" :index="item.path">
            <template #title>
              <el-icon
v-if="item.icon"><component :is="item.icon"></component></el-icon>
              <span>{{ t('menu.${item.name}') }}</span>
            </template>
            <template v-for="(child, ci) in item.children" :key="ci">
              <el-menu-item :index="child.path">
                <el-icon><component :is="child.icon"></component></el-icon>
                {{ t('menu.${child.name}') }}
              </el-menu-item>
            </template>
          </el-sub-menu>
        </el-menu>
      </div>
    </template>
    <script setup>
    import { menuTreeData } from '@/mock/data'
    const route = useRoute();
    const store = useStore();
    const { t } = useI18n();
    const treeData = menuTreeData;
```

```
const defaultActive = computed(() => route.path || treeData.value[0].path)
const isCollapse = ref(false)
</script>
<style lang="scss">
$side-width: 200px;
.page-sidebar {
  .sidemenu.el-menu,
  .sidemenu .el-sub-menu > .el-menu {
     --el-menu-text-color: #ccc;
    --el-menu-hover-bg-color: #060251;
    --el-menu-border-color: transparent;
    --el-menu-bg-color: #000;
    .el-menu-item {
      &.is-active {
        background-color: var(--el-menu-hover-bg-color);
      }
    }
  }
  .sidemenu.el-menu:not(.el-menu--collapse) {
    width: $side-width;
  }
}
</style>
```

**代码说明：**

（1）el-menu 菜单组件设置默认路由 defaultActive，以保证每次刷新页面时对应路由所在的菜单项仍是高亮状态。

（2）el-menu 菜单组件设置 router=true，启用 vue-router 模式，当激活导航时，以 index 作为 path 进行路由跳转。

（3）本系统导航菜单配置的图标都是 Element Plus 图标集内的图标，因此使用 el-icon 标签引入对应图标，由于图标是不固定的，因此这里使用组件形式的图标时采用 component 动态组件，设置 is 树形对应图标组件名称。

步骤 04 添加导航菜单相关翻译如下：

```
// src/i18n/languages/zh-cn.js
export default {
  …
  menu: {
    App: "应用管理",
    AppUser: "用户管理",
    AppDept: "机构管理",
    AppRole: "角色管理",
    AppResource: "资源管理",
    AppPermission: "授权管理",
    Sys: "系统管理",
    SysUser: "用户管理",
    SysNotice: "公告管理",
    Logs: "审计管理",
    LogsVisit: "访问日志",
    LogsOperation: "操作日志",
  },
```

```
};

// src/i18n/languages/en.js
export default {
  …
  menu: {
    App: "Website",
    AppUser: "User",
    AppDept: "Department",
    AppRole: "Role",
    AppResource: "Resource",
    AppPermission: "Permission",
    Sys: "System",
    SysUser: "User",
    SysNotice: "Notice",
    Logs: "Logs",
    LogsVisit: "Visits",
    LogsOperation: "Operations",
  },
};
```

步骤 05 继续修改 src/layout/components/PageSidebar.vue，在纵向导航上方添加一个图标，用于实现展开/收缩功能，代码如下：

```
<template>
  <div class="page-sidebar">
    <div class="collape-bar">
      <el-icon class="cursor" @click="isCollapse = !isCollapse">
        <expand v-if="isCollapse" />
        <fold v-else />
      </el-icon>
    </div>
    <el-menu :default-active="defaultActive" router
class="sidemenu" :collapse="isCollapse">
      …
    </el-menu>
  </div>
</template>
<script>
…
const isCollapse = ref(false)
</script>
<style lang="scss">
$side-width: 200px;
.page-sidebar {
  …
  .collape-bar {
    color: #fff;
    font-size: 16px;
    line-height: 36px;
    text-align: center;

    .c-icon {
      cursor: pointer;
    }
```

```
    }
  }
</style>
```

至此，静态菜单实现完成。登录成功之后，默认进入应用管理-用户管理页面，切换导航菜单，在右侧主体区域可以正确展示对应测试页面的内容，如图 9.29 所示，且折叠/展开功能正常，如图 9.30 所示。

图 9.29　静态菜单默认效果

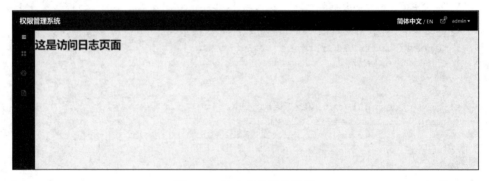


图 9.30　静态菜单折叠效果

## 9.5.2　动态菜单

接下来加入权限控制，动态展示导航菜单。

步骤 01 在 src/apis/personal.js 下添加获取菜单接口，代码如下：

```
// src/apis/personal.js
...
export const menuTree = (data) => {
  return request({
    url: "personal/menuTree",
    method: "get",
    data,
  });
};
```

步骤 02 修改模拟数据的默认用户信息，添加角色组关联关系。

从需求分析看，该实战项目的导航菜单权限由用户角色决定，三个默认用户角色对应三种菜单权限，所以先修改 src/mock/data.js 中的用户列表 users，添加角色信息，代码如下：

```
export const users = [
  {
    name: "visitor",
    roleId: 'visitor',
    password: "visitor",
  },
  {
    name: "master",
    roleId: "master",
    password: "master",
  },
  {
    name: "admin",
    roleId: "admin",
    password: "admin",
  },
];
```

步骤 03 修改 src/mock/data.js 中的 menuTreeData 构造数据，添加菜单 id、菜单父级 id 等元数据信息，模拟真实后台返回数据，代码如下：

```
…
export const menuTreeData = [
  {
    id: 1,
    parentId: 0,
    name: 'App',
    path: "/app",
    icon: "menu",
    children: [
      {
        id: 11,
        parentId: 1,
        name: 'AppUser',
        path: "/app/user",
        icon: "user",
      },
      {
        id: 12,
        parentId: 1,
        name: 'AppDept',
        path: "/app/dept",
        icon: "office-building",
      },
      {
        id: 13,
        parentId: 1,
        name: 'AppRole',
        path: "/app/role",
        icon: "avatar",
```

```
      },
      {
        id: 14,
        parentId: 1,
        name: 'AppResource',
        path: "/app/resource",
        icon: "management",
      },
    ],
  },
  {
    id: 2,
    parentId: 0,
    name: 'Sys',
    path: "/sys",
    icon: "setting",
    children: [
      {
        id: 21,
        parentId: 2,
        name: 'SysUser',
        path: "/sys/user",
        icon: "user-filled",
      },
      {
        id: 22,
        parentId: 2,
        name: 'SysNotice',
        path: "/sys/notice",
        icon: "chat-dot-round",
      },
    ],
  },
  {
    id: 3,
    parentId: 0,
    name: 'Logs',
    path: "/logs",
    icon: "document",
    children: [
      {
        id: 31,
        parentId: 3,
        name: 'LogsVisit',
        path: "/logs/visit",
        icon: "tickets",
      },
      {
        id: 32,
        parentId: 3,
        name: 'LogsOperation',
        path: "/logs/operation",
        icon: "operation",
      },
    ],
```

```
  },
];
```

步骤04 在 src/mock/modules/personal.js 中添加 menuTree 接口模拟返回函数，引入构造的 menuTreeData，然后根据角色返回对应的菜单数据，代码如下：

```
// src/mock/modules/personal.js
import { users, menuTreeData } from "../data";
…
export function menuTree() {
  return {
    url: "personal/menuTree",
    type: "get",
    response: () => {
      const token = localStorage.getItem('pm_token');
      if (!token) {
        return {
          code: 200,
          msg: ''
        }
      }
      const name = token.split('@')[0]
      const info = users.find(v => v.name === name)
      const role = info.roleId;
      let treeData = [menuTreeData[2]];
      switch (role) {
        case "admin":
          treeData = menuTreeData;
          break;
        case "master":
          treeData = [menuTreeData[0], menuTreeData[2]];
          break;
        case "visitor":
          treeData = [menuTreeData[2]];
          break;
        default:
          break;
      }

      return {
        code: 200,
        data: treeData,
      };
    },
  };
}
```

步骤05 管理菜单加载状态，将菜单加载状态看成系统全局的状态，修改 src/store/index.js 如下：

```
import { createStore } from 'vuex'
// 引入子模块
import user from './modules/user'
export default createStore({
  state: {
    routeLoaded: false, // 菜单和路由是否已经加载
```

```
    firstRoute: null, // 第一个路由，用于进入主页时的 redirect
    menuTree: null // 菜单树
  },
  mutations: {
    setRouteLoaded(state, loaded) {
      // 改变菜单和路由的加载状态
      state.routeLoaded = loaded;
    },
    setFirstRoute(state, route) {
      state.firstRoute = route;
    },
    setMenuTree(state, data) {
      state.menuTree = data;
    }
  },
  modules: {
    user
  }
})
```

步骤 06 动态添加路由。

（1）去掉 src/router/index.js 中不需要的路由，包括：

- 需要根据权限返回的路由定义。
- 全匹配 404 路由定义 path: "/:pathMatch(.*)*"。

因为若该路由定义存在，则在动态路由未添加完成之前，访问的系统内页路由将找不到匹配路由，会直接匹配该路由定义而跳转 404 页面，无法达到正确跳转，所以将其抽出来，待权限路由添加完成后，再手动添加 404 路由。

最后 src/router/index.js 只保留登录、404 和个人中心页面路由的定义，代码如下：

```
import { createRouter, createWebHashHistory } from "vue-router";
import Layout from "@/layout/index.vue";
const routes = [
  {
    path: "/",
    name: "Home",
    component: Layout,
    children: [
      {
        path: "login",
        name: "Login",
        component: () => import("@/views/login"),
      },
      {
        path: "404",
        name: "NotFound",
        component: () => import("@/views/404"),
      },
      {
        path: "personal",
        name: "Personal",
        meta: {
```

```
          requireAuth: true,
        },
        component: () => import("@/views/personal"),
        children: [
          {
            path: "message",
            name: "PersonalMessage",
            meta: {
              requireAuth: true,
            },
            component: () => import("@/views/personal/Message.vue"),
          },
        ],
      },
    ],
  },
];
const route404 = {
  path: "/:pathMatch(.*)*",
  name: "404",
  redirect: "/404",
};
const router = createRouter({
  history: createWebHashHistory(process.env.BASE_URL),
  routes,
});
router.beforeEach(to => {
…
})
export default router;
```

（2）定义动态添加路由的方法，使用 vue-router 的 addRoute 方法添加动态路由。

定义一个动态添加路由的方法 addDynamic，通过一个状态 routeLoaded 判断动态路由是否已经添加过，如果添加过就不做任何处理，如果没有添加过，则调用前面定义的 menuTree 用户菜单接口，根据返回的菜单信息拼接路由（笔者将这一过程提取为一个方法 addDynamicRoutes，传入当前处理的数据和其父级数据，递归处理树形结构信息），当处理完动态路由信息后，手动添加完全匹配 404 页面的路由定义，并修改路由状态为已添加，然后存储当前已加载的用户菜单信息。即在 src/router/index.js 中添加两个方法，代码如下：

```
import { createRouter, createWebHashHistory } from "vue-router";
import Layout from "@/layout/index.vue";
import PageFrame from "@/layout/components/PageFrame.vue";
import store from "@/store";
import { menuTree } from "@/apis/personal";
const routes = [
  …
];
const route404 = {
  path: "/:pathMatch(.*)*",
  name: "404",
  redirect: "/404",
};
```

```
const router = createRouter({
  …
});
router.beforeEach(to => {
…
})
function addDynamic() {
  if (store.state.routeLoaded) {
    return;
  }
  return menuTree().then((res) => {
    // 添加动态路由
    if (res.data && res.data.length) {
      addDynamicRoutes(res.data);
    }
    router.addRoute(route404);
    store.commit("setRouteLoaded", true);
    // 保存菜单树
    store.commit("setMenuTree", res.data);
  });
}
// 动态引入 views 下所有.vue 文件（组件）
const modules = import.meta.glob('../views/**/*.vue');
function addDynamicRoutes(data, parent) {
  data.forEach((item, i) => {
    const route = {
      path: item.path,
      name: item.name,
      meta: {
        title: item.title,
        icon: item.icon,
      },
      children: []
    };
    if (parent) {
      if (item.parentId !== 0) {
        const compParr = item.path.replace("/", "").split("/");
        const l = compParr.length - 1;
        const compPath = compParr
          .map((v, i) => {
            return i===l ? v.replace(/\w/, (L) => L.toUpperCase()) + ".vue" : v;
          })
          .join("/");
        route.path = compParr[l];
        // 设置动态组件
        route.component = modules['../views/${compPath}'];
        parent.children.push(route);
      }
    } else {
      if (item.children && item.children.length) {
```

```
        route.redirect = item.children[0].path;
        addDynamicRoutes(item.children, route)
      }
      route.component = PageFrame;
      if (i === 0) {
        store.commit("setFirstRoute", route);
      }
      router.addRoute("Home", route);
    }
  });
}
```

**代码说明：**

在 Vite 中可以使用 import.meta.glob 方法动态引入资源，这种引入方式默认是懒加载的，所以非常适合在动态加载路由的时候用于动态引入组件，在 addDynamicRoutes 方法中设置路由的 component 时调用这个方法。

（3）修改前置导航守卫，调用动态添加路由的方法。

这个前置导航守卫有几个要点：

- 如果要跳转的是登录页面，但是当前用户已登录，则直接跳转到首页。
- 如果是其他路由，且该路由配置为需要登录校验，但用户未登录，则直接跳转到登录页面。
- 如果是其他路由，且该路由配置为需要登录校验，用户已登录时动态加载菜单，加载完成后进行跳转判断：如果要跳转的路由没有 name 属性，但在动态路由中有该路径 path 的匹配，则说明要跳转的路由是动态添加的路由，需要重新跳转该路由进行匹配；如果匹配的是首页，则直接跳转到第一个导航。

最后，添加的路由导航如下：

```
import { createRouter, createWebHashHistory } from "vue-router";
import Layout from "@/layout/index.vue";
import PageFrame from "@/layout/components/PageFrame.vue";
import store from "@/store";
import { menuTree } from "@/apis/personal";
const routes = [
  …
];
const route404 = {
  path: "/:pathMatch(.*)*",
  name: "404",
  redirect: "/404",
};
const router = createRouter({
  …
});

router.beforeEach(async (to) => {
  const isLogin = store.getters["user/isLogin"];
```

```
  if (to.path === "/login") {
    if (isLogin) {
      return { name: "Home" };
    }
    return true;
  }
  if (to.meta.requireAuth) {
    if (!isLogin) {
      return { name: "Login" };
    }
  }
  await addDynamic();
  if (!to.name && hasRoute(to)) {
    return { ...to };
  }
  if (to.path === "/" && store.state.firstRoute) {
    return store.state.firstRoute;
  }
  return true;
});
function hasRoute(to) {
  const item = router.getRoutes().find((item) => item.path === to.path);
  return !!item;
}
async function addDynamic() {
  ...
}

function addDynamicRoutes(data, parent) {
  ...
}
export default router;
```

步骤07 修改 src/layout/components/PageSidebar.vue 的脚本，菜单数据取自 store，代码如下：

```
<script setup>
import { ref, computed } from 'vue'
import { useRoute } from 'vue-router'
import { useStore } from 'vuex'
// import { menuTreeData } from '@/mock/data'
const route = useRoute();
const store = useStore();
// const treeData = menuTreeData;
const treeData = computed(() =>  store.state.menuTree);
const defaultActive = computed(() => route.path || treeData.value[0].path)
const isCollapse = ref(false)
</script>
```

步骤08 修改登录页面的提交动作，当更新用户时，将路由加载状态设置为未加载，以确保切换用户后可以根据新用户更新导航菜单和路由，则修改 src/views/login/index.vue 脚本如下：

```
<script>
…
function doLogin() {
  formRef.value.validate((valid) => {
    if (!valid) return;
    loading.value = true;
    login(form).then((res) => {
      store.commit('user/setToken', res.data.token);
      store.dispatch('user/refreshInfo');
      store.commit("setRouteLoaded", false);
      // localStorage.setItem('pm_token', res.data.token)
      router.push("/");
    }).finally(() => {
      loading.value = false;
    })
  });
}
</script>
```

至此，动态菜单实现完成。退出登录页面后，分别使用 admin/admin、master/master、visitor/visitor 三个用户名/密码进行登录，可以看到系统默认用户 admin 拥有完全菜单权限，登录成功后跳转的页面是应用管理模块的用户管理页面，如图 9.31 所示；系统默认用户 master 拥有应用管理和审计管理菜单权限，登录成功后跳转的页面是应用管理模块的用户管理页面，如图 9.32 所示；系统默认用户 visitor 仅拥有审计管理菜单权限，登录成功后跳转的页面是审计管理的访问日志页面，如图 9.33 所示。

图 9.31　系统默认用户 admin 登录成功后的效果

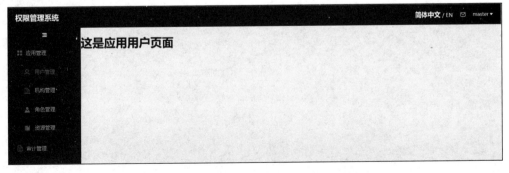


图 9.32　系统默认用户 master 登录成功后的效果

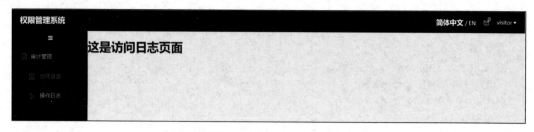


图 9.33　系统默认用户 visitor 登录成功后的效果

# 第 10 章

## 实现各模块分页表格展示

通过前面两章的学习，项目已经具备了软硬基础，一切准备就绪，可以正式开始一一实现项目的具体功能了。从需求的简要介绍可以了解到，各模块的子模块的入口文件基本上都是一个带分页条的表格组件，由于在多个页面上使用，各页面数据和组件配置上存在一定的差异性，因此可以考虑将这样的两个组件封装成一个组件并在全局注册使用。本章将带领读者一起实现各模块分页表格展示。

通过本章的学习，读者可以：

- 掌握通用分页表格组件的封装思路和方法。
- 掌握封装的 Axios 和 Mock.js 的使用方式。
- 掌握 Element 表格组件 Table、分页组件 Pagination、消息提示组件 Message、消息弹框 MessageBox 的 confirm 方法的使用方式。

## 10.1 通用分页表格组件的封装

本章开篇提到，各模块的子模块的入口文件基本上都是一个带分页条的表格组件，所以类似的分页表格将会在多个页面上使用，可以考虑封装成一个组件来使用。那么，可以先在 src/components 下创建一个 CmTable.vue 文件，根据如下封装思路实现通用分页表格组件的封装。

### 1. 组件组成结构

该组件由 el-table 和 el-pagination 两个组件和一个批量删除按钮组成，如果表格可操作批量删除，那么批量删除的按钮会放在表格尾部，将这个按钮与分页组件看作该组件底部的工具，与分页组件分别放于工具栏左右两侧，则可初始化组件模板内容如下：

```
<template>
  <div>
```

```
    <!--表格栏-->
    <el-table>
    </el-table>
    <!--分页栏-->
    <div>
      <el-button
        type="danger"
      >{{ t('action.batchDelete') }}</el-button>
      <el-pagination></el-pagination>
    </div>
  </div>
</template>
```

### 2. 处理表格和分页数据显示

该组件接收一个 getPage 方法作为分页数据获取方法，获取的数据格式统一，重要属性包含 content 和 totalSize，content 为表格组件数据，totalSize 为分页组件总记录数，代码如下：

```
{
content: []
totalSize: 2
}
```

除了表格数据对象外，el-table 还支持设置很多属性和事件，而每个表格绑定什么属性和事件是不固定的，为了能够将这些不固定的配置都正确应用到该组件的子组件中，可以考虑将表格 el-table 支持的属性和事件通过 props 传入组件，然后在 el-table 上通过 v-bind=" $attrs" 将所有属性和事件绑定到 el-table 上，这样也会将 el-table 不支持的属性和事件绑定到 el-table 上，但并不影响该组件和子组件 el-table 的功能，而对于 el-table 支持的属性都会得到 el-table 的正确响应，所以修改组件代码如下：

```
<template>
  <div>
    <!--表格栏-->
    <el-table
      :data="data.content"
v-bind=" $attrs"
    >
    </el-table>
    <!--分页栏-->
    <div>
      <el-button
        type="danger"
      >{{ t('action.batchDelete') }}</el-button>
      <el-pagination
        :total="data.totalSize || 0"
      ></el-pagination>
    </div>
  </div>
</template>
```

当组件渲染时，调用 getPage 定义的方法获取数据，这个方法通过封装的 Axios 请求方法发送请求，是一个异步操作，返回的是一个 Promise，前端将通过处理这个 Promise 响应后端返回。

该方法传入的参数包括分页参数和过滤参数，分页参数包括页码 pageNum 和每页记录数 pageSize，过滤参数通过属性 filters 对象传入组件。

本系统使用这个通用分页列表组件的接口返回有两种格式：一种是对象格式，在数据量较大的情况下，后端进行分页后，返回展示表格需要的数据和分页数据（当前请求页码 pageNum、当前请求每页记录数 pageSize 和总记录数 totalSize 等）；另一种是对象数组格式，在数据量不会非常多的情况下，后端将不进行分页处理，直接返回所有数据，这些数据直接用于表格展示。在后端正确返回时，需考虑处理这两种情况。

另外，在开始发送请求前，设置一个加载中的状态交互更加友好，所以修改组件代码模板及脚本，添加获取数据的方法如下：

```
<template>
  <div v-loading="loading">
    <!--表格栏-->
    <el-table
 …
    >
    </el-table>
    <!--分页栏-->
    <div>
      …
    </div>
  </div>
</template>
<script setup>
const props = defineProps({
  getPage: Function, // 获取表格分页数据的方法
  filters: Object,
})
const { t } = useI18n();
const loading = ref(false)
const pageRequest = reactive({
  pageNum: 1,
  pageSize: 10,
})
const data = ref({});
// 分页查询
function findPage() {
  if (!props.getPage) {
    return;
  }
  loading.value = true;
  const req = props.getPage({ ...pageRequest, ...(props.filters || {}), sortby: 
props.sortby });
  if (Object(req).constructor === Promise) {
    req.then(res => {
      if (res.data instanceof Array) {
        data.value = {
          content: res.data,
          totalSize: res.data.length
        }
      } else {
        data.value = res.data;
```

```
      }
    }).catch(() => {
      data.value = {}
    }).finally(() => {
      loading.value = false;
    });
  }
}
</script>
```

### 3. 处理分页组件显示及分页/单页记录数切换时的展示

该组件接收一个是否显示分页组件的标识 showPagination，Boolean 类型值，默认为 true，用于显示分页组件。当分页组件显示时，可通过切换分页来改变 el-table 的表格数据，即分页切换或者单页记录数切换时，调用 getPage 定义的方法获取对应分页或对应单页记录数的数据。

另外，本实战项目的分页组件统一布局方式，固定分页元件（layout 属性）和单页记录数切换列表（page-sizes 属性），该组件默认显示第 1 页的数据，而且在很多场景下（比如单击“搜索”按钮）都会查询第 1 页的数据，因此该组件通过 expose 主动开放两个查询函数 refresh 和 reload，用于刷新和重载表格数据以供外部调用，同时在该组件渲染时默认查询第 1 页的数据进行展示，则完善 el-pagination 模板和脚本如下：

```
<template>
  <div v-loading="loading">
    <!--表格栏-->
    <el-table
 ...
    >
    </el-table>
    <!--分页栏-->
    <div>
      ...
      <el-pagination
        v-if="showPagination"
        v-model:currentPage="pageRequest.pageNum"
        v-model:page-size="pageRequest.pageSize"
        :page-sizes="[10, 20, 50, 100, 200]"
        layout="total, prev, pager, next, sizes, jumper"
        :total="data.totalSize || 0"
        @size-change="handleSizeChange"
        @current-change="handlePageChange"
      ></el-pagination>
    </div>
  </div>
</template>
<script setup>
const props = defineProps({
  getPage: Function, // 获取表格分页数据的方法
  filters: Object,
  showPagination: {
    type: Boolean,
    default: true
  },
})
```

```
const loading = ref(false)
const pageRequest = reactive({
  pageNum: 1,
  pageSize: 10,
})
// 分页查询
function findPage() {
  …
}
function reload() {
  handlePageChange(1);
}
function handleSizeChange(pageSize) {
  pageRequest.pageSize = pageSize;
  pageRequest.pageNum = 1;
  findPage();
}
// 换页刷新
function handlePageChange(pageNum) {
  pageRequest.pageNum = pageNum;
  findPage();
}
reload();
defineExpose({
  refresh: findPage,
  reload,
})
</script>
```

### 4. 处理表格数据列显示

该组件接收一个 columns 对象数组作为表格列配置，该配置数组对象的属性与 el-table-column 可支持的属性一致，所以遍历该配置各项时可通过 v-bind 绑定每一个配置项数据来动态绑定表格的数据列属性和事件，可节省重复编写 el-table-column 代码的时间，则修改组件如下：

```
<template>
  <div class="cm-table">
    <!--表格栏-->
    <el-table
      :data="data.content"
     v-bind=" $attrs"
    >
      <el-table-column
        v-for="column in columns"
        :key="column.prop"
      v-bind="column"
      >
      </el-table-column>
    </el-table>
    <!--分页栏-->
    <div>
      …
    </div>
  </div>
</template>
```

```
<script setup>
const props = defineProps({
  …
  columns: Array, // 表格列配置
})
</script>
```

### 5. 处理表格操作列显示和批量删除按钮显示及处理方法

该组件接收一个是否显示操作列的标识 showOperation，Boolean 类型值，默认为 true，根据传入的 operations 对象数组数据显示操作列按钮。

- 操作列为固定在右侧的列，允许通过传入 oprWidth 设置列宽，默认列宽为 185px。
- operations 对象数组用于配置操作列各按钮，默认支持两种按钮：编辑（操作类型为 edit）和删除按钮（操作类型为 delete）。
- operations 对象数组支持配置按钮单击事件 onClick，如果有该项配置，则操作按钮的单击事件处理函数响应 onClick 配置的处理函数，否则除了两个默认按钮（编辑和删除按钮）响应默认处理事件外，其他按钮无单击事件。
- operations 对象数组支持配置按钮显示条件函数 show，传入对应行数据，若不配置这个方法，则默认显示对应操作按钮。
- operations 对象数组支持配置按钮是否禁用条件函数 disabled，传入对应的行数据，若不配置这个方法，则默认对应操作按钮可用。
- 编辑按钮响应父组件传入的 handleEdit 事件处理方法。
- 删除和批量删除按钮最终响应父组件传入的 handleDelete 事件处理方法。

删除和批量删除按钮被看作同一类操作，区别仅在于是删除一条记录还是删除多条记录。在本实战项目中，列表都存在唯一主键 id，删除操作是请求后端删除接口，后端通过传入的记录 id 进行删除，所以这两个按钮的处理方法最终合为一个。

由于删除操作属于危险操作，因此在调用后台接口之前，要弹出确认删除的提示框，待用户确认后响应父组件绑定的 handleDelete 事件处理函数，该函数传入需要删除的记录 id（多个 id 用逗号分隔）和统一回调方法（用于统一处理后端接口响应结果，当删除接口返回成功时，调用该方法弹出操作成功提示后重载列表数据）。

为处理批量删除多个 id 的计算，在 el-table 上绑定一个 select-change 事件，获取选中的记录，从而获取选中记录的 id，如果在父组件也设置了 select-change 事件，由于之前用 v-bind=$attrs 将所有属性和事件都绑定到 el-table 上，因此 el-table 会处理来自父组件的 select-change 事件，也会处理在组件中 el-table 子组件定义的 select-change 事件。

另外，该组件接收一个是否显示批量删除按钮的标识 showBatchDelete，Boolean 类型值，默认为 true，显示批量删除按钮。如果没有选中项，则不允许操作批量删除。

所以修改组件代码如下：

```
<template>
  <div v-loading="loading">
    <!--表格栏-->
    <el-table
      :data="data.content"
```

```
      v-bind="$attrs"
      @selection-change="selectionChange"
    >
      …
      <el-table-column
        v-if="showOperation"
        fixed="right"
        :label="t('action.operation')"
      >
        <template #default="{ row }">
          <template v-for="(opr, i) in operations" :key="i">
            <template v-if="isShow(opr.show, row)">
            <el-button
             v-if="opr.type === 'edit'"
             type="text"
             :disabled="isDisabled(opr.disabled, row)"
             @click="handleEdit(row)"
          >{{ t('action.edit') }}</el-button>
              <el-button
                v-else-if="opr.type === 'delete'"
                type="text"
                class="danger"
           :disabled="isDisabled(opr.disabled, row)"
                @click="handleDelete(row)"
              >{{ t('action.delete') }}</el-button>
              <el-button
                v-else
                type="text"
           :disabled="isDisabled(opr.disabled, row)"
                @click="opr.onClick(row) "
              >{{ opr.label }}</el-button>
            </template>
          </template>
        </template>
      </el-table-column>
    </el-table>
    <!--分页栏-->
  <div>
    <el-button
     v-if="showBatchDelete"
     type="danger"
     :disabled="selections.length === 0"
     @click="handleBatchDelete()"
    >{{ t('action.batchDelete') }}</el-button>
      …
    </div>
  </div>
</template>
<script setup>
const props = defineProps({
  …
  showOperation: {
    // 是否显示操作组件
    type: Boolean,
    default: true,
```

```
  },
  operations: {
    type: Array,
    default: () => {
      return [
        {
          type: 'edit'
        },
        {
          type: 'delete'
        }
      ]
    }
  },
  oprWidth: {
    type: Number,
    default: 185
  },
  showBatchDelete: {
    // 是否显示操作组件
    type: Boolean,
    default: true,
  },
})
const emit = defineEmits(['handleEdit', 'handleDelete']);
…
function isShow(showFn, row) {
  if (showFn && typeof showFn === 'function') {
    return showFn(row)
  }
  return true;
}
function isDisabled(disabledFn, row) {
  if (disabledFn && typeof disabledFn === 'function') {
    return disabledFn(row)
  }
  return false;
}
// 编辑
function handleEdit(row) {
  emit("handleEdit", row);
}

// 删除
function handleDelete(row) {
  onDelete(row.id);
}

const selections = ref([]);
function selectionChange(slts) {
  selections.value = slts;
}
// 批量删除
function handleBatchDelete() {
  let ids = selections.value.map((item) => item.id).toString();
```

```
  onDelete(ids);
}

// 删除操作
function onDelete(ids) {
  ElMessageBox.confirm(t('tips.deleteConfirm'), t('tips.deleteTitle'), {
    confirmButtonText: t('action.confirm'),
    cancelButtonText: t('action.cancel'),
    type: "warning",
    draggable: true,
  }).then(() => {
    const callback = () => {
      ElMessage({ message: t('tips.success'), type: "success" });
      reload();
    };
    emit("handleDelete", ids, callback);
  }).catch(() => { });
}
</script>
```

### 6. 添加样式

代码如下：

```
<template>
  <div v-loading="loading" class="cm-table">
    <!--表格栏-->
    <el-table
      class="cm-table__tb"
      …
    >
      …
    </el-table>
    <!--分页栏-->
    <div class="cm-table__toolbar">
      …
      <el-pagination
        class="cm-table__pagination"
        …
      ></el-pagination>
    </div>
  </div>
</template>
<style lang="scss" scoped>
.cm-table__tb {
  border: 1px solid #eee;
  border-bottom: none;
  width: 100%;
}
.cm-table__toolbar {
  padding: 10px 5px;
  &:after {
    content: "";
    display: table;
    clear: both;
```

```
  }
}
.cm-table__pagination {
  float: right;
  padding-right: 0;
}
.danger {
  color: var(--el-color-danger) !important;
}
</style>
```

### 7. 添加翻译

代码如下：

```
// src/i18n/language/en.js
export default {
  …
  action: {
    operation: "Operation",
    add: "Add",
    edit: "Edit",
    delete: "Delete",
    batchDelete: "Batch Delete",
  },
};

// src/i18n/language/zh-cn.js
export default {
  …
  action: {
    operation: "操作",
    add: "新增",
    edit: "编辑",
    delete: "删除",
    batchDelete: "批量删除"
  },
};
```

至此，通用分页组件封装完成。因为这个组件在多个页面都会用到，如果作为局部组件，就需要在多个组件多次引入并注册，但在全局注册该组件，就可以在需要用到的页面中直接使用该组件的标签，减少了重复引入的工作，从而可以提高效率。所以需要修改 src/main.js 文件，全局引入并注册该组件，代码如下：

```
…
import CmTable from "@/components/CmTable.vue";

const app = createApp(App);
for (const name in ElIcons) {
  …
}
app.component(CmTable.name, CmTable);
app.use(router).use(store).use(i18n).mount("#app");
```

# 10.2　各模块入口页面的实现

本节将通过使用前面封装的通用分页表格组件实现各个列表页面的功能。功能模块由简入繁（审计模块→系统模块→应用模块）进行讲解，通过本节的学习，相信读者可以对组件的封装和应用有更加深入的了解。

## 10.2.1　审计管理

审计管理模块是供用户查看系统相关日志记录以方便排查问题的，目前该模块的设计还比较简单，仅包含访问日志和操作日志两个分页表格，所有用户进入系统都能访问这两个日志列表，不同的是普通用户（visitor）仅能查看自己访问和操作系统的情况，超级管理员（admin）和管理员（master）可以查看系统所有用户访问和操作系统的情况（这些功能是由后端进行控制返回的）。

这两个表格相似，区别在于展示的字段和过滤字段不一样，该模块的列表没有操作列，是最简单的分页表格展示，所以只要实现一个页面，另一个页面表格就能模仿完成。

下面来看访问日志页面的实现步骤。

步骤 01 在 src/apis 下新建一个 logs-visit.js 文件，用于管理访问日志相关的接口，并添加列表查询接口函数如下：

```
import request from "@/request";

// 分页查询
export const listPage = (data) => {
  return request({
    url: "/logs/visit/listPage",
    method: "get",
    data,
  });
};
```

步骤 02 在 src/mock/modules 下创建一个 logs-visit.js 文件，用于管理访问日志相关接口的模拟函数，并添加模拟函数如下：

```
// 分页查询
export function listPage() {
  return {
    url: "logs/visit/listPage",
    type: "get",
    response: (opts) => {
      const { pageNum, pageSize } = opts.data;
      const totalSize = 105;
      const key = pageNum * pageSize < totalSize ? 'content|${pageSize}' :
'content|${totalSize%pageSize}'
      return {
        code: 200,
        msg: null,
        data: {
          pageNum,
```

```
          pageSize,
          totalSize,
          [key]: [
            {
              id: "@increment",
              createdTime: "@date @time",
              "username|1": ["admin", 'visitor', 'master', '@word'],
              "status|1": ["登录", "退出"],
              ip: "@ip",
              duration: "@integer(0, 1000)",
            },
          ],
        },
      };
    },
  };
}
```

该模拟函数仅简单模拟后端接口返回的数据，如果需要查看不同的返回结果对应的页面展示效果，则修改这个模拟返回的数据即可，或者有需要的话，前端再配合各种缓存技术模拟后端处理数据的逻辑，使之形成一个闭环。但通常我们无须这么做，因为笔者认为前端关注的应当是前端的逻辑和页面的交互效果，不应该花费大量时间在模拟后端过程处理上，所以只需要适时改变返回数据，查看不同返回结果的正确性即可。

步骤03 在 mock 的入口文件 src/mock/index.js 中引入该模块并调用 mock 函数，将该模块加入模拟当中。

这里有一个考虑，后面我们还有多个模块要进行接口模拟，每次新增一个模块都要修改一次 mock 的入口文件进行引入，再调用 mock 方法模拟该模块的接口返回，实在太麻烦了，有没有一种方法可以不用反复手动引入再模拟，只要加入一个模块就能自动加入模拟队列，即某个模块不需要模拟数据也可以进行排除，从而使我们可以只关注修改各模块的接口模拟函数呢？

答案是有。Vue CLI 底层是通过 Webpack 进行打包的，它提供一个 require.context 方法可以引入对应规则的文件。下面先来简单了解这个方法的使用。

```
require.context(directory, useSubdirectories, regExp, mode = 'sync')
```

- directory：表示检索的目录。
- useSubdirectories：表示是否检索子文件夹。
- regExp：匹配文件的正则表达式。
- mode：加载模式，即同步/异步。

接下来在 src/mock/index.js 中使用这个方法，src/mock/modules 下的所有模块自动引入，并调用 mock 函数应用数据模拟，则修改如下：

```
import Mock from "mockjs";
import config from "@/request/config";
const moduleFiles = require.context('./modules', true, /.js$/)
const modules = {};
moduleFiles.keys().forEach(fileName => {
  let name = fileName.replace('./', '')
```

```
07   name = name.substring(0, name.length - 3).replace(/-(\w)/g, (L) => L.toUpperCase()).replace(/-/g, '');
08   modules[name] = moduleFiles(fileName);
09 })
10 const { baseURL } = config;
11 const openMock = true;
12 // 模拟所有模块
13 mockAll(modules, openMock);
14 function mockAll(modules, isOpen = true) {
15   for (const k in modules) {
16     mock(modules[k], isOpen);
17   }
18 }
19 …
```

上面的代码中，读者可关注到通过 require.context 方法引入了 modules 下的所有 JS 文件（第 03 行），并放在一个 modules 对象中，通过小写驼峰命名（第 07 行），然后在 mockAll 方法中遍历 modules 对象，模拟所有模块（第 14~18 行），如果需要排除默写模块，则可以在 mockAll 方法中进行排除。

这样，后续在 src/mock/modules 中添加的模拟模块都能自动引入了。使用 require.context 方法，同样在状态管理模块引入，也可以做成自动化引入方式，读者可以自行尝试。

**步骤 04** 在 src/views/logs 下创建 Visit.vue 文件，进行布局和分页表格使用，以实现功能，代码如下：

```
<template>
  <div class="main-body">
    <!--工具栏-->
    <div class="toolbar">
      <el-form :inline="true" :model="filters">
        <el-form-item>
          <el-input v-model="filters.username" :placeholder="t('form.username')"></el-input>
        </el-form-item>
        <el-form-item>
          <el-button
            icon="search"
            type="primary"
            @click="findPage"
          >{{ t('action.search') }}</el-button>
        </el-form-item>
      </el-form>
    </div>
    <!--表格内容栏-->
    <cm-table
      ref="tableRef"
      :get-page="listPage"
      :filters="filters"
      :columns="columns"
      :showOperation="false"
      :showBatchDelete="false"
    ></cm-table>
  </div>
</template>
```

```
29 <script setup>
30 import { listPage } from '@/apis/logs-visit'
31 const { t } = useI18n();
32 const tableRef = ref();
33 const filters = reactive({
34   username: ''
35 });
36 const columns = computed(() => [
37   { prop: "id", label: t("thead.ID"), minWidth: 60 },
38   { prop: "username", label: t("thead.username"), minWidth: 100 },
39   { prop: "status", label: t("thead.status"), minWidth: 120 },
40   { prop: "ip", label: t("thead.IP"), minWidth: 120 },
41   { prop: "duration", label: t("thead.duration"), minWidth: 80 },
42   { prop: "createdTime", label: t("thead.visitTime"), minWidth: 120 },
43 ])
44
45 // 获取分页数据
46 const findPage = () => {
47   tableRef.value.reload();
48 }
49 </script>
```

**代码说明：**

（1）该页有一个搜索栏，支持通过用户名称进行搜索（第 04~17 行），对应脚本中的 filters（第 36~38 行）将传入通用分页表格组件中（第 22 行），该搜索栏的查询按钮调用通用分页表格组件的获取数据方法 findPage（对应单击事件：第 13 行， 对应方法：第 46~48 行）。

（2）引入访问日志模块的获取列表方法（第 31 行），通过 get-page 属性传递给通用分页表格组件（第 21 行）。

（3）表格列数据通过 columns 属性传递给通用分页表格组件（第 23 行）。

（4）表格设置不显示操作列和批量删除按钮（第 24、25 行）。

步骤 05 添加翻译内容如下：

```
// src/i18n/language/zh-cn.js
export default {
  …
  thead: {
    ID: "ID",
    IP: "IP",
    operator: "操作人",
    operation: "操作",
    operateTime: "操作时间",
    visitTime: "访问时间",
    duration: "耗时 (ms)",
username: "用户名",
createdTime: "创建时间",
  },
};

// src/i18n/language/en.js
export default {
  …
```

```
    thead: {
      ID: "ID",
      IP: "IP",
      operator: "Operator",
      operation: "Operation",
      operateTime: "OperateTime",
      visitTime: "VisitTime",
      duration: "Duration (ms)",
      username: "Username",
      status: "Status",
    },
  };
```

至此，访问日志页面完成。打开页面进行查看，可以看到列表正常展示，分页组件切换正常。输入查询条件，单击“查询”按钮，可以看到开发者工具 Console 面板打印的参数正常，如图 10.1 所示，如果对传参是否正确仍然不放心，可以在 mock 中关闭数据模拟，然后在开发者工具的 Network 面板查看对应请求参数即可。

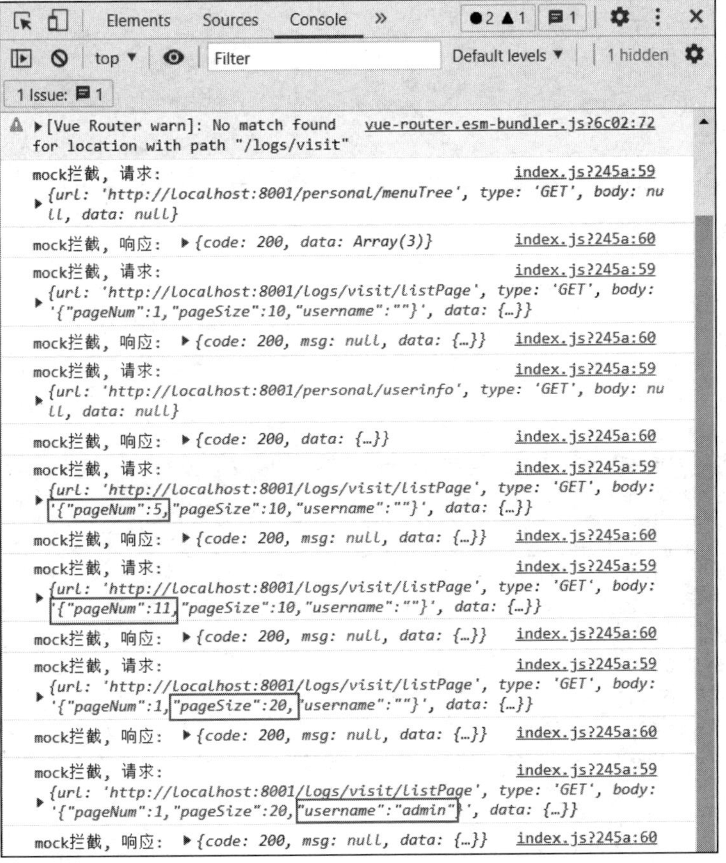

图 10.1 访问日志页面请求响应

同理，操作日志页面分页表格数据展示类似，这里不再重复说明，读者可自行从项目源码中进行学习。

## 10.2.2 系统管理

系统管理模块功能的复杂度仅次于审计管理模块，用于管理本系统相关的功能，仅支持超级管理员访问，目前设计也相对简单，仅包含用户管理和公告管理两个通用分页表格。用户管理用于管理系统登录用户，因为该系统不提供注册功能，所以所有用户账号/密码都在这里添加，后续用户可以通过个人中心进行密码修改；公告管理用于管理面向全站推送的公告。

两个表格都支持编辑和删除及批量删除功能，两个表格从整体展示上相似，因此也是完成一个页面展示后，另一个页面也可以快速模仿完成。

下面先来看公告管理页面的实现步骤。

步骤 01 在 src/apis 下新建一个 sys-notice.js 文件，用于管理系统用户相关的接口，并添加列表查询接口函数如下：

```
import request from "../request";
export const listPage = (data) => {
  return request({
    url: "sys/notice/listPage",
    method: "get",
    data,
  });
};
```

步骤 02 在 src/mock/modules 下创建一个 sys-notice.js 文件，用于管理系统用户相关接口的模拟函数，并添加模拟函数如下：

```
// 分页查询
export function listPage() {
  return {
    url: "sys/notice/listPage",
    method: "get",
    response: (opts) => {
      const { pageNum, pageSize } = opts.data;
      const totalSize = 4;
      const content =
        pageNum * pageSize < totalSize
          ? 'content|${pageSize}'
          : 'content|${totalSize % pageSize}';
      return {
        code: 200,
        msg: null,
        data: {
          pageNum,
          pageSize,
          totalSize,
          [content]: [
            {
              id: "@increment",
              'createdBy|1': ["admin", 'admin2'],
              title: "@ctitle(5, 20)",
              createdTime: "@date @time",
              content: "@cparagraph(1, 2)",
              'publishTime|1': ['', '@date @time'],
```

```
          },
        ],
      },
    };
  },
};
}
```

步骤 03 在 src/views/sys 下创建 Notice.vue 文件，进行布局和分页表格使用，以实现功能，代码如下：

```
<template>
  <div class="main-body">
    <!--工具栏-->
    <div class="toolbar">
      <el-form :inline="true" :model="filters">
        <el-form-item>
          <el-input v-model="filters.title" :placeholder="t('thead.title')"></el-input>
        </el-form-item>
        <el-form-item>
          <el-button
            icon="search"
            type="primary"
            @click="findPage"
          >{{ t('action.search') }}</el-button>
        </el-form-item>
        <el-form-item>
          <el-button
            icon="plus"
            type="primary"
          >{{ t('action.add') }}</el-button>
        </el-form-item>
      </el-form>
    </div>
    <!--表格内容栏-->
    <cm-table
      ref="tableRef"
      :get-page="listPage"
      :filters="filters"
      :columns="columns"
      :operations="operations"
      @handleEdit="handleEdit"
      @handleDelete="handleDelete"
    ></cm-table>
  </div>
</template>
<script setup>
import { listPage } from "@/apis/sys-notice";
const { t } = useI18n();
const tableRef = ref();
const filters = reactive({
  title: ''
})
const columns = computed(() => [
```

```
44    { type: 'selection' },
45    { prop: "id", label: t("thead.ID"), minWidth: 50 },
46    { prop: "title", label: t('thead.title'), minWidth: 120,
showOverflowTooltip : true },
47    { prop: "content", label: t('thead.content'), minWidth: 120,
showOverflowTooltip : true },
48    { prop: "publishTime", label: t('thead.publishTime'), minWidth: 120 },
49    { prop: "createdTime", label: t('thead.createdTime'), minWidth: 120 },
50    { prop: "createdBy", label: t('thead.createdBy'), minWidth: 120 },
51  ])
52  const operations = [
53    {
54      type: 'edit',
55      disabled: (row) => !!row.publishTime
56    },
57    {
58      type: 'delete'
59    }
60  ]
61  // 获取分页数据
62  function findPage() {
63    tableRef.value.reload();
64  }
65  function handleEdit(row) {
66    console.log('edit', row)
67  }
68  function handleDelete(ids, callback) {
69    console.log('delete', ids, callback);
70  }
71  </script>
```

**代码说明：**

（1）该页面工具栏支持按标题进行搜索和一个添加按钮用于添加公告信息（第 04~23 行）。

（2）查询按钮调用通用分页表格组件的 findPage 方法（第 62~64 行）。

（3）分页表格有操作列，每一行都有编辑和删除操作，有发布时间的记录行说明公告已发布，不允许再次编辑，即编辑按钮置灰。因此这里需要手动配置操作数组对象，给编辑和删除按钮添加条件（第 55 行）。

（4）编辑和删除按钮的单击事件通过事件绑定到通用分页表格上（第 31、32 行），这里暂时不实现具体功能，仅做打印（第 65~70 行）。

（5）表格数据查询接口 listPage 在该页面引入，并在模板中通过 get-page 属性（第 27 行）传递给通用分页表格（第 37 行）。

**步骤 04** 添加系统管理模块翻译内容（包括用户管理和公告管理）如下：

```
// src/i18n/language/zh-cn.js
export default {
  ...
  thead: {
    ID: "ID",
    IP: "IP",
    operator: "操作人",
```

```
    operation: "操作",
    operateTime: "操作时间",
    visitTime: "访问时间",
    duration: "耗时 (ms)",
    username: "用户名",
    status: "状态",
    publishTime: "发布时间",
    createdBy: "创建人",
    createdTime: "创建时间",
    title: "标题",
    content: "内容",
    group: "管理组",
    latestIp: "最近登录 IP",
    latestVisit: "最近登录时间",
};

// src/i18n/language/en.js
export default {
  …
  thead: {
    ID: "ID",
    IP: "IP",
    operator: "Operator",
    operation: "Operation",
    operateTime: "OperateTime",
    visitTime: "VisitTime",
    duration: "Duration (ms)",
    username: "Username",
    status: "Status",
    publishTime: "PublishTime",
    createdBy: "CreatedBy",
    createdTime: "CreatedTime",
    title: "Title",
    content: "Content",
    group: "Group",
    latestIp: "Latest IP",
    latestVisit: "Latest Visit",
  },
};
```

步骤 05 设置公共样式：分页表格的列表页样式基本一致，为了设计美观，添加了间距设置，所以修改整体布局的主体样式如下：

```
<style lang="scss">
.page-container {
  …

  > main {
    …
    > .right {
      …
      > .main-body {
        padding: 16px 16px 30px;
        overflow: auto;
        height: 100%;
```

```
          box-sizing: border-box;
        }
      }
    }
  }
</style>
```

至此，公告管理页面完成。页面效果如图 10.2 所示。

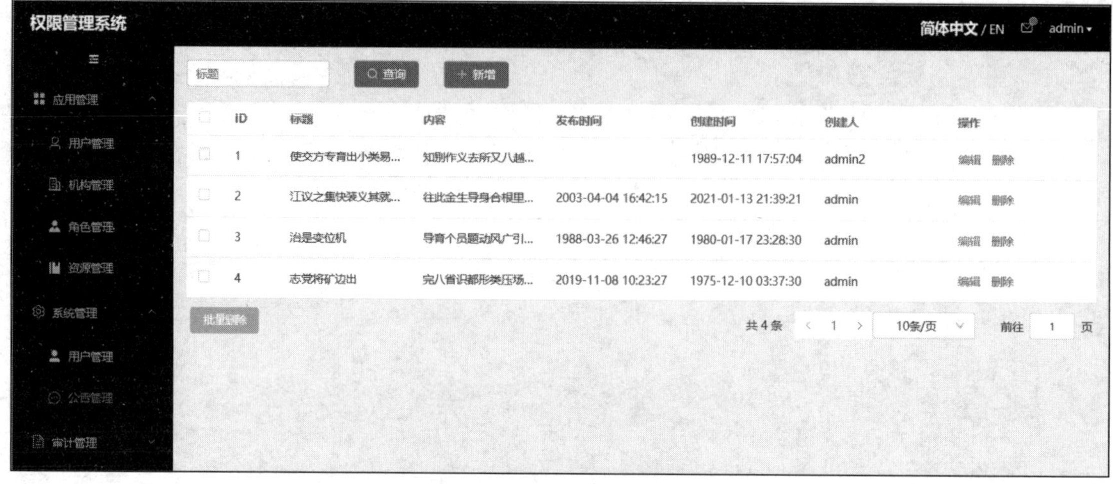


图 10.2　公告管理页面效果

操作编辑和删除按钮及批量删除按钮在开发者工具 Console 面板有对应响应，如图 10.3 所示。

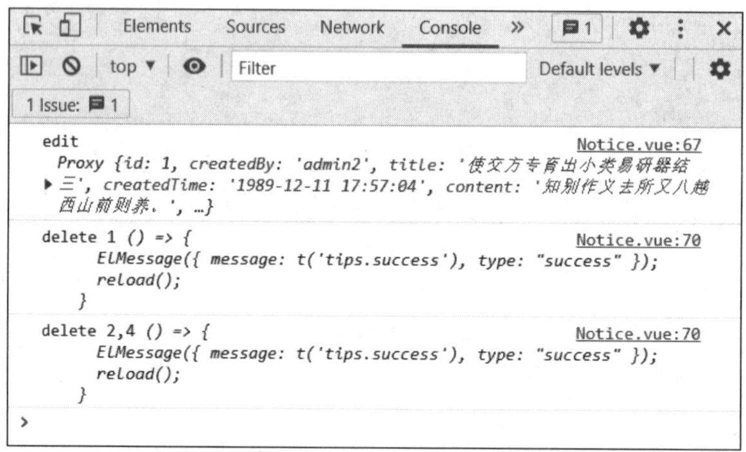


图 10.3　公告管理页面操作编辑、删除、批量删除打印效果

用户管理表格与公告管理表格类似，不同之处在于：

（1）用户列表接口：在 src/apis 下新建一个 sys-user.js 文件，用于管理系统用户相关的接口，并添加列表查询接口函数如下：

```
import request from "../request";
// 分页查询
export const listPage = (data) => {
```

```
  return request({
    url: "sys/user/listPage",
    method: "get",
    data,
  });
};
```

（2）列表接口模拟函数：为了正常展示数据，补充用户模拟数据，添加一个非系统默认用户，以区别于系统用户（因为系统用户不允许进行任何操作，非系统用户可被编辑和删除），同时添加系统角色列表。所以修改 src/mock/data.js，添加内容如下：

```
export const roles = [
  {
    name: 'admin',
    label: '超级管理'
  },
  {
    name: 'master',
    label: '应用管理员'
  },
  {
    name: 'visitor',
    label: '普通用户'
  }
];

export const users = [
  {
    id: 4,
    name: "test",
    roleId: "master",
    password: "test",
    createdBy: 'admin',
    createdTime: '@date @time'
  },
  {
    id: 3,
    name: "visitor",
    roleId: 'visitor',
    password: "visitor",
    createdBy: 'system',
    createdTime: '@date @time'
  },
  {
    id: 2,
    name: "master",
    roleId: "master",
    password: "master",
    createdBy: 'system',
    createdTime: '@date @time'
  },
  {
    id: 1,
    name: "admin",
    roleId: "admin",
```

```
    password: "admin",
    createdBy: 'system',
    createdTime: '@date @time'
  },
];
```

默认用户和角色内容准备完成，再在src/mock/modules下添加sys-user.js，并添加模拟函数如下：

```
import { roles, users } from '../data'
// 分页查询
export function listPage() {
  return {
    url: "sys/user/listPage",
    method: "get",
    response: (opts) => {
      const { pageNum, pageSize, name } = opts.data;
      let set = users.map(v => {
        const o = { ...v };
        if (v.id <= 4) {
          o.password = o.name;
        o.roleName = roles.find(item => item.name === o.roleId).label
          o.ip = '@ip';
          o.visitTime = '@date @time'
        }
        return o;
      });
      if (name) {
        set = set.filter(v => v.name === name);
      }
      const totalSize = set.length;
      const totalPages = Math.ceil(totalSize / pageSize);
      let lastIndex =  pageNum * pageSize;
      if (lastIndex > totalSize ) {
        lastIndex = totalSize;
      }
      let resData = [];
      if (pageNum >= 1 && pageNum <= totalPages) {
        resData = set.slice((pageNum - 1) * pageSize, lastIndex)
      }
      return {
        code: 200,
        msg: null,
        data: {
          pageNum,
          pageSize,
          totalSize,
          content: resData
        },
      };
    },
  };
}
```

**代码说明：**

前面实现登录页面时，设置了一个系统用户的默认列表，所以这里的系统用户查询接口的模拟函数直接使用这个列表。

（3）用户管理页面工具栏、表格列、操作列的显示和禁用条件：在 src/views/sys 下修改 User.vue，复制 src/views/sys/Notice.vue 代码后修改代码如下（省略部分与 Notice.vue 一致）：

```
<template>
  <div class="main-body">
    <!--工具栏-->
    <div class="toolbar">
      <el-form :inline="true" :model="filters">
        <el-form-item>
          <el-input
v-model="filters.name" :placeholder="t('thead.username')"></el-input>
        </el-form-item>
        …
      </el-form>
    </div>
    <!--表格内容栏-->
    <cm-table
     …
    />
  </div>
</template>
<script setup>
import { listPage } from "@/apis/sys-user";
const { t } = useI18n();
const tableRef = ref();
const filters = reactive({
  name: ''
})
const columns = computed(() => [
  { type: 'selection', selectable: isSelectable },
  { prop: "id", label: t("thead.ID"), minWidth: 50 },
  { prop: "name", label: t('thead.username'), minWidth: 120 },
  { prop: "roleName", label: t('thead.group'), minWidth: 120 },
  { prop: "createdBy", label: t('thead.createdBy'), minWidth: 120 },
  { prop: "ip", label: t('thead.latestIp'), minWidth: 100 },
  { prop: "visitTime", label: t('thead.latestVisit'), minWidth: 120 },
])
const operations = [
  {
    type: 'edit',
    show: (row) => row.createdBy !== 'system'
  },
  {
    type: 'delete',
    show: row => row.createdBy !== 'system'
  }
]

function isSelectable(row) {
```

```
    return row.createdBy !== 'system';
  }
  // 获取分页数据
  function findPage() {
    ...
  }
  function handleEdit(row) {
    ...
  }
  function handleDelete(ids, callback) {
    ...
  }
  </script>
```

**代码说明：**

（1）省略部分内容与公告管理页面相同。

（2）操作列包含编辑和删除按钮，系统默认用户（创建人是 system 为系统自带的用户）不允许编辑和删除，所以这里设置 operations 对象数组添加了 show 函数，设置编辑和删除的可见条件。

（3）首列配置 type=selection 显示多选框供批量删除使用，其是否可选有条件限制，只有非系统默认用户才能进行批量删除，所以设置了 selectable 方法 isSelectable，以添加限制条件。

至此，系统管理的用户管理页面也成功实现。查看页面效果，如图 10.4 所示，编辑和删除及批量删除按钮在开发者工具的 Console 面板显示与公告管理页面一致。

图 10.4　系统管理的用户管理页面效果

## 10.2.3　应用管理

应用管理模块的存在是该系统创建的目的，用于管理外部系统相关的内容，包括用户管理、机构管理、角色管理和资源管理 4 个子模块，这些子模块管理入口都是从一个表格开始的，都可以通过前面封装的通用分页表格来实现。

为了关注关键内容和方法，从本节开始默认已完成所有翻译的添加，所有实现将省略翻译内容的添加这一步骤，欲知翻译的详细内容，读者可自行查看项目源码 src/i18n/languages/zh-cn.js 和 src/i18n/languages/en.js。

下面分别对 4 个子模块的实现进行说明。

### 1. 用户管理和角色管理

用户管理用于管理外部应用的访问用户相关信息和权限，角色管理用于管理外部应用相关角色和角色对应资源，这两个子模块的入口都是一个通用分页表格，其实现也和系统管理的用户管理页面相同，可以直接先复制 src/views/sys/User.vue 文件并进行修改。主要修改的内容包括搜索条件和表格列。

下面是用户管理页面的修改，省略部分与系统管理的用户管理页面一致。

```
<template>
  <div class="main-body">
    <!--工具栏-->
    <div class="toolbar">
    …
    </div>
    <!--表格内容栏-->
    <cm-table
      ref="tableRef"
      :get-page="listPage"
      :filters="filters"
      :columns="columns"
      @handleEdit="handleEdit"
      @handleDelete="handleDelete"
    />
  </div>
</template>
<script setup>
import { listPage } from "@/apis/app-user";
const { t } = useI18n();
const tableRef = ref();
const filters = reactive({
  name: ''
})
const columns = computed(() => [
  { type: "selection" },
  { prop: "id", label: t("thead.ID"), minWidth: 50 },
  { prop: "name", label: t("thead.username"), minWidth: 120 },
  { prop: "deptName", label: t("thead.dept"), minWidth: 120, showOverflowTooltip:
true },
  { prop: "roleNames", label: t("thead.role"), minWidth: 100,
showOverflowTooltip: true },
  { prop: "email", label: t("thead.email"), minWidth: 120, showOverflowTooltip:
true },
  { prop: "mobile", label: t("thead.mobile"), minWidth: 100 },
  {
    prop: "status", label: t("thead.status"), minWidth: 70, formatter: (row) =>
{
      return row.status ? t('status.on') : t('status.off')
    }
  },
])
// 获取分页数据
```

```
function findPage() {
  ...
}
function handleEdit(row) {
  ...
}
function handleDelete(ids, callback) {
  ...
}
</script>
```

**代码说明：**

（1）获取数据的接口函数定义为 listPage，参考系统管理的用户管理 API，在 src/apis 下创建 app-user.js 添加这个接口即可，其数据模拟方法可参考系统管理的公告管理，在 src/mock/modules 下添加 app-user.js 并仿照 src/mock/modules/sys-user.js 中的 listPage 方法即可，这里不再重复说明，完整代码读者可自行查看本项目源码。

（2）应用管理的用户管理与系统管理的用户管理的区别除了表格列不同、接口不同外，还在于这里的操作并不设置限制条件，使用通用分页表格组件的默认按钮即可。

最后，用户管理页面效果如图 10.5 所示，相关操作的打印与系统管理页面类似，这里不再说明。

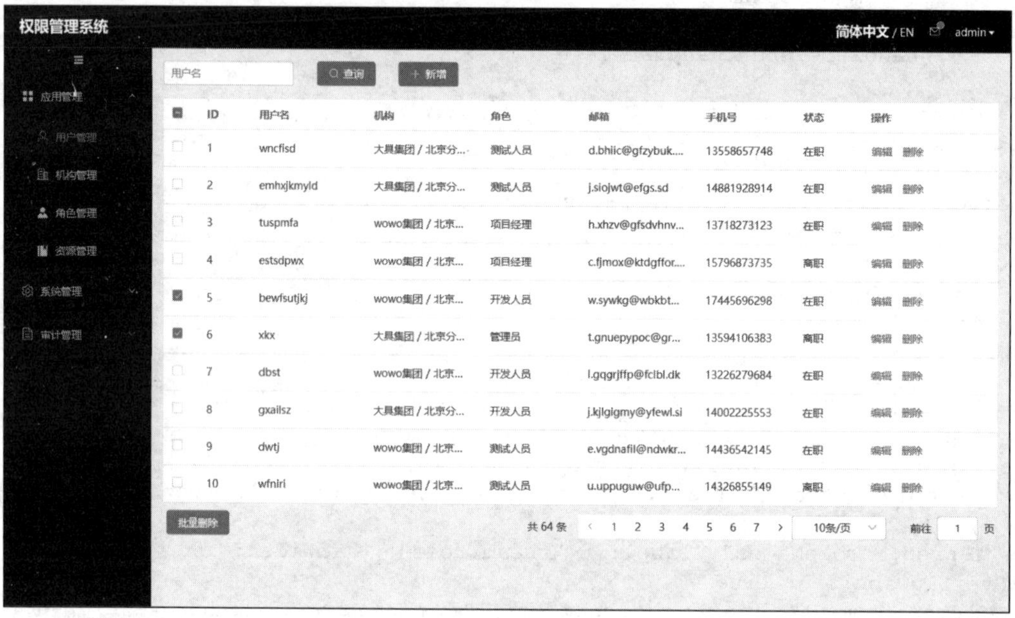

图 10.5　应用管理的用户管理页面效果

同理，角色管理页面修改如下：

```
<template>
  <div class="main-body">
    <!--工具栏-->
    <div class="toolbar">
      ...
    </div>
```

```
    <!--表格内容栏-->
    <cm-table
      …
    ></cm-table>
  </div>
</template>
<script setup>
import { listPage } from "@/apis/app-role";
const tableRef = ref();
const { t } = useI18n();
const filters = reactive({
  name: ''
});
const columns = computed(() => [
  { type: 'selection' },
  { prop: "id", label: t("thead.ID"), minWidth: 50 },
  { prop: "name", label: t("thead.roleName"), minWidth: 120 },
  { prop: "remark", label: t("thead.remark"), minWidth: 120, showOverflowTooltip:
true },
  { prop: "createdBy", label: t("thead.createdBy"), minWidth: 120 },
  { prop: "createdTime", label: t("thead.createdTime"), minWidth: 160 },
  { prop: "lastUpdateBy", label: t("thead.updatedBy"), minWidth: 120 },
  { prop: "lastUpdateTime", label: t("thead.updatedTime"), minWidth: 160 }
]);
const operations = computed(() => [
  {
    type: 'edit'
  },
  {
    label: t('action.bindResource'),
    onClick: handleBindResource
  },
  {
    type: 'delete'
  }
])

// 获取分页数据
…
function handleBindResource(row) {
  console.log('bindResource', row);
}
</script>
```

**代码说明：**

（1）获取数据的接口函数同样定义为 listPage，参考系统管理的用户管理 API，在 src/apis 下创建 app-role.js 添加这个接口即可，其数据模拟方法可参考系统管理的公告管理，在 src/mock/modules 下添加 app-role.js 并仿照 src/mock/modules/sys-user.js 中的 listPage 方法即可，这里不再重复说明，详细代码读者可自行查看项目源码。

（2）应用管理的角色管理的操作列包含编辑、绑定资源和删除 3 种操作，所以这里需要自定义 operations 对象数组，添加一个绑定资源按钮的配置，并设置操作按钮的单击处理函数 handleBindResource，处理选中行的绑定资源行为，同样这里先只打印操作，不做深入处理，后面章节将继续补充。

（3）查询（findPage）、编辑（handleEdit）、删除（handleDelete）对应方法与系统管理的公告管理页面一致，此处已省略。

最后，角色管理页面实现效果如图 10.6 所示，对应操作在开发者工具上的打印效果与系统管理用户的管理页面各操作效果一致，新增绑定资源的打印效果，如图 10.7 所示。

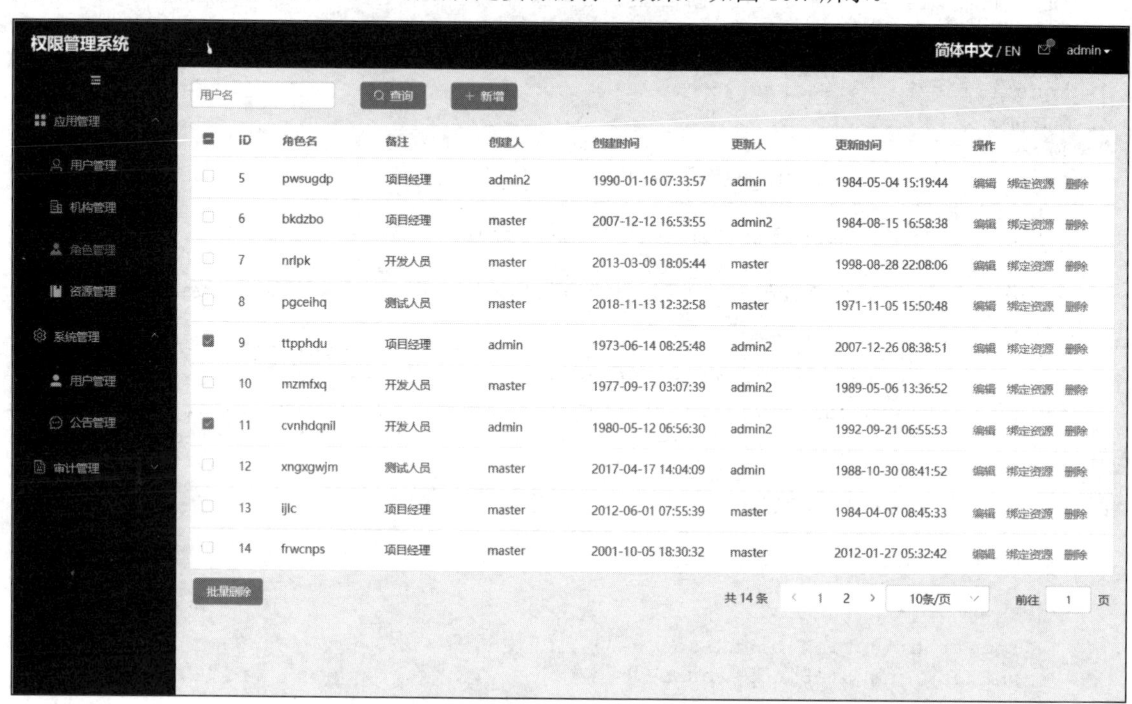


图 10.6 应用管理的角色管理页面效果

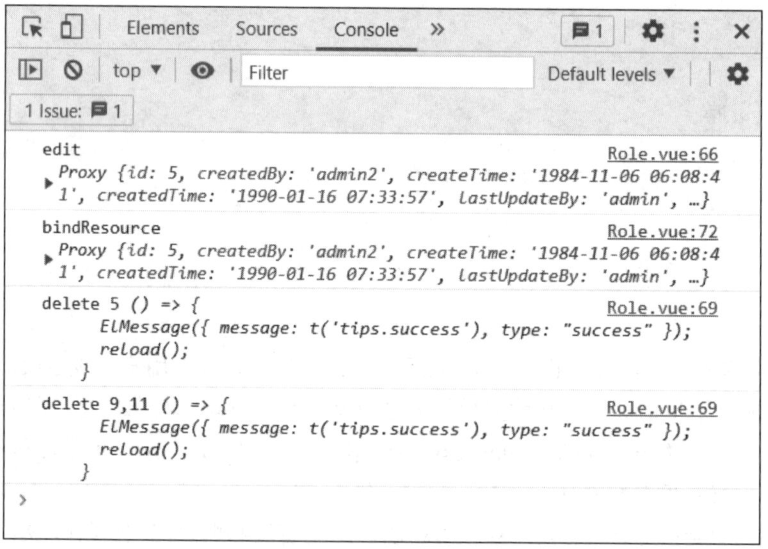


图 10.7 应用管理的角色管理页面编辑/绑定资源/删除/批量删除打印效果

### 2. 机构管理和资源管理

机构管理用于管理外部应用用户所属机构，资源管理用于管理外部应用可被管理和授权的资源，这两个页面入口都是一个树形表格，其表格数据类型是一个树形结构，且暂时不考虑分页处理，也都可以使用封装的通用分页表格组件来实现，从代码结构上看，与前面已经实现的各页面差别不大，Element 组件库自行处理了树形结构数据的表格展示。

下面来看机构管理页面的实现。

首先在 src/apis 下创建 app-dept.js，用于管理机构相关功能的接口，添加查询表格数据的接口如下：

```
import request from "@/request";
// 查询机构树
export const listTree = () => {
  return request({
    url: "app/dept/listTree",
    method: "get",
  });
};
```

然后在 src/mock/modules 下创建 app-dept.js，用于管理机构相关功能的接口模拟函数。下面模拟上一步添加的接口返回数据，数据内容较多，这里仅列举一个分支，完整代码读者可自行参考项目源码。

```
export function listTree() {
  // 查询机构树
  let findTreeData = {
    code: 200,
    msg: null,
    data: [
      {
        id: 1,
        createdBy: "admin",
        createdTime: "@date @time",
        lastUpdatedBy: "admin",
        lastUpdateTime: "@date @time",
        name: "大具集团",
        parentId: null,
        parentName: null,
        level: 0,
        children: [
          {
            id: 5,
            createdBy: "admin",
            createdTime: "@date @time",
            lastUpdatedBy: "admin",
            lastUpdatedTime: "@date @time",
            name: "北京分公司",
            parentId: 1,
            children: [
              {
                id: 7,
                createdBy: "admin",
```

```
                createdTime: "@date @time",
                lastUpdatedBy: "admin",
                lastUpdatedTime: "@date @time",
                name: "技术部",
                parentId: 5,
                children: [],
                parentName: "技术部",
                level: 2,
              },
              {
                id: 10,
                createdBy: "admin",
                createdTime: "@date @time",
                lastUpdatedBy: "admin",
                lastUpdatedTime: "@date @time",
                name: "市场部",
                parentId: 5,
                children: [],
                parentName: "市场部",
                level: 2,
              },
            ],
          },
        ],
      },
       …
    ],
  };
  return {
    url: "app/dept/listTree",
    type: "get",
    response: findTreeData,
  };
}
```

下一步完善 src/views/app/Dept.vue 内容，其中省略部分代码与系统管理的公告管理页面一致，代码如下：

```
<template>
  <div class="main-body">
    <!--工具栏-->
    <div class="toolbar">
      …
    </div>
    <!--表格树内容栏-->
    <cm-table
      row-key="id"
      ref="tableRef"
      :get-page="listTree"
      :filters="filters"
      :columns="columns"
      :showBatchDelete="false"
      :showPagination="false"
      @handleEdit="handleEdit"
      @handleDelete="handleDelete"
```

```
    ></cm-table>
  </div>
</template>
<script setup>
import { listTree } from '@/apis/app-dept'
const { t } = useI18n();
const tableRef = ref();
const filters = reactive({
  name: ''
});
const columns = computed(() => [
  { prop: "id", label: t("thead.ID") },
  { prop: "name", label: t("thead.name") },
  { prop: "createdBy", label: t("thead.createdBy") },
  { prop: "createdTime", label: t("thead.createdTime"), minWidth: 160 },
  { prop: "lastUpdatedBy", label: t("thead.updatedBy") },
  { prop: "lastUpdatedTime", label: t("thead.updatedTime"), minWidth: 160 },
])
...
</script>
```

**代码说明：**

（1）这个页面没有批量删除和分页功能，所以在通用分页表格组件上绑定 showBatchDelete=false 和 showPagination=false。

（2）使用 el-table 显示树形数据时，必须设置 row-key，所以在通用分页表格组件上绑定 row-key 属性为 id。

（3）查询（findPage）、编辑（handleEdit）、删除（handleDelete）对应方法与系统管理的公告管理页面一致，此处已省略。

最后，机构管理页面如图 10.8 所示，其中编辑、删除和批量删除的效果与系统管理的用户管理页面相似，这里不再重复演示。

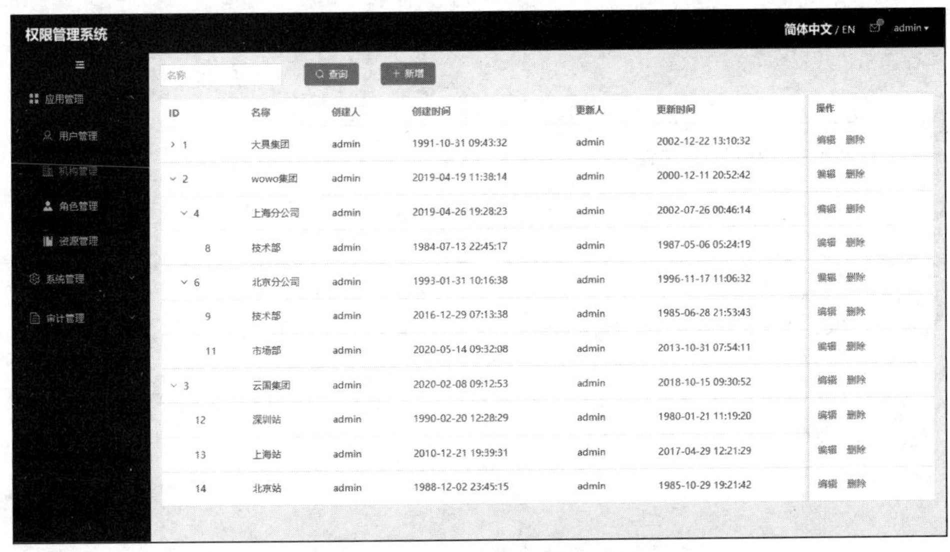


图 10.8 应用管理的机构管理页面效果

资源管理页面与机构管理页面类似，可以将机构管理页面复制后进行修改，省略部分代码与结构管理页面一致，代码如下：

```
<template>
  <div class="main-body">
    <!--工具栏-->
    <div class="toolbar">
      …
    </div>
    <!--表格树内容栏-->
    <cm-table
      ....
    ></cm-table>
  </div>
</template>
<script setup>
import { listTree } from '@/apis/app-resource'
const { t } = useI18n();
const tableRef = ref();
const filters = reactive({
  name: ""
})
const menuTypeList = ref(["folder", "menu", "button"])

const columns = computed(() => [
  { prop: "id", label: t("thead.ID") },
  { prop: "name", label: t("thead.name") },
  { prop: "displayName", label: t("thead.displayName") },
  { prop: "icon", label: t("thead.icon") },
  {
    prop: "type", label: t("thead.type"), formatter: (row) => {
      const type = row.type;
      const typeMap = {
        1: 'success',
        2: 'info'
      }
      return h(
        ElTag,
        {
          type: typeMap[type] || ''
        },
        () => t('status.${menuTypeList.value[type]}')
      )
    }
  },
  { prop: "url", label: t("thead.url"), showOverflowTooltip: true },
  { prop: "orderNum", label: t("thead.orderNum") },
])

// 获取分页数据
…
</script>
```

**代码说明：**

（1）这个页面获取数据的接口函数为 listTree，可以参考机构管理 API，在 src/apis 下创建 app-resource.js 添加这个接口即可，其数据模拟方法在 src/mock/modules 下添加 app-resource.js，并仿照 src/mock/modules/app-dept.js 中的 listTree 方法即可，这里不再重复说明，详细代码读者可自行查看项目源码。

（2）通用表格 type 字段在前端需要使用标签样式展示，即使用 ElTag 标签组件，所以这里需要在定义表格 type 列时定义 formatter 格式化内容展示，采用 Vue 提供的 h 方法创建一个虚拟节点。

（3）查询（findPage）、编辑（handleEdit）、删除（handleDelete）对应方法与公告管理页面一致，此处已省略。

最后，资源管理页面实现效果如图 10.9 所示，手动展开部分节点后，效果如图 10.10 所示，其中编辑、删除和批量删除的效果与系统管理的用户管理页面相似，这里不再重复演示。

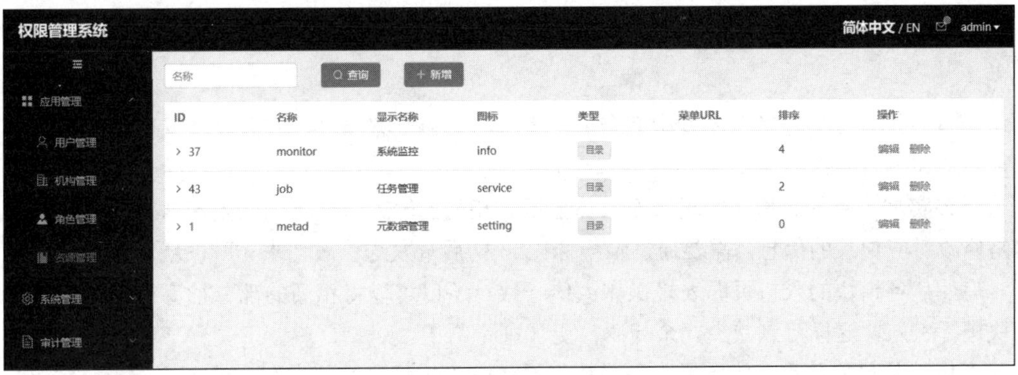

图 10.9　资源管理页面效果 1

图 10.10　资源管理页面效果 2

# 第 11 章

## 添加和编辑功能的实现

上一章各模块数据已经在表格中完全展示出来了，接下来便开始完善具体操作的实现。本章先来实现新增和编辑操作的功能。

由于该实战项目的新增和编辑操作大体上都有相同的输入项，不同的是新增时没有记录 id，而编辑是修改对应记录的信息，需要通过唯一标识 id 向后端发送修改请求，所以新增和编辑共用一个弹框。另外，各模块的入口页面表格操作大体一致，所以可以将相同的部分抽离出来，在需要使用的模块进行引入，这样可以减少冗余代码，更加利于维护。

本章依然从最简单且有相关操作的模块（系统管理模块）开始讲解，读者可逐步了解 Element 弹框和表单及不同表单域组件在应用中的使用，以及这些功能实现的基本思路。

通过本章的学习，读者可以：

- 掌握 Element 对话框 Dialog 组件的使用方法。
- 掌握 Element 的 Form 表单组件元素 Input 输入框、Input Number 数字输入框、Select 选择器、Cascader 级联选择器、Switch 开关等组件的使用方法。
- 掌握公共方法的提取方式。

## 11.1 系统管理

本节主要说明系统管理模块公告管理页面的新增和编辑功能以及用户管理页面的新增和编辑功能，并抽取相似操作的公共实现方法，以便其他模块直接使用，这样可以减少冗余代码，使代码更加简洁，系统易于维护。

### 11.1.1 公告管理

先来看公告管理页面的新增和编辑操作。

步骤01 在 src/apis/sys-notice.js 中添加提交动作调用的两个接口函数：新增（save）和编辑（update），代码如下：

```
// 新增
export const save = (data) => {
  return request({
    url: "sys/notice/save",
    method: "post",
    data,
  });
};
// 编辑
export const update = (data) => {
  const { id } = data;
  delete data.id;
  return request({
    url: 'sys/notice/update/${id}',
    method: "post",
    data,
  });
};
```

步骤02 在 src/mock/modules/sys-notice.js 中添加新增/编辑两个接口的模拟函数。

由于请求后台接口返回成功时的处理方式不一，错误或异常处理已经通过 Axios 封装统一处理，所以在模拟数据时不再考虑异常返回情况，这里只模拟成功的返回，又由于封装 Mock 时，使用的方法是 Mock.mock( rurl, rtype, function( options ) )，其中 rurl 封装时使用的是正则表达式形式，而新增、编辑接口请求和返回成功时的格式基本一致，所以可以将新增和编辑接口的 url 写成正则表达式供 Mock 处理，因此这两个接口的模拟函数可以写成一个，代码如下：

```
export function operations() {
  return {
    url: "sys/notice/(save|update)",
    method: "post",
    response: {
      code: 200,
    }
  }
}
```

步骤03 在 src/views/sys/Notice.vue 页面模板中添加一个新增/编辑对话框，对话框内容是一个简单的表单，代码如下：

```
<template>
  <div class="main-body">
    …
  </div>

  <!-- 新增/编辑对话框 -->
  <el-dialog
    :title="isEdit ? t('action.edit') : t('action.add')"
    v-model="dialogVisible"
    draggable
```

```
11      width="40%"
12      :close-on-click-modal="false"
13      @close="closeDlg"
14    >
15      <el-form ref="formRef" :model="form" :rules="rules" label-width="80px"
16  label-position="right">
17        <el-form-item :label="t('thead.title')" prop="title">
18          <el-input v-model="form.title"></el-input>
19        </el-form-item>
20        <el-form-item :label="t('thead.content')" prop="content">
21          <el-input type="textarea"
v-model="form.content" :words-limit="300"></el-input>
22        </el-form-item>
23        <el-form-item :label="t('form.publish')">
24          <el-switch v-model="form.isPublish"></el-switch>
25        </el-form-item>
26      </el-form>
27      <template #footer>
28        <el-button @click="closeDlg">{{ t("action.cancel") }}</el-button>
29        <el-button
30          type="primary"
31          :loading="formLoading"
32          @click="handleSubmit"
33        >{{ t("action.submit") }}</el-button>
34      </template>
35    </el-dialog>
36  </template>
```

**代码说明：**

（1）定义一个标识 isEdit，表示是不是编辑对话框，默认为 false，是新增对话框，然后根据这个标识设置对话框标题（第 08 行）。

（2）通过 dialogVisible 确定是否显示弹框（第 09 行）。

（3）弹框设置 draggable 属性允许拖曳（第 10 行）。

（4）该弹框还定义了宽度（width）和单击遮罩层时不关闭弹框（close-on-click-modal=false）（第 11、12 行）。

（5）该弹框设置了关闭时的回调函数 closeDlg，这个函数将处理对话框关闭和对话框内的表单重置（第 13 行）。

（6）对话框包含两个按钮，取消按钮直接调用关闭时的回调函数 closeDlg 触发关闭（第 28 行），提交按钮单击事件通过 handleSubmit 定义，并设置 loading，在请求进行时友好显示加载中状态（第 29~33 行）。

（7）对话框中的 form 表单设置 ref 和数据模型为 form，校验规则为 rules（第 15 行），包含 3 个表单域：标题（title）、内容（content）和是否立即发布开关。如果打开开关，单击“提交”按钮，将通过发送请求通知后端创建/更新记录并发布公告，公告发布后才会有发布时间，只有未发布的公告才能编辑。

步骤 04 绑定新增按钮的单击事件，代码如下：

```
<template>
  <div class="main-body">
```

```
    <!--工具栏-->
    <div class="toolbar">
      <el-form :inline="true" :model="filters">
        …
        <el-form-item>
          <el-button icon="plus" type="primary" @click="handleAdd">
{{ t('action.add') }}
</el-button>
        </el-form-item>
      </el-form>
    </div>
    <!--表格内容栏-->
    …
  </div>

  <!-- 新增/编辑对话框 -->
  …
</template>
```

**步骤 05** 补充新增按钮单击事件处理函数 handleAdd 脚本和关闭弹窗方法 closeDlg，代码如下：

```
<script setup>
import { listPage } from "@/apis/sys-notice";
// data
const { t } = useI18n();
const tableRef = ref();
const filters = reactive({
  title: ''
})
const dialogVisible = ref(false);
const isEdit = ref(false);

const formRef = ref();
const form = reactive({
  id: '',
  title: "",
  content: "",
  isPublish: false,
});

const __formOld__ = { ...form }

const operations = [
  …
]

// computed
const columns = computed(() => [
  …
])
const rules = computed(() => {
  return {
    title: [
      { required: true, message: t('form.titleRequired'), trigger: ['blur',
'change'] },
```

```
34      { min: 2, max: 60, message: t('form.titleError'), trigger: ['blur', 'change'] }
35     ],
36     content: [
37      { required: true, message: t('form.contentRequired'), trigger: ['blur', 'change'] },
38      { min: 2, max: 300, message: t('form.contentError'), trigger: ['blur', 'change'] }
39     ]
40   }
41 })
42
43 // methods
44 function findPage() {
45   …
46 }
47 function handleAdd() {
48   dialogVisible.value = true;
49   isEdit.value = false;
50 }
51 function handleEdit(row) {
52   …
53 }
54 function handleDelete(ids, callback) {
55   …
56 }
57 function resetForm() {
58   for (const k in __formOld__) {
59     form[k] = __formOld__[k];
60   }
61 }
62 function closeDlg() {
63   dialogVisible.value = false;
64   resetForm();
65 }
66 </script>
```

**代码说明：**

（1）__formOld__变量复制表单初始化数据 form，方便以这个数据为初始值进行恢复（第 20 行），closeDlg 方法设置 dialogVisible 值为 false，则关闭弹框的同时通过该值恢复新增弹框的初始状态。

（2）定义新增单击事件处理函数 handleAdd 方法，显示对话框，并设置是否为编辑弹框标识 isEdit 为 fasle（第 49 行）。

**步骤 06** 继续补充编辑按钮单击事件处理函数脚本，代码如下：

```
<script setup>
…
function handleEdit(row) {
  isEdit.value = true;
  dialogVisible.value = true;
  for (const k in form) {
    if (k in row) {
```

```
      form[k] = row[k];
    }
  }
}
</script>
```

**代码说明：**

添加 handleEdit 方法，该方法设置 isEdit 标识为 true，表示是编辑弹框，然后设置 dialogVisible=true，显示编辑弹框，并将表单内容初始化为当前选中行的信息。

步骤 07 添加表单提交处理方法 handleSubmit，代码如下：

```
<script setup>
import { listPage, save, update } from "@/apis/sys-notice";

const formLoading = ref(false);
…
function handleSubmit() {
  formRef.value.validate((valid) => {
    if (!valid) return;
    formLoading.value = true;
    let promise;
    const params = getParams();
    if (isEdit.value) {
      promise = update(params);
    } else {
      promise = save(params);
    }
    promise
      .then(() => {
        ElMessage({
          message: t("tips.success"),
          type: "success",
          showClose: true,
        });
        closeDlg();
        if (isEdit.value) {
          tableRef.value.refresh();
        } else {
          tableRef.value.reload();
        }
      })
      .finally(() => {
        formLoading.value = false;
      });
  })
}
function getParams() {
  const params = { ...form };
  if (!isEdit.value) {
    delete params.id;
  }
  return params;
}
```

```
43 </script>
```

**代码说明：**

（1）每次提交之前都要先进行表单校验（第 07 行），表单校验通过后才能将表单数据发送给后端，传递给后端的参数根据 isEdit 标识判断是否需要传递记录 id，新增弹框不需要传递记录 id，这里设置了一个 getParams 函数，专门处理接口参数（第 36~42 行）。

（2）表单验证通过后，根据 isEdit 标识判断调用新增或者编辑接口（第 12~16 行），接口返回成功时，弹出操作成功提示（第 19~23 行），然后触发弹窗关闭动作，之后刷新列表，新增时回到第 1 页（调用通用表格的 reload 方法），最新数据显示在最开始的位置，编辑时直接刷新当前页即可（调用通用表格的 refresh 方法）。

至此，公告管理模块新增和编辑功能已经完成。新增弹框如图 11.1 所示，编辑弹框如图 11.2 所示，提交新增或编辑成功时如图 11.3 所示。

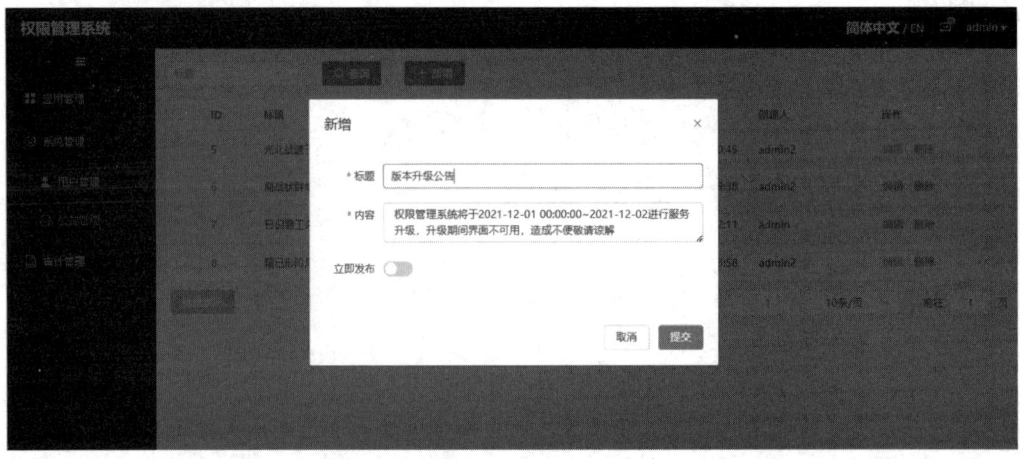


图 11.1 公告管理新增弹框

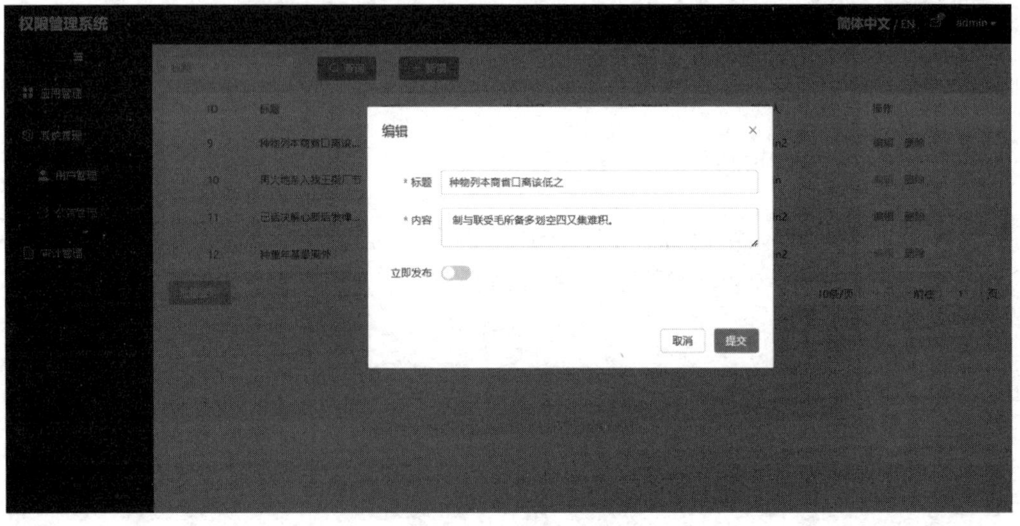


图 11.2 公告管理编辑弹框

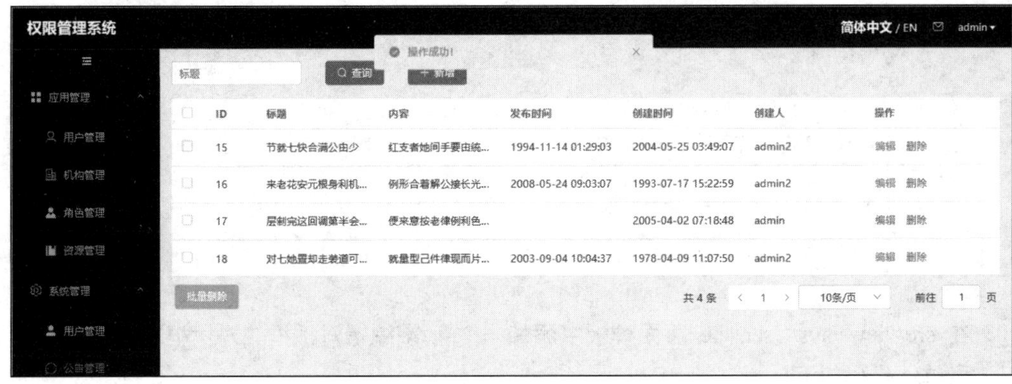

图 11.3　公告管理新增/编辑提交成功

## 11.1.2　用户管理

用户管理与公告管理页面的功能稍有区别，可以复制公告管理页面进行修改，基本步骤如下：

步骤 01 参考公告管理接口的写法，在 src/apis/sys-user.js 中添加新增/编辑接口和重置密码接口，详细代码读者可自行查看项目源码。

步骤 02 在 src/mock/modules/sys-user.js 中添加新增/编辑和设置密码数据模拟函数，其中新增（save）和设置密码（setPsw）接口函数返回的一致，都包含用户名和新密码，代码如下：

```
export function save() {
  return {
    url: "sys/user/save",
    method: "post",
    response: (opts) => {
      return {
        code: 200,
        data: {
          name: opts.data.name,
          password: '@word(8,16)'
        }
      }
    }
  }
}
export function update() {
  return {
    url: "sys/user/update",
    method: "post",
    response: {
      code: 200,
    }
  }
}
export function setPsw() {
  return {
    url: "sys/user/password",
    method: "get",
    response: (opts) => {
```

```
        return {
          code: 200,
          data: {
            name: opts.data.name,
            password: '@word(8,16)'
          }
        }
      }
    }
  }
```

步骤 03 在 src/views/sys/User.vue 页面模板中添加一个新增/编辑对话框，对话框内容是一个简单的表单，代码如下：

```
<template>
  <div class="main-body">
    …
  </div>

  <!--新增编辑界面-->
  <el-dialog
    :title="isEdit ? t('action.edit') : t('action.add')"
    v-model="dialogVisible"
   draggable
   width="40%"
   :close-on-click-modal="false"
   @close="closeDlg"
   >
    <el-form ref="formRef" :model="form" label-width="80px" :rules="rules"
label-position="right">
      <el-form-item :label="t('form.username')" prop="name">
        <el-input v-model="form.name"></el-input>
      </el-form-item>
      <el-form-item :label="t('form.group')" prop="roleId">
        <el-select v-model="form.roleId" :placeholder="t('form.choose')" style="width: 100%">
          <el-option
        v-for="item in roles"
        :key="item.name"
        :label="item.label"
        :value="item.name"
       ></el-option>
        </el-select>
      </el-form-item>
    </el-form>
    <template #footer>
      <el-button @click="dialogVisible = false">{{ t("action.cancel") }}</el-button>
      <el-button
        v-if="isEdit"
        type="primary"
        @click="handleResetPassword"
      >{{ t("form.resetPassword") }}</el-button>
      <el-button
        type="primary"
```

```
40          @click="handleSubmit"
41          :loading="formLoading"
42        >{{ t("action.submit") }}</el-button>
43      </template>
44    </el-dialog>
45  </template>
```

**代码说明：**

（1）与公告管理页面的弹框基本要素基本一致，不同的是表单域和弹框按钮，在编辑时新增一个重置密码的按钮，用于重置用户密码。

（2）该系统的用户都是通过管理员手动添加的，用户的账号和初始密码都需要通过添加或编辑者通知账号使用人。当添加一个用户成功时，后端会创建一条新的用户记录并为用户设置一个初始密码返回，前端将用户名和初始密码通过弹框反馈给创建者，当管理员编辑用户信息时，除了用户名称和管理组可编辑外，还可以为用户重置密码（第 33~37 行）。

（3）管理组由一个普通选择器组成，其下拉选项数据来自一个静态对象数组 roles，这里直接写在 src/mock/data.js 文件中，并需要在脚本中引入（见步骤 05 代码说明）。

**步骤 04** 参考公告管理页面添加新增按钮单击事件处理函数 handleAdd、编辑按钮单击事件处理函数 handleEdit 以及关闭对话框回调函数 closeDlg，这三个方法与公告管理页面一致，直接复制到 setup 中即可，这里不再列举说明。

**步骤 05** 参考公告管理页面添加提交按钮单击事件处理函数，代码如下：

```
<script setup>
import { listPage, save, update } from "@/apis/sys-user";
import { roles } from '@/mock/data'
...
function getParams() {
  const params = { ...form };
  if (!isEdit.value) {
    delete params.id;
  }
  return params;
}
function handleSubmit() {
  formRef.value.validate((valid) => {
    if (!valid) return;
    formLoading.value = true;
    let promise;
    const params = getParams();
    if (isEdit.value) {
      promise = update(params);
    } else {
      promise = save(params);
    }
    promise
      .then((res) => {
        if (!isEdit.value) {
          ElMessageBox.alert(
            '${t('tips.success')}${t('form.username')}:
${res.data.name},${t('form.password')}: ${res.data.password}',
```

```
            t('tips.title'),
            {
              confirmButtonText: t('action.confirm'),
            }
          )
        } else {
          ElMessage({
            message: t("tips.success"),
            type: "success",
            showClose: true,
          });
        }
        closeDlg();
        if (isEdit.value) {
          tableRef.value.refresh();
        } else {
          tableRef.value.reload();
        }
      })
      .finally(() => {
        formLoading.value = false;
      });
  })
}
</script>
```

**代码说明：**

（1）用户管理新增或编辑对话框的提交按钮单击事件处理函数基本与公告管理的一致，区别在于请求成功之后处理成功返回的过程，如果是新增用户信息，则后端处理成功时会返回新用户账号和初始密码，前端需要弹出一个提示框展示给创建者，创建者再保存这个账号信息，并通知到对应使用者。

（2）其中第 2 个 import 导入了 roles 管理组数据，由于目前管理组不多，短期内也没有变更的需求，因此直接在 mock 中写死。

**步骤 06** 添加重置密码按钮单击事件处理函数 handleResetPassword，当设置密码成功时，弹出账号重置后的密码提示，与"新增"对话框的提交按钮单击事件一致，代码如下：

```
<script setup>
import { listPage, save, update, setPsw } from "@/apis/sys-user";
…
function handleResetPassword() {
  setPsw({ ...form }).then(res => {
    ElMessageBox.alert(
      '${t('tips.success')}${t('form.username')}:
${res.data.name},${t('form.password')}: ${res.data.password}',
      t('tips.title'),
      {
        confirmButtonText: t('action.confirm'),
      }
    )
  })
}
```

```
</script>
```

至此，用户管理页面实现完成。单击分页表格上方的“新增”按钮，弹出“新增”对话框，可以编辑表单信息，如图 11.4 所示，单击分页表格操作列的“编辑”按钮，弹出“编辑”对话框，如图 11.5 所示。“新增”对话框提交成功效果如图 11.6 所示，“编辑”对话框重置密码成功效果如图 11.7 所示。

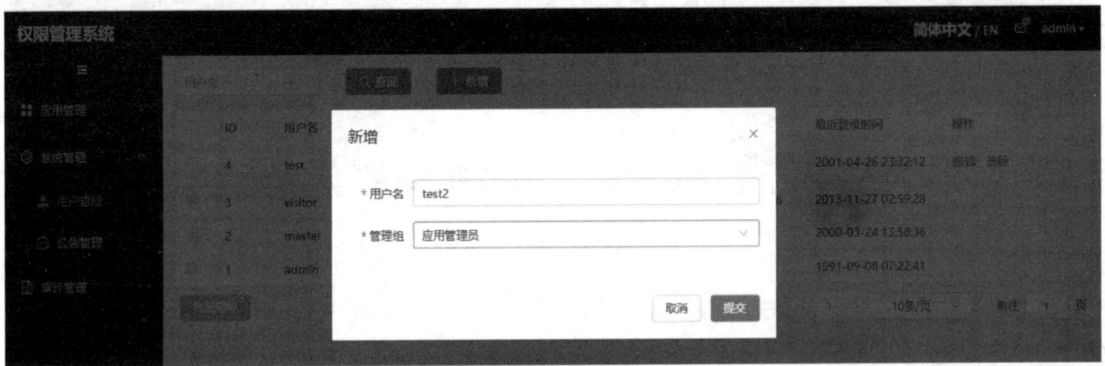


图 11.4　系统管理“新增”对话框

图 11.5　系统管理“编辑”对话框

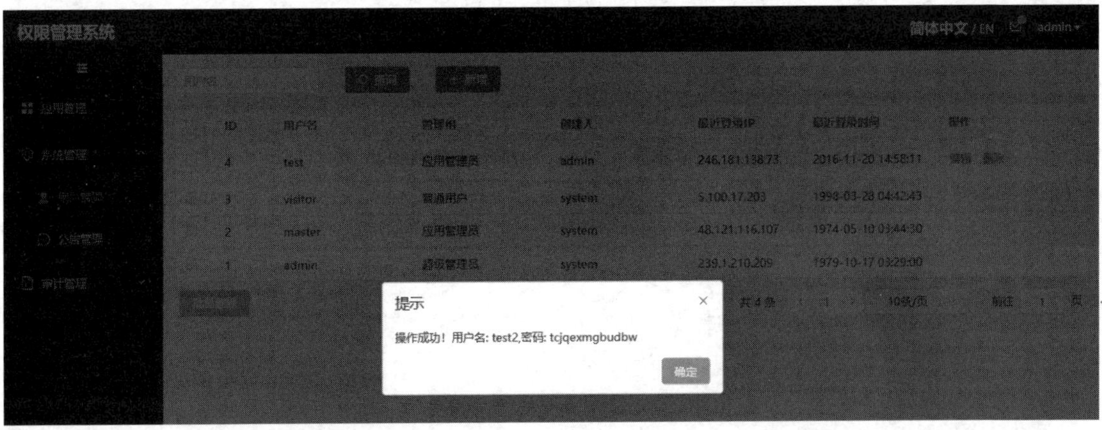

图 11.6　系统管理新增用户成功/重置密码成功时的弹框提示

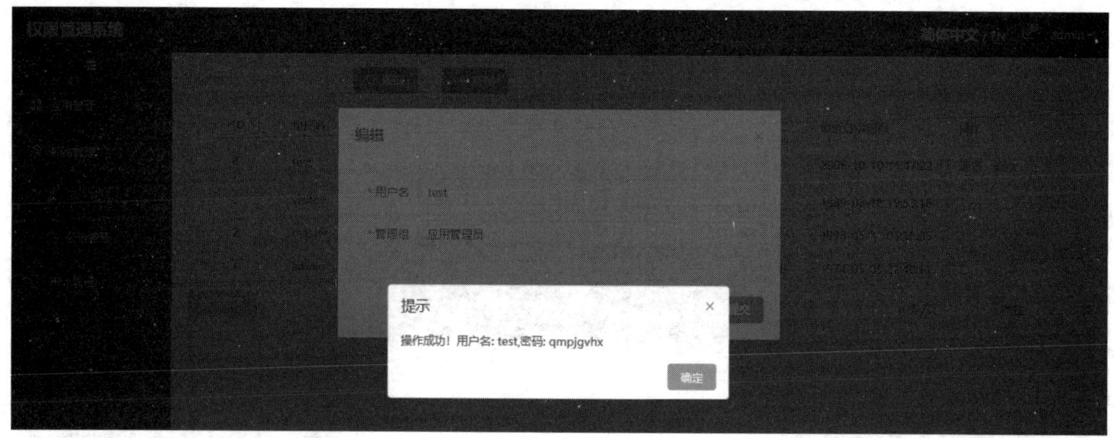


图 11.7　系统管理编辑用户重置密码成功时的弹框提示

## 11.1.3　提取公共操作方法

我们知道重构是需要在开发中随时进行的，当发现重构可以提高代码可读性和可维护性的同时提高开发效率，不要犹豫，立即开始。根据前面两个页面功能的实现，可以预见之后应用管理新增、编辑操作功能的实现会有很多类似的代码，如果不提取这些相似逻辑，项目中就会充斥着冗余代码，不利于维护和阅读，所以必须考虑将相似的操作进行提取封装。

由于都是在 setup 中使用方法，笔者模仿 Vue 生态，如 Vue Router 中的 useRoute 等方法命名方式，将提取的方法命名为 useTableHandlers，写入一个命名为 use-table-handlers.js 的文件，这个方法用于管理对通用分页表格相关操作的公共变量和方法，因为该项目的功能较为简单，所以将该文件直接放在 Views 文件夹下面，写入内容如下：

```
export default function useTableHandlers(form) {
  // data
  const { t } = useI18n();
  const tableRef = ref();
  const dialogVisible = ref(false);
  const isEdit = ref(false);
  const formLoading = ref(false);
  const formRef = ref();
  const __formOld__ = { ...form }

  // methods
  const doSearch = () => {
    tableRef.value.reload();
  };
  const doAdd = () => {
    dialogVisible.value = true;
    isEdit.value = false;
    formRef.value && formRef.value.clearValidate();
  };
  const doEdit = (row) => {
    if (!form) return;
    isEdit.value = true;
    dialogVisible.value = true;
```

```
    for (const k in form) {
      if (k in row) {
        form[k] = row[k];
      }
    }
  };

  const getParams = () => {
    const params = { ...form };
    if (!isEdit.value) {
      delete params.id;
    }
    return params;
  };
  const doSubmit = (apis, callback) => {
    if (!form || !apis) return;
    formRef.value.validate((valid) => {
      if (valid) {
        formLoading.value = true;
        let promise;
        const params = apis.getParams ? apis.getParams() : getParams();
        if (isEdit.value) {
          promise = apis.update(params);
        } else {
          promise = apis.save(params);
        }
        promise
          .then((res) => {
            if (callback) {
              callback(res);
            } else {
              ElMessage({
                message: t("tips.success"),
                type: "success",
                showClose: true,
              });
            }
            doClose();
            if (isEdit.value) {
              tableRef.value.refresh();
            } else {
              tableRef.value.reload();
            }
          })
          .finally(() => {
            formLoading.value = false;
          });
      }
    });
  };

  const resetForm = () => {
    if (!form) return;
    for (const k in __formOld__) {
      form[k] = __formOld__[k];
```

```
79      }
80    };
81    function doClose() {
82      dialogVisible.value = false;
83      resetForm();
84    }
85    return {
86      t,
87      tableRef,
88      dialogVisible,
89      isEdit,
90      formLoading,
91      formRef,
92      doSearch,
93      doAdd,
94      doEdit,
95      doSubmit,
96      doClose
97    };
98  }
```

**代码说明：**

（1）该文件的 useTableHandler 方法提取出公共变量和公共方法，供 setup 调用。

（2）提取的公共变量包含表格引用（ref）变量 tableRef、新增/编辑对话框是否显示标识 dialogVisible、是否是编辑对话框标识 isEdit、新增/编辑对话框表单提交是否加载中标识 formLoading（第 05~09 行）。

（3）提取的公共方法包含翻译方法 t、分页表格的查询（doSearch）、新增（doAdd）、编辑（doEdit）、新增/编辑对话框表单提交方法 doSubmit 和关闭弹框方法 doClose，这些方法中的编辑、提交和关闭弹框操作都用到了 Form 表单的数据模型 form，每个表单的模型都不相同，所以笔者定义该数据模型作为参数传入（第 03 行）。

（4）查询操作 doSearch 都是直接调用通用分页表格的查询方法 reload（第 12~14 行）。

（5）新增操作 doAdd 都会执行显示弹框和设置 isEdit 标识为 false，这个方法最后清除了表单的错误提示，原因是在编辑取消或关闭时会将表单数据模型遍历重置为最开始定义的默认表单值 __formOld__，根据 rules 定义的校验规则中的 trigger，会触发表单域的 change 事件，对表单进行校验，从而出现错误提示，如果不清除错误提示，在打开新增窗口时没有任何输入却有报错信息，显然不太友好（第 15~19 行）。

（6）编辑操作 doEdit 都会执行弹框显示和设置 isEdit 标识为 true，并根据选中行信息初始化表单域数据（第 24~28 行），如果有数据与行信息不一致或需要特殊设置，则可在调用该方法之后处理。

（7）提交操作 doSubmit 传入一个接口配置相关的对象 apis 和一个回调函数 callback，apis 配置新增和编辑接口对应的接口函数以及接口参数处理函数 getParams（可选）。如果 apis.getParams 没有配置，则使用这个文件中默认的参数处理函数 getParams（第 31~37 行）。然后当请求成功时，如果配置了回调函数，则直接调用回调函数，否则。弹出操作成功提示（第 52~60 行）。

接下来便可引入提取的公共操作方法改造各模块的分页表格页面，从最简单的审计管理模块开始，访问日志页面修改如下（注意加粗部分代码）：

```
<template>
  <div class="main-body">
    <!--工具栏-->
    <div class="toolbar">
      <el-form :inline="true" :model="filters">
        …
        <el-form-item>
          <el-button
            icon="search"
            type="primary"
            @click="doSearch"
          >{{ t('action.search') }}</el-button>
        </el-form-item>
      </el-form>
    </div>
    <!--表格内容栏-->
<cm-table
 ref="tableRef"
      …
    ></cm-table>
  </div>
</template>
<script setup>
import { listPage } from '@/apis/logs-visit'
import useTableHandlers from '../use-table-handlers'
const filters = reactive({
  username: ''
});
const {
  t,
  tableRef,
  doSearch,
} = useTableHandlers();
const columns = computed(() => [
  …
])
</script>
```

**代码说明：**

（1）审计管理两个子模块页面都只有查询功能，所以只需引入表格引用变量 tableRef 和查询函数 doSearch，并在模板中使用。

（2）操作日志页面的修改与访问日志页面修改一致，不再重复说明。

接下来改造系统管理两个子模块页面，公告管理页面 src/views/sys/Notice.vue 修改如下：

```
<template>
  <div class="main-body">
    <!--工具栏-->
    <div class="toolbar">
      <el-form :inline="true" :model="filters">
        …
        <el-form-item>
```

```
          <el-button
            icon="search"
            type="primary"
            @click="doSearch"
          >{{ t('action.search') }}</el-button>
        </el-form-item>
        <el-form-item>
          <el-button
            icon="plus"
            type="primary"
            @click="doAdd"
          >{{ t('action.add') }}</el-button>
        </el-form-item>
      </el-form>
    </div>
    <!--表格内容栏-->
    <cm-table
      ref="tableRef"
      :get-page="listPage"
      :filters="filters"
      :columns="columns"
      :operations="operations"
      @handleEdit="doEdit"
      @handleDelete="handleDelete"
    ></cm-table>
  </div>

  <!-- 新增/编辑对话框 -->
  <el-dialog
    :title="isEdit ? t('action.edit') : t('action.add')"
    width="40%"
    draggable
    v-model="dialogVisible"
    :close-on-click-modal="false"
    @close="doClose"
  >
    <el-form ref="formRef" :model="form" :rules="rules" label-width="80px"
label-position="right">
      …
    </el-form>
    <template #footer>
      <el-button @click="doClose">{{ t("action.cancel") }}</el-button>
      .....
    </template>
  </el-dialog>
</template>

<script setup>
import { listPage, save, update } from "@/apis/sys-notice";
import useTableHandlers from '../use-table-handlers'
const filters = reactive({
  title: ''
})
const form = reactive({
  id: '',
```

```
    title: "",
    content: "",
    isPublish: false,
  });
  const {
    t,
    tableRef,
    dialogVisible,
    isEdit,
    formLoading,
    formRef,
    doSearch,
    doAdd,
    doEdit,
    doSubmit,
    doClose,
  } = useTableHandlers(form);

  const operations = [
    …
  ]

  // computed
  const columns = computed(() => [
    …
  ])
  const rules = computed(() => {
    …
  })
  // methods
  function handleSubmit() {
    doSubmit({ save, update })
  }
  function handleDelete(ids, callback) {
    …
  }
  </script>
```

**代码说明：**

（1）Form 表单数据模型 form 作为 useTableHandlers 的形参，要先于公共变量和方法引入定义。

（2）原来的查询方法 findPage、新增和编辑按钮单击事件处理函数 handleAdd 和 handleEdit，因为与抽离的方法逻辑没有差异，所以分别直接使用引入的 doSearch、doAdd、doEdit 方法代替并在模板中使用。

（3）新增/编辑对话框的提交按钮单击事件处理函数调用引入的 doSubmit 方法，并传入新增、修改的接口函数。

对比公告管理页面，用户管理页面修改如下：

```
<template>
  <div class="main-body">
    <!--工具栏-->
    <div class="toolbar">
```

```
      <el-form :inline="true" :model="filters">
        …
        <el-form-item>
          <el-button icon="search" type="primary" @click="doSearch">
  {{ t('action.search') }}
  </el-button>
        </el-form-item>
        <el-form-item>
          <el-button icon="plus" type="primary"
@click="doAdd">{{ t('action.add') }}</el-button>
        </el-form-item>
      </el-form>
    </div>
    <!--表格内容栏-->
    <cm-table
      ref="tableRef"
      :get-page="listPage"
      :filters="filters"
      :columns="columns"
      :operations="operations"
      @handleEdit="doEdit"
      @handleDelete="handleDelete"
    />
  </div>

  <!--新增编辑界面-->
  <el-dialog
    :title="isEdit ? t('action.edit') : t('action.add')"
    v-model="dialogVisible"
    draggable
    width="40%"
    :close-on-click-modal="false"
    @close="doClose"
  >
    <el-form ref="formRef" :model="form" label-width="80px" :rules="rules"
label-position="right">
      …
    </el-form>
    <template #footer>
      <el-button @click="doClose">{{ t("action.cancel") }}</el-button>
      …
    </template>
  </el-dialog>
  </template>
  <script setup>
  import { listPage, save, update, setPsw } from "@/apis/sys-user";
  import { roles } from '@/mock/data'
  import useTableHandlers from '../use-table-handlers'
  const filters = reactive({
    name: ''
  })
  const form = reactive({
    …
  });
  const {
```

```
    t,
    tableRef,
    dialogVisible,
    isEdit,
    formLoading,
    formRef,
    doSearch,
    doAdd,
    doEdit,
    doSubmit,
    doClose
  } = useTableHandlers(form);
  const operations = [
    …
  ]

  // computed
  const columns = computed(() => [
    …
  ])
  const rules = computed(() => {
    …
  })

  // methods
  function isSelectable(row) {
    …
  }
  function handleDelete(ids, callback) {
    …
  }
  function handleSubmit() {
    doSubmit({ save, update }, (res) => {
      if (!isEdit.value) {
        ElMessageBox.alert(
          `${t('tips.success')}${t('form.username')}:
${res.data.name},${t('form.password')}: ${res.data.password}`,
          t('tips.title'),
          {
            confirmButtonText: t('action.confirm'),
          }
        )
      }
    })
  }

  function handleSetPsw() {
    …
  }
  </script>
```

**代码说明（与公告管理页面相比较）：**

（1）新增/编辑对话框的提交按钮单击事件处理函数调用引入的公共方法 doSubmit，传入新增/编辑接口函数（save/update），并设置回调函数，处理新增对话框提交成功时弹出的用户账号和初始密码提示框，创建者可复制并提供给账户使用者。

（2）原来的查询方法 findPage、新增和编辑按钮单击事件处理函数 handleAdd 和 handleEdit，因为与抽离的方法逻辑没有差异，所以分别直接使用引入的 doSearch、doAdd、doEdit 方法代替并在模板中使用。

从上面两个页面的改造结果可以看到，在实际页面应用中引入封装好的处理方法节省了很多代码。同样测试页面，效果与前面介绍的相同。接下来以同样的方法完成剩余页面的新增和编辑操作。

# 11.2 应用管理

本节主要说明应用管理模块中所有子模块的新增和编辑功能，依然从结构最简单的页面开始说明。

## 11.2.1 角色管理

从表单最为简单的角色管理开始，引入抽离的 useTableHandlers 方法，按照如下步骤添加该模块的新增和编辑功能。

步骤 01 参考公告管理接口的写法在 src/apis/app-role.js 中添加新增和编辑接口，由于方法一致，只需调整 URL，因此此处不再列举，详细代码读者可自行查看项目源码。

步骤 02 添加新增、编辑接口的数据模拟函数，由于这两个接口的返回一致，因此可直接复制公告管理接口模拟函数的 operations 方法到 src/mock/modules/app-role.js 中，然后调整 URL 即可完成，代码如下：

```
// 操作
export function operations() {
  return {
    url: "app/role/(save|update)",
    method: "post",
    response: {
      code: 200,
    }
  }
}
```

步骤 03 在 src/views/app/Role.vue 页面模板中添加一个新增/编辑对话框，代码如下（粗体部分的变量和方法来自公共函数 useTableHandlers）：

```
<template>
  <div class="main-body">
    <!--工具栏-->
    <div class="toolbar">
      <el-form :inline="true" :model="filters">
        ...
        <el-form-item>
          <el-button icon="search" type="primary" @click="doSearch">
{{ t('action.search') }}
</el-button>
```

```
          </el-form-item>
          <el-form-item>
            <el-button icon="plus" type="primary"
@click="doAdd">{{ t('action.add') }}</el-button>
          </el-form-item>
        </el-form>
      </div>
      <!--表格内容栏-->
      <cm-table
        ref="tableRef"
        :get-page="listPage"
        :filters="filters"
        :columns="columns"
        :operations="operations"
        @handleEdit="doEdit"
        @handleDelete="handleDelete"
      ></cm-table>
    </div>
    <!-- 新增/编辑 -->
    <el-dialog
      :title="isEdit ? t('action.edit') : t('action.add')"
      width="40%"
      draggable
      v-model="dialogVisible"
      :close-on-click-modal="false"
      @close="doClose"
    >
      <el-form ref="formRef" :model="form" label-width="80px" :rules="rules">
        <el-form-item :label="t('thead.roleName')" prop="name">
          <el-input v-model="form.name"></el-input>
        </el-form-item>
        <el-form-item :label="t('thead.remark')" prop="remark">
          <el-input v-model="form.remark" type="textarea"></el-input>
        </el-form-item>
      </el-form>
      <template #footer>
        <div class="dialog-footer">
          <el-button @click="doClose">{{ t("action.cancel") }}</el-button>
          <el-button
            type="primary"
            @click="handleSubmit"
            :loading="formLoading"
          >{{ t("action.submit") }}</el-button>
        </div>
      </template>
    </el-dialog>
  </template>
```

步骤 04 对比系统管理的公告管理页面，角色管理页面的脚本差异代码添加或修改如下：

```
  <script setup>
  import { listPage, save, update } from "@/apis/app-role";
  import { listTree } from "@/apis/app-resource";
  import useTableHandlers from "../use-table-handlers";
  const filters = reactive({
```

```
  name: ''
});
const form = reactive({
  id: "",
  name: "",
  remark: "",
})
const {
  t,
  tableRef,
  dialogVisible,
  isEdit,
  formLoading,
  formRef,
  doSearch,
  doAdd,
  doEdit,
  doSubmit,
  doClose
} = useTableHandlers(form);

// computed
const columns = computed(() => [
  …
]);
const operations = computed(() => [
  …
])
const rules = computed(() => {
  return {
    name: [{ required: true, message: t('form.nameRequired'), trigger: "blur" }],
  }
});
function handleDelete(ids, callback) {
  …
}
function handleSubmit() {
  doSubmit({ save, update });
}
function handleBindResource(row) {
  console.log('bindResource', row);
}
</script>
```

**代码说明：**

（1）原来的查询方法 findPage、新增和编辑按钮单击事件处理函数 handleAdd 和 handleEdit，因为与抽离的方法逻辑没有差异，所以分别直接使用引入的 doSearch、doAdd、doEdit 方法代替并在模板中使用。

（2）对话框提交按钮的单击事件处理函数 handleSubmit 与公告管理页面保持一致，复制过来即可。

（3）这里和其他模块不同的是，操作列有一个除了编辑和删除按钮之外的其他操作：绑定资源，需要为操作添加单击事件处理函数 handleBindResource，因为这个操作与本章的新增和编辑弹框无关，这里临时使用一个 console 打印来验证绑定资源按钮单击事件处理函数的有效性。

至此，角色管理页面的新增按钮和编辑按钮功能实现完成。单击“新增”按钮并编辑表单查看效果，如图 11.8 所示，单击“编辑”按钮查看效果，如图 11.9 所示。

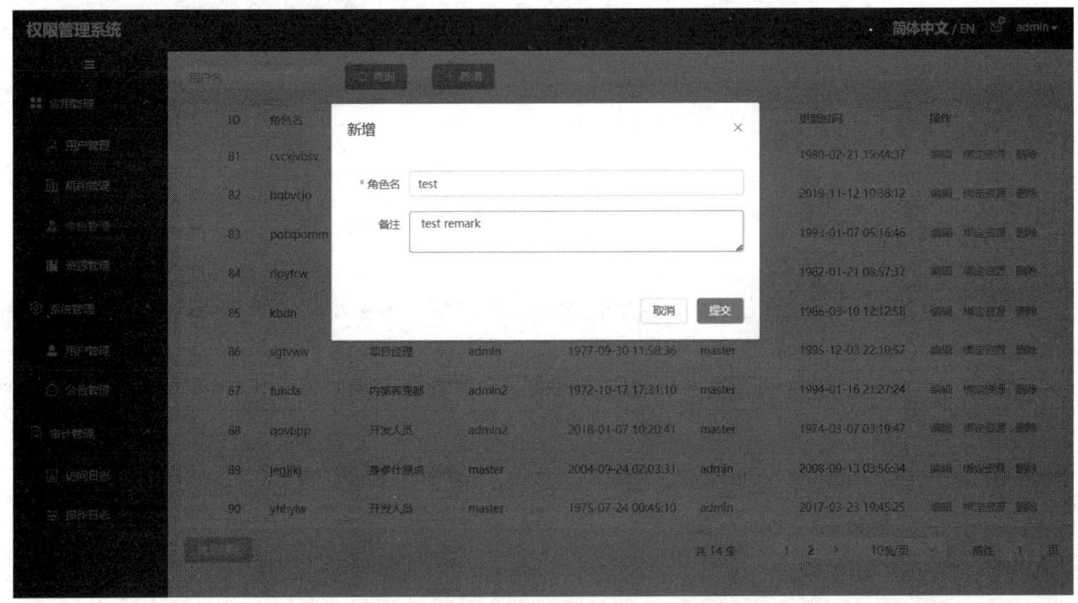


图 11.8　角色管理页面“新增”对话框

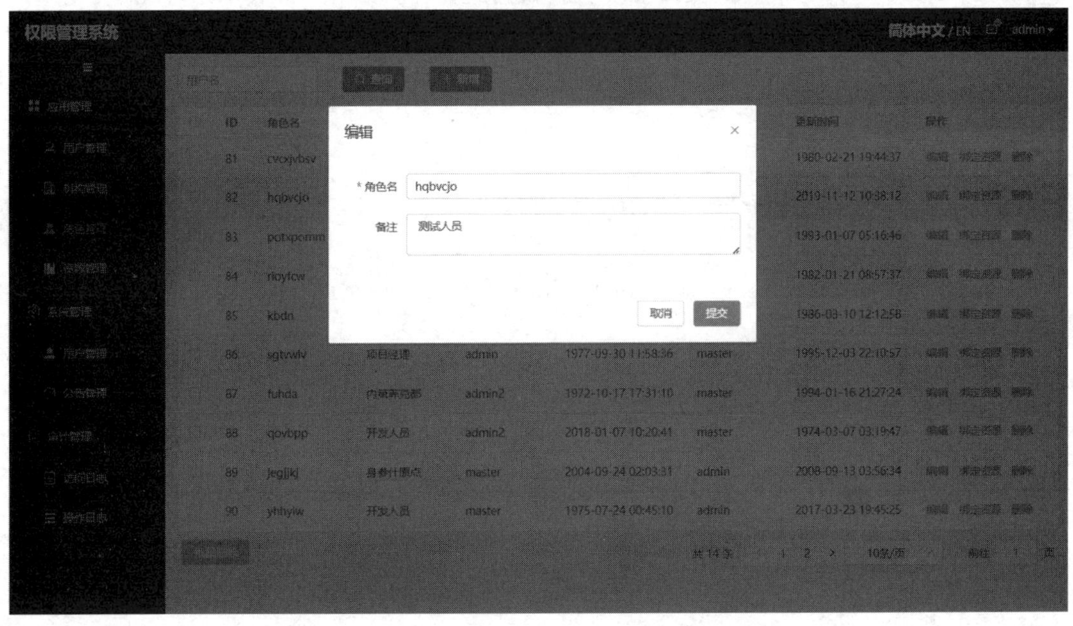


图 11.9　角色管理页面的“编辑”对话框

单击“绑定资源”按钮，打印效果如图 11.10 所示。

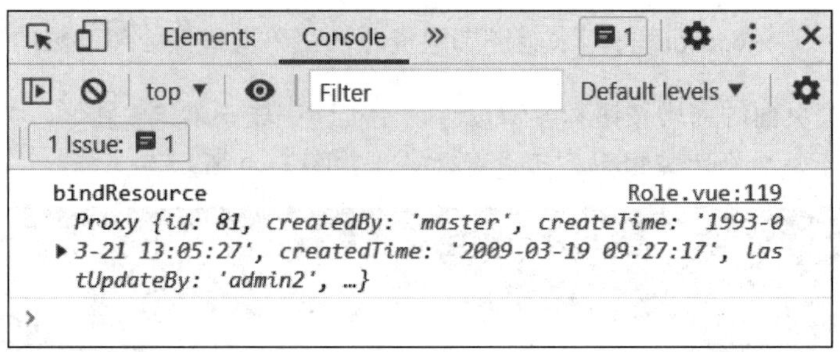


图 11.10 “绑定资源”按钮打印效果

## 11.2.2 机构管理

机构管理新增/编辑对话框的 Form 表单包含两个表单域：名称及其父级机构。父级机构是一个选择器，下拉列表数据需要通过接口获取，因为机构数据是一个树形结构，所以其下拉列表也是一个树形结构，考虑一般机构层级不会非常深，所以这里的下拉列表使用 Element 的级联选择器 Cascader 组件来展示。下面来看主要步骤。

步骤 01 参考公告管理接口的写法在 src/apis/app-dept.js 中添加新增和编辑接口，由于方法一致，只需调整 URL，因此此处不再列举，详细代码读者可自行查看项目源码。

步骤 02 参考角色管理页面在 src/mock/modules/app-dept.js 中添加新增、编辑接口的数据模拟函数 operations，这里不再列举，详细代码读者可自行查看项目源码。

步骤 03 在 src/views/app/Dept.vue 页面模板中添加对话框，代码如下（粗体部分方法和变量来自公共函数 useTableHandlers）：

```
<template>
  <div class="main-body">
    <!--工具栏-->
    <div class="toolbar">
      <el-form :inline="true" :model="filters">
        …
        <el-form-item>
          <el-button icon="search" type="primary" @click="doSearch">
{{ t('action.search') }}
</el-button>
        </el-form-item>
        <el-form-item>
          <el-button icon="plus" type="primary" @click="handleAdd">
{{ t('action.add') }}
</el-button>
        </el-form-item>
      </el-form>
    </div>
    <!--表格树内容栏-->
    <cm-table
      …
    ></cm-table>
  </div>
  <el-dialog
    :title="isEdit ? t('action.edit') : t('action.add')"
```

```
    width="40%"
    draggable
    v-model="dialogVisible"
    :close-on-click-modal="false"
    @close="doClose"
  >
    <el-form
      :model="form"
      :rules="rules"
      ref="formRef"
      @keyup.enter="handleSubmit"
      label-width="80px"
    >
      <el-form-item :label="t('thead.name')" prop="name">
        <el-input
v-model="form.name" :placeholder="t('thead.name')"></el-input>
      </el-form-item>
      <el-form-item :label="t('form.parent')" prop="parentId">
        <el-cascader
          v-model="form.parentId"
          :props="{ label: 'name', value: 'id', checkStrictly: true, emitPath:
false }"
          :options="deptData"
          clearable
          filterable
          class="w100p"
        ></el-cascader>
      </el-form-item>
    </el-form>
    <template #footer>
      <el-button @click="doClose">{{ t('action.cancel') }}</el-button>
      <el-button type="primary"
@click="handleSubmit">{{ t('action.confirm') }}</el-button>
    </template>
  </el-dialog>
</template>
```

**代码说明：**

（1）父级机构 el-cascader 组件通过 props 指定了选项文本标签为对应选项数据对象的属性名称 name（label: 'name'），指定选项的值为对应选项数据对象的 id 值（value: 'id'），并设置父子节点不互相关联（checkStrictly: true），这样就可以随意选择某个层级的节点，另外，设置在选中节点改变时只返回该节点的值（emitPath: false）。

（2）父级机构支持清空选项 clearable=true，并且支持搜索 filterable=true，在展示上需要占满整行，所以设置了样式 w100p。

（3）父级机构的下拉选项数据通过 options 进行设置，这个数据在对话框打开时获取。

步骤 04 修改脚本，代码如下：

```
<script setup>
import { listTree, listOtherTreeById, save, update } from '@/apis/app-dept'
import useTableHandlers from '../use-table-handlers'
const filters = reactive({
```

```
      name: ''
    });
    const form = reactive({
      id: '',
      name: '',
      parentId: null,
    });
    const {
      t,
      tableRef,
      dialogVisible,
      isEdit,
      formLoading,
      formRef,
      doSearch,
      doAdd,
      doEdit,
      doSubmit,
      doClose
    } = useTableHandlers(form);
    const deptData = ref([])

    const columns = computed(() => [
      …
    ])

    const rules = computed(() => {
      return {
        name: [
          { required: true, message: t('form.usernameHolder'), trigger: ['change',
'blur'] }
        ]
      }
    })

    // methods
    function initFormRequest(row) {
      listOtherTreeById(row ? { id: row.id } : null).then(res => {
        deptData.value = res.data;
      })
    }
    function handleAdd() {
      initFormRequest();
      doAdd();
    }
    function handleEdit(row) {
      initFormRequest(row);
      doEdit(row);
    }
    function handleDelete(ids, callback) {
      …
    }
    function handleSubmit() {
      doSubmit({ save, update });
    }
```

```
</script>
```

**代码说明：**

（1）新增和编辑按钮单击处理函数 handleAdd 和 handleEdit 都要处理对话框打开动作，所以这两个函数内都需要调用接口获取父级机构列表，因为编辑时父级机构不能选择自身及其下的机构，所以后端提供一个接口将机构本身及其下级机构去掉，如果后端不提供这样的接口，读者也可以在前端通过从所有机构列表中过滤调用对应机构及其下级机构。

（2）新增/编辑对话框都要对父级机构列表进行查询，所以将这个获取数据的方法提取成一个方法 initFormRequest 供两个函数调用（对应接口和接口模拟函数参照其他接口形式添加到 src/apis 和 src/mock/modules 下的 app-dept.js 文件中，读者可自行查阅项目源码）。

（3）新增/编辑对话框的提交按钮单击事件 handleSubmit 与公告管理页面一致。

这样，机构管理页面的新增和编辑功能就完成了。单击分页表格中的新增按钮，选择父级机构，效果如图 11.11 所示。

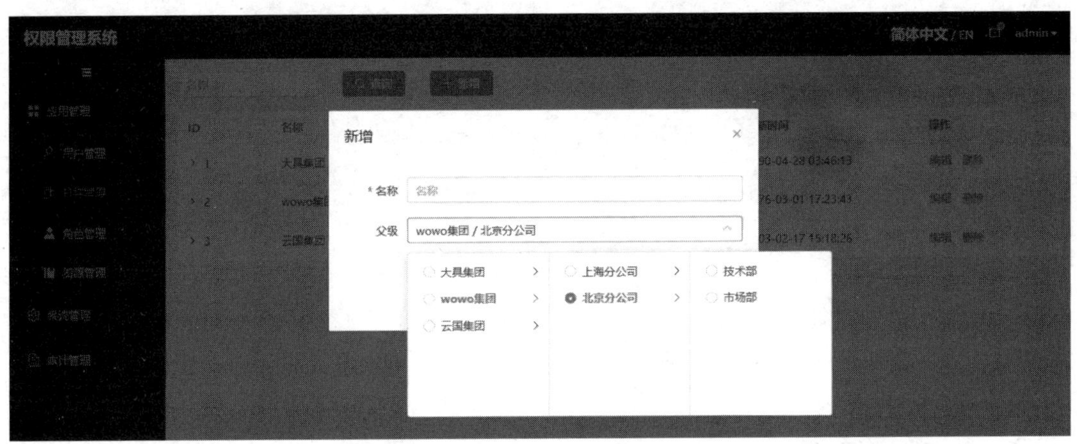


图 11.11　机构管理页面的“新增”对话框

## 11.2.3　用户管理

用户管理新增/编辑对话框的表单包含的表单域包含名称、机构、邮箱、手机号、角色和在职状态。

该项目用户管理列表的数据来自应用系统用户的主动注册（应用系统提供注册页面）和权限管理系统管理员的添加，从应用系统主动注册的用户可以直接在应用系统注册页面设置密码，而由权限管理系统管理员添加的用户和系统管理页面添加的用户类似，添加成功时，后端添加用户记录的同时为新用户设置初始密码，管理员可将这个密码记录下来并通知账户使用者，所以应用管理新增用户成功时，前端提示与系统管理-用户管理新增用户成功时的提示一致，因此接口模拟函数可以仿照系统管理的用户管理新增接口模拟函数。

另外，两种用户都只能通过应用系统提供的密码修改和重置页面进行密码的修改和重置，所以权限管理系统应用管理的用户编辑功能不提供重置密码功能。

下面来看实现步骤。

步骤01 参考应用管理的用户管理页面接口的写法，在 src/apis/app-user.js 中添加新增和编辑接口，由于方法一致，只需调整 URL，因此此处不再列举，详细代码读者可自行查看项目源码。

步骤02 参考系统管理的用户管理页面在 src/mock/modules/app-user.js 中添加新增、编辑接口的数据模拟函数 save 和 update，这里不再列举，详细代码读者可自行查看项目源码。

步骤03 在 src/apis/app-role.js 中添加查询所有角色的简单列表接口：由于在新增或编辑对话框中需要选择用户角色，为减小请求大小，加快角色下拉选项的加载效率，这里添加一个查询所有角色的简单列表接口，代码如下：

```
export const listSimple = () => {
  return request({
    url: "app/role/listSimple",
    method: "get",
  });
};
```

步骤04 在 src/mock/modules/app-role.js 中添加上一步接口的模拟函数，代码如下：

```
export function listSimple() {
  return {
    url: "app/role/listSimple",
    method: "get",
    response: {
      code: 200,
      msg: null,
      data: [
        {
          id: 1,
          name: "admin",
        },
        {
          id: 2,
          name: "dev",
        },
        {
          id: 3,
          name: "test",
        },
        {
          id: 4,
          name: "mng",
        },
      ],
    },
  };
}
```

步骤05 在 src/views/app/User.vue 页面模板中添加对话框，代码如下（粗体部分变量或方法来自公共函数 useTableHandlers）：

```
<template>
  <div class="main-body">
    <!--工具栏-->
    <div class="toolbar">
```

```
      <el-form :inline="true" :model="filters">
        …
        <el-form-item>
          <el-button
            icon="search"
            type="primary"
            @click="doSearch"
          >{{ t('action.search') }}</el-button>
        </el-form-item>
        <el-form-item>
          <el-button icon="plus" type="primary" @click="handleAdd">
  {{ t('action.add') }}
  </el-button>
        </el-form-item>
      </el-form>
    </div>
    <!--表格内容栏-->
    <cm-table
      …
    />
  </div>
  <!--新增编辑界面-->
  <el-dialog
    :title="isEdit ? t('action.edit') : t('action.add')"
    v-model="dialogVisible"
    draggable
    width="50%"
    :close-on-click-modal="false"
    @close="doClose"
  >
    <el-form ref="formRef" :model="form" label-width="80px" :rules="rules"
label-position="right">
      <el-form-item :label="t('form.username')" prop="name">
        <el-input v-model="form.name"></el-input>
      </el-form-item>
      <el-form-item :label="t('form.dept')" prop="deptId">
        <el-cascader
          v-model="form.deptId"
          :props="{ label: 'name', value: 'id', checkStrictly: true, emitPath:
false }"
          :options="deptData"
          clearable
          filterable
          class="w100p"
        ></el-cascader>
      </el-form-item>
      <el-form-item :label="t('form.email')" prop="email">
        <el-input v-model="form.email"></el-input>
      </el-form-item>
      <el-form-item :label="t('form.mobile')" prop="mobile">
        <el-input v-model="form.mobile"></el-input>
      </el-form-item>
      <el-form-item :label="t('form.role')" prop="roleIds">
        <el-select
          v-model="form.roleIds"
```

```
          multiple
          :placeholder="t('form.choose')"
          style="width: 100%"
        >
          <el-option v-for="item in
roles" :key="item.id" :label="item.name" :value="item.id">
  </el-option>
        </el-select>
      </el-form-item>
      <el-form-item :label="t('status.on')">
        <el-switch v-model="form.status"></el-switch>
      </el-form-item>
    </el-form>
    <template #footer>
      <el-button @click="doClose">
        {{
          t("action.cancel")
        }}
      </el-button>
      <el-button
        type="primary"
        @click="handleSubmit"
        :loading="formLoading"
      >{{ t("action.submit") }}</el-button>
    </template>
  </el-dialog>
</template>
```

**代码说明：**

（1）机构是一个级联选择器，其下拉列表的数据获取的是所有机构的数据，与机构管理列表的数据一致，在弹框显示时进行初始化。

（2）角色是一个多选选择器，其下拉列表的数据通过后台接口获取，与应用管理的角色列表一致，但为了显示方便，本项目中返回一个固定的列表，在弹框显示时进行初始化。

（3）在职状态是一个 Switch 开关。

步骤 06 继续修改页面脚本，代码如下：

```
<script setup>
import { listPage, save, update } from "@/apis/app-user";
import { listSimple } from "@/apis/app-role";
import { listTree } from "@/apis/app-dept";
import useTableHandlers from '../use-table-handlers'
const filters = reactive({
  name: ''
})
const form = reactive({
  id: '',
  name: "",
  deptId: '',
  email: "",
  mobile: "",
  roleIds: [],
  status: true,
```

```
    });
    const {
      t,
      tableRef,
      dialogVisible,
      isEdit,
      formLoading,
      formRef,
      doSearch,
      doAdd,
      doEdit,
      doSubmit,
      doClose
    } = useTableHandlers(form);

    const deptData = ref([])
    const roles = ref([]);

    // computed
    const columns = computed(() => [
      ...
    ])
    const contactValidator = (rule, value, callback) => {
      if (!form.email && !form.mobile) {
        callback(new Error(t('form.emailOrMobile')))
      }
      (!form.mobile || !form.email) && formRef.value.clearValidate(rule.field ===
'email' ? 'mobile' : 'email')
      callback()
    }
    const rules = computed(() => {
      return {
        name: [
          { required: true, message: t('form.usernameHolder'), trigger: ['change',
'blur'] }
        ],
        deptId: [
          { required: true, message: t('form.deptRequired'), trigger: ['change',
'blur'] }
        ],
        email: [
          { type: 'email', message: t('form.emailError'), trigger: ['change',
'blur'] },
          {
            validator: contactValidator, message: t('form.emailOrMobile'), trigger:
['change', 'blur']
          }
        ],
        mobile: [
          { pattern: /^1[3-9]\d{9}$/, message: t('form.mobileError'), trigger:
['change', 'blur'] },
          {
            validator: contactValidator, message: t('form.emailOrMobile'), trigger:
['change', 'blur']
          }
```

```
      ],
      roleIds: [
        { required: true, message: t('form.roleIdsRequired'), trigger: ['change',
'blur'] },
      ]
    }
  });

  // methods
  function initFormRequest() {
    findDeptTree();
    findRoles();
  }
  function handleAdd(row) {
    initFormRequest();
    doAdd(row);
  }
  function handleEdit(row) {
    initFormRequest();
    doEdit(row);
    form.roleIds = row.roleIds.split(',').map(v => +v)
    form.status = !!row.status
  }
  function findDeptTree() {
    listTree().then(res => {
      deptData.value = res.data;
    })
  }
  function findRoles() {
    listSimple().then(res => {
      roles.value = res.data;
    })
  }
  function handleDelete(ids, callback) {
    …
  }
  function handleSubmit() {
    doSubmit({ save, update, getParams }, (res) => {
      if (!isEdit.value) {
        ElMessageBox.alert(
          '${t('tips.success')}${t('form.username')}:
${res.data.name},${t('form.password')}: ${res.data.password}',
          t('tips.title'),
          {
            confirmButtonText: t('action.confirm'),
          }
        )
      }
    });
  }
  function getParams() {
    const params = { ...form }
    if (!isEdit.value) {
      delete params.id;
    }
```

```
    params.roleIds = form.roleIds.join(',')
    return params
  }
</script>
```

**代码说明：**

（1）新增/编辑对话框中的表单校验规则有一个自定义规则：邮箱和手机号至少填一个。邮箱和手机号这两个表单域都需要校验此规则，所以提取一个校验方法 contactValidator，当其中一个校验通过且另一个表单域没有输入时，另一个表单域应该属于正确输入，不能有错误提示，所以这个自定义规则需要清除另一个表单域的错误提示。

（2）新增和编辑按钮的单击事件处理函数 handleAdd 和 handleEdit 内都调用一个方法 initFormRequest 发送两个请求，分别初始化机构选择器选项数据和角色选择器选项数据，其中编辑处理函数 handleEdit 对 Form 表单根据选中行赋值 form 后，需要处理两个特殊的表单域：角色 roleIds 和在职状态 status，因为角色 roleIds 在分页表格中返回的是逗号分隔的 id，赋值给多选选择器之前需要转化成一个数组，而在职状态 status 在分页表格中返回的是数字 0 和 1，0 代表离职状态，1 代表在职状态，需要转化为一个布尔值供 Switch 开关使用。

（3）在 initFormRequest 方法中调用两个方法 findDeptTree 和 findRoles，分别向后端发送查询所有机构和查询所有角色的请求，所有机构列表与机构管理页面请求的接口一致，所有角色列表仅需使用角色 id 和角色名称 name，所以使用角色简单列表接口 listSimple。

（4）新增/编辑的提交处理函数 handleSubmit 中传递给后端的参数需要对多选选择器 roleIds 进行特殊处理，将数组形式转化为逗号分隔形式，所以重写了 getParams 方法，传递参数给公共方法 doSubmit，当新增用户成功时，弹出用户名和初始密码提示框。

至此，用户管理的新增/编辑功能已经实现。随便选择一个操作列的编辑按钮单击，就会弹出编辑弹框，效果如图 11.12 所示，新增对话框于编辑对话框类型，只是各项输入为空。

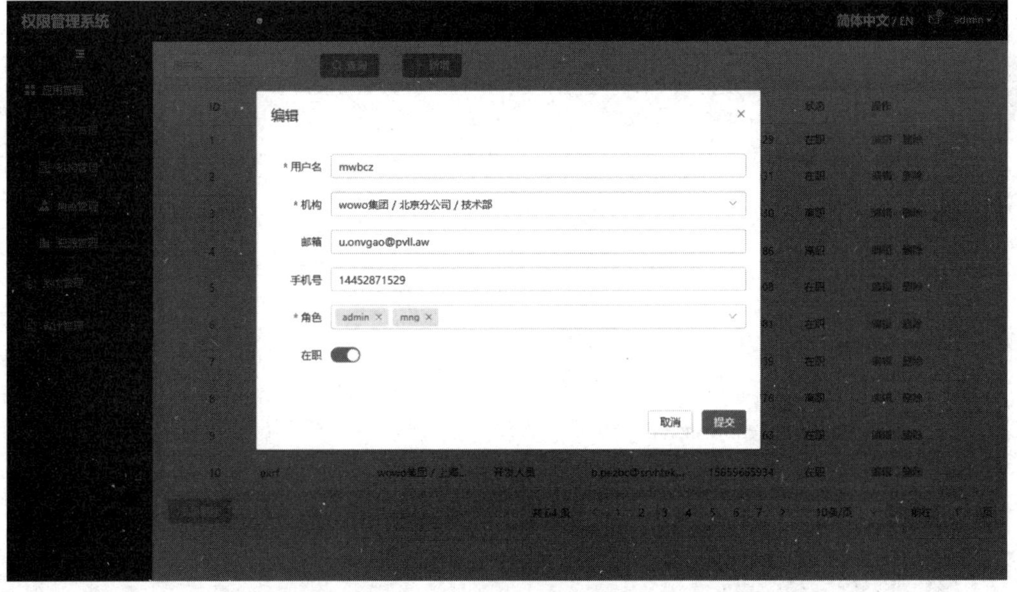


图 11.12　应用管理的“用户管理页面”的“编辑”对话框

## 11.2.4 资源管理

应用资源可以分成 3 类：目录、菜单和按钮，这 3 种类型的资源在新增和编辑时都需要添加名称、显示名称及对应的父级，名称可作为资源的权限标识，一般是唯一的，其父级是一个非按钮类型的资源树，目录和菜单都可以设置图标和排序。菜单类型需要设置菜单 URL，应用系统根据该配置进行路由跳转。下面来看实现步骤。

步骤01 参考公告管理接口的写法在 src/apis/app-resource.js 中添加新增和编辑接口，由于方法一致，只需调整 URL，因此此处不再列举，详细代码读者可自行查看项目源码。

步骤02 参考角色管理页面在 src/mock/modules/app-resource.js 中添加新增、编辑接口的数据模拟函数 operations，这里不再列举，详细代码读者可自行查看项目源码。

步骤03 考虑到新增或编辑对话框中各类资源都有对应父级，父级资源是一个非按钮类型的资源树，所以在 src/apis/app-resource.js 中添加一个查询所有父级资源的接口，代码如下：

```
export const listTreeParents = (data) => {
  return request({
    url: 'app/resource/listParents',
    method: "get",
    data
  });
};
```

步骤04 在 src/mock/modules/app-resource.js 中添加上一步添加的接口模拟函数，这里直接过滤所有资源的树结构，代码如下：

```
export function listTreeParents() {
  return {
    url: 'app/resource/listParents',
    method: "get",
    response: () => {
      function filterTree (data) {
        const newTree = data.filter(v => v.type !== 2)
        newTree.forEach(v => v.children && (v.children =
filterTree(v.children)))
        return newTree
      }
      return {
        code: 200,
        data: filterTree(JSON.parse(JSON.stringify(treeData)))
      };
    },
  };
}
```

步骤05 在 src/views/app/Resource.vue 模板中添加对话框内容，代码如下（粗体部分变量或方法来自公共函数 useTableHandlers）：

```
<template>
  <div class="main-body">
    <!--工具栏-->
    <div class="toolbar">
```

```
      <el-form :inline="true" :model="filters">
        …
        <el-form-item>
          <el-button
            icon="search"
            type="primary"
            @click="doSearch"
          >{{ t('action.search') }}</el-button>
        </el-form-item>
        <el-form-item>
          <el-button icon="plus" type="primary" @click="handleAdd">
  {{ t('action.add') }}
  </el-button>
        </el-form-item>
      </el-form>
    </div>
    <!--表格树内容栏-->
    <cm-table
      …
    ></cm-table>
   </div>
   <!-- 新增修改界面 -->
   <el-dialog
     :title="isEdit ? t('action.edit') : t('action.add')"
     width="40%"
     draggable
     v-model="dialogVisible"
     :close-on-click-modal="false"
     @close="doClose"
   >
     <el-form
       :model="form"
       :rules="rules"
       ref="formRef"
       @keyup.enter="handleSubmit"
       label-width="80px"
     >
       <el-form-item :label="t('thead.type')" prop="type">
         <el-radio-group v-model="form.type" :disabled="isEdit">
           <el-radio
             v-for="(type, index) in menuTypeList"
             :label="index"
             :key="index"
           >{{ t('status.${type}') }}</el-radio>
         </el-radio-group>
       </el-form-item>
       <el-form-item :label="t('thead.name')" prop="name">
         <el-input
v-model="form.name" :placeholder="t('form.nameRequired')"></el-input>
       </el-form-item>
       <el-form-item :label="t('thead.displayName')" prop="displayName">
         <el-input
v-model="form.displayName" :placeholder="t('form.displayNameRequired')"></el-in
put>
       </el-form-item>
```

```
        <el-form-item v-if="form.type !== 2" :label="t('thead.icon')">
          <el-input
v-model="form.icon" :placeholder="t('thead.icon')"></el-input>
        </el-form-item>
        <el-form-item :label="t('form.parent')">
          <el-cascader
            v-model="form.parentId"
            :props="{ label: 'displayName', value: 'id', checkStrictly: true,
emitPath: false }"
            :options="treeData"
            class="w100p"
          ></el-cascader>
        </el-form-item>
        <el-form-item
          v-if="form.type === 1"
          :label="t('thead.url')"
          :prop="form.type === 1 ? 'url' : ''"
        >
          <el-input v-model="form.url" :placeholder="t('thead.url')"></el-input>
        </el-form-item>
        <el-form-item
          v-if="form.type !== 2"
          :label="t('thead.orderNum')"
          :prop="form.type !== 2 ? 'orderNum' : ''"
        >
          <el-input-number v-model="form.orderNum"
controls-position="right" :min="0">
    </el-input-number>
        </el-form-item>
      </el-form>
      <template #footer>
        <span class="dialog-footer">
          <el-button @click="doClose">{{ t('action.cancel') }}</el-button>
          <el-button type="primary"
@click="handleSubmit">{{ t('action.confirm') }}</el-button>
        </span>
      </template>
    </el-dialog>
  </template>
```

**代码说明：**

（1）资源类型是一个单选按钮组，默认选择目录，编辑时不可修改（即编辑时需要禁用），表单域绑定 form 数据模型的 type 属性，其值为 0：目录，1：菜单，2：按钮。根据选择的类型，其后面的表单域响应变化。

（2）排序是一个数字输入框，仅能输入大于等于 0 的数字。

（3）父级是一个级联选择器（因为资源层级一般不会很深，或者可以限制资源层级的深度）。

（4）form-item 上设置了 prop 属性的表单域会参与表单校验。3 种资源类型中，仅在菜单类型需要显示和校验菜单 URL，所以菜单 URL 表单域在类型为 1 时需要设置 prop 属性，同理在非按钮时需要显示和校验排序表单域，因此排序表单域在类型不等于 2 时需要设置 prop 属性。

**步骤 06** 继续修改脚本，代码如下：

```
<script setup>
import { listTree, listTreeParents, save, update } from '@/apis/app-resource'
import useTableHandlers from '../use-table-handlers'
const menuTypeList = ref(["folder", "menu", "button"])
const filters = reactive({
  name: ""
})
const form = reactive({
  id: '',
  type: 0,
  name: "",
  displayName: "",
  parentId: null,
  url: "",
  orderNum: 0,
  icon: "",
})
const {
  t,
  tableRef,
  dialogVisible,
  isEdit,
  formLoading,
  formRef,
  doSearch,
  doAdd,
  doEdit,
  doSubmit,
  doClose
} = useTableHandlers(form);
const treeData = ref([])

// computed
const columns = computed(() => [
  …
])
const rules = ref({
  name: [{ required: true, message: t('form.nameRequired'), trigger: "blur" }],
  displayName: [{ required: true, message: t('form.displayNameRequired'),
trigger: "blur" }],
  url: [{ required: true, message: t('form.urlRequired'), trigger: "blur" }],
})

// methods
const initForm = () => {
  listTreeParents().then(res => {
    treeData.value = res.data;
  })
```

```
}
function handleAdd() {
  initForm();
  doAdd();
}
function handleEdit(row) {
  initForm(row);
  doEdit(row);
}
function handleDelete(ids, callback) {
  ...
}
function handleSubmit() {
  doSubmit({ save, update });
}
</script>
```

**代码说明：**

（1）打开新增和编辑对话框时，需要对父级级联选择器的下拉选项进行初始化，以方便选择，这个数据通过请求后端接口，由后端过滤掉按钮数据返回前端（见代码中的 initForm 方法），所以处理新增和编辑按钮单击事件的处理函数都要调用这个方法。

（2）新增和编辑表单的提交与其他模块的方法没有区别，搬运即可。

至此，资源管理页面的新增和编辑功能全部完成。单击新增或编辑按钮查看效果，大致如图 11.13~图 11.15 所示。

图 11.13 资源管理页面编辑目录信息对话框

图 11.14　资源管理页面编辑菜单信息对话框

图 11.15　资源管理页面编辑按钮信息对话框

# 第 12 章

# 删除和其他操作的实现

本章将继续完善系统主体功能的遗留操作：各模块的删除操作和应用管理的角色管理页面的绑定资源操作。这些功能实现后，系统主体功能就全部完成了。

通过删除操作的学习，读者可巩固对封装的 Mock 和封装的 Axios 请求的使用方式。通过绑定资源操作的学习，读者可以巩固对话框的应用方式及了解树形控件的使用方式。

通过本章的学习，读者可以：

- 掌握 Element 消息反馈组件 MessageBox 弹框的 confirm 使用方法。
- 掌握 Element 的树形控件 Tree 的使用方式。

## 12.1 删除操作

删除操作包括删除和批量删除，各模块的基本实现方式一致。本节以系统管理的公告管理页面的删除和批量删除操作为例，其他模块可参考该例实现删除和批量删除功能。下面来看实现步骤。

步骤 01 在 src/apis/sys-notice.js 中添加删除接口，代码如下：

```
// 删除
export const remove = (data) => {
  return request({
    url: "sys/notice/delete",
    method: "post",
    data,
  });
};
```

步骤 02 在 src/mock/modules/sys-notice.js 中添加删除接口的模拟函数。

由于删除操作返回格式与新增/编辑提交操作返回格式一致，因此可以直接修改其操作模拟函数的 URL，添加 delete 接口 URL，代码如下：

```
export function operations() {
  return {
    url: "sys/notice/(save|update|delete)",
    method: "post",
    response: {
      code: 200,
    }
  }
}
```

**步骤 03** 删除操作包括删除和批量删除，各模块的基本实现方式一致，所以可以抽离删除操作函数，放置于 src/view/use-table-handlers.js 的 useTableHandlers 方法内。

因为各模块删除操作调用的删除接口不同，所以可将删除接口作为参数传入删除函数，添加的删除方法如下：

```
export default function useTableHandlers(form) {
  // data
  …

  // methods
  …
  const doRemove = (api, ids, callback) => {
    api({ id: ids }).then(() => {
      callback && callback();
    });
  };
  return {
    …
    doRemove,
  };
}
```

**步骤 04** 在 src/views/sys/Notice.vue 页面中引入公告删除操作方法，添加和修改 handleDelete 脚本如下：

```
<script setup>
import { listPage, save, update, remove } from "@/apis/sys-notice";
…
const {
…
  doRemove,
} = useTableHandlers(form);
…
function handleDelete(ids, callback) {
  doRemove(remove, ids, callback)
}
</script>
```

至此，公告管理页面的删除和批量删除功能完成。测试公告管理页面操作列的删除操作和分页表格下方的批量删除操作，并查看开发这工具 Console 面板的打印结果，如图 12.1 所示，传参正确，批量删除多条记录，传递的 id 为逗号分隔的字符串。

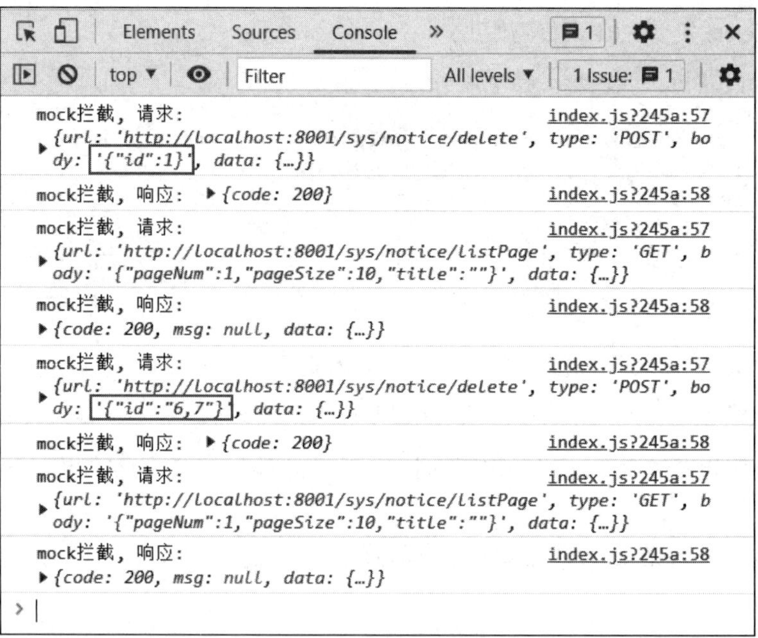


图 12.1 删除/批量删除操作结果

其他页面的实现方式及功能效果与系统管理的公告管理页面步骤一致，在此不再重复说明，读者可自行查看项目源码。

## 12.2 绑定资源操作

系统主体功能最后一个操作是应用管理的角色管理页面表格的绑定资源操作。该操作是为一个角色绑定相关资源，资源来自应用管理配置的资源列表，是一个树形结构数据。单击表格操作列的绑定资源按钮，弹出一个带有资源树的弹框。通过本节的学习，读者可以了解 Element Plus 树形控件 Tree 的使用方式。下面来看实现步骤。

步骤 01 在 src/apis/app-role.js 中添加绑定资源接口，代码如下：

```
// 绑定资源
export const bindResouce = (data) => {
  return request({
    url: "app/role/bindResouce",
    method: "post",
    data,
  });
};
```

步骤 02 在 src/mock/modules/app-role.js 中添加绑定资源接口模拟函数。

由于删除操作返回格式与新增/编辑提交操作返回格式一致，因此可以直接修改其操作模拟函数的 URL，添加 delete 接口 URL，代码如下：

```
// 操作
export function operations() {
  return {
    url: "app/role/(save|update|delete|bindResouce)",
    method: "post",
    response: {
      code: 200,
    },
  };
}
```

步骤 03 修改 src/views/app/Role.vue，在模板中添加绑定资源弹框，代码如下：

```
<template>
 ...
  <!-- 绑定资源 -->
  <el-dialog
    :title="t('action.bindResource')"
    width="40%"
    draggable
    v-model="bindDlgVisible"
    :close-on-click-modal="false"
  >
    <el-tree
      ref="treeRef"
      node-key="id"
      :data="resourceTreeData"
      show-checkbox
      default-expand-all
      :default-checked-keys="defaultCheckedKeys"
      :props="{label: 'displayName'}"
    />
    <template #footer>
      <div class="dialog-footer">
        <el-button @click="bindDlgVisible =
false">{{ t("action.cancel") }}</el-button>
        <el-button
          type="primary"
          @click="onBindResouceConfirm"
          :loading="bindLoading"
        >{{ t("action.submit") }}</el-button>
      </div>
    </template>
  </el-dialog>
</template>
```

**代码说明：**

（1）弹框中的 el-tree 必须绑定 node-key，以绑定节点的唯一标识，本例中为 id 属性。

（2）el-tree 绑定树形结构数据 resourceTreeData，该数据需要通过调用资源树查询接口获取。

（3）在 el-tree 中设置 show-checkbox 显示多选框。

（4）在 el-tree 中设置 default-expand-all 树形默认展开所有节点。

（5）在 el-tree 中设置 default-checked-key 初始化默认选中的节点，该值来自单击的行数据。

（6）在 el-tree 中通过 props 属性 label 值为 displayName，指定节点标签为节点树对象中的 displayName 值。

步骤 04 继续添加对应脚本，代码如下：

```
<script setup>
import { listPage, save, update, remove, bindResouce } from "@/apis/app-role";
import { listTree } from "@/apis/app-resource";
…
const resourceTreeData = ref([])
const bindDlgVisible = ref(false)
const defaultCheckedKeys = ref([])
const bindLoading = ref(false)
const treeRef = ref()

// computed
…
// methods
…
function handleBindResource(row) {
  bindDlgVisible.value = true;
  getResourceTree();
  defaultCheckedKeys.value = row.resourceIds ? row.resourceIds.split(',') : []
}

function getResourceTree() {
  listTree().then(res => {
    resourceTreeData.value = res.data;
  })
}
function onBindResouceConfirm() {
  bindLoading.value = true
  bindResouce({ ids: treeRef.value.getCheckedKeys().toString() }).then(() => {
    ElMessage({ message: t('tips.success'), type: 'success', shoClose: true });
    bindDlgVisible.value = false;
  }).finally(() => {
    bindLoading.value = false
  })
}
</script>
```

**代码说明：**

（1）单击绑定资源按钮时触发 handleBindResource 方法，该方法将显示绑定资源弹框，并初始化资源树（调用 getResourceTree 方法，该方法中通过请求资源的查询方法获取资源树结构），设置默认选中的 id（defaultCheckedKeys）。

（2）弹框确认绑定时触发 onBindResouceConfirm 方法，该方法调用绑定资源接口，传入勾选的资源 id，用逗号分隔多个 id，后台接口处理成功时，前端提示操作成功，并关闭对话框。

（3）通过 bindLoading 在确认绑定请求过程中设置加载中状态，可防止用户重复提交，同时提升交互体验。

# 第 13 章

# 个人中心功能的实现

个人中心包含三个导航菜单：基本信息、修改密码和系统消息。基本信息和修改密码页面主体内容对应不同的 Form 表单，系统消息页面主体内容是两种消息类型可切换展示的标签页。

通过本章的学习，读者可以：

- 加深对 Element 的 Form 表单及 Pagination 分页组件使用方式的了解。
- 掌握 Element 的 Tabs 标签页组件的使用方法。
- 加深对子组件封装思路和使用方法的了解。

## 13.1 个人中心布局

个人中心包含 3 个页面，其布局结构仍然是上下结构，下部为左右结构，与本项目主体功能布局一致，不同的是下部左右结构布局的左侧导航菜单栏项目和样式有明显区别，所以之前在定义基础布局 layout 框架的下部时，个人中心页面（路由 name 包含 Personal 前缀）不显示通用左侧菜单栏，需要在个人中心的入口文件中定义个人中心的下部布局结构，包括左侧导航菜单栏和右侧路由容器。

首先，修改路由文件 src/router/index.js，修改和添加个人中心相关路由如下：

```
…
const routes = [
  {
    path: "/",
    name: "Home",
    component: Layout,
    children: [
      …
      {
        path: "personal",
```

```
        name: "Personal",
        meta: {
          requireAuth: true,
        },
        component: () => import("@/views/personal/index.vue"),
        redirect: "/personal/profile",
        children: [
          {
            path: "profile",
            name: "PersonalProfile",
            meta: {
              requireAuth: true,
            },
            component: () => import("@/views/personal/Profile.vue"),
          },
          {
            path: "changepsw",
            name: "PersonalChangePsw",
            meta: {
              requireAuth: true,
            },
            component: () => import("@/views/personal/ChangePsw.vue"),
          },
          {
            path: "Message",
            name: "PersonalMessage",
            meta: {
              requireAuth: true,
            },
            component: () => import("@/views/personal/Message/index.vue"),
          },
        ],
      },
],
},
];
...
```

然后，修改 src/views/personal/index.vue 文件，完成整体布局，代码如下：

```
<template>
  <div class="main-body">
    <div class="container">
      <div class="left">
        <sidemenu />
      </div>
      <div class="right">
        <router-view />
      </div>
    </div>
  </div>
</template>
<script setup>
import Sidemenu from './Sidemenu.vue'
</script>
```

```
16 <style lang="scss" scoped>
17 .container {
18   width: 1200px;
19   margin: 0 auto;
20   display: flex;
21   justify-content: space-between;
22   padding-top: 30px;
23
24   .left {
25     width: 200px;
26     background-color: #fff;
27     margin-right: 20px;
28   }
29   .right {
30     flex: 1;
31     overflow: hidden;
32     background-color: #fff;
33     padding: 20px;
34   }
35 }
36 </style>
```

**代码说明：**

（1）布局结构：在模板中添加布局结构，用一个 class 为 container 的容器包裹一个左侧容器（class 为 left 的 div）和右侧容器（class 为 right 的 div），container 容器为 Flex 布局，左侧固定宽度（参考第 25 行的样式定义），右侧自适应（参考第 30 行的样式定义）。

（2）左侧导航菜单栏：在左侧容器中放置一个左侧导航菜单栏子组件 Sidemenu（第 05 行），因为这个组件只在这个入口文件中使用，所以将这个组件局部注册进来（第 16~18 行）。

（3）右侧路由容器：在右侧容器中仅存放一个路由容器的 router-view 标签，为其他个人中心页面的内容占位。

左侧导航菜单栏作为入口文件的子组件，笔者将其创建在 src/views/personal 文件夹下，命名为 Sidemenu.vue，其内容是简单的一级菜单结构，使用 el-menu 组件实现，代码如下：

```
<template>
  <div class="personal-side">
    <h2 class="txt-c">{{ t('personal.title') }}</h2>
    <el-menu :default-active="defaultActive" router class="menu">
      <el-menu-item
        v-for="(item, i) in navs"
        :key="i"
        :index="item.path"
      >
        {{ item.label }}
      </el-menu-item>
    </el-menu>
  </div>
</template>
<script setup>
const { t } = useI18n();
const route = useRoute();
const navs = computed(() => [
```

```
  {
    path: '/personal/profile',
    label: t('personal.Profile')
  },
  {
    path: '/personal/changepsw',
    label: t('personal.ChangePsw')
  },
  {
    path: '/personal/message',
    label: t('personal.Messages')
  },
])
const defaultActive = computed(() => route.path)
</script>
<style lang="scss" scoped>
.personal-side {
  h2 {
    line-height: 40px;
    margin: 0;
    font-size: 18px;
    text-align: center;
    border-bottom: 1px solid #ccc;
  }
  .menu {
    border-right: 0;
  }
}
</style>
```

**代码说明：**

（1）通过 navs 设置 3 个菜单项。

（2）通过 defaultActive 设置当前路由对应的菜单项。

## 13.2　基本资料

入口文件完成之后，便可以开始页面的开发。下面先来看基本资料页面，该页面展示当前登录用户的基本信息，暂时仅有用户名和管理组信息，并且非系统默认用户可申请更换管理组信息。所以，实际上基本资料页面是一个简单的表单。根据下面的步骤实现该功能。

步骤 01 在 src/apis/personal.js 中添加修改基本信息的接口及在 src/mock/modules/personal.js 中添加对应接口模拟函数，代码如下：

```
// src/apis/personal.js
export function changeProfile() {
  return {
    url: "personal/changeProfile",
    type: "post",
    response: {
      code: 200,
```

```
      msg: null,
    },
  };
}

// src/mock/modules/personal.js
export function changeProfile() {
  return {
    url: "personal/changeProfile",
    type: "post",
    response: {
      code: 200,
      msg: null,
    },
  };
}
```

步骤 02 在 src/views/personal 下创建 Profile.vue 文件，在模板中添加表单内容，代码如下：

```
<template>
  <el-form ref="formRef" :model="form" :rules="rules" label-width="80px"
label-position="left">
    <el-form-item :label="t('form.username')">
      <label>{{ form.name }}</label>
    </el-form-item>
    <el-form-item :label="t('form.group')" :prop="!isSystemRole ? 'roleId' :
''">
      <el-select
        v-model="form.roleId"
        :disabled="isSystemRole"
        :placeholder="t('form.choose')"
        style="margin-right: 10px;"
      >
        <el-option v-for="item in
roles" :key="item.name" :label="item.label" :value="item.name">
</el-option>
      </el-select>
      <el-button v-if="!isSystemRole" type="primary" @click="submit">
{{ t('action.apply') }}
</el-button>
    </el-form-item>
  </el-form>
</template>
```

步骤 03 继续添加表单绑定的属性定义和表单域对应内容，代码如下：

```
<script setup>
import { changeProfile } from '@/apis/personal';
import { roles } from '@/mock/data';
const { t } = useI18n();
const store = useStore();
const formRef = ref();
const form = reactive({
  name: '',
  roleId: ''
});
```

```
11  const profile = computed(() => store.state.user.userInfo)
12  const isSystemRole = computed(() => profile.value.createdBy === "system")
13  const rules = computed(() => {
14    return {
15      roleId: { required: true, message: t('form.roleRequired'), trigger: 'blur' }
16    }
17  })
18
19  watch(profile, () => {
20    updateForm();
21  }, { immediate: true })
22
23  function updateForm() {
24    form.name = profile.value.name;
25    form.roleId = profile.value.roleId;
26  }
27
28  function submit() {
29    formRef.value.validate(valid => {
30      if (!valid) return;
31      changeProfile({ ...form }).then(() => {
32        ElMessage.success(t('tips.success'));
33      })
34    })
35  }
36  </script>
```

**代码说明：**

（1）进入该页面时，应当主动回显当前用户信息，而用户信息在登录成功之后已经存放在 store 中，所以可以直接从 store 中读取（第 11 行）。

（2）通过用户是否由系统 system 创建判断当前登录页面是不是系统默认用户（第 12 行），只有非系统默认用户才能进行表单操作。

（3）一旦用户信息改变，表单域的值也应该随之而变，所以在第 19 行对用户信息进行监听操作，当用户信息改变时进行 form 表单域赋值以更新表单域（updateForm 方法，第 23~26 行）。

（4）申请变更按钮单击事件处理方法为 submit，在提交之前对表单进行校验，通过后调用后端接口进行更新，处理成功后前端提示操作成功（第 28~35 行的 submit 定义）。

## 13.3 修改密码

修改密码页面方便当前用户修改密码，功能十分简单，只需要一个表单，包含旧密码、新密码、确认密码即可。按照下面的步骤来实现该功能。

步骤 01 在 src/apis/personal.js 中添加修改密码接口及在 src/mock/modules/personal.js 中添加对应接口的模拟函数，代码如下：

```
// src/apis/personal.js
```

```
export const changePsw = (data) => {
  return request({
    url: "/personal/changepsw",
    method: "post",
    data,
  });
};

// src/mock/modules/personal.js
export function changePsw() {
  return {
    url: "personal/changepsw",
    type: "post",
    response: {
      code: 200,
      msg: null,
    },
  };
}
```

步骤 02 在 src/views/personal 下创建一个 ChangePsw.vue 文件，并在模板中添加表单内容，代码如下：

```
<template>
  <el-form ref="formRef" :model="form" :rules="rules" label-width="150px"
class="form">
    <el-form-item :label="t('form.currPassword')" prop="password">
      <el-input v-model="form.password"
type="password" :placeholder="t('form.currPassword')">
</el-input>
    </el-form-item>
    <el-form-item :label="t('form.npassword')" prop="npassword">
      <el-input v-model="form.npassword"
type="password" :placeholder="t('form.npassword')">
</el-input>
    </el-form-item>
    <el-form-item :label="t('form.cfpassword')" prop="cfpassword">
      <el-input v-model="form.cfpassword"
type="password" :placeholder="t('form.cfpassword')">
</el-input>
    </el-form-item>
    <el-form-item>
      <el-button type="primary" class="w100p"
@click="submit">{{ t('action.submit') }}</el-button>
    </el-form-item>
  </el-form>
</template>
```

步骤 03 继续添加表单绑定的属性定义和表单域对应内容，代码如下：

```
<script setup>
import { changePsw } from '@/apis/personal';

const { t } = useI18n();
const formRef = ref();
const form = reactive({
  password: '',
```

```
  npassword: '',
  cfpassword: ''
})

// computed
const rules = computed(() => {
  return {
    password: {
      required: true,
      min: 4,
      message: t('form.passwordError'),
      trigger: "blur",
    },
    npassword: [
      {
        required: true,
        min: 4,
        message: t('form.passwordError'),
        trigger: "blur",
      }
    ],
    cfpassword: [
      {
        required: true,
        min: 4,
        message: t('form.passwordError'),
        trigger: "blur",
      },
      {
        validator: (rule, value, callback) => {
          if (value !== form.npassword) {
            callback(new Error(t('form.cfpasswordError')));
          } else {
            callback();
          }
        },
        trigger: "blur",
      },
    ]
  }
})

// methods
function submit() {
  formRef.value.validate(valid => {
    if (!valid) return;
    const { password, npassword } = form;
    changePsw({ password, npassword }).then(() => {
      ElMessage.success(t('tips.success'));
      formRef.value.resetFields();
    })
  })
}
</script>
```

## 13.4 系统消息

系统消息分为两种类型，一种是系统发送的公告，另一种是系统推送给用户的站内信。使用 el-tabs 的两个标签页进行展示，展示的内容格式相似，目前设计的消息内容比较简单，标题和内容都很简洁，消息状态有未读和已读之分，未读的消息有未读红点标识。我们可以通过一个按钮一键设置所有消息为已读状态。下面来看实现步骤。

步骤 01 添加接口。由于这个页面的功能相对较多，为了方便管理，在 src/apis 下添加一个 message.js 文件，用于管理系统消息相关内容，在文件中添加消息列表、标记已读、标记全部为已读和删除消息的接口，代码如下：

```
import request from "@/request";
// 列表
export const list = (data) => {
  const type = data.type;
  delete data.type;
  return request({
    url: `/message/list/${type}`,
    method: "get",
    data,
  });
};
// 标记已读
export const read = (data) => {
  const { id, type } = data;
  delete data.id;
  delete data.type;
  return request({
    url: `/message/read/${type}/${id}`,
    method: "post",
    data,
  });
};
// 标记全部为已读
export const readAll = (data) => {
  const type = data.type;
  delete data.type;
  return request({
    url: `/message/readAll/${type}`,
    method: "post",
    data,
  });
};
// 删除
export const remove = (data) => {
  const { id, type } = data;
  delete data.id;
  delete data.type;
  return request({
    url: `/message/${type}/${id}`,
    method: "delete",
```

```
    data,
  });
};
```

**步骤 02** 添加接口模拟函数。在 src/mock/modules 下创建 message.js 来管理系统消息对应的接口模拟函数，添加如下模拟函数：

```
// 系统
const sMsg = [
  {
    id: 4,
    title: '系统升级提示',
    date: '2021-10-23',
    content: '您好，系统将于 2021-10-24 00:00:00 - 2021-10-24 08:00:00 进行服务升级，期间系统不可用，请谅解！',
    isRead: false
  },
  {
    id: 3,
    title: '系统升级提示',
    date: '2019-10-22',
    content: '您好，系统将于 2019-10-23 00:00:00 - 2019-10-23 08:00:00 进行服务升级，期间系统不可用，请谅解！',
    isRead: true
  }
]
// 站内信
const pMsg =[
  {
    id: 2,
    title: '修改资料成功',
    date: '2019-10-23',
    content: '您刚刚修改了用户头像！',
    isRead: false
  },
  {
    id: 1,
    title: '注册成功',
    date: '2019-10-22',
    content: '恭喜您注册权限管理系统成功！',
    isRead: true
  }
]

export const list = () => {
  return {
    url: 'message/list/(system|private)',
    type: "get",
    response: (opts) => {
      const { pageNum, pageSize } = opts.data;
      const isPrivate = opts?.url?.split('/').pop() === 'private';
      const resData = isPrivate ? pMsg : sMsg;
      return {
        code: 200,
        data: {
```

```
          pageNum,
          pageSize,
          content: resData,
          totalSize: resData.length,
        }
      }
    }
  };
};
export const read = () => {
  return {
    url: 'message/read/(system|private)/.+$',
    type: "post",
    response: (opts) => {
      let index = -1;
      const arr = opts?.url.split('/');
      const id = arr.pop();
      const type = arr.pop();
      if (type === 'private') {
        index = pMsg.findIndex(v => v.id = id)
        index > -1 && (pMsg[index].isRead = true);
      } else {
        index = sMsg.findIndex(v => v.id = id)
        index > -1 && (sMsg[index].isRead = true);
      }
      return {
        code: 200,
        msg: null
      }
    },
  };
};
export const readAll = () => {
  return {
    url: 'message/readAll/.+',
    type: "post",
    response: (opts) => {
      if (opts?.url.split('/').pop() === 'private') {
        pMsg.forEach(v => {
          !v.isRead && (v.isRead = true);
        })
      } else {
        sMsg.forEach(v => {
          !v.isRead && (v.isRead = true);
        })
      }
      return {
        code: 200,
        msg: null
      }
    }
  };
};
export const remove = () => {
  return {
```

```
    url: 'message/(system|private)/.+$',
    method: "delete",
    response: (opts) => {
      let index = -1;
      const arr = opts?.url.split('/');
      const id = arr.pop();
      const type = arr.pop();
      if (type === 'private') {
        index = pMsg.findIndex(v => v.id = id)
        index > -1 && pMsg.splice(index, 1)
      } else {
        index = sMsg.findIndex(v => v.id = id)
        index > -1 && sMsg.splice(index, 1)
      }
      return {
        code: 200,
        msg: null
      }
    }
  }
};
```

**代码说明：**

（1）区分两种消息类型，系统公告为 system，站内信为 private，代码中设置了两个默认列表，sMsg 对应系统公告列表，pMsg 对应站内信列表。

（2）列表接口也是有分页的，后端返回的格式与通用分页表格的数据格式一致。

步骤 03 在 src/views/personal 下创建 Message 文件夹，并在文件夹下创建一个入口文件 index.vue。由于两种消息类型的展示相似，因此将标签页展示封装成一个子组件，命名为 MessageItem.vue，放在 Message 文件夹下，则入口文件代码如下：

```
<template>
  <el-tabs v-model="activeName" class="tabs">
    <el-tab-pane v-for="(item, i) in
tabs" :key="i" :label="item.label" :name="item.name">
      <MessageItem v-if="activeName === item.name" :type="item.name"/>
    </el-tab-pane>
  </el-tabs>
</template>
<script setup>
import MessageItem from './MessageItem.vue'
const { t } = useI18n()
const activeName = ref('system')
const tabs = computed(() => [
  {
    name: 'system',
    label: t('personal.Messages')
  },
  {
    name: 'private',
    label: t('personal.SiteMail')
  },
])
```

```
</script>
```

**代码说明：**

入口文件只包含一个 el-tabs 标签页内容，通过遍历 tabs 变量展示两个标签页内容，标签页内容直接引入 MessageItem 子组件。

**步骤 04** 子组件 MessageItem 展示带分页的消息列表，当消息列表存在时显示消息列表和分页组件，无消息列表时显示无数据，则其模板内容如下：

```
<template>
  <div v-if="messages.length">
    <div class="txt-r">
      <el-button plain type="primary"
@click="readAllMsg()">{{ t('action.markedAllRead') }}</el-button>
    </div>
    <div class="events">
      <div v-for="(item, i) in messages" class="event" :key="i">
        <div class="label">
          <el-badge :is-dot="!item.isRead">
            <el-icon>
              <comment />
            </el-icon>
          </el-badge>
        </div>
        <div class="content">
          <div class="summary">
            {{ item.title }}
            <div class="date">{{ item.date }}</div>
          </div>
          <div class="extra text">{{ item.content }}</div>
          <div class="actions">
            <el-button
              type="text"
              :disabled="item.isRead"
              class="action a-read"
              @click="readMsg(item.id)"
            >
              <i class="el-icon-edit"></i>
              {{ t('action.markedRead') }}
            </el-button>
            <el-button type="text" class="action a-delete"
@click="deleteMsg(item.id)">
              <i class="el-icon-delete"></i>
              {{ t('action.delete') }}
            </el-button>
          </div>
        </div>
      </div>
    </div>
    <div class="flex-center">
      <el-pagination
        v-model:currentPage="pageRequest.pageNum"
        v-model:page-size="pageRequest.pageSize"
        :total="totalSize || 0"
```

```
        layout="prev, pager, next"
        @size-change="handleSizeChange"
        @current-change="handlePageChange"
      ></el-pagination>
    </div>
  </div>
  <div v-else>
    <div class="nodata txt-c">{{ t('nodata') }}</div>
  </div>
</template>
```

步骤05 然后补充列表 getMsg、标记已读 readMsg、标记全部为已读 readAllMsg 和删除 deleteMsg 操作方法及完善分页组件功能，代码如下：

```
<script setup>
import { list, read, readAll, remove } from '@/apis/message';
const messages = ref([])
const { t } = useI18n();
const props = defineProps({
  type: String
})
const pageRequest = reactive({
  pageNum: 1,
  pageSize: 20
})
const totalSize = ref(0);

const type = toRef(props, 'type');

const getMsg = () => {
  const { pageNum, pageSize } = pageRequest;
  list({ type: type.value, pageNum, pageSize }).then((res) => {
    messages.value = res.data.content || [];
    totalSize.value = res.data.totalSize || 0;
  }).catch(() => {
    messages.value = []
  })
}

const readMsg = (id) => {
  read({ type: type.value, id }).then(() => {
    ElMessage.success(t('tips.success'))
    getMsg()
  })
}
// 全部标为已读
const readAllMsg = () => {
  readAll({ type: type.value }).then(() => {
    ElMessage.success(t('tips.success'))
    getMsg()
  })
}


const deleteMsg = (id) => {
```

```
  ElMessageBox.confirm(t('tips.deleteConfirm'), t('tips.deleteTitle'), {
    confirmButtonText: t('action.confirm'),
    cancelButtonText: t('action.cancel'),
    type: "warning",
    draggable: true,
  }).then(() => {
    remove({ type: type.value, id }).then(() => {
      ElMessage.success(t('tips.success'))
      getMsg()
    })
  })
}

function handleSizeChange(size) {
  pageRequest.pageSize = size;
  pageRequest.pageNum = 1;
  getMsg()
}
// 换页刷新
function handlePageChange(num) {
  pageRequest.pageNum = num;
  getMsg()
}
getMsg();
</script>
```

**代码说明：**

删除操作为危险操作，需要进行二次确认才能向后台发送请求删除对应消息，因此 deleteMsg 方法中使用 MessageBox 的 confirm 方法弹出二次提示框。

步骤 06 最后补充样式，代码如下：

```
<style lang="scss">
.nodata {
  line-height: 250px;
  color: #666;
}
.txt-r {
  text-align: right;
}
.events {
  .event {
    display: table;
    padding: 10px 0;
    .label {
      display: table-cell;
      vertical-align: top;
      padding: 5px;
      i {
        background-color: #24cde4;
        color: #fff;
        display: block;
        width: 32px;
        height: 32px;
```

```
        line-height: 32px;
        text-align: center;
        border-radius: 50%;
      }
    }
    .content {
      display: table-cell;
      vertical-align: top;
      padding: 0 10px;
      .summary {
        margin: 0 0 10px;
        font-size: 14px;
        font-weight: 700;
        color: rgba(0, 0, 0, 0.8);
        .date {
          display: inline-block;
          font-weight: 400;
          font-size: 12px;
          font-style: normal;
          margin: 0 0 0 0.5em;
          padding: 0;
          color: rgba(0, 0, 0, 0.4);
        }
      }
      .extra.text {
        padding: 7px 14px;
        border-left: 3px solid rgba(0, 0, 0, 0.2);
        font-size: 14px;
        max-width: 500px;
        line-height: 1.33;
        color: #666;
      }
      .actions {
        display: flex;
        color: #999;
        .action {
          margin-right: 10px;
          font-size: 12px;
          cursor: pointer;
          i {
            margin-right: 5px;
          }
        }
      }
    }
  }
}
</style>
```

步骤 07 至此，系统消息页面完成。查看效果，如图 13.1 所示，切换标签页到站内信，效果如图 13.2 所示。当操作标记已读时，对应消息的未读红点消失，操作标记全部为已读时，对应消息类型的未读红点全部消失，已读的消息标记为已读，是置灰状态。

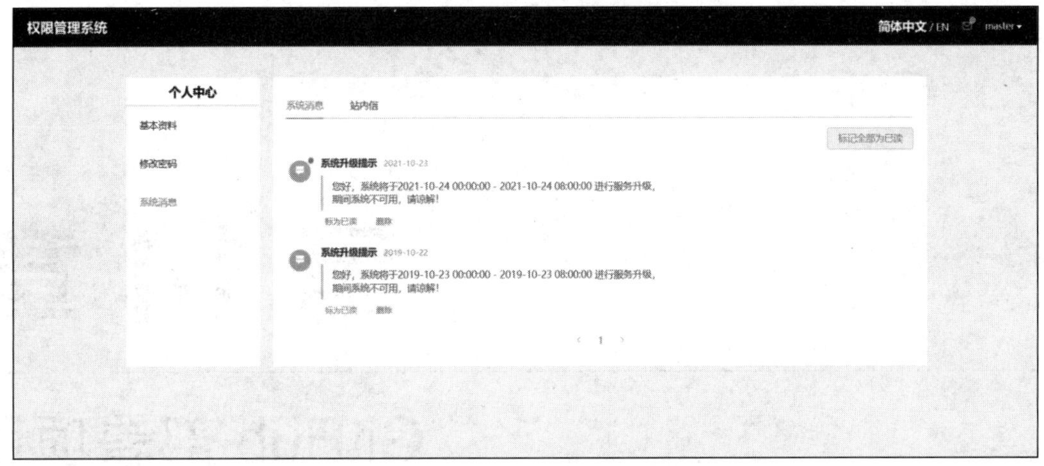


图 13.1　个人中心的系统消息效果

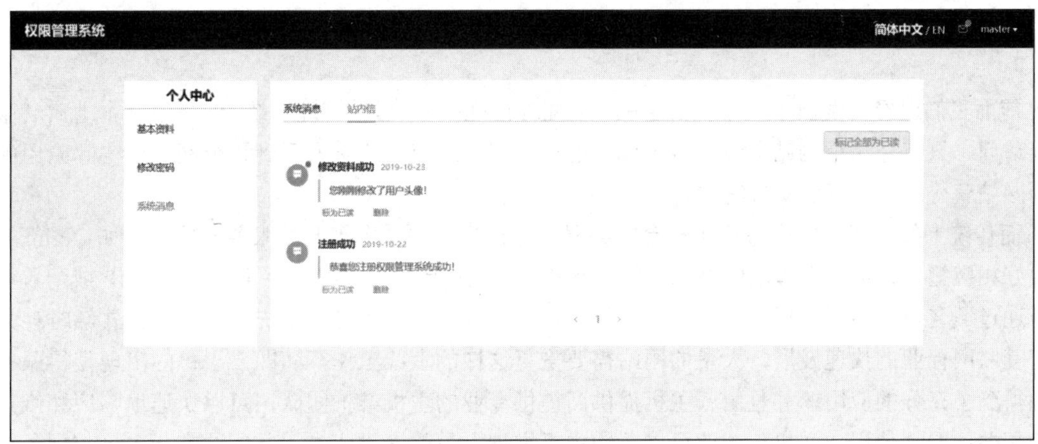


图 13.2　个人中心的站内信效果

# 第 14 章 GitHub 部署项目

前面我们已经开发出了一个 Vue 3 + Element Plus 的基础后台管理系统，但只限于本地启动服务进行访问，只有让这个网站上线并赋予域名进行访问，才能让所有人看到这个网站，实际应用中才能为网站获得流量，从而实现它的价值。

而传统上线方式必须考虑购买一台服务器（主机），安装上需要的服务器软件（如 Nginx），并做好相应配置，然后将本地代码打包成静态资源，上传到这台主机，并可通过公网 IP 或配置域名解析通过域名进行访问，后期还需要专业的主机维护人员对主机进行维护，这样的方式耗时耗力。随着互联网行业的快速发展，大量的网站需要重复这样的上线工作，随即云主机的出现使得服务器资源得到了充分的应用，并且由云主机提供商提供专业的主机维护团队，可以快速地响应和维护主机的相关问题。使用云主机，企业可以节约主机维护人员的人力成本，并且通常云主机都配备网站服务器相关的软件，对于像 Vue 技术栈开发的前端独立部署项目，用户只需要上传静态资源就能完成部署，然后可以通过公网 IP 和端口或者配置域名映射后通过域名访问网站。

但这两种上线方式都需要一定的资金，通常是企业考虑的方案，而对于个人学习爱好者，就想通过前面的学习能发布网站，然后通过公网浏览到学习成果，完成一个项目到上线的全过程的学习，如果有一种方式能够不花一分钱就能完成部署和访问，这绝对对众多学习者来说是一种福音。而确实有这样一种方式，就是本章将要介绍的 GitHub 部署。读者可以通过本章的学习，使用完全免费的方式部署上线和访问 Vue 前端项目。本章只讲述部署相关的内容，对于 GitHub 的其他内容，读者可以自行学习了解。

## 14.1 认识 GitHub

在学习 GitHub 部署之前，我们需要先了解 GitHub 是什么，它能做什么，我们该如何使用它。

### 1. GitHub 是什么

GitHub 是一个纯英文的国外网站，从其网站首页介绍（见图 14.1）可以了解到这是一个非常受欢迎的网站，数以百万计的开发人员和公司在 GitHub 上构建、发布和维护他们的软件。

从其名称 GitHub 上看，很多初学者可能会猜想它定然与 Git 有关系，这是正确的。在大多数开发者看来，它就是为开发者提供 Git 仓库托管服务的一个网站，是一个可以让开发者与朋友、同事、同学及陌生人共享代码的完美场所。

有些读者可能分不清 GitHub 和 Git，会误认为 Git 等同于 GitHub，但其实它俩完全不同。Git 是一种分布式、协作化和高性能的开源版本控制系统，一个命令行工具；而 GitHub 是一个面向开源及私有软件项目、使用 Git 作为版本管理工具的代码托管网站，主要服务是将项目代码托管到云服务器上，而非存储在本地硬盘上。

其功能非常强大，常被程序员们用来管理自己写的代码和文档，或者一些进行文字创作的人用来管理自己写的文稿，同时允许大量开发人员对一个项目做出贡献。因此，由于它的开源特性，GitHub 上聚集了许多牛人的项目，比如本书介绍的 Vue、Element 等。

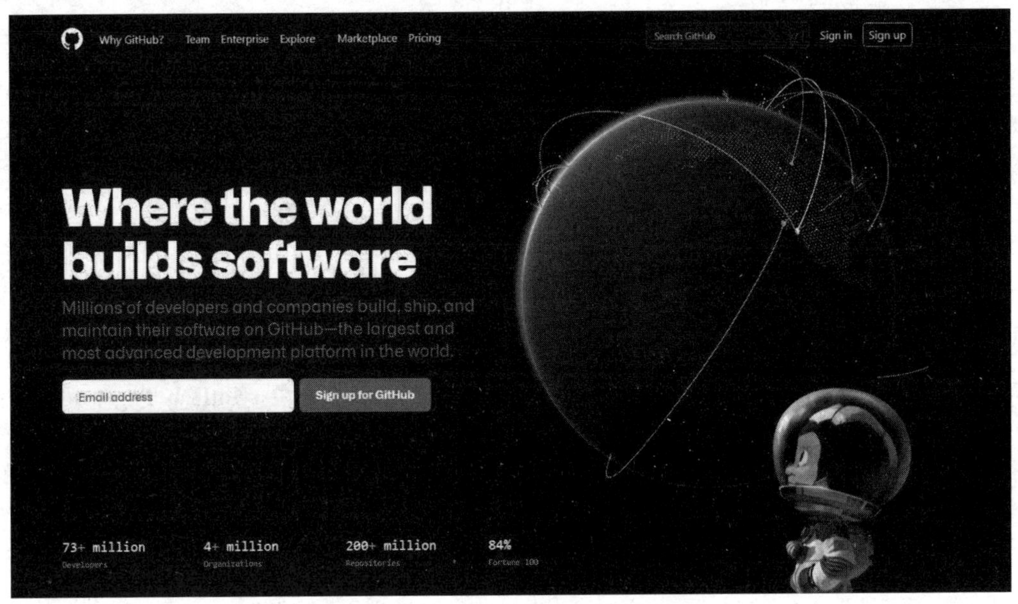


图 14.1　GitHub 首页介绍

### 2. GitHub 可以用来做什么

从其文档 GitHub Docs 分类（见图 14.2）可以了解到，GitHub 主要有以下用途：

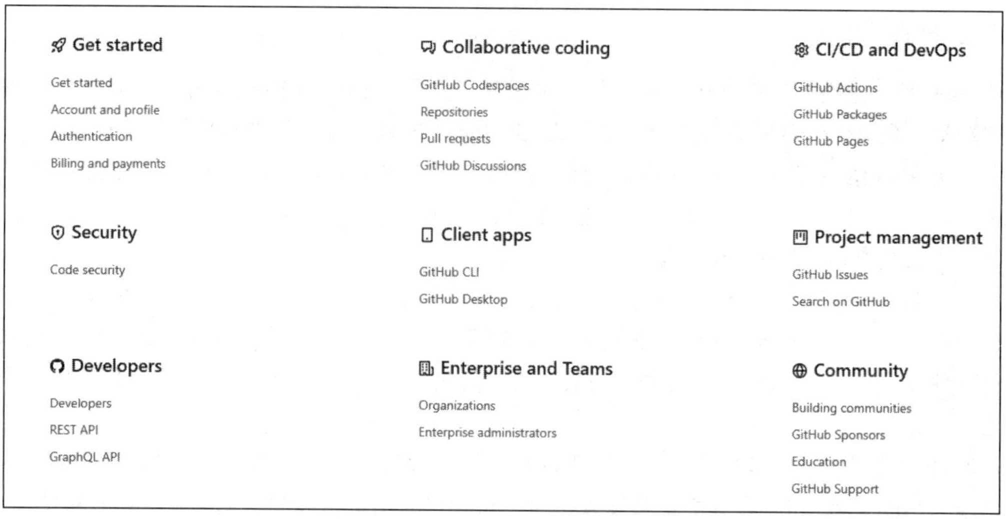

Get started
Get started
Account and profile
Authentication
Billing and payments

Collaborative coding
GitHub Codespaces
Repositories
Pull requests
GitHub Discussions

CI/CD and DevOps
GitHub Actions
GitHub Packages
GitHub Pages

Security
Code security

Client apps
GitHub CLI
GitHub Desktop

Project management
GitHub Issues
Search on GitHub

Developers
Developers
REST API
GraphQL API

Enterprise and Teams
Organizations
Enterprise administrators

Community
Building communities
GitHub Sponsors
Education
GitHub Support

图 14.2 GitHub Docs 文档分类

（1）协作编程（Collaborative Coding）

开发者可以在 GitHub 上创建代码空间（Codespaces）和仓库（Repositories），并将本地代码上传到仓库进行开源，也可以发起拉取请求（Pull Requests）提交代码变更到别人的仓库中，与他人进行协作。还可以通过 GitHub Discussions 论坛对开源项目提出问题和回答问题、分享更新、进行开放式对话，并关注影响社区工作方式的决策等。

（2）持续集成（CI）/持续交付（CD）、开发运维一体化（DevOps）和代码安全（Code Security）

GitHub 提供 CI/CD 和 DevOps 功能，可以通过 GitHub Actions 在仓库中自动化、自定义和执行软件开发工作流程，所以可以以工作流的方式自动部署项目代码、npm 包、代码安全扫描等。另外，GitHub 提供的 GitHub Pages 功能主要用于在 GitHub 上托管静态资源，GitHub Pages 可以直接从 GitHub 上的仓库获取 HTML、CSS 和 JavaScript 文件，然后构建并发布网站，GitHub 提供免费的 github.io 子域，也可以绑定独立域名。

本章将要介绍的 GitHub 部署便是使用它的 CI/CD 和 DevOps 能力实现的。

（3）客户端 App

针对不同的用户偏好，GitHub 提供了两个不同的客户端 App 用于操作 GitHub 相关功能，如创建仓库、配置 SSH key 等。对于熟悉命令行的开发者来说，使用 GitHub CLI（命令行工具）更加节省时间，简单快捷，对于不熟悉命令行的开发者来说，使用 GitHub Desktop（桌面客户端）图形化界面更加友好。

（4）项目管理

可以使用 GitHub Issues 来规划和跟踪项目工作，例如有一个议题或未来计划，可以通过创建一个 Issues 来记录和跟进。同时，GitHub 提供成套的搜索语法，可以帮助开发者使用多种搜索方式从 GitHub 上查到自己想要的信息。

（5）面向开发者的 API

通过 GitHub 提供的开发者 API、REST API 和 GraphQL API，可以与 GitHub 的 API 集成，自

定义 GitHub 工作流程，检索数据、构建并与社区分享应用程序等，可以更加深入地了解 GitHub。

（6）面向企业和团队的定制化服务

GitHub 为企业和组织团队提供了更加丰富的功能，包含成员和权限控制等，有需要的读者可以深入了解。

（7）社区管理相关

GitHub 还提供了管理社区相关的工具，帮助社区建设，而且在 GitHub 上可以投资自己依赖的开源项目，成为项目的赞助者，另外创建赞助者个人资料还可以因赞助开源项目获得补偿。另外，可以利用 GitHub 平台和社区提供的支持和工具帮助开发者学习软件开发。

**注意：** 需要深入了解这些用途的小伙伴，可以仔细研读 GitHub Docs。

### 3. 我们应该如何使用 GitHub

如果只是简单地浏览和下载 GitHub 网站上的开源代码，直接访问 GitHub 网址即可，但是如果需要通过 GitHub 管理自己的代码，或通过 GitHub 部署和与其上的用户交流或分享自己的代码等，则首先需要一个 GitHub 账号。下面来注册一个 GitHub 账号。

步骤 01 进入 GitHub 官网 github.com，单击右上角的 Sign up 按钮，如图 14.3 所示。

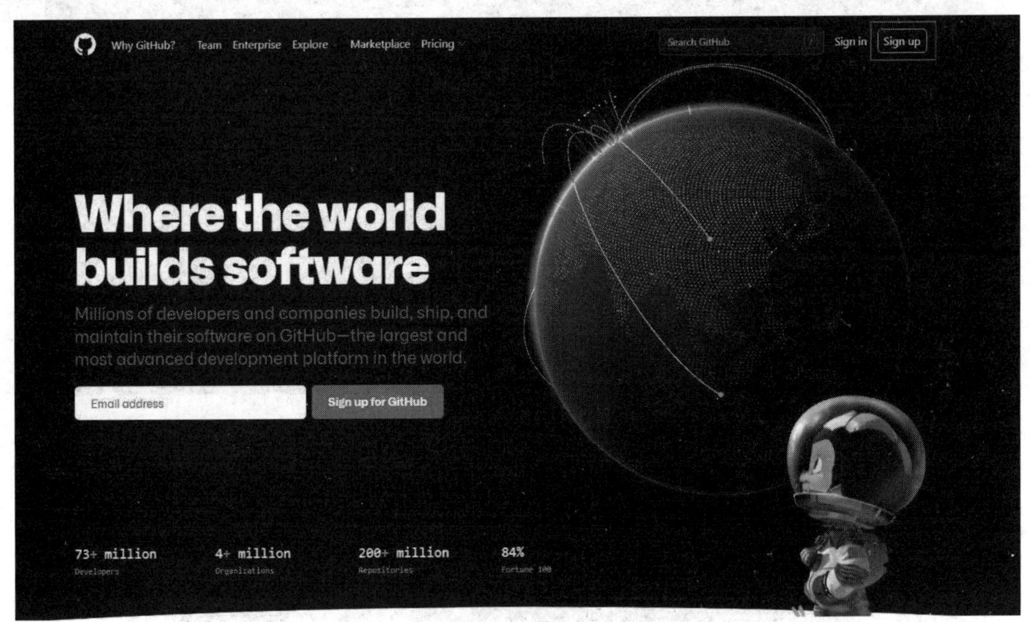


图 14.3　GitHub 单击注册按钮

步骤 02 然后根据提示逐步输入邮箱、密码、用户名、是否通过邮箱接收更新和公告（y 表示是，n 表示否）、真人验证，然后单击 Create account 按钮（见图 14.4），系统会发送验证码到注册邮箱，接着输入验证码（见图 14.5），即可注册成功。

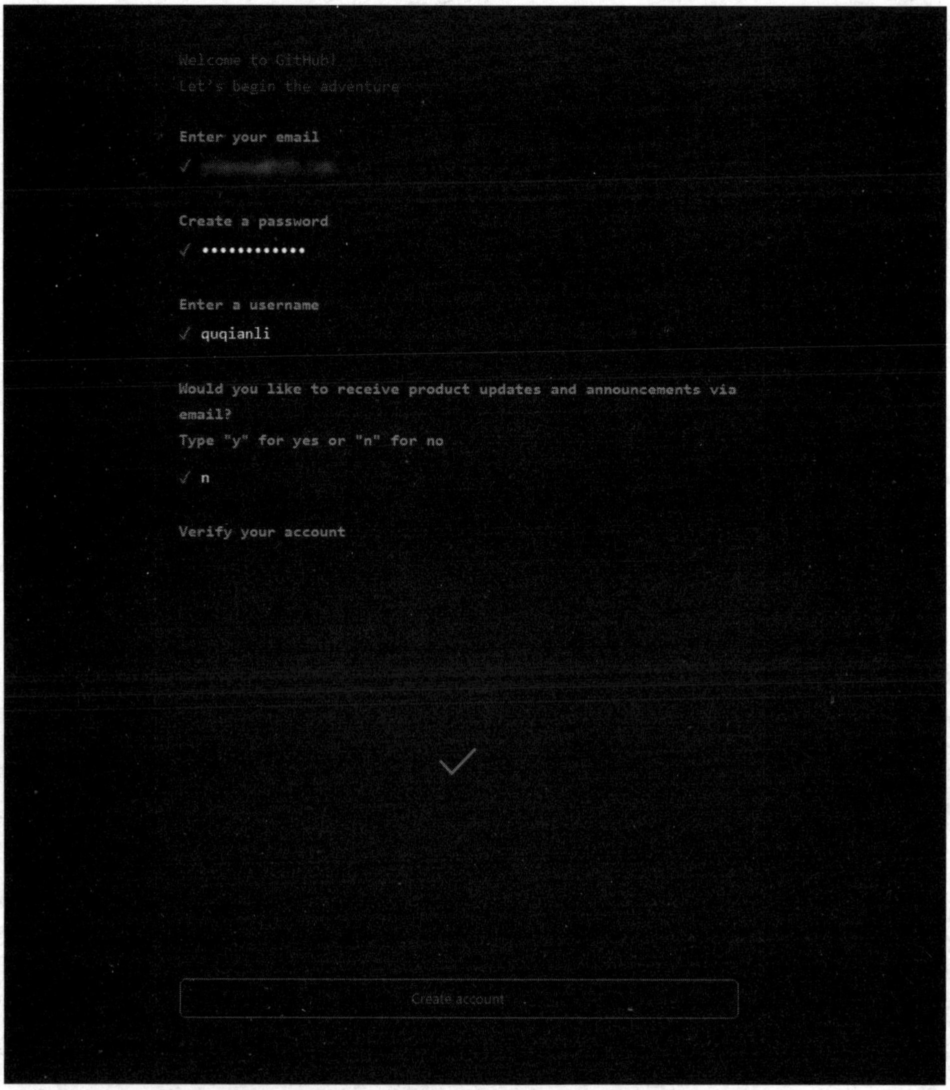

```
Welcome to GitHub!
Let's begin the adventure

Enter your email
✓

Create a password
✓ ••••••••••••

Enter a username
✓ quqianli

Would you like to receive product updates and announcements via
email?
Type "y" for yes or "n" for no

✓ n

Verify your account

✓

Create account
```

图 14.4 单击 Create account 按钮

图 14.5 输入验证码

账号注册成功之后，需要登录 GitHub 账号。

步骤 03 登录 GitHub 账号。单击官网首页右上角的 Sign in 按钮，进入登录页面，如图 14.6 所示。

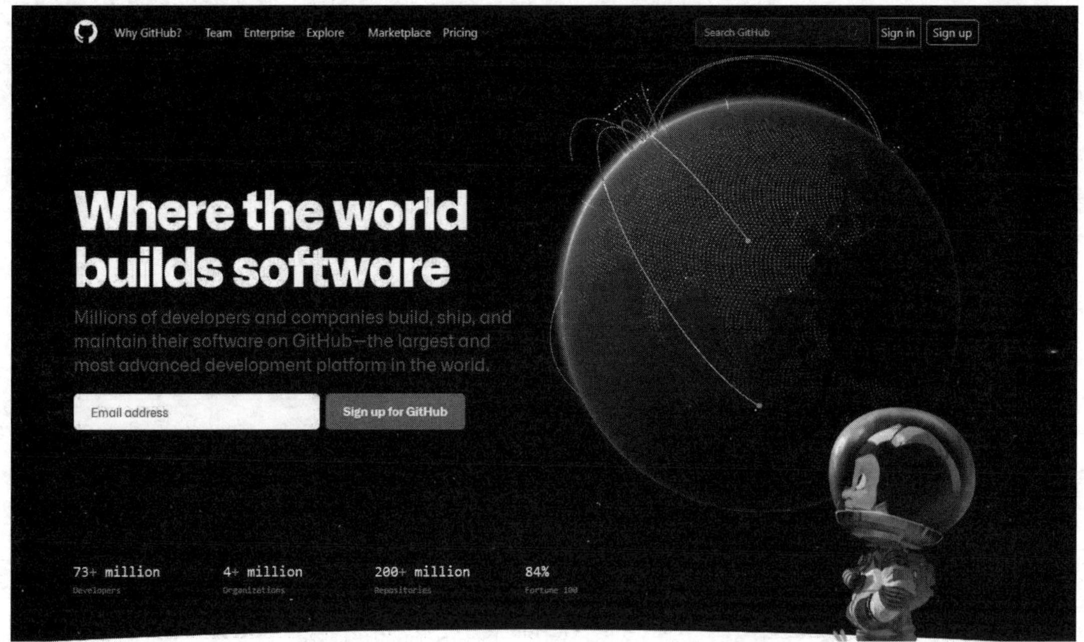


图 14.6　GitHub 单击登录按钮

步骤 04 在登录页面输入用户名/邮箱和密码，然后单击 Sign in 按钮（见图 14.7），登录成功后进入账户主页，如图 14.8 所示。

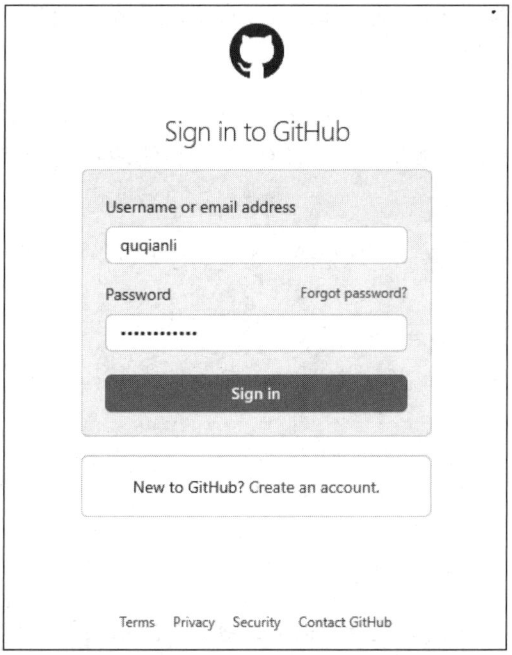

Sign in to GitHub

Username or email address

quqianli

Password　Forgot password?

•••••••••••••

Sign in

New to GitHub? Create an account.

Terms　Privacy　Security　Contact GitHub

图 14.7　登录 GitHub

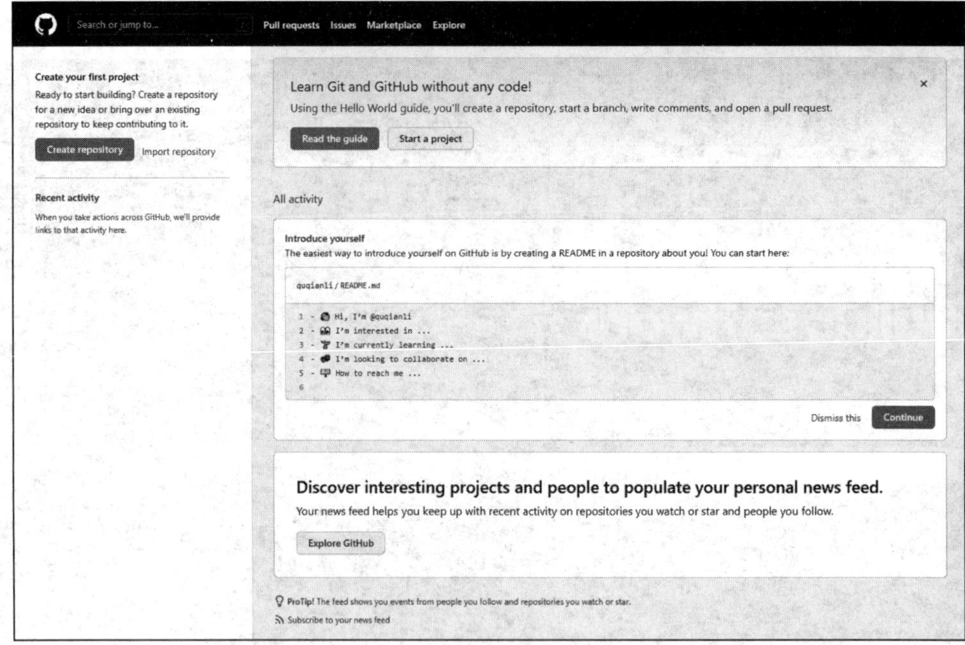


图 14.8　GitHub 账户主页

**步骤 05** 添加 SSH key（可选）。

GitHub 仓库地址有两种形式，即 HTTPS 和 SSH，通过 HTTPS 地址克隆或提交代码等操作都需要进行身份认证，即输入用户名和密码校验通过之后才能完成相应操作，而通过 SSH 地址，在配置 SSH Key 时，如果不配置密码，则无须校验，可以直接执行相关操作，如果配置了密码，则执行相关操作时只需要验证密码即可完成操作。

（1）首先检查计算机上是否已经有 SSH Key，在 git bash 终端执行如下命令，检查是否已经存在 id_rsa.pub 或 id_dsa.pub 文件，如果文件已经存在，则可以跳过此步骤：

```
cd ~/.ssh && ls
```

（2）如果没有 SSH key，则需要手动生成一个，执行如下命令，将邮箱地址换成自己的 GitHub 注册邮箱：

```
cd ~/.ssh
ssh-keygen -t rsa -C "quqianli@foxmail.com"
```

代码参数含义如下：

- -t 指定密钥类型，默认是 rsa，可以省略。
- -C 设置注释文字，比如邮箱。
- -f 指定密钥文件的存储文件名。

以上代码省略了-f 参数，因此，运行上面的命令后会提示输入一个文件名，用于保存刚才生成的 SSH key，代码如下：

```
Generating public/private rsa key pair.
```

```
# Enter file inwhich to save the key (/c/Users/you/.ssh/id_rsa): [Press enter]
```

如果不输入文件名，将使用默认文件名，那么就会生成 id_rsa 和 id_rsa.pub 两个密钥文件。随后会提示输入密码，如果不输入密码，那么在执行相关 git clone 或 push 等操作时无须输入密码验证，根据提示直至命令运行结束。

（3）运行如下命令，复制 RSA 公钥备用（也可以直接找到该文件，用记事本或其他可读取文件内容的方式，如 vim，打开 id_rsa.pub 文件进行复制）：

```
clip < ~/.ssh/id_rsa.pub
```

（4）添加 SSH key 到 GitHub 网站上去，单击网站头部右上角的头像，在下拉菜单中选择 Settings，如图 14.9 所示。

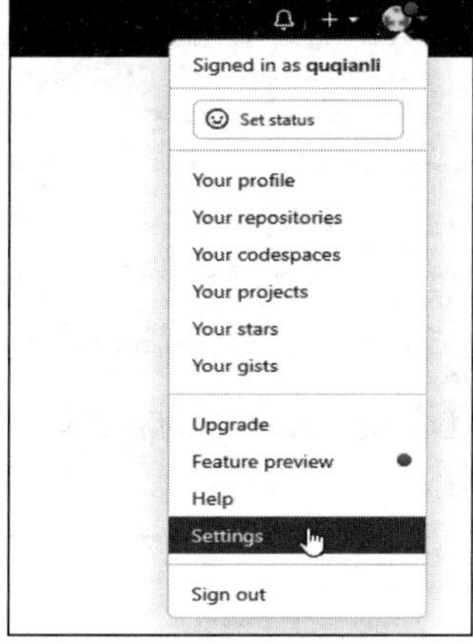


图 14.9　选择 Settings

然后在左侧菜单栏选择 SSH and GPG keys，进入配置页面，如图 14.10 所示。

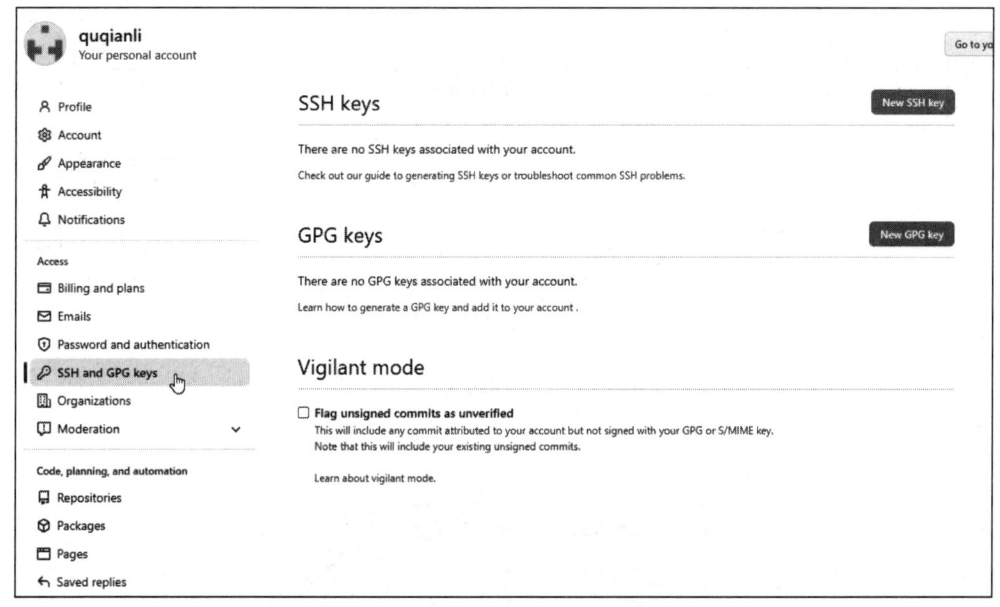


图 14.10　添加 SSH key

随意设置一个 Key 的标题，输入 Title 文本框（如笔者这里输入的是 rsa），然后将刚刚复制的公钥粘贴到 Key 文本框，如图 14.11 所示，然后单击 Add SSH key 按钮，完成添加。

SSH keys / Add new

Title

rsa

Key

ssh-rsa
AAAAB3NzaC1yc2EAAAADAQABAAABgQC1QM7j65aPmALfnGEE2YHvOsNgU2kASaDOpd35kS0IRYM2A0cOma+G4UW5
rSXtq6h8pPytjwkvtfYUIHrw9LgtpE54t6RApXIVBdKn7e9V30F/m5pihoVXeWmal2nCKDUa1eb7OtpgluRt5R1hmbCyEHY71n
AiqrAjvUuG5Smf/7Cc5kRupubEDgw5sPq4LdXNsV4vq+QXxGf8eyxOZWfQXfQOMRZjQfFkV5vNyFrz/6RsurEKyUaJM+LGRg
jMLzGfA2hNa0LWpplFA+LCQW++iA0z5qgkt/kIXIAVC+OwtXeQxJnL9zPKGoQsdpYCZq1jm3uC9c4fsH/CYTIQ28P8jJSuALFJ
F5Q7DIY8g59cPPqvDDKFH7ZeUUmVYgboeHf4EKN0u6qmNHLhNQGo+ZGvtBVlvw9rGZj+lqQyKMnCRZiLPYs+Zm+YtQ6
mHCN/MmXeigTy5sY6/7YsjkOLthG/55RU+kZPNi4vRZIPtutKAJweAE+cXtasCr/eJm1hVoE= quqianli@foxmail.com

Add SSH key

图 14.11　输入 SSH Key 信息

成功添加 SSH key 之后，页面自动回到 SSH and GPG keys 页面，在 SSH keys 下多了一条 key 记录，如图 14.12 所示。

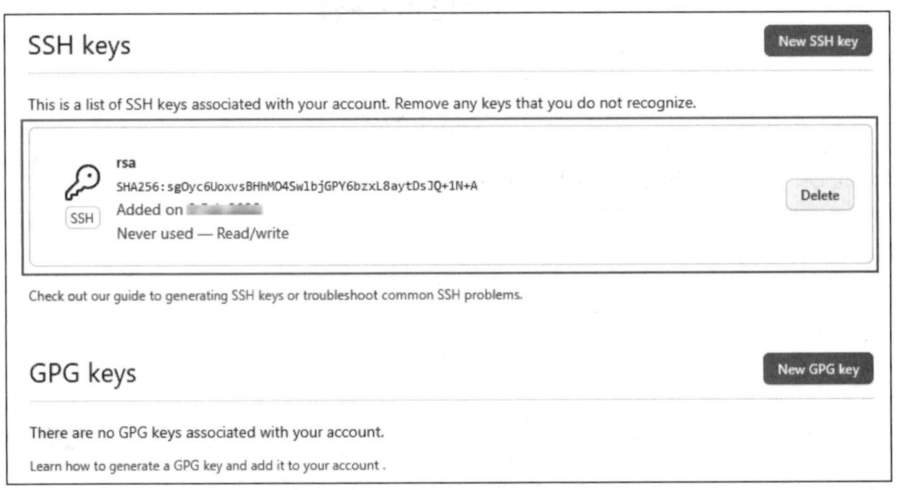


图 14.12　添加的 SSH key

以上步骤完成之后，便可以开始下面的部署操作了。本章着重 GitHub 部署功能的使用，其他非 GitHub 部署相关的操作，读者可以自行查阅相关文档进行深入学习。

## 14.2　部署项目

部署项目到 GitHub 有两种方式：GitHub Pages 和 GitHub Actions。

GitHub Pages 是直接将打包好的静态资源上传到 GitHub Pages 对应分支，然后通过 GitHub Pages 提供的地址浏览网站。而 GitHub Actions 可以通过自定义工作流，配置作业实现从源码自动打包成静态资源，再将静态资源发布到 GitHub Pages 指定的分支上的全过程，实现自动化部署。

需要注意的是，GitHub 部署只能部署静态资源，对于服务器端的配置无能为力，所以项目不能使用 History 路由模式，如果使用 History 路由模式，当用户刷新页面时将会访问 GitHub 的 404 页面。因此，如果一定要使用 History 路由模式，可以考虑复制 index.html 页面设置一个 404.html 文件，届时刷新页面将访问网站根目录下的 404.html，相当于访问了 index.html，读者可自行尝试。

根据上一节的操作，我们已经具备了部署的条件，接下来便介绍这两种部署方式。通过本节的学习，相信各位读者都能根据需要选取合适的部署方式，将项目发布到 GitHub 并分享给广大网友。

## 14.2.1　GitHub Pages 部署

首先来看如何将打包好的静态资源发布到 GitHub Pages 上，就以前面第二篇中的实战项目为例，将这个项目部署到 GitHub Pages 上。

步骤 01 创建一个 GitHub 仓库，用于存放静态资源。

单击头部右上角头像旁边的“+”，从下拉菜单中选择 New repository，如图 14.13 所示。

步骤 02 在表单中的 Repository name 字段填入仓库名称，如笔者这里填入 demo-site，然后单击 Create repository 按钮，如图 14.14 所示。

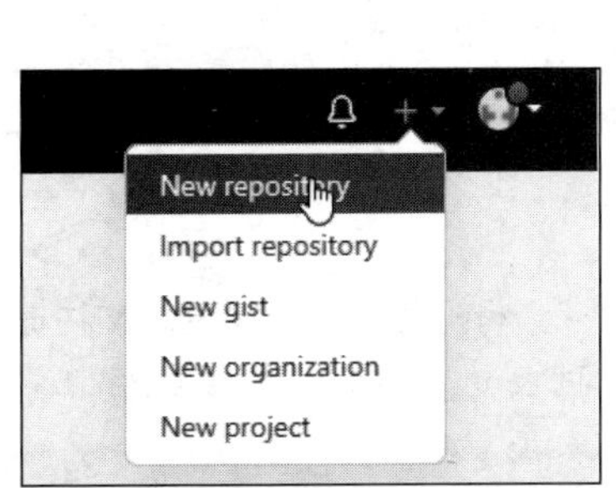


图 14.13　选择 New repository

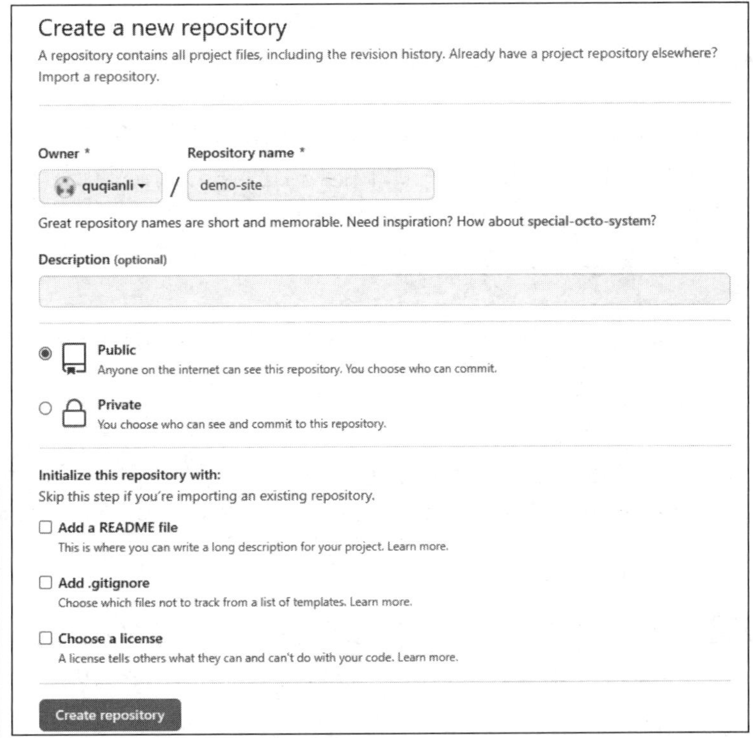


图 14.14　单击 Create repository 按钮

创建仓库后会有一个仓库地址，如图 14.15 所示，选择 SSH，记录下这个地址备用：git@github.com:quqianli/demo-site.git。

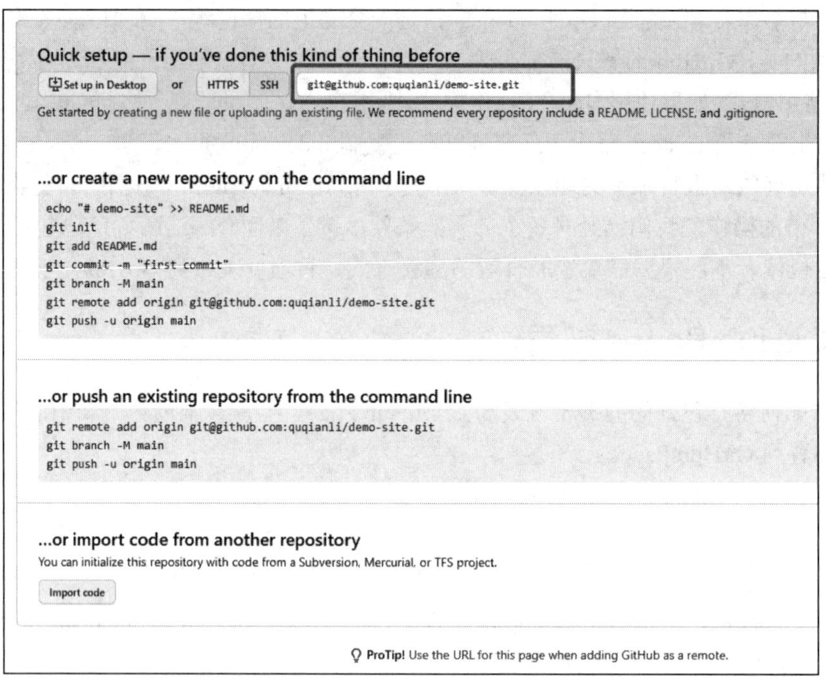


图 14.15　记录仓库地址

步骤 03 在项目中配置开发或生产环境服务的公共基础路径。

由于 GitHub Pages 访问时都会带上一级目录（仓库名称），因此这里需要在配置文件中添加公共基础路径配置，如果用 Vue CLI 作为构建工具，则需要配置 publicPath；若用 Vite，则需要配置 base 为仓库名称 demo-site，代码分别如下：

```
// vue.config.js
module.exports = {
  publicPath: process.env.NODE_ENV === "production" ? "/demo-site/" : "/"
  …
};
// vite.config.js
export default defineConfig({
  base: process.env.NODE_ENV === "production" ? "/demo-site/" : "/",
  …
}
```

步骤 04 运行打包命令，将项目静态资源打包备用，然后进入目标文件夹，将打包好的静态资源文件提交到刚刚建立的 GitHub 仓库的 gh-pages 分支，依次执行如下脚本（去掉带“#”的文本）：

```
# 打包
npm run build
# 进入目标文件夹
```

```
cd dist
# 提交到本地仓库
git init
git add -A
git commit -m 'deploy'
# 部署到 https://<USERNAME>.github.io/<REPO>
git push -f git@github.com:quqianli/demo-site.git master:gh-pages
```

这里最后一条命令是 git push，推送到 GitHub，执行 git init 命令之后，当前路径成为默认分支 master，代码仓库有多个分支，管理多份代码，而 GitHub 默认有一个分支 gh-pages 专门管理静态资源，所以这里直接把 master 分支的代码推送到 gh-pages 分支。需要注意的是，为了防止推送冲突导致失败，这里加入了一个参数“-f”，表示强制推送，这样能保证 gh-pages 分支的代码始终是最新的打包文件。

当然，这里也可以直接推送到 master 或其他名称的分支，那么只需要在 Settings→Pages 的 GitHub Pages 下将分支切换成对应的分支即可，如图 14.16 所示。

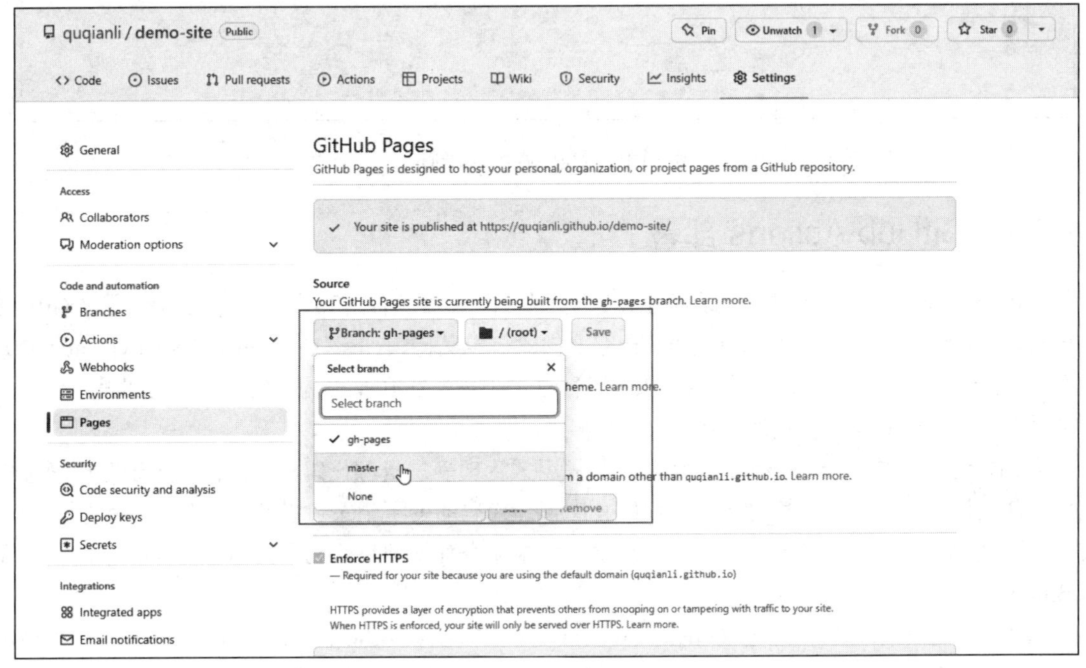


图 14.16　切换 GitHub Pages 分支

以上命令也可以专门写到一个.sh 文件中，通过 bash 命令执行，比如在项目根目录下创建一个名为 deploy.sh 的文件，则在根路径下通过 git bash 终端运行如下命令，就能自动提交到 gh-pages 分支，非常方便：

```
bash deploy.sh
```

步骤 05 打开仓库 Settings ->Pages 查看访问地址，如图 14.17 所示，可以直接复制这个框选出的地址，在浏览器中打开这个地址，若可正常访问项目内容，则可分享给目标用户访问，这样 GitHub Pages 就部署成功了。

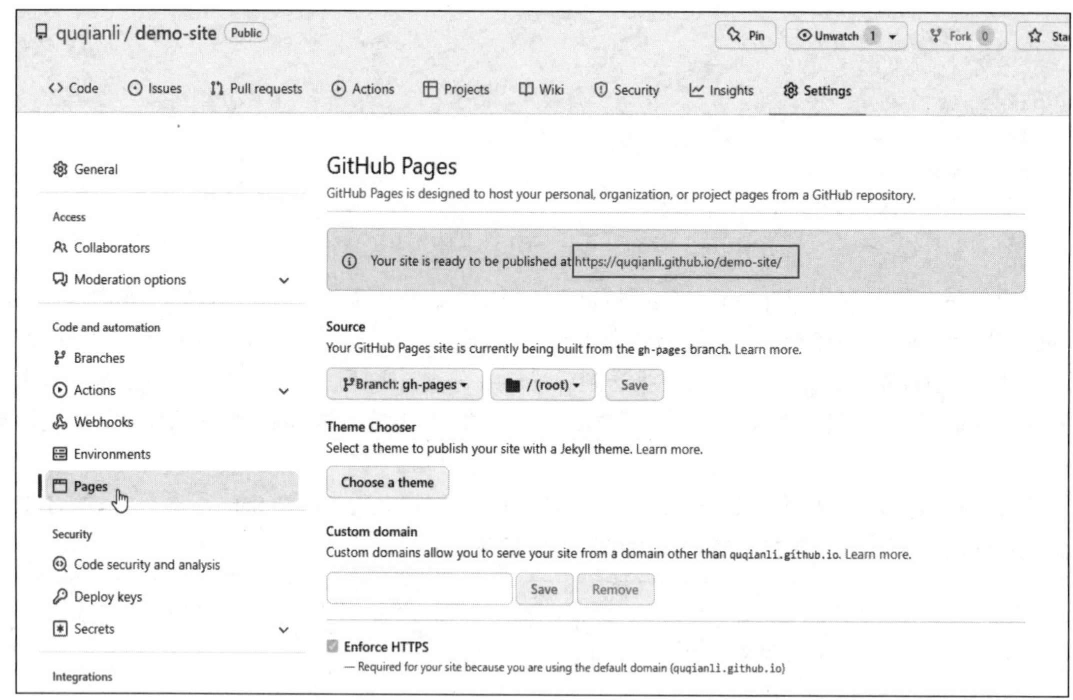


图 14.17 GitHub Pages 地址

## 14.2.2 GitHub Actions 部署

GitHub 把抓取代码、测试、登录远程服务器、发布、部署项目等操作称为 Actions，通过 GitHub Actions，开发者可以直接在自己的 GitHub 仓库上创建自定义持续部署（Continuous Deployment，CD）工作流，且通过配置工作流，可以让 GitHub 运行这个工作流在仓库中构建代码，并在部署之前进行测试，从而验证产品是否按预期工作。

我们知道，通常一个 GitHub 仓库并不是只用来管理静态资源代码，如果仅仅用于存放静态资源代码就大材小用了，一般情况下一个代码仓库管理代码的变更记录可以有多个分支，存放不同的代码，通过 Actions 可以解放双手，不用每次都手敲命令部署项目代码，而由 Actions 下的工作流 workflows 代劳。

接下来一起来学习如何通过 GitHub Actions 的工作流 workflows 实现自动化部署。仍然沿用 14.2.1 节创建的 demo-site 代码仓库，假定 Actions 的所有操作都是在远程 master 分支完成的。接下来按照如下步骤进行操作：

步骤 01 提交项目代码到仓库指定分支 master，回到项目根目录，运行如下命令提交项目代码到 master 分支（忽略"#"后的注释内容）：

```
# 将本地仓库转化为 Git 仓库，当前分支默认成为 master 分支
git init
# 将所有文件添加到暂存区
git add .
# 将暂存区内容添加到本地仓库
```

```
git commit -m "first commit"
# 将本地仓库与远端仓库建立一个链接
git remote add origin git@github.com:quqianli/demo-site.git
# 推送本地仓库代码到远端仓库
git push -u origin master
```

**注意**：通过 git remote add origin <URL>将本地仓库与远端仓库建立链接后，就可以使用熟悉的 git 命令，如 git clone、git pull、git push 等，同步本地仓库代码和远端代码了。

步骤 02 创建一个令牌。

试想一下，如果任何人都有权限直接操作仓库内容，比如一个 push 操作直接覆盖原有仓库的内容，如果不需要身份验证，那么所有之前的提交都将丢失，这是极其危险的。所以 GitHub 建议在使用命令行或者调用 GitHub API 时创建个人访问令牌来进行校验，权限校验通过才能执行相应的操作。

由于 GitHub Actions 部署 Vue 项目是将默认分支的代码在触发指定事件时，自动运行工作流打包静态资源后提交到 GitHub Pages 设置的分支，这就涉及 git push 操作，所以这里需要仓库所有者创建一个个人访问令牌，创建方式如下：

（1）创建和配置个人令牌。成功登录 GitHub 网站后，依次单击头像下拉菜单的 Settings，左侧菜单栏最底部的 Developer settings，左侧菜单栏的 Personal access tokens，然后单击 Generate new token 按钮，如图 14.18 所示。

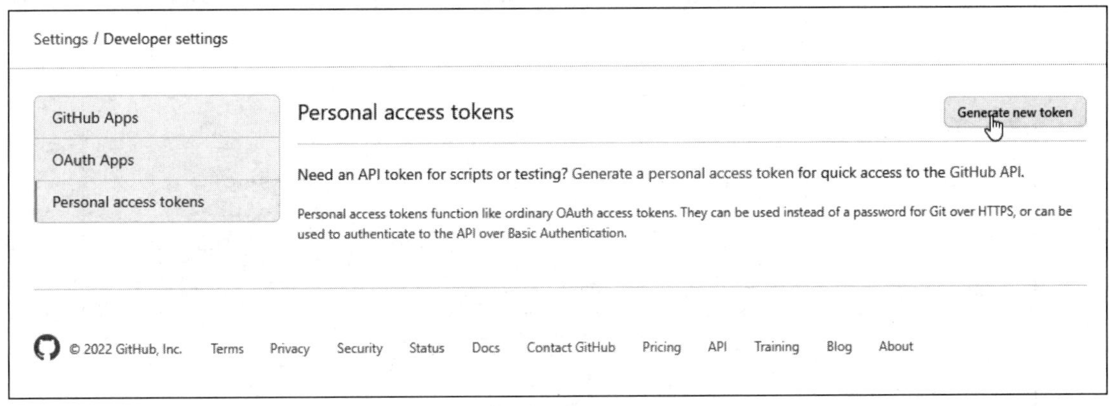


图 14.18 单击 Generate new token 按钮

为这个新令牌设置一个名称，这里笔者设置为 DEPLOY_KEY，然后勾选对应的权限，因为这个令牌是用来给工作流完成对应操作的，所以勾选对应工作流 workflow 权限即可（会自动勾选 repo 相关权限），在 Expiration 中选择这个令牌的有效期，这里笔者不修改，保持默认 30 天，如图 14.19 所示，然后单击 Generate token 按钮完成创建。

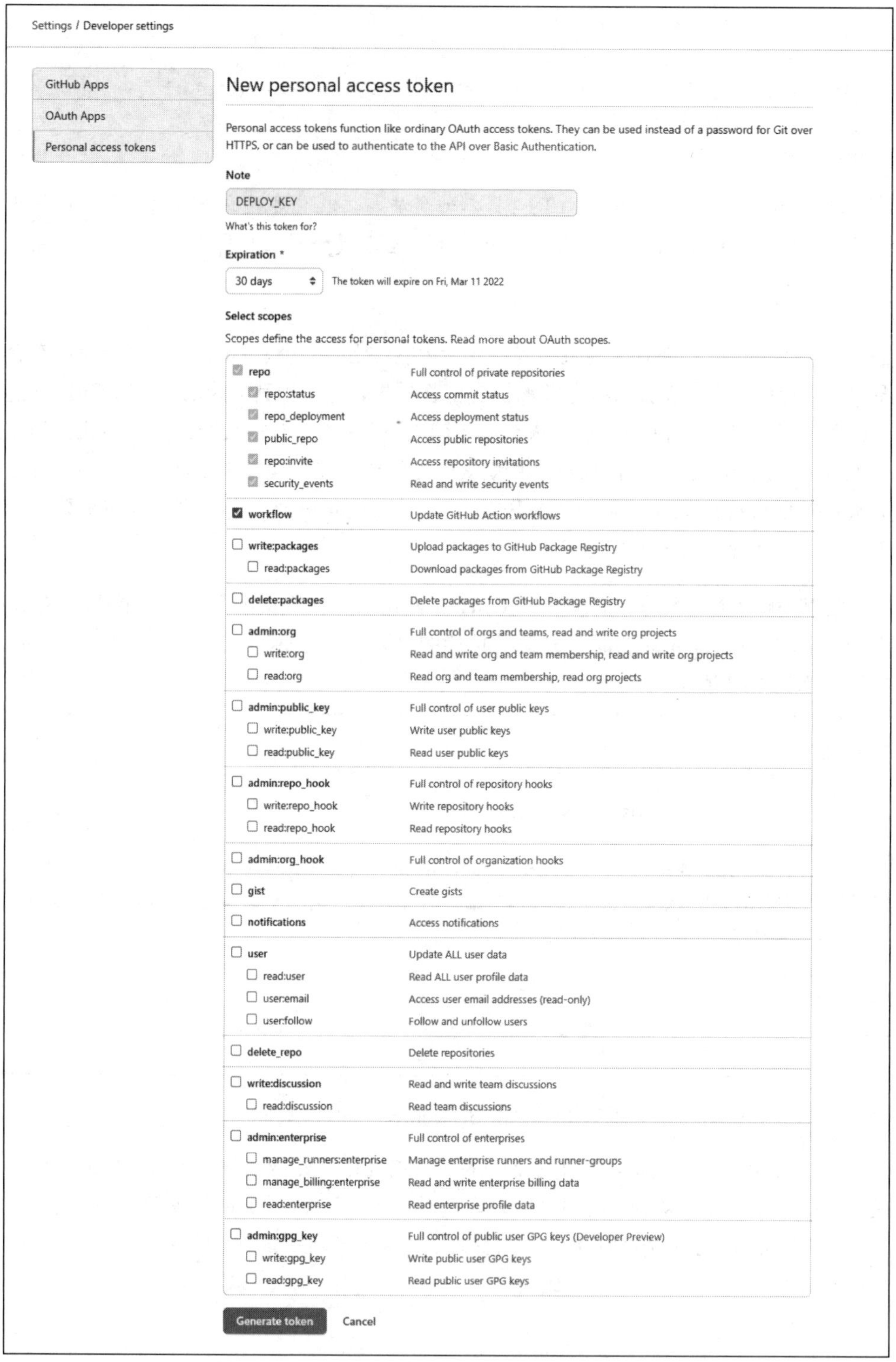

图 14.19 生成一个新令牌

（2）复制令牌备用。上一步成功创建令牌后，进入如图 14.20 所示的页面，单击复制图标，复制刚刚新建的令牌备用（注意保留这个令牌直到设置完成，因为它只会在创建成功之后出现一次，之后需要同样全新的令牌只能重新生成）。

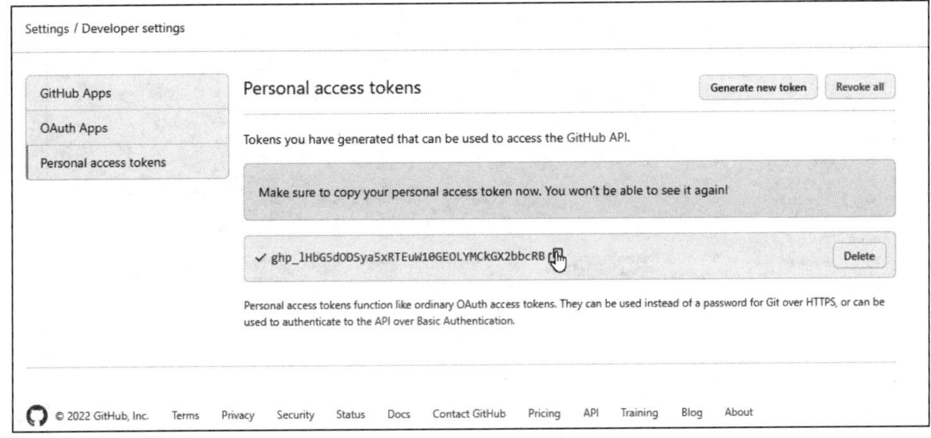


图 14.20　复制个人令牌

（3）在项目中配置令牌。从头像下拉菜单中的 Your repositories 进入仓库页面，选择 demo-site 仓库回到项目，然后进入 Settings，单击左侧的 Secrets→Actions，然后单击 New repository secret 按钮，创建一个 secret，如图 14.21 所示。

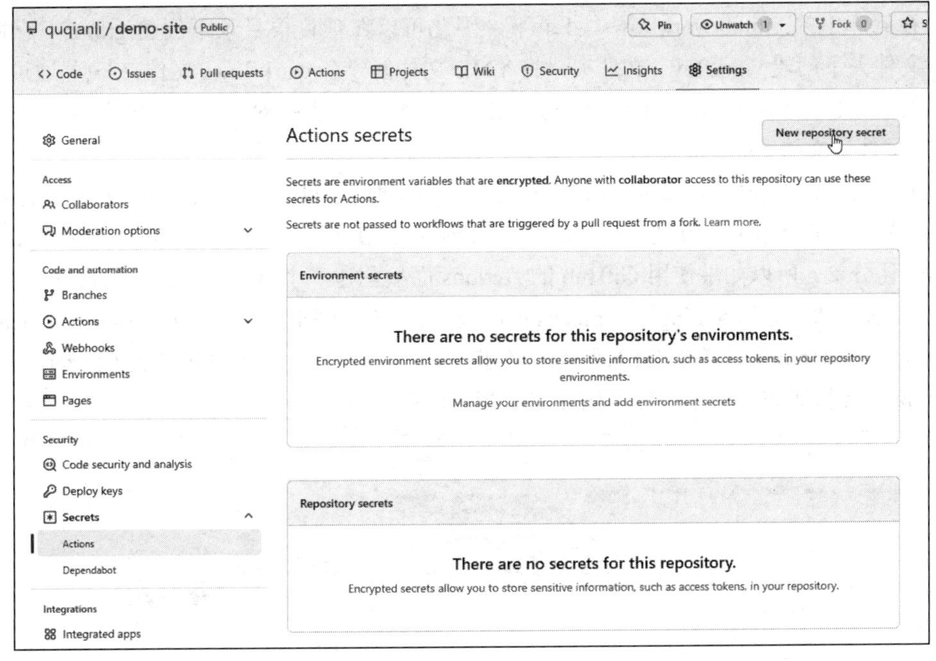


图 14.21　创建 secret

填入令牌名称（这里仍然为 DEPLOY_KEY）和刚刚复制的令牌，单击 Add secret 按钮，完成令牌的添加，如图 14.22 所示。

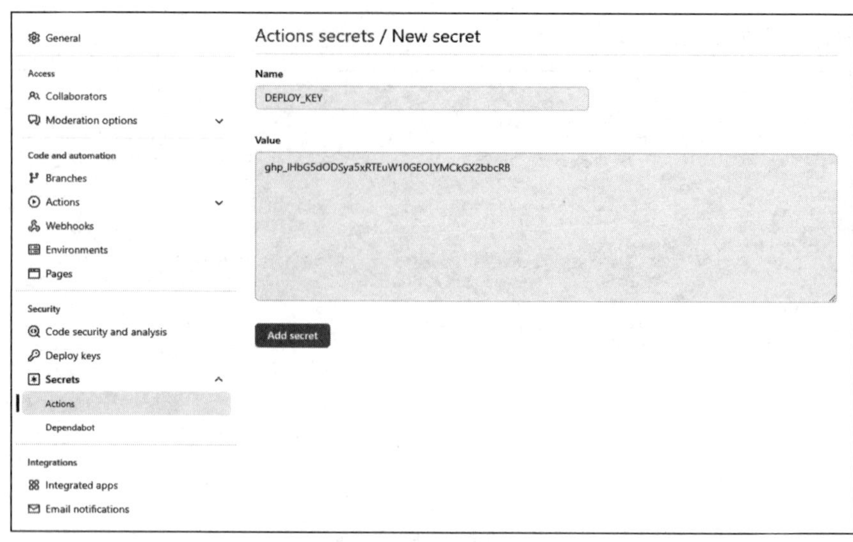


图 14.22　项目中配置令牌

步骤 03 创建工作流。

GitHub Actions 使用 YAML 语法来定义工作流程。每个工作流程都作为单独的 YAML 文件存储在代码存储库中的.github/workflows 目录下，因此可以在项目根目录下创建.github 文件夹，并在.github 文件夹下创建 workflows 文件夹，将 YML 文件创建在 workflows 文件夹下,并通过 git 相关命令提交到远程仓库即可完成 Action 的创建。GitHub Actions 会在对应情况下响应 workflows 文件下的 YML 文件定义的 Actions。

GitHub 还提供了页面创建 workflows 的能力，可以通过项目仓库的 Actions 面板为默认分支创建 Actions。由于本节沿用上一节创建的代码仓库 demo-site，在上一节中创建了第一个分支 gh-pages，该分支为默认分支，所以如果使用 GitHub 的 Actions 面板创建一个 Action，需要先将 master 分支设置为默认分支，可通过仓库 Settings→Branchs 页面设置。单击页面上的 Switch to another branch 按钮，在弹框中选择 master 分支并单击 Update 按钮，如图 14.23 所示，然后在弹框中单击 I understand,update the default branch 按钮完成操作即可，如图 14.24 所示。

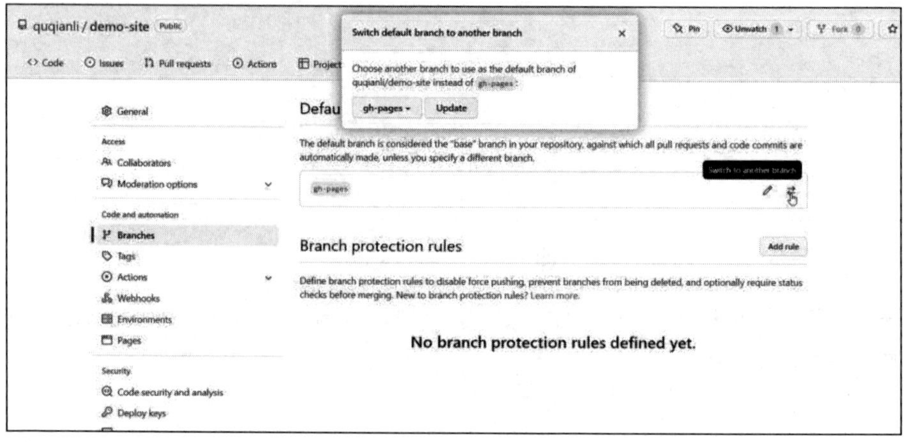


图 14.23　选择 master 分支

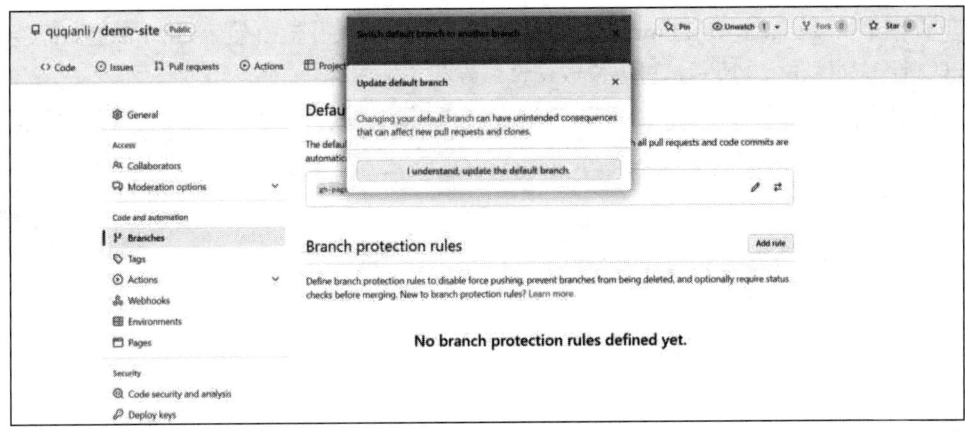


图 14.24　设置默认分支

进入 demo-site 仓库标签页 Actions，如图 14.25 所示，可以看到所有的工作流列表，包括上一节通过 GitHub Pages 部署静态资源的操作，GitHub 默认会触发一个部署工作流。

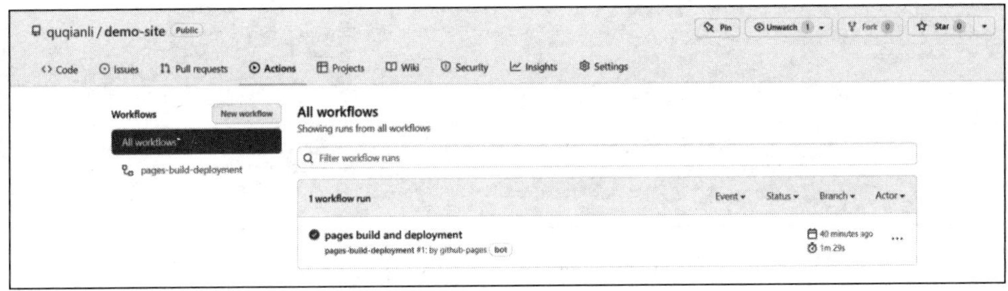


图 14.25　进入 Actions 标签页

步骤 04 单击上一步页面中的 New workflow，可以看到下方提供了一些开源的 Actions，如果了解一些 Actions，可以直接通过搜索框查询对应的 Actions，单击 workflow 卡片中的 Configure，选择对应的 workflow 作为轮子进行改造，如图 14.26 所示。

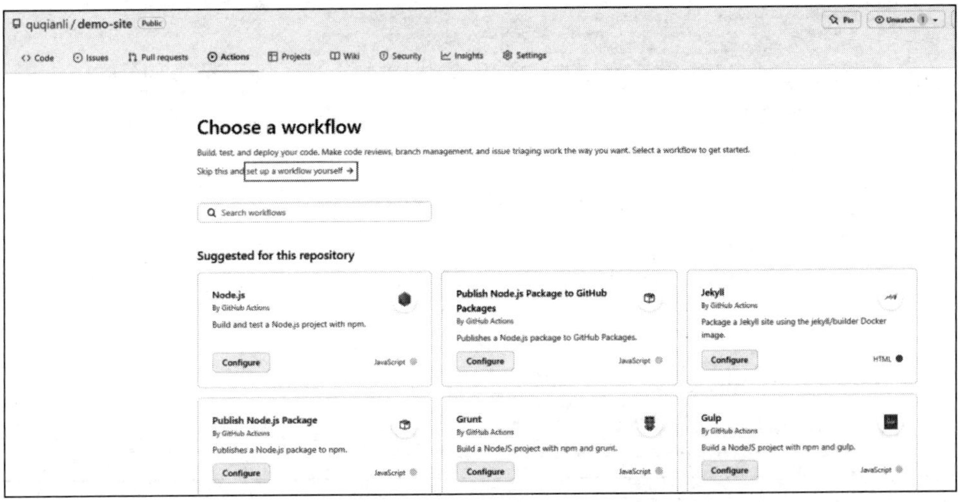

图 14.26　手动创建一个工作流

这里直接单击 set up a workflow yourself，手动创建一个工作流，然后 GitHub 会自动生成一个 main.yml 文件，如图 14.27 所示，可以修改文件名称和文件内容。

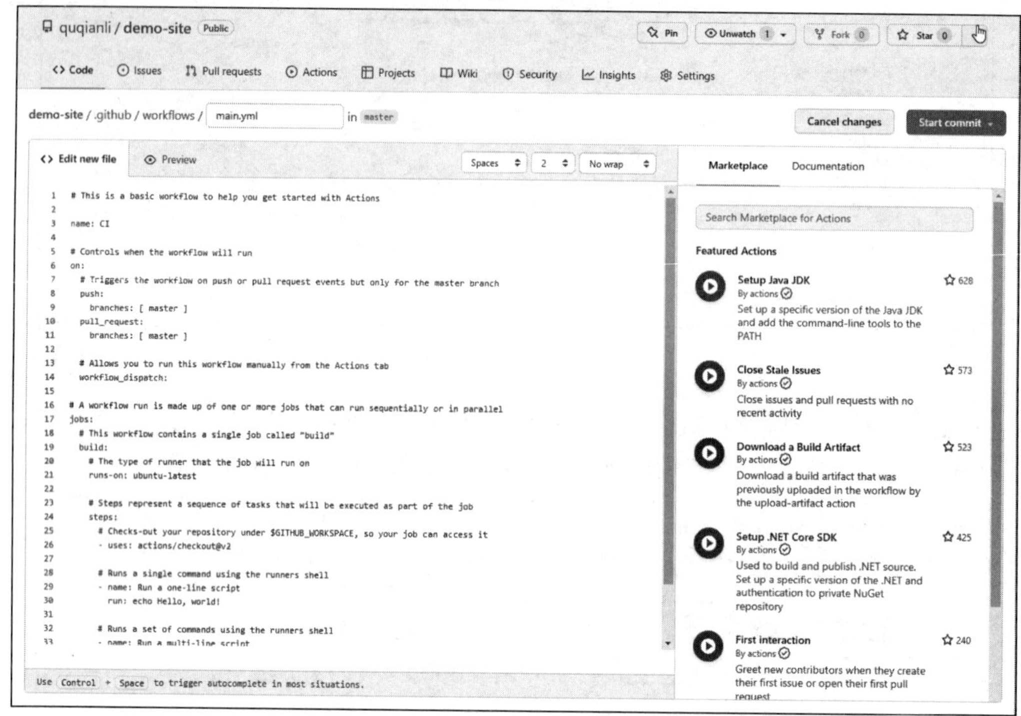


图 14.27　创建工作流的 YML 文件

这里使用名为 GitHub Pages Deploy Action 的 Action 为基础，输入内容可参考 github-pages-deploy-action 仓库的 README 文档，如图 14.28 所示。

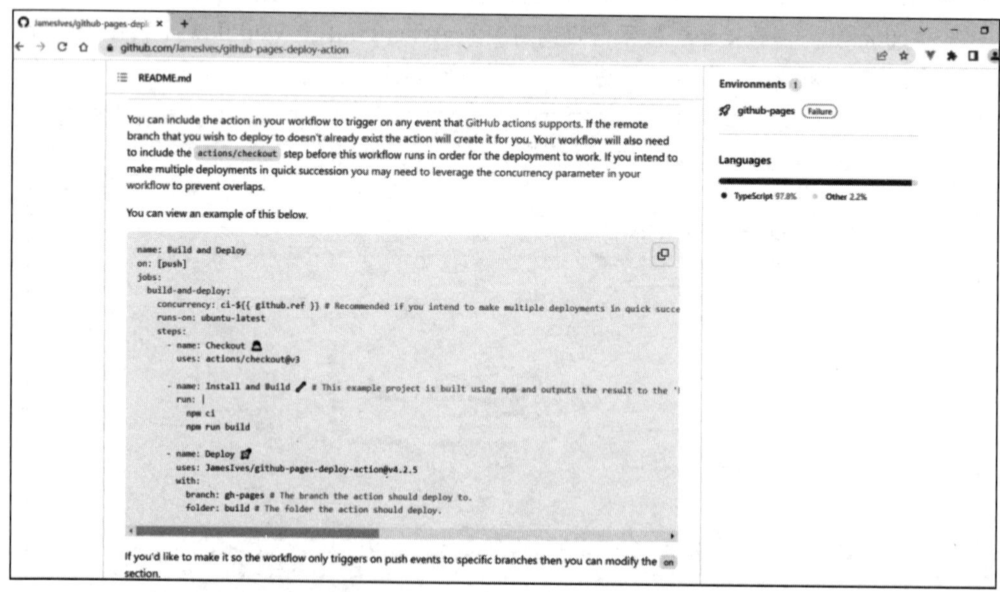


图 14.28　GitHub Pages Deploy Action 的 README 文档

复制框选的内容到工作流文件中进行改造，最后创建的 YML 文件内容改造如下，相关说明参见“#”后面的注释内容（如果是手动创建 Action，则可直接复制下面的内容到.github/workflows 下创建的 YML 文件中）：

```
# 工作流的名称
name: Build and Deploy
# 工作流触发条件，这里是 git push 命令发生时
on: [push]
# 工作流运行的作业配置
jobs:
  # 作业名称
  build-and-deploy:
    # 运行在最新的 ubuntu 系统中
    runs-on: ubuntu-latest
    # 作业步骤
    steps:
      # 步骤 1: checkout 代码
      - name: Checkout
        # 使用 checkout 插件
        uses: actions/checkout@v3

      # 步骤 2: 安装和打包
      - name: Install and Build
        # 运行的命令，这里包含两条: npm i 和 npm run build
        run: |
          npm i
          npm run build

      # 步骤 3: 部署静态资源
      - name: Deploy
        uses: JamesIves/github-pages-deploy-action@v4.2.5
        with:
          # 部署到的分支，这里是 GitHub Pages 默认分支 gh-pages
          branch: gh-pages
          # 要发布的文件夹，这里配置为打包的目标文件夹 dist
          folder: dist
          # 配置个人令牌，设置为本仓库添加到 Secrets 的 DEPLOY KEY
          token: ${{ secrets.DEPLOY_KEY }}
```

然后单击右侧的 Start commit→Commit new file 配置提交信息提交这个文件即可，如图 14.29 所示。

图 14.29　提交 YML workflow 配置文件

提交完成后回到 Actions 标签页，可以在 workflows 列表中看到有一个工作流正在运行，因为提交 YML 文件触发了 push 操作，所以会立即运行这个工作流，单击工作流名称可以进入工作流运行详情页面，在详情页面可以查看工作流的运行情况以及进行相关操作，如对运行中的工作流取消运行、对已结束的工作流重新运行等，有需要的话，读者可自行尝试。单击右上角的 Cancel workflow 按钮可以取消工作流运行，如图 14.30 所示。

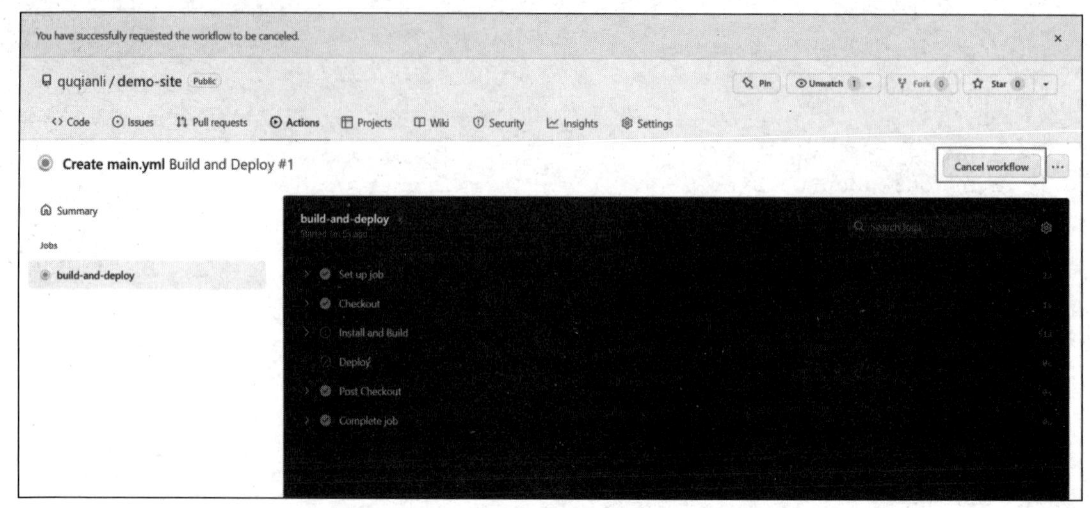


图 14.30 在工作流详情页取消工作流成功

如果不取消工作流，工作流运行成功后表示 GitHub Actions 部署成功，此时可以直接通过 GitHub Pages 提供的地址访问已经部署好的项目。